TRAITÉ
DE GÉOGNOSIE.

TOME TROISIÈME.

Le nombre d'exemplaires prescrit par la loi a été déposé. Tous les exemplaires sont revêtus de la signature de l'éditeur.

TRAITÉ

DE

GÉOGNOSIE,

OU

EXPOSÉ DES CONNAISSANCES ACTUELLES SUR LA CONSTITUTION PHYSIQUE
ET MINÉRALE DU GLOBE TERRESTRE, CONTENANT LE DÉVELOPPEMENT
DE TOUTES LES APPLICATIONS DE CES CONNAISSANCES,

ET

MIS EN RAPPORT AVEC L'INTRODUCTION PUBLIÉE EN 1828
PAR M. D'AUBUISSON DE VOISINS;

PAR

AMÉDÉE BURAT.

TOME III.

AVEC SEPT PLANCHES.

PARIS,

Chez F. G. LEVRAULT, rue de la Harpe n.º 81;

STRASBOURG,

Même maison, rue des Juifs, n.º 33.

1835.

STRASBOURG, imprimerie de F. G. Levrault.

TRAITÉ

DE

GÉOGNOSIE.

<hr>

SÉRIE DES TERRAINS IGNÉS.

Nous avons indiqué précédemment (introduction géologique) sur quels principes reposaient la distinction et la classification des
terrains ignés : il nous reste à développer ces
principes en décrivant la série de ces terrains,
ainsi que nous avons décrit la série sédimentaire.

Les terrains ignés et les terrains sédimentaires, différents sous le rapport de leur composition, de leur forme, de leur distribution
géographique, ne peuvent, avons-nous dit,
être classés par les mêmes considérations. La
stratification, point de départ de toute recherche, base de toute classification dans la
série sédimentaire, n'existe plus dans les terrains ignés; mais, en revanche, la composition
et l'ensemble des caractères minéralogiques,

3.

qui n'ont été jusqu'ici que des moyens d'appréciations si vagues, deviennent le guide le plus rationnel et le plus certain. Les formes qui avaient été restreintes au type commun de la sédimentation, sont variées et assujetties à une suite de modifications, d'où résultent des lois et des caractères distinctifs.

Dans les terrains sédimentaires, les roches d'une formation n'étaient généralement que les modifications des roches préexistantes; de sorte qu'ayant une fois admis une période première ou primitive, dont nous ne pouvons pénétrer les détails géogéniques, mais dont les produits sont très-caractéristiques, toutes les roches engendrées par l'action des eaux pendant leurs migrations successives, concordent avec les transformations mécaniques ou chimiques que nous pouvons prévoir : (sauf une seule exception, qui est l'accroissement rapide des principes calcaires, dont l'origine paraît due à une cause indépendante de ce système de modifications successives). Cette condition, dans laquelle se trouvent les dépôts sédimentaires, a déterminé l'ordre de bas en haut que nous avons suivi dans leur description : il n'en est pas ainsi dans la série des terrains ignés.

L'origine ignée d'une roche qui est refroidie, dont les agents atmosphériques ont altéré les formes, dont la composition a subi des modifications, cette origine ne peut plus être attestée que par la liaison des masses subsistantes avec celles que nous voyons formées sous nos yeux par les volcans actifs. Mais cette liaison ne peut être établie que de proche en proche. Quel rapport y a-t-il entre telles masses de granite, de syénites ou de porphyres, et les laves qui descendent des flancs du Vésuve ou de l'Etna? ces rapports sont loin d'être évidents pour un esprit qui n'a pas encore étudié les phénomènes et les roches ignées; ils ressortiront de la manière la plus frappante, lorsqu'on remontera successivement des laves actuelles aux basaltes, aux trachytes, aux trapps, aux mélaphyres, etc.....

Ainsi, pour marcher du connu à l'inconnu, il faut ici partir des faits de l'époque actuelle et remonter toute la série jusqu'à cette époque où il n'existait, avons-nous dit, aucun équilibre, et où les deux principes générateurs produisaient avec toute l'énergie et tout le désordre d'une première action.

La description des terrains sédimentaires nous a laissés dans les phénomènes de l'époque actuelle. Nous allons en continuer l'examen, relativement aux phénomènes ignés. On voit que cette classification a non-seulement l'avantage de toujours procéder du connu à l'inconnu; mais aussi celui de ne point interrompre la série des âges géognostiques que nous venons de descendre, en suivant les migrations successives des eaux, depuis l'époque de leur précipitation sur le globe, jusqu'à la

distribution actuelle, et que nous allons remonter, en étudiant les émissions de roches
ignées, depuis celles qui ont eu lieu de mémoire
d'homme, jusqu'aux époques les plus reculées
que nous indique la géogénie.

Les subdivisions géognostiques seront indiquées dans la série ignée, de même que dans
la série sédimentaire, par les dénominations
de terrain, pour les plus tranchées, et de formation, pour les moins saillantes. Un terrain
comprendra plusieurs formations, qui elles-
mêmes pourront se subdiviser en plusieurs
termes.

TERRAIN VOLCANIQUE.

Le nombre des volcans actifs est d'environ Caractères généraux; subdivision en trois formations. deux cents, et comme les parties non explorées du globe sont celles où ils sont les moins fréquents, il est probable que ce nombre n'excède point trois cents; (désignant par volcan actif non point une simple bouche volcanique, mais un centre d'éruption, qui peut avoir plusieurs orifices, et qui a eu des éruptions de mémoire d'homme). Ces divers centres volcaniques constituent des contrées plus ou moins étendues, généralement montagneuses, et les roches ignées dont ils sont composés, peuvent, sous le rapport de la composition minéralogique et de la forme des massifs, se subdiviser en plusieurs classes : 1.° les roches laviques provenant d'éruptions en grande partie contemporaines des temps historiques; roches de composition assez variable (pyroxéniques, feldspathiques ou amphigéniques), mais généralement caractérisées par une texture cellulaire et un peu spongieuse, par des minéraux accidentels particuliers, et surtout par les formes sous lesquelles elles se présentent (montagnes coniques à cratère, ayant rejeté et rejetant par ce cratère ou par des bouches latérales, des scories, des cendres, des pozzolanes, des vapeurs, et déversant des coulées de lave en bandes longues et étroites); 2.° les roches basaltiques; roches pyroxéniques, dont le basalte est le type; auxquelles l'abondance du pyroxène, la texture compacte, la fréquence du péridot, la structure nette et pseudo-régulière, donnent une physionomie toute spéciale: les formes de nappes étendues, de filons, de masses isolées, indiquent des circonstances d'éruptions, différentes de celles qui ont présidé à la génération des roches laviques, et, en effet, les scories, les pozzolanes, les cendres, sont plus rares, et les cratères, lorsqu'il y en a, diffèrent souvent des cratères laviques; 3.° les roches trachytiques, roches feldspathiques très-variées, dont les détails minéralogiques sont très-caractéristiques, accompagnées de peu de déjections (trachytes scorifiés, ponces), accumulées en groupes de montagnes, constituant des cimes élevées, sans cratère d'éruption et dont les circonstances d'émission sont difficiles à pénétrer, mais certainement encore distinctes de celles des roches basaltiques ou laviques.

Ces distinctions, que la description du terrain rendra faciles à apprécier, sont d'autant plus positives qu'elles concordent avec les subdivisions purement géognostiques, c'est-à-dire, de superposition; de telle sorte que les phénomènes laviques, basaltiques et trachytiques, constituent des périodes successives très-distinctes. En effet, partout où il y a contact des trois classes de roches, les trachytes sont recouverts par les basaltes qui, eux-mêmes, sont inférieurs aux produits laviques.

Ainsi, d'un côté ces trois classes de roches appartiennent à un même terrain, parce qu'il y a association géographique, développement simultané de leurs gisements; d'une autre part, en vertu des divergences minéralogiques, physiques et géognostiques, elles constituent trois formations, que nous désignerons par les dénominations de *lavique*, *basaltique* et *trachytique*.

Ces lois sont sujettes à quelques exceptions, dont les causes sont d'ailleurs faciles à déterminer. Ainsi, sous le rapport du développement simultané, M. Beudant a observé qu'en Hongrie les trachytes étaient isolés des basaltes, et que ces deux formations semblaient se repousser mutuellement. Sous le rapport de l'ordre de superposition, les Canaries et la France centrale offrent plusieurs exemples d'alternances de roches trachytiques et basaltiques; de plus, certaines éruptions modernes ont amené des laves, dont les caractères minéralogiques se rapportaient assez bien à ceux des basaltes. Nous pouvons prévoir d'avance que cette apparence de répulsion entre les trachytes et les basaltes de Hongrie, résulte de l'obstruction complète des fractures et des orifices d'éruption des roches trachytiques, et quant aux alternances, elles n'infirment en rien les subdivisions indiquées; les produits ignés de deux formations qui se suivent immédiatement pouvant alterner de même que nous avons vu alterner les dépôts caractéristiques d'une formation sédimentaire alterner d'abord avec les dépôts de la formation précédente, puis s'isoler peu à peu et dominer exclusivement.

Les changements de formes dans les roches ignées ne résultent pas seulement de modifications dans les conditions de résistance, ils dépendent aussi de la nature des matières émises, et par cette double considération ils servent aussi bien que les caractères minéralogiques, à établir la distinction des périodes et des formations. Il y aura donc des alternances des caractères de formes, de même que des alternances des caractères minéralogiques, et, en effet, les basaltes ont souvent usurpé les formes de cônes à cratères, de coulées longues et étroites des volcans laviques, de même qu'ils ont affecté quelquefois les formes massives des trachytes. Dans la formation actuelle, toutes les fois que les laves émises furent en

quelque sorte basaltiques (laves pyroxéniques avec péridot, de Lancerote et de Jorullo), les circonstances de leur éruption sem-
blérent s'écarter des lois générales auxquelles
paraissent assujetties les éruptions laviques.

Pour bien comprendre les différences qui
existent entre les formations volcaniques et
généralement entre les diverses formations
ignées, sans perdre jamais de vue la liaison
qui les réunit, il faut se représenter la masse
du globe comme formée par des couches successives de matières fluides et distinctes; lesquelles tendent à se consolider de haut en bas
par la déperdition graduelle du calorique.
Si l'on suppose en outre une force expansive,
qui tend à rejeter au dehors la couche fluide
qui est immédiatement au-dessous de la croûte
consolidée, il en résultera que les couches
qui constituent le globe, apparaîtront successivement à la surface, à mesure que la solidification fera des progrès, et que l'on pourrait suivre ces progrès et constater la composition intérieure en classant les masses émises
d'après leur ordre de sortie. Chaque période,
pendant laquelle sortiront des roches analogues, constituera un terrain ou une formation;
mais comme, lorsque la solidification va passer
d'une roche à une autre, il y aura un moment
où la zone fluide qui tend à être projetée au
dehors, et que l'on doit supposer nécessairement d'une certaine épaisseur, sera composée

de deux espèces de laves; il en résulte que dans une même contrée la matière émise pouvant indifféremment être prise un peu plus haut ou un peu plus bas, il pourra y avoir alternance des roches caractéristiques des deux formations. Cette alternance constitue la liaison géognostique; mais il y aura, indépendamment, la liaison minéralogique, qui résultera des mélanges qui pourront avoir lieu de la roche qui va bientôt cesser de paraître au jour avec celle qui commence ses éruptions. Enfin, la solidification pouvant marcher plus vite en certains points du globe que dans les autres parties, il en résultera que la série des roches émises sera beaucoup plus avancée dans telle contrée que dans telle autre.

Cette hypothèse est dans un accord parfait avec tous les caractères des formations ignées; mais comme cette concordance subsiste encore, si l'on suppose le globe composé d'une seule et même matière, laquelle se modifierait à mesure que la solidification avance, par suite des circonstances de pression et d'émission, l'on est maître de se laisser guider par l'une ou l'autre, jusqu'à ce que l'étude des faits ait permis de faire un choix.

FORMATION LAVIQUE.

Volcans de l'Europe. L'action volcanique de l'époque actuelle n'est pas assujettie, dans toutes les contrées où elle se manifeste, à des lois identiques ; mais assez généralement les éruptions d'un même centre suivent une marche constante. Ce qui a lieu pour la forme, est également vrai sous le rapport de la nature minéralogique des matières rejetées. Les laves sont indéfiniment variées, lorsque l'on embrasse celles de tous les volcans connus ; mais ces variations sont concentrées dans des limites souvent très-resserrées, lorsqu'on n'en considère plus qu'un seul. Nous aborderons la description détaillée des phénomènes et des produits volcaniques, en suivant l'ordre géographique des gisements, ainsi que nous l'avons fait pour les terrains sédimentaires. Commençons par les volcans de la Méditerranée, qui sont les mieux étudiés et qui ont été long-temps regardés comme le type de tous. (1)

Le *Vésuve*, dans la baie de Naples, est un des volcans les plus actifs de notre époque, et c'est en même temps le plus varié dans ses produits et le plus étudié : c'est une montagne conique, assez régulière, dont l'inclinaison varie entre 35,40 et 45 degrés, et dont la hau-

Italie.

---

(1) Nous ne nous astreindrons pas à donner l'histoire complète de tous les volcans, pas même à les énumérer tous, notre cadre étant beaucoup trop circonscrit pour cela ; mais nous choisirons les descriptions de manière qu'aucune particularité ne soit omise. Les travaux de tant de géologues se rapportent à cette matière, que nous ne pouvons les nommer tous. Les recherches de MM. de Humboldt, de Buch, Brongniart, Poulett, Scrope et Daubeny, résument toutes les notions sur les volcans.

teur est de 1198 mètres au-dessus du niveau
de la mer; il est environné vers l'ouest par une
montagne demi-circulaire, appelée la Somma,
qui semble la moitié d'un vaste cratère, dont
le cône actuel occuperait le centre. Les flancs
du cône sont principalement composés de
scories, de pozzolanes, de cendres meubles et
incohérentes, de laves diverses, plus ou moins
scorifiées. Parvenu au sommet, l'on trouve un
cratère dont la profondeur est très-variable,
et dont le plus grand diamètre est ordinairement de 500 mètres. Sur ses pentes se trouvent
en saillie les coulées des diverses époques,
formant des bandes longues et étroites, souvent ramifiées. Depuis quelques années la lave
coule presque continuellement, et les lignes
suivantes, extraites du Journal des Deux-Si-
ciles, 1834, indiquent très-bien la disposition
qu'elle affecte.

« Le Vésuve continue, dit-il, à nous offrir
un spectacle curieux, qui réjouit les regards
de l'observateur. Dans les soirées brumeuses,
lorsque le brouillard empêche de discerner
les contours du volcan, le courant de lave qui
s'en échappe, se présente de loin comme une
traînée de feu en l'air, ou comme un ruban
d'un rouge ardent, effilé par le bout. Dans
les nuits claires et sereines, la lave se dessine
sur le flanc de la montagne, comme ces fleuves
qui se divisent à leur embouchure en nombreux canaux, subdivisés eux-mêmes en ruis-

seaux plus petits encore; enfin la lave, dans son ensemble, offre tout-à-fait l'apparence d'un grand arbre déraciné et privé de ses rameaux. »

La première éruption historique du Vésuve est celle de 79, qui amena la destruction des villes d'Herculanum, de Pompéia et de Stabia. D'autres éruptions avaient évidemment eu lieu avant cette époque; car la ville de Pompéia était pavée et en partie bâtie de roches laviques, et l'on a reconnu au-dessous de son sol trois courants de laves amphigéniques; mais la tradition n'avait conservé aucun souvenir de ces éruptions; il est probable qu'elles étaient antérieures aux temps historiques, et que le Vésuve pouvait être considéré, avant 79, comme un volcan lavique éteint.

Quelle était alors sa forme? Le mont Somma était-il, ainsi qu'on l'a souvent répété, le cratère préexistant, d'où avaient été déversées les laves amphigéniques, ou bien le cône du Vésuve était-il déjà représenté? Cette question est tout-à-fait restée dans le vague; toujours est-il que cette première éruption des temps historiques fut accompagnée de circonstances particulières; car ce ne sont point des laves qui ont englouti les trois villes romaines; l'apparence tufacée de ces matières, leur composition hétérogène et même bréchiforme, les font regarder comme des matières volcaniques délayées, boueuses, et, en effet, la manière dont ces matières ont pénétré dans les édifices, dans les temples, ont moulé les statues sans les altérer, démontre que leur fluidité devait être aqueuse. Ce sont des cendres blanchâtres qui recouvrent immédiatement le pavé d'Herculanum ; puis vient un tuf plus ou moins fin, composé de matières feldspathiques, ponceuses, amphigéniques, bitumineuses, qui, cependant, ont dû être douées d'une certaine chaleur, puisqu'en beaucoup de points les boiseries, les papyrus, ont été plus ou moins carbonisés. On a expliqué la formation de ce tuf par la supposition d'un cratère lac, dont la Somma représenterait encore les bords, au milieu duquel se serait faite l'éruption ; mais cette supposition peut être combattue en ce que le Vésuve lui-même a déversé plusieurs fois par son cratère des amas incohérents de cendres, de pozzolanes, de diverses laves triturées, de matières encore en fusion qui descendaient assez rapidement, et que des eaux échappées des flancs du volcan ou tombées de l'atmosphère, réduisaient à l'état de boue plus ou moins pâteuse.

A partir de cette première éruption, le Vésuve eut des périodes très-inégales d'activité, et ses éruptions jusqu'à nos jours furent très-nombreuses (1). Depuis 1760, lorsque la lave ne coulait pas en quelque point, il était facile

____

(1) Voyez plus bas, à l'article de l'Etna, le tableau chronologique des éruptions du Vésuve et des volcans voisins.

de reconnaître l'état d'activité du volcan aux
dégagements gazeux presque continus (vapeur
d'eau, acide sulfureux, acide hydrochlorique, etc....), aux explosions qui projetaient
des scories autour du cratère, et ont formé
souvent dans l'intérieur de ce cratère un
autre petit cône à cratère, enfin à l'oscillation
de la lave, qui bouillonnait au fond de cet
entonnoir où elle se mouvait, tantôt à de
grandes profondeurs, tantôt s'élevant jusqu'à
le remplir presque entièrement. Mais avant
cette époque il eut de longues périodes d'inac-
tion. Ainsi, il n'y eut aucune éruption de 1109
à 1306; le cratère s'était couvert de végétation,
on y voyait des bois et plusieurs lacs. Après
l'année 1538, il y eut un siècle de repos ab-
solu, qui fut interrompu par la violente éruption de 1631. Les éruptions de la période de
fréquence sont beaucoup moins violentes que
celles de ces temps de longue intermittence,
et l'on a observé qu'il y avait en quelque sorte
proportion entre la violence d'une éruption
et le temps qui la sépare de l'éruption précédente.

Les éruptions du Vésuve ne diffèrent guère
les unes des autres que par des détails peu
importants. On aura une idée exacte de ces
éruptions, après avoir lu la relation suivante
d'une des plus fortes et des plus complètes, qui
eut lieu le 15 Juin 1794, et qui détruisit la
ville de Torre-del-Greco. Cette relation est

composée d'après celles que publièrent Hamilton, Breislack, le duc de la Torre, etc....

Vers les premiers jours de Juin 1794 la grande fontaine de Torre-del-Greco donna moins d'eau, et les puits de la ville éprouvèrent des perturbations analogues. Le 7, une explosion gazeuse entr'ouvrit le sol dans le lieu même où sortit, par la suite, le torrent de lave le plus considérable; le 8, des explosions analogues se firent entendre, et l'on éprouva un tremblement de terre sensible; le 12, la terre trembla à Résina, des bruits souterrains se firent entendre, et le soir, à 11 heures, le tremblement de terre se manifesta jusqu'à Bénévent et Ariano. A Naples, on sentit une violente secousse, qui dura trente secondes. Le 15, à 10 heures du soir, eut lieu un nouveau tremblement de terre, plus violent que tous les autres, et au même instant on vit jaillir du sommet du Vésuve un torrent de lave et des gerbes de matières embrasées, que les explosions gazeuses lançaient à de très-grandes hauteurs. Bientôt après on put distinguer quinze autres bouches, disposées en ligne droite à des intervalles inégaux, sur une fissure qui coupait toute la montagne sur une longueur d'un mille et demi dans la direction de Résina et Torre-del-Greco; des torrents de laves jaillissaient de toutes ces bouches; ils se réunirent en une vaste coulée, qui se précipita en cascade sur les pentes de la montagne, et tomba enfin dans la mer.

L'éruption semblait à son terme; mais le 16, à deux heures du matin, le cratère du Vésuve se couvre de cendres et de fumée, qui s'amoncellent au-dessus de lui sous la forme d'un pin. De ces nuages épais, des flammes semblent se dégager de temps en temps, et au point du jour la teinte rouge qui leur est communiquée par la réverbération, signale près du cratère une nouvelle bouche, qui vomit un nouveau torrent de lave du côté d'Ottajano. Cette coulée parcourut trois milles en quelques heures et embrasa un bois qu'elle traversa. Peu après tout le cône fut enveloppé de nuages, qui le cachèrent complétement. A cinq heures, la lave, enflammée par des ceps de vigne qu'elle emportait, apparut, se dirigeant vers Torre-del-Greco; elle atteint la ville, la traverse et la consume presque totalement. Cette catastrophe avait été prévue à temps : quinze personnes seulement périrent; mais dix-huit mille habitants furent obligés de chercher un refuge à Castel-a-Mare : à peine pouvaient-ils trouver leur chemin, une pluie de cendres tombait tout autour du Vésuve, et l'on n'était éclairé que par la réverbération de la lave et de la ville incendiée. Le 17, les cendres tombèrent toute la journée sur Naples, le Vésuve était toujours enveloppé de nuages épais de cendres et de fumée; il se découvrit le 18, et l'on s'aperçut que la partie occidentale du cratère s'était écroulée dans l'intérieur. On attribua

5.

cet écroulement à un violent tremblement de
terre, qui avait secoué Résina à quatre heures
du matin. L'éruption n'était pas finie, le cratère,
alors considérablement agrandi, était rempli
par des amas de cendres et de débris de laves,
qui, soulevés par la force expansive, s'amoncellent au-dessus de lui et se déversent vers Naples. En ce moment tombe une pluie abondante; les cendres, qui ne cessent d'être rejetées, tombent avec elle et forment une boue
qui, dans sa course, entraîne les rochers, les
arbres, et détruit tout ce que le feu n'avait
pu consumer entre Torre-del-Greco et Torre-
del-Annunziata. Toutes ces causes de dévastation continuèrent jusqu'au 7 Juillet, époque
à laquelle l'équilibre sembla rétabli; cependant, le 26, une des nouvelles bouches volcaniques, la plus voisine de Torre-del-Greco,
vomit encore une coulée.

Le 30 Juin Hamilton était déjà parti pour
visiter le Vésuve et les nouvelles bouches latérales : c'étaient des cônes de deux cents pieds
de hauteur, dont les cratères, qui lui semblè-
rent avoir au moins quatre cents pieds de profondeur, émettaient encore d'épaisses vapeurs
sulfureuses. Des exhalaisons d'acide carbonique avaient fait périr un grand nombre d'animaux.

Le Vésuve est composé de toutes les déjections des diverses époques : cendres, généralement feldspathiques, rapilli, pozzolanes rou-

ges et noires, quelquefois avec cristaux isolés
de pyroxène, scories très-variées en couleur et
en dimensions, plus ou moins poreuses, bombes volcaniques, etc.... Toutes ces déjections,
accumulées en montagne conique, ont été
consolidées en beaucoup de points par les laves
injectées en forme de filons dans les fissures
qui, dans certaines éruptions, ont fendu la
montagne du haut en bas; par celles qui ont
coulé sur ses flancs et qui ont protégé de leur
manteau les débris incohérents. Les vapeurs
acides qui se dégagent du cratère ont altéré
les déjections et les matières scoriacées qui en
forment les parois : ces altérations se manifestent par des changements dans la couleur,
qui varie dès-lors des teintes les plus foncées
aux teintes les plus claires, et par la dureté,
qui est beaucoup moindre.

La composition de toutes ces déjections est
très-variable et souvent difficile à déterminer
d'après l'aspect; c'est seulement d'après les
laves, que l'on peut juger les caractères des
matières rejetées par le Vésuve. Les laves les
plus anciennes du Vésuve ne sont guère que
des laves amphigéniques, et l'on a remarqué
que l'amphigène, qui s'associe volontiers au
pyroxène, mais très-rarement au feldspath,
avait diminué peu à peu. Les téphrines amphigéniques anciennes présentent une pâte
compacte, grisâtre ou noirâtre, avec de gros
cristaux d'amphigène blanc, à cassure luisante,

tantôt mate et opaque, tantôt translucide. Ces cristaux se trouvent quelquefois libres; il est à remarquer que leur intérieur contient assez souvent de petits cristaux de pyroxène. Les téphrines amphigéniques récentes, celles par exemple qui ont été émises depuis 1820, ont un tout autre caractère; elles sont plus rudes au toucher, criblées de petites cavités. Les cristaux d'amphigène y sont microscopiques, et n'apparaissent que comme de petits points blanchâtres, semi-vitreux, qui se détachent sur le fond de la lave, qui est toujours d'un noir plus vif que celui de la pâte des laves amphigéniques porphyroïdes anciennes. La lave à gros cristaux d'amphigène de Borghetto est remarquable par la forme alongée qu'affectent plusieurs de ces cristaux, de telle sorte que l'alongement ayant lieu dans le sens de celui des cavités bulleuses, il semble qu'au moment où la lave coulait, ces cristaux devaient être à un état pâteux, puisqu'ils ont pu se comprimer sans être brisés. Le même phénomène s'observe dans la lave analogue d'Aquapendente. Parmi les laves amphigéniques, laves qui appartiennent spécialement au système du Vésuve, on cite encore celles qui supportent Pompéia; celle de Fossa-Grande, où l'amphigène est très-abondant et varié en couleur; celles de 1037, de 1631 (lave dite picotée, pierre à pavé de Naples), de 1737, 1767, 1769, 1777, 1820 et même de 1832. L'amphigène se trouve dans certains tufs ; mais souvent en décomposition farineuse, comme dans le tuf d'Herculanum.

L'association du feldspath et du pyroxène constitue les autres laves du Vésuve ; mais ces laves se distinguent des autres roches volcaniques de composition analogue, non-seulement par leur texture cellulaire et leur porosité, mais aussi par la nature même de leurs principes. Ainsi, le pyroxène, lorsqu'il est en cristaux distincts, est souvent verdâtre et translucide ; fait qui n'a pas lieu dans les basaltes, où il est toujours à l'état d'augite. La lave de Torre-del-Greco (1794) est une des plus pyroxéniques, elle est porphyroïde et contient du péridot disséminé ; celle de 1551 est analogue ; celle della Favorita contient aussi d'abondants cristaux de pyroxène, mais sa pâte grise, grenue, annonce une grande proportion de feldspath.

Les gaz et vapeurs rejetés par le Vésuve sont : l'acide sulfureux, l'acide hydrochlorique, l'acide carbonique, l'acide hydrosulfurique, la vapeur d'eau. On y a constaté de l'azote et de l'acide sulfurique, et les sublimations nombreuses qui s'effectuent sur les parois du cratère, indiquent encore d'autres vapeurs : le soufre, les sulfures d'arsenic, l'hydrochlorate d'ammoniaque, le sel marin, le fer oligiste, le cuivre muriaté, le séléniure de soufre, sont les produits les plus ordinaires de ces sublimations. Les minéraux enveloppés dans les laves du Vésuve et de la Somma, sont : le feldspath vitreux, le pyroxène, l'amphibole, l'amphigène, l'haüyne, le fer titané, l'idocrase, le sphène, le mica, le grenat, la méionite, la vollastonite, l'analcime, la stilbite, la néphéline, la gehlenite, le péridot, le spinelle, le zircon, la topaze; la chaux sulfatée, carbonatée et phosphatée; l'arragonite, la dolomie, et beaucoup d'autres encore, dont la nature précise n'a pas été déterminée et auxquelles on a donné des noms particuliers, tels que la breislakite, la davyne, l'humboldtilite, etc....; enfin, des noyaux de granite plus ou moins altérés, de calcaire, de quartz, de serpentine, de talc, etc....; de telle sorte que le système du Vésuve peut être considéré comme réunissant, sauf quelques exceptions, tous les minéraux accidentels de la formation lavique.

Les foyers volcaniques les plus rapprochés du Vésuve, mais qui sont loin de lui être comparables sous le rapport de l'activité et de l'intensité volcanique, sont : l'île d'*Ischia*, le *Monte-Nuovo*, le cratère de la *Solfatare* et les volcans des îles *Lipari*.

L'île d'Ischia, dont la dernière éruption date de 1302, est une montagne volcanique garnie de cônes parasites; elle paraît avoir eu une grande période d'activité dans les premiers temps historiques, les habitants ayant été, dit-on, forcés de la quitter à plusieurs reprises. Des sources thermales, des dégagements gazeux, y sont actuellement les seuls signes d'activité. Les laves de cette île, dit M. Brongniart, sont belles et variées, toutes sont feldspathiques et se rapprochent de la dolérite; quelques-unes présentent de gros nœuds de feldspath cristallin.

Le Monte-Nuovo est un petit cône d'éruption, dont le cratère produit encore des dégagements gazeux; il s'éleva en 1538 au milieu des champs phlégréens, par l'effet d'une seule éruption. Parmi les cratères des champs phlégréens, celui de la Solfatare est le seul dont les dégagements gazeux annoncent encore un reste d'activité; le soufre y provient de la décomposition de l'hydrogène sulfuré, et il paraît qu'il était déjà à cet état sous les Romains. Le sol y produit un son creux très-remarquable; ce qui doit résulter, dit M. Daubeny, non pas de vastes cavités souterraines, mais de la quantité innombrable de fissures qui sillonnent les roches. Les champs phlégréens présentent encore des traces de l'action volcanique sous d'autres formes, et l'un des faits les plus intéressants, est le mouvement du sol, indiqué par les perforations qu'ont subies dans la mer les colonnes du temple de Sérapis, près Pouzzoles. Ces traces de l'action des lithophages indiquent en effet que le sol a été d'abord abaissé au-dessous du niveau de la mer, puis relevé au-dessus par un nouveau mouvement.

Les îles Lipari sont entièrement volcani- Isles Lipari.

ques, et M. Hoffmann, qui les a étudiées le
plus récemment, y a distingué deux produits
d'époques très-différentes. Les laves anciennes
feldspathiques, accompagnées de roches d'a-
grégation, qui font probablement partie du
terrain trachytique, avaient été jusqu'ici con-
fondues avec les laves modernes, également
feldspathiques et vitreuses. Les produits modernes sont souvent distincts par le seul fait
du soulèvement qu'ils ont fait subir aux roches
préexistantes; ainsi, à Stromboli, le tuf feldspathique a été étoilé et soulevé autour de la
bouche volcanique actuelle (planche X); c'est
encore principalement par la position relative
que M. Hoffmann a distingué dans l'île de Lipari les tufs avec lave porphyroïde de Monte-
Sant-Angelo, les *anciennes* obsidiennes, avec
ponces de Monte-Guardia, les anciens conglomérats ponceux de Campo-Bianco, des *nouvelles* obsidiennes avec ponces du cap Castagno
et du cratère de Periera.

A *Stromboli*, l'action volcanique est toute
différente de ce qu'elle est au Vésuve. Les
éruptions y sont continues, et ce que nous
avons dit de la proportion qui existait entre
la violence des éruptions volcaniques et leur
intermittence, semble s'y confirmer, puisque
les éruptions de Stromboli, qui ne sont séparées que de quelques minutes, se bornent à
des dégagements de vapeurs, des explosions
gazeuses et des projections de scories. Dolo-

mieu et Spallanzani ont donné des descriptions détaillées de ce volcan, et leurs descriptions se rapportent parfaitement aux phénomènes de nos jours.

A plusieurs lieues de distance, Stromboli apparaît comme une île conique (planche X), d'où s'échappent, à des intervalles courts et réguliers, des gerbes de scories incandescentes et de fumée. Chaque projection de gaz et de matières solides est accompagnée d'une détonation proportionnelle à la force projetante : Les intervalles de séparation étant de dix à douze minutes dans les temps ordinaires, et de deux ou trois minutes seulement lorsque le volcan est dans une activité plus intense. Le cratère par lequel se font ces éruptions, n'est pas placé au sommet de l'île; il est ouvert sur un de ses flancs, environ aux deux tiers de sa hauteur totale. Les lèvres de ce cratère, dit Spallanzani, ont une circonférence de 540 pieds. Ses parois, qui sont formées de déjections, s'abaissent doucement de l'est au sud; mais dans les autres parties la pente est très-rapide : on les voit incrustées en différents points de sels et de soufre. Jusqu'à une hauteur variable, ce cratère est rempli de lave fluide et incandescente, qui est agitée par deux mouvements distincts : l'un de tourbillons tumultueux dans un plan horizontal; l'autre, vertical et oscillatoire. La lave est relevée par ce dernier mouvement dans l'intérieur du cra-

tère avec plus ou moins de vitesse, et quand
elle est arrivée à une distance de 25 ou 30
pieds du bord, des bulles apparaissent, un dégagement instantané de gaz et de fumée occasionne une détonation semblable à un coup
de tonnerre, et projette avec une grande vitesse une portion de cette lave divisée en mille
morceaux. Cette lave retombe dans le cratère,
sur les flancs du cône, ou même dans la mer,
sous forme de scories incandescentes et de
pozzolanes. La même action se répète à des
intervalles plus ou moins rapprochés, suivant
l'intensité du volcan ; le mouvement oscillatoire de la lave s'exécutant sur une hauteur
d'environ vingt pieds.

L'action volcanique est sujette à des interruptions rares et courtes. Spallanzani fut témoin d'une de ces interruptions. La lave s'étant
abaissée tout au fond du cratère, ne remonta
plus ; en même temps toutes les fumaroles qui
se trouvent sur les flancs du volcan, projetè-
rent des gaz avec une violence inaccoutumée
et un sifflement très-bruyant. Quelque temps
après, la lave remonta, et le mouvement oscillatoire se rétablit. Les gaz dégagés, qui enveloppent quelquefois la cime du cône, de
manière à la rendre inabordable, consistent
principalement en acide sulfureux. L'activité
de Stromboli a lieu de temps immémorial ;
il en est fait mention 200 ans avant l'ère chrétienne. Eut-elle toujours lieu de la même

manière, c'est ce dont on est sûr depuis deux
ou trois cents ans; au-delà les renseignements manquent, mais on n'a pu néanmoins
citer aucune éruption positive qui ait donné
lieu à des coulées. Plusieurs bouches volcaniques, analogues au cratère actuel, et d'où ne
se dégagent plus que des gaz, annoncent du
moins que ces éruptions eurent aussi lieu en
d'autres points.

L'île n'est pas exclusivement composée de
déjections et de lave scorifiée : une partie est
formée d'un tuf dont les fissures contiennent
souvent du fer oligiste spéculaire, et qui est
traversé par des filons feldspathiques, d'apparence trachytique. Cette portion de l'île
paraît devoir être regardée comme appartenant à une formation préexistante, soulevée
par l'effet volcanique qui a éclaté au travers.

Vulcano est un cône volcanique régulier
et surmonté d'un cratère s'élevant dans la cavité d'un cratère plus grand et plus ancien.
Son activité se manifeste par des dégagements
gazeux et surtout par la production d'une
grande quantité de soufre, plutôt que par
des émissions de laves; il a eu cependant des
éruptions assez violentes en 1444, 1550, 1739,
1775, 1780 et 1786. Ce fut à la suite d'une de
ces éruptions que les laves comblèrent en
partie l'intervalle qui le séparait du petit
cône de Vulcanello, lequel avait formé jusqu'alors une île distincte. Le nouveau cône

n'est pas précisément au milieu de l'ancien cratère ; il est placé dans la partie nord-est de manière qu'une portion de sa base est en dehors du cercle qu'en décrirait la circonférence. Deluc, Dolomieu, Spallanzani, ont donné des descriptions très-détaillées de cette île et sur les modifications qu'a subies la forme du cratère.

Ce cratère, lorsque Dolomieu le visita, était très-profond et produisait une grande quantité de gaz sulfureux, dont les fumées, blanches pendant le jour, paraissaient rougeâtres et lumineuses pendant la nuit. Les parois intérieures étaient tapissées de soufre sublimé, qui, en certains points, était fondu et ruisselait jusqu'au fond de l'entonnoir, où se trouvaient deux espèces de petits lacs d'une matière rougeâtre et fluide, qu'il jugea être aussi du soufre. En 1794, Spallanzani put descendre dans le cratère au moyen de l'éboulement d'une de ses parois, qui avait rendu de ce côté les pentes moins rapides. Le sol était brûlant ; des gaz se dégageaient avec sifflement des fissures et des cavités ; le fond du cratère était occupé par une petite plaine circulaire, dont le centre était soulevé comme une tumeur. Une vapeur dense et suffocante se dégageait de tous les points de cette tumeur ; le terrain, couvert de sublimations salines et de soufre, résonnait au moindre choc ; on le sentait trembler. Les éruptions de laves et de scories ayant en quel-

que sorte cessé, et les sublimations, les émissions gazeuses continuant toujours avec intensité, le cratère du Vulcano peut être regardé
comme passant à l'état de solfatare. Il y a néanmoins cette différence avec la Solfatare de
Pouzzoles, que c'est ici l'acide sulfureux qui domine, et non plus l'acide hydrosulfurique. La
réaction de ce gaz sur les roches donne lieu à la
formation d'une assez grande quantité d'alun.

Les produits immédiats et les plus ordinaires
des vapeurs du cratère sont : le soufre, qui est
quelquefois demi-transparent; l'acide borique,
qui forme des enduits légers, spongieux et
cristallins; l'hydrochlorate et le borate d'ammoniaque; le sélénium, mélangé avec le soufre, et qui, suivant M. Brongniart, paraît avoir
été volatilisé avec l'hydrogène.

Les laves de Vulcano sont feldspathiques,
et quelques-unes sont à l'état d'obsidiennes
très-vitreuses, accompagnées de ponces. Un
de ces courants vitreux d'obsidienne noire,
des dernières éruptions, se voit encore sur le
flanc du cône; il est descendu jusqu'au bas,
sans entrer dans la vallée circulaire qui l'entoure: il a fallu, dit Dolomieu, pour produire
cette éruption, que toute la coupe du cratère
fût pleine de la lave, qui a débordé et s'est
ensuite retirée après cet effort expansif. Les obsidiennes et les ponces sont des produits qui
semblent caractériser les volcans qui ne rejettent que des laves très-feldspathiques; nous

aurons occasion de détailler leurs caractères
en décrivant d'autres volcans. Le cône de
Vulcano est superficiellement composé de déjections en grande partie altérées par les exhalaisons sulfureuses : ce sont des cendres,
des scories et des ponces; mais toutes ces matières incohérentes durent être consolidées
par des laves, puisque les parois n'ont pas cédé
à la pression lorsqu'elles ont rempli le cratère.

M. Hoffmann a établi entre les laves feldspathiques avec conglomérats qui constituent
l'ancien cratère de Vulcano, et les produits
analogues qui constituent le cône actif, la même
distinction géognostique qu'entre les laves des
conglomérats anciens de Lipari et les deux
coulées modernes parties de ses flancs; qu'entre
le tuf ancien de Stromboli et les produits récents qui l'ont soulevé.

Sicile.   L'*Etna* présente sur une échelle beaucoup
plus grande les mêmes phénomènes d'éruption que le Vésuve : c'est un énorme cône
de 3237 mètres de hauteur, dont le sommet
est excavé en forme de cratère. De ce cratère,
qui émet continuellement des vapeurs sulfureuses, se sont épanchées, à diverses époques, des coulées de lave, dont quelques-unes
furent assez puissantes pour atteindre la base
du cône. Néanmoins la plupart des courants se sont fait jour sur les flancs, les parois
n'ayant pas pu, malgré leur épaisseur, soutenir l'énorme pression de la colonne de lave

qui oscillait dans le cratère. Plus de soixante-
dix cônes volcaniques résultèrent de ces éruptions latérales; mais ce ne sont pas seulement
ces cônes parasites qui altèrent la régularité
de l'Etna, des excavations considérables, que
l'on ne peut attribuer aux agents atmosphériques actuels, des déchirements profonds,
semblent annoncer des actions autres que
celles qui se manifestent aujourd'hui. M. de
Buch et M. Ferrara en ont inféré que ce cône
ne devait pas seulement son élévation, comme
les cônes d'éruption, aux matières accumulées autour de l'orifice volcanique; ils ont
pensé que les roches calcaires et les roches
basaltiques, sur lesquels repose le système
actuel, avaient été soulevées, puis recouvertes
par les matières volcaniques soulevantes. Il y
a long-temps que l'on avait reconnu que toutes
les roches volcaniques de l'Etna n'étaient pas
contemporaines, et l'on avait signalé les laves,
les tufs et les brèches basaltiques qui apparaissent en un grand nombre de points autour de
la base de l'Etna, dans les îles Cyclopéennes,
etc....; mais l'accumulation des roches laviques, rejetées du cratère central ou des cônes
parasites, est telle que l'on n'a pu jusqu'à
présent distinguer ni classer les roches constituantes de l'Etna, ni constater tous les
phénomènes qui ont amené l'état de choses
actuel.

Cette puissante accumulation de coulées et

de déjections dénote nécessairement une haute antiquité, et, en effet, les traditions les plus reculées nous montrent l'Etna tel qu'il est aujourd'hui pour sa forme et pour les phénomènes de manifestation volcanique. Thucydide signale trois éruptions avant la venue des Grecs, et Diodore de Sicile rapporte qu'un courant de lave, passant près de la ville de Giarré, et ayant vingt-quatre milles de long sur deux de large, arrêta l'armée carthaginoise marchant contre Syracuse. De nombreuses éruptions ont été constatées depuis ces époques, et la planche IX est une carte dressée par M. Gemellaro de toutes les éruptions connues, indiquant la direction et la forme approximative des courants qui en résultèrent. Cette carte ne donne qu'une idée grossière de la forme de l'Etna, vu que les accidents du sol n'y sont pas détaillés; mais elle montre parfaitement cette tendance des laves en bandes longues et étroites, à prendre une forme arborescente.

Parmi les éruptions de l'Etna, on cite surtout celle de 1669, qui produisit le Monte-Rosso et une des plus puissantes coulées, laquelle vint s'amonceler sur les murs de Catane et pénétra dans la ville. La planche IX présente aussi une vue de cette éruption d'après Spallanzani. On voit que la montagne s'était fendue de *a* en *b*, et que toute la colonne de lave contenue dans les conduits souterrains depuis *b* jusqu'au cratère, s'épancha vers Catane. Les murs de la ville avaient soutenu la poussée de la lave, et l'on voyait avec inquiétude l'enveloppe solide qui la recouvrait s'élever peu à peu, lorsqu'on eut l'heureuse idée de percer latéralement cette croûte superficielle, afin de procurer à la lave qui s'amoncelait, un écoulement dans un autre sens. L'expérience réussit, mais cette diversion fut insuffisante. Les déjections qui forment le Monte-Rosso contiennent beaucoup de pyroxènes isolés, et la lave elle-même est très-pyroxénique : l'on a cité la Torre-di-Grifo comme un point où elle contenait des ganglions d'apparence basaltique. Les laves de l'Etna sont plus ou moins pyroxéniques ou feldspathiques, quelques-uns passent à la dolérite; mais ce volcan, dit M. Ferrara, n'a jamais produit de lave réellement basaltique.

L'Etna complète le système des volcans actifs de la Méditerranée, et l'on a remarqué que les deux principales bouches de ce système (le Vésuve et l'Etna) s'influençaient réciproquement, en ce que les périodes de leur plus grande activité alternaient ensemble, et que les éruptions les plus rapprochées étaient au moins à un mois et ordinairement à une année de distance : c'est ce dont on peut juger par le tableau ci-joint, dressé par M. Daubeny, et qui est le résumé chronologique des éruptions du système méditerranéen.

3.　　　　　　　　　　　　　　5

Tableau comparatif des éruptions du système méditerranéen.

(Stromboli étant dans une activité perpétuelle.)

ETNA.	VÉSUVE.
Avant J. Ch.	Avant J. Ch.
480 (environ).	
427.	
396.	
	185 (éruption entre les îles Éoliennes, selon Pline).
140.	
135.	
126 ou 125 (éruption près de Lipari).	
122.	
	91 (éruption à Ischia).
56.	
45.	
36.	
Après J. Ch.	Après J. Ch.
40 (environ).	
	79.
	203.
251.	
	512.
	685.
812.	
	983.
	993.
	1036.
	1049.
	1138.
1169 (4 Février).	
	1198 (inflammation de la Solfatare).
1284.	
	1302 (éruption du mont Epoméo, dans l'île d'Ischia)
	1306.
1329 (28 Juin).	
1333.	
1408 (9 Novembre).	
1445.	
1446.	
1447 (Septembre).	
	1500.

ETNA.	VÉSUVE.
Après J. Ch.	Après J. Ch.
1535.	
	1538 (29 Septembre, formation du Monte-Nuovo derrière Pouzzole).
1566.	
1578.	
1603 (Juillet), }	
1607. } Continuité	
1610 (Février). } de petites	
1614 (2 Juillet). } éruptions.	
1619.	
1624.	
1633 (22 Février).	1631.
1645 (Novembre).	
1654.	
	1660 (Juillet).
1669 (8 Mars).	
1683 (Décembre).	1682.
1686.	
1689 (14 Mars).	
1694 (de Mars à Décembre, éruption de cendres).	1694 (12 Mars, faibles recrudescences jusqu'en 1698).
	1701.
1702 (8 Mars).	
	1707.
	1712 (18 Février, éruption continuée jusqu'à l'année suivante).
	1717.
1723 (Novembre).	
	1727 (26 Juillet).
	1730 (27 Février).
1735.	
	1737 (14 Mai).
1747 (action volcanique continuée pendant plusieurs années).	
	1751 (25 Octobre).
	1754 (4 Décembre).
1755.	
1759.	
	1760.
1763 (19 Juin).	
1766 (27 Avril).	1766.
	1767 (23 Octobre).
	1770.
	1778 (22 Septembre).
	1779 (3 Août).
1780 (18 Mai).	

ETNA.	VÉSUVE.
Après J. Ch.	Après J. Ch.
1781 (24 Avril).	
	1783 (18 Août).
	1784 (Octobre et Décembre).
	1786 (31 Octobre).
1787 (28 Juillet).	1787 (21 Décembre).
	1788 (19 Juillet).
	1789 (6 Septembre).
1792.	
	1794 (15 Juin).
1798 (Juin).	
1799 (Juin).	1799 (Février).
1800 (27 Février).	
1802.	
	1804 (12 Août et 22 Novembre).
	1805 (Juillet).
	1806 (Mai).
	1809 (10 Décembre).
	1811 (12 Octobre et 31 Décembre).
	1813 (Mai et Décembre).
	1817 (22 Décembre).
	1818.
1819 (29 Mai).	1819 (17 Avril et 25 Novembre).
	1822 (13 Février et 22 Octobre).

L'île *Julia*, qui s'éleva en Juillet 1831 entre la Pantellerie et la côte de Sicile, est un exemple intéressant du surgissement d'un cône d'éruption au-dessus du niveau de la mer et de sa destruction par l'érosion des eaux. Le surgissement de cette île fut précédé d'un bouillonnement des eaux, de dégagements de vapeurs qui s'élevaient sous forme de trombe, et de violentes détonations. Bientôt d'énormes colonnes de vapeurs noires, de cendres et de flammes apparurent, et l'île se présenta sous forme d'un cratère rempli d'eau bouillante et vomissant des vapeurs aqueuses et sulfureuses. Le 28 Septembre M. Prévost la visita, et reconnut que c'était la sommité d'un volcan d'éruption, formé par des alternances de cendres, de ponces, de scories stratifiées en sens diversement incliné autour de la bouche cratériforme. En Janvier il ne restait plus de l'île que des brisants sous-marins, et en Février l'on a reconnu plus de cent pieds d'eau au-dessus de ses débris.

L'Islande présente la plus grande accumulation connue de matières volcaniques. D'après Mackensie, elle est entièrement composée de deux produits distincts, les tufs et les laves. Le tuf contient ordinairement des fragments de lave scorifiée, de perlites et d'amygdaloïde à noyaux calcaires : ses assises alternent avec des laves en partie scorifiées, et tout le système est traversé par des filons de même nature que ces laves, mais compactes. Les seules matières non volcaniques qu'on trouve en Islande, sont quelques couches sableuses et argileuses, et quatre lits de bois fossiles, en partie bitumineux, qui alternent avec des couches sableuses et schisteuses : Anderson prétend y avoir trouvé des feuilles de peuplier, arbre qui ne croît plus dans le pays. Ces couches existent dans une coupe à l'ouest de la montagne d'Hagafiall, elles sont recouvertes par une lave d'apparence basaltique. La croûte volcanique qui constitue l'Islande, est percée de plusieurs bouches volcaniques très-actives. Une telle accumulation de lave annonce en effet des phénomènes énergiques, et il est à regretter que nous ne possédions que des descriptions anciennes et incomplètes de cette intéressante contrée.

Le nombre des bouches volcaniques récemment actives en Islande, est de douze environ. L'*Hécla* seul paraît avoir été dans une activité très-fréquente. Depuis l'an 1004 on compte vingt-deux éruptions; la dernière a eu lieu en 1766, et comme cette éruption avait été précédée d'un repos de soixante-treize ans, ce volcan peut être regardé, dit M. Brongniart, comme actuellement soumis à de longues intermittences. Les autres principaux volcans sont le *Kattlagiau-Jokul*, qui eut une violente éruption en 1823; celle qui avait précédé en 1755 avait été encore plus funeste par les inondations qui résultèrent de la fonte subite des neiges : on compte sept éruptions de ce volcan, depuis 900. *Krabla*, qui eut quatre éruptions depuis 1724. Le lac *Grinwain*, qui était probablement un ancien cratère, et qui eut une éruption en 1716. L'*Eyafialla-Jokul*, qui, après une intermittence de plus d'un siècle, eut une violente éruption en Décembre 1821 : les explosions durèrent jusqu'en Juin 1822, époque où la montagne s'ouvrit à sa base et donna issue à un vaste courant de lave. Les deux volcans voisins de *Shaptar-Jokul* et de *Shaptar-Syssel*, éprouvèrent en 1783 de violentes secousses, à la suite desquelles la lave se fit jour, dit Mackensie, en trois points différents de la plaine, lesquels étaient distants de huit à neuf milles : ces courants de lave, qui constituent peut-être la plus grande émission connue, se réunirent et couvrirent une vaste superficie. Les déjections pulvérulentes qui terminèrent cette éruption, durèrent une année entière, pendant laquelle l'atmosphère de toute l'Islande fut continuellement obscurcie par d'épais nuages de cendres. On cite aussi plusieurs éruptions sous-marines autour de l'Islande. Pendant la grande éruption de Shaptar-Jokul, en 1783, une éruption sous-marine eut lieu à six ou huit milles environ de Reykianes, et donna naissance à une île d'un mille de circonférence, qui disparut l'année suivante. Une autre eut lieu vers la même époque, à soixante-dix milles du même point, et suffit pour couvrir de ponces toute la mer sur une étendue de cent cinquante milles. Enfin ce même point donna encore, en 1830, des signes d'activité ; et une petite île fut soulevée.

Parmi les phénomènes particuliers à l'Islande, Mackensie cite une éruption à travers une large nappe de lave, qui devait être assez ancienne, puisqu'elle était couverte de sable et semblait se prolonger sous la mer. Cette lave fut soulevée en vésicules ou cloches, qui avaient depuis quelques pieds de diamètre jusqu'à cinquante, comme si la roche avait été d'abord amollie, puis soulevée par l'expansion des fluides élastiques : en plusieurs points il se forma même de petits cratères, qui rejetèrent des scories. Il signale encore les montagnes de soufre de Krisiavik, qui présentent des analogies avec les phénomènes pseudo-volcaniques de Macaluba en Sicile; mais qui, à d'autres égards, sont à comparer à un volcan actif et languissant. Le sol est formé d'argile blanche et de soufre : de toutes parts, et notamment d'un trou profond, où Mackensie descendit, se dégageaient des vapeurs. Au fond de ce creux l'on entendait des bruits souterrains, et l'on voyait une masse fluide d'environ quinze pieds de diamètre, d'où s'échappaient des sublimations de soufre, qui formaient des cristaux autour de la cavité.

Les Geysers sont encore à citer parmi les plus intéressants phénomènes de ce pays : ils consistent en orifices circulaires, d'où sont rejetés à des intervalles de quelques heures réguliers, d'abord de l'eau, puis des vapeurs, en vastes colonnes, qui atteignent jusqu'à deux cents pieds. Anderson rapporte que l'on peut provoquer une explosion en jetant de grosses pierres dans l'orifice. Les eaux projetées déposent, en retombant autour des Geysers, de la silice, dont les concrétions accumulées forment un petit cône, et cette silice revêt l'intérieur de l'orifice d'ascension de manière à lui donner la configuration d'un tube.

Le seul autre volcan du nord de l'Europe
est celui de l'île de *Jean-Mayen*, vers la côte
orientale du Groënland. Cette île, lorsqu'elle
fut visitée par le capitaine Scoresby, en 1817,
présenta les produits d'une éruption récente
de lave et de scories : sur son sommet était un
vaste cratère de cinq cents pieds de profondeur et d'environ deux mille de diamètre. En
1818, des jets de cendres et de vapeurs s'élevaient toutes les trois ou quatre minutes à une
hauteur très-grande. Il paraît qu'il y a encore
d'autres volcans sur la côte du Groënland, ou
du moins qu'il y en a eu.

Les îles qui suivent de loin les contours de
l'Afrique sont généralement volcaniques, et
un assez grand nombre contiennent des volcans brûlants.

Dans les îles Canaries l'action volcanique a
donné lieu à des phénomènes remarquables.
Le pic de *Teyde*, dans l'île de *Ténériffe*, est
le plus célèbre des volcans de ce groupe ; il
atteint une élévation de quatre mille mètres,
et s'aperçoit, dit-on, de quarante lieues en
mer : c'est un cône dont les flancs sont recouverts de ponces, et dont le sommet présente
un cratère. Les dernières éruptions de ce cône
paraissent avoir eu lieu par des bouches latérales, à peu près aux trois quarts de sa hauteur,
et les courants d'obsidienne qui sont partis

de ces ouvertures, se détachent par une teinte
sombre sur les flancs ponceux de la masse
(planche X). Les éruptions qui ont eu lieu de
mémoire d'homme sont parties de la montagne
de Chahorra, puissante masse accolée à la
base du pic, et que l'on peut considérer comme
un cône parasite : la dernière eut lieu en Juin
1798; quinze bouches lancèrent à la fois des
déjections et déversèrent de la lave, elles se
réduisirent ensuite à trois, dont l'activité dura
trois mois. Les bombes volcaniques lancées
pendant cette éruption, mettaient, dit-on,
douze à quinze secondes avant de retomber,
ce qui fait supposer qu'elles atteignaient une
élévation de mille mètres.

Il existe de petits cônes à cratère dans les
autres parties de Ténériffe; mais leurs éruptions n'offrent aucun phénomène particulier.
Cependant la nature de leurs laves, qui sont
analogues à celles de l'Etna, contraste avec
la nature vitreuse et feldspathique des laves
du pic. L'on voit ainsi différer les laves de
deux points d'émission très-voisins, sans qu'on
puisse constater la cause de ces différences :
ces causes ne peuvent néanmoins résulter que
de la différence des matières concentriquement stratifiées au-dessous de l'écorce solide
du globe ou de l'élaboration de ces matières
dans les cratères et dans les soupiraux volcaniques, et sous ce dernier rapport on peut
consulter le mémoire de M. Fleuriau de Bel-

levue, où sont consignées des recherches comparatives entre ce qui se passe dans nos fourneaux de verrerie et les phénomènes qui ont lieu dans les cratères.

Les Canaries sont, du reste, encore plus intéressantes sous le rapport de leur configuration physique, et de leur composition basaltique et trachytique, que sous celui des phénomènes actuels. Nous aurons donc occasion de revenir sur leur description. L'île de Lancerote fut cependant le théâtre d'un événement volcanique tout particulier et des plus intéressants.

Lancerote se distingue des autres îles du même groupe par sa surface plane; il paraîtrait d'après la description qu'en a donnée M. de Buch, qu'une fissure se forma au travers de cette île, et que de divers points de cette fissure partirent des courants de lave qui se réunirent et couvrirent les deux tiers de l'île. Ce fut en 1730 que commença cette terrible éruption, qui se prolongea pendant plusieurs années. La fissure est actuellement indiquée par une série de cônes parfaitement alignés, dont la hauteur moyenne est de cent mètres, qui sont composés de déjections et couronnés par des cratères faisant face à la coulée. Cette lave, qui tantôt s'accumulait autour des orifices d'éruption, tantôt s'épanchait en nappe jusqu'à la mer, est pyroxénique et contient des noyaux de péridot granulaire, vert et

rougeâtre, que M. de Buch regarde comme
arrachés à une lave basaltique antérieure. L'île
fut tranquille jusque vers 1824, où des tremblements de terre annoncèrent une nouvelle
éruption. En effet, une bouche s'ouvrit à une
demi-lieue de la montagne de Famia. Les déjections et les blocs rejetés formèrent un cône
d'où se dégagèrent des colonnes d'une épaisse
fumée, et qui donna issue à un courant d'eau
chaude qui dura plusieurs jours.

Les Açores, dont la composition est volcanique, ont été souvent indiquées comme le
siége de phénomènes analogues à ceux des
Canaries. M. Vebster décrit l'île de *Saint-Mi-
chel*, célèbre par ses sources thermales, chargées d'acide carbonique et d'hydrogène sulfuré, comme composée de trachytes qui semblent avoir été soulevés et s'être fait jour à
travers le basalte et les tufs basaltiques. Ces
trachytes se présentent en effet, non-seulement
dans les ravins et les déchirements très-pro-
fonds, mais ils constituent des pics, à travers
lesquels s'est exercée l'action lavique qui y a
excavé des cratères et les a recouverts de
ponces et de laves vitreuses. En 1811, une île
d'environ un mille de circonférence et pourvue d'un cratère, fut soulevée en vue de Saint-
Michel, à la suite de tremblements de terre.
Cette île disparut ensuite, et ce qui tend à
prouver qu'elle était bien une île de soulèvement, c'est que l'excavation du cratère fut,

dit-on, un phénomène distinct et postérieur
au surgissement de l'île.

Les feux volcaniques se sont aussi frayé une
issue à travers les trachytes qui constituent l'île
de l'Ascension, et ils les ont recouverts en partie de déjections et de laves cellulaires. Sainte-
Hélène est volcanique et présente un vaste
cratère, vulgairement appelé le bol de punch
du diable. Tristan d'Acunha est volcanique,
et sur la côte opposée de l'Afrique on soup-
çonne des volcans dans l'île de Madagascar.

En regard de la côte orientale de l'Afrique
se trouve l'île *Bourbon* et l'île de France, toutes
deux volcaniques et décrites par M. Bory de
Saint-Vincent. L'île Bourbon est la seule qui
présente un volcan actif : elle consiste en deux
montagnes accolées, dont la plus haute, située
à l'ouest et appelée les Fournaises, est un volcan éteint, qui paraît appartenir à la formation
basaltique ; tandis que celle de l'est, appelée
les Salazes, est un volcan brûlant. Une ligne,
marquée par une dépression, sépare les deux
systèmes, et l'on a remarqué que les tremblements de terre ne se sont manifestés que dans
le système actif. Ce volcan a produit des laves
tellement fluides, que lorsqu'elles semblaient
arrêtées par la consolidation de la croûte extérieure, l'intérieur, encore liquide, rompait
cette croûte et s'épanchait plus loin, laissant un
vide dont les parois sont hérissées de stalactites de lave et dont l'enveloppe extérieure est

quelquefois si faible qu'il est dangereux de s'aventurer dessus. Le produit le plus curieux de l'île est le pyroxène capillaire, substance verte, en fils déliés comme la soie, et que M. Bory de Saint-Vincent indique comme lancé par le volcan avec les scories vitreuses. Ce produit lui a paru composé de la même matière que ces scories, laquelle était réduite en fils déliés, de même que l'on tire des fils de la cire à cacheter, en séparant en deux parties cette cire réduite à une consistance convenable. Il a été confirmé dans cette opinion en trouvant de ces fils qui adhéraient encore à des grains vitreux.

L'on n'a que des données très-vagues sur les volcans qui pourraient exister dans l'intérieur de l'Afrique, et ce n'est guère que vers son contact avec l'Asie qu'on peut en admettre l'existence. Ainsi, d'après la relation de Bruce, l'île de *Zebbel-Teïr*, dans la mer Rouge (latit. N. 16°), semble contenir un volcan actif, et d'autres îles présentent une composition analogue. A Scherm, dans la péninsule du mont Sinaï, les montagnes présentent des apparences de cratère dans des roches bulleuses, rouges et noires. M. Daubeny a établi que, selon toute probabilité, la destruction des cinq villes situées près des bords de la mer Morte, dont la Bible nous a conservé la tradition, résultait d'une éruption volcanique, qui avait en outre changé la direction du Jourdain, lequel se jetait auparavant dans la mer Rouge.

Les sources thermales qui se trouvent autour de la mer Morte, la production du bitume, les fissures d'où se dégagent des vapeurs, les tremblements de terre assez fréquents, semblent annoncer que dans cette contrée le foyer volcanique n'est pas encore très-éloigné de la surface.

Les côtes de l'Asie présentent de très-grandes accumulations de terrain volcanique, et les bouches actives, de même que l'ensemble du terrain, affecte généralement une disposition linéaire frappante. Ces volcans, que M. de Buch a énumérés sous le nom de volcans en séries, se trouvent généralement dans des îles. Deux séries bordent la côte orientale de l'Asie.

1.° *La série du Kamtschatka, des îles Kuriles et des îles du Japon.* La côte orientale de la presqu'île du Kamtschatka présente des cônes escarpés, qui sont des volcans en partie éteints et en partie brûlants, et dont les principaux sont : le volcan de *Klutschewskaja* (16° 10′ lat. nord), le plus élevé de tous et qui est presque la dernière montagne au nord; il porte un glacier et vomit souvent des laves que les glaces arrêtent, mais qui les brisent et roulent avec elles le long des pentes. Des flammes et des vapeurs sortent continuellement du cratère, qui est très vaste. Le volcan de *Tolbatschinskoy*, qui est très-actif; celui d'*Opalinsky*, etc.....

Les volcans des îles Kuriles sont peu connus;
mais M. de Buch donne des détails intéressants
sur ceux des îles du Japon. Les principaux
sont : le mont *Fusi*, le plus grand volcan et
la plus haute montagne du Japon, au S.-O. de
Jedo. Sa cime, toujours couverte de neige,
exhale de la fumée. Le volcan d'*Alamo*, au
N.-O. de Jedo : après un violent tremblement
de terre on vit sortir du sommet de la montagne, le 1.ᵉʳ Août 1785, des flammes, et ensuite
une telle quantité de pierres et de sables que
la contrée se trouva dans les ténèbres en plein
midi; il tomba une pluie continuelle de pierres,
pesant jusqu'à cinq onces, et en si grande abondance, qu'on en trouva quinze pouces de haut
à *Yassouye* et jusqu'à trois pieds à *Matsyeda*.
Le 14 Août un torrent de soufre, mêlé de gros
blocs de pierre et de boue, descendit du haut
de la montagne jusque dans le fleuve à *Souma-
Tava*, qui déborda et submergea toute la contrée. Le nombre des victimes de cette catastrophe est incalculable.

Le volcan d'*Unsen*, sur une presqu'île à l'est
de *Nangasaki*, montagne autrefois large, nue
et peu élevée. Le 18 Janvier 1793 elle s'écroula
et fut remplacée par un gouffre tellement profond, que le son rendu par la chute des pierres
qu'on y jetait n'était plus entendu à la surface;
d'épaisses vapeurs en sortirent pendant plusieurs jours. Le 6 du second mois, le volcan
de *Bivo-no-Koubi* s'entr'ouvrit à environ une

demi-lieue du sommet; il en sortit des tourbillons de flammes, et la lave qui en découla
se répandit avec une telle vitesse, que tout fut
brûlé à plusieurs lieues à la ronde. Le 1.er du
troisième mois toute l'île de *Kiusiu* fut violemment ébranlée, au point que des montagnes s'écroulèrent, que la terre fut fendue,
et que des habitations furent renversées; le
torrent de lave ne discontinua pas. Le 1.er du
quatrième mois, les tremblements de terre
recommencèrent; ils renversèrent des montagnes et détruisirent des villages entiers. Ces
secousses furent accompagnées d'effroyables
mugissements souterrains. La montagne de
Miyi-Yama s'élança subitement dans les airs
et retomba aussitôt dans la mer, dont les eaux
reçurent un tel mouvement d'impulsion,
qu'elles enlevèrent beaucoup de villages de
la côte. En même temps une quantité prodigieuse d'eau sortit en se précipitant des flancs
des montagnes; elle submergea et dévasta
toute la contrée. *Simabara* et *Figo* furent bientôt changés en un désert.

2.e *Série des Moluques et des Philippines.*
Les montagnes qui sillonnent les Philippines
dans tous les sens, cachent leurs cimes dans
les nuages, tandis que leurs pentes, qui portent l'empreinte d'une dévastation complète,
sont couvertes de scories et de laves. La série
occupe toute la largeur des îles; elle s'étend
par exemple sur toute la partie orientale de

3.

Mindanao et sur toute celle de *Gilolo*. Les volcans connus sont au nombre de seize, dont les principaux sont : le volcan de l'île de *Ternate*, connu par de fréquentes éruptions; celui de *Kemas*, dans la partie septentrionale de l'île des Célèbes; le volcan de *Sanguil*; celui de *Mayan*, dans l'île de Luçon, qui eut, en 1766, une éruption de deux mois; le cône de *Taal*, situé au milieu d'un bassin circulaire, dont le bord supérieur le dépasse de beaucoup; les eaux d'un lac remplissent l'intervalle entre le cône et les pentes de cet entourage. Enfin, le volcan de *Plakenbourg* et celui de l'île *Cap*.

Océan Pacifique.

Les nombreuses îles qui se montrent dans la mer Pacifique, tantôt alignées suivant des lignes droites, tantôt irrégulièrement groupées, présentent un grand nombre de bouches volcaniques, et le peu que nous savons des phénomènes dont ces îles furent le théâtre, nous les désigne comme des centres d'activité des plus énergiques. Des accumulations énormes de laves et de déjections, des soulèvements, des affaissements désastreux, témoignent de cette énergie, et l'étude géognostique de cette partie du globe fournirait certainement des faits très-intéressants et nouveaux. Un grand nombre des îles intertropicales sont uniquement madréporiques, et nous avons dit précédemment que les polypiers générateurs ne pouvaient plus vivre au-delà d'une

certaine profondeur, vu l'absence de la lu-
mière, l'augmentation de pression et l'abaissement de la température. Dès-lors, les roches qui
servent de support n'étant pas à une grande
profondeur, les formes des îles seront assez
exactement reproduites par celles des constructions madréporiques superposées. En effet,
l'alignement ordinaire des îles annonce que les
inégalités sous-marines, de même que les inégalités continentales, tendent à former des
chaînes linéaires, dont les points culminants
serviraient de supports; et très-souvent, en détaillant la forme de ces îles, on a trouvé qu'elles
rappelaient celles de bouches volcaniques. Il
en est qui consistent en zones circulaires, qui
ne peuvent guères avoir été construites que sur
des cratères; de sorte que l'on est conduit à regarder une portion de ces îles comme reposant
sur des cônes volcaniques alignés de même que
les cônes de Java, par exemple, et avec cette
seule différence qu'ils seraient sous-marins.

Ce fait conduit naturellement à penser qu'il
existe beaucoup de volcans sous-marins; or,
comme il n'y a pas de raison pour que les
volcans ne soient pas en aussi grand nombre
dans un hémisphère que dans l'autre, et que
l'on peut diviser le globe en deux hémisphères,
de manière que presque toutes les contrées volcaniques soient dans l'un, à l'exception d'une
partie des volcans de la Pacifique et des îles
qui regardent la pointe de l'Afrique, l'on peut

en conclure que le nombre total des volcans peut être double de ceux que nous connaissons. Les volcans en série dans la Pacifique sont :

Java.

1.° La *série des îles de la Sonde*. Parmi les nombreux volcans de cette série, ceux de Java sont à la fois les plus remarquables et les mieux connus : ils constituent une série d'énormes cônes, alignés dans toute la longueur de l'île. Ces cônes sont au nombre de trente-huit; ils s'élèvent au-dessus de plaines peu saillantes à des hauteurs absolues, variables de mille à trois mille six cents mètres environ; ils sont pourvus de cratères, dont un grand nombre sont actifs, et ont eu des éruptions très-récentes. Ces énormes masses paraissent résulter de soulèvements, plutôt que de déjections, car la majeure partie des roches paraît basaltique. Les laves modernes sont analogues à celles du Vésuve, et M. Daubeny, qui a examiné les échantillons rapportés par le docteur Horsfield, en a reconnu d'amphigéniques.

Un des phénomènes volcaniques les plus énergiques qui ait eu lieu de mémoire d'homme, se passa en 1712 dans l'île de Java. Le *Papandayan*, situé dans sa partie sud-ouest, était avant cette époque un des plus grands volcans; mais entre le 11 et le 12 Août, le docteur Horsfield rapporte que l'on observa un nuage lumineux, qui enveloppait le sommet de la montagne. Les habitants, effrayés, s'enfuirent; mais après une éruption courte et énergique, la montagne s'abîma et fut engloutie avec un horrible fracas. Le terrain affaissé, est, dit-on, de quinze milles de long, sur six de large ; quarante villages disparurent. Des émissaires, envoyés pour examiner l'état des lieux six semaines après, rapportèrent que l'on ne pouvait en approcher à cause de la chaleur du sol. L'éruption du volcan de *Galoengong*, en 1822, fut aussi très-violente ; elle commença par des explosions intenses et se termina par un épanchement de lave si puissant et si soudain, que quatre mille personnes furent surprises et périrent.

Il existe aussi à Java des phénomènes analogues à ce que l'on a appelé, en Sicile, salses ou volcans d'air et de boue, et qui paraissent se produire toutes les fois que des gaz se dégagent à travers des matières boueuses. Vers le centre d'un district calcaire on voit se dégager une colonne de fumée, qui disparaît par intervalles de quelques secondes, et l'on entend un bruit sourd comme celui d'un tonnerre éloigné. En approchant de plus près, on aperçoit une large masse hémisphérique de boue noire, d'environ cinq mètres de diamètre et s'élevant à la hauteur de sept ou huit comme si elle était poussée de bas en haut. Cette masse fait soudainement explosion et est projetée en boue noire dans toutes les directions. Après un intervalle de trois ou quatre secondes, elle est de nouveau soulevée et pro-

jetée avec explosion. Une forte odeur sulfureuse et bitumineuse se manifeste, et la boue
récemment jetée, est chaude. Durant la saison
pluvieuse, on a remarqué que les explosions
étaient plus violentes.

Dans la même série se trouvent les volcans
de *Wawani*, dans l'île d'Amboïna; celui de *Go-
nung-Api*, dans celle de Banda; les volcans de
Sorco, de *Damme*, de *Pontare*; ceux de *Sum-
bawa*, parmi lesquels se trouve le *Tomboro*,
élevé de plus de deux mille mètres, qui produisit, en 1815, trois coulées de laves, envoya
des cendres jusqu'à Sumatra, et dont les explosions furent entendues jusqu'à Ternate. Sumatra contient quatre volcans, et à partir de
cette île, la série se prolonge jusqu'au volcan
de l'île de *Barren*.

2.° La *série des îles Australes* qui comprend
une partie des îles de la mer du Sud, à partir du
méridien de la Nouvelle-Hollande: elles diffèrent des autres îles de la Pacifique par leurs
formes et par leur composition, étant en grande
partie composées de roches anciennes, et les
volcans ne se présentant plus comme sommets
principaux des groupes, mais suivant la lisière
de ces îles extérieures à la Nouvelle-Hollande,
comme s'ils étaient alignés au pied d'une
chaîne de montagnes. Parmi ces volcans, *Tanna*
qui fut vu en éruption par Cook; *Ambrzym*,
Volcano, près Santacruz; *Sesarga*, au-dessous
des îles Salomon; le volcan de la Nouvelle-Bre-

tagne; celui du cap *Gloster*, et ceux signalés par Dampier dans la Nouvelle-Guinée, sont les plus remarquables.

Cette série, en se réunissant à l'ouest de la Nouvelle-Guinée avec celle des îles de la Sonde venant de l'ouest, et celle des Philippines et des Moluques, qui descend du nord, forme, ajoute M. de Buch, un véritable nœud volcanique. De nombreux volcans existent encore dans les Maldives et les Lacquedives, dans les Carolines, les Mariannes, etc...., et cette profusion de volcans maritimes contraste avec leur rareté dans l'Asie continentale. Il semble que, ne pouvant percer cette masse, ils sont venus éclater sur ses côtes.

M. de Humboldt a néanmoins constaté la présence de volcans dans l'intérieur de l'Asie; il y cite un territoire volcanique qui a plus de deux mille lieues carrées, et se trouve à trois et quatre cents lieues de la mer. Les bouches qui ont été vues en activité, sont :

Le mont *Araltoubé*, situé dans un grand affaissement de terrain entre le grand Altaï, la chaîne du Thian-Chan et le chaînon du Tarbagataï; il a autrefois jeté du feu.

Le *Pé-Chan* (Mont-Blanc) sur le revers septentrional de la chaîne du Thian-Chan, à 42° 35′ lat. N. On en a vu découler à diverses époques des matières pierreuses fondues. Les habitants du pays ramassent beaucoup de sel ammoniac sur les pentes de ce volcan; ils l'emploient à payer leur tribut à l'empereur de la Chine. M. de Humboldt le place à trois cents lieues géographiques (de quinze au degré) de la mer Caspienne, à deux cent soixante-quinze de la mer glaciale, à quatre cent cinq du grand Océan, à trois cent trente de la mer des Indes. A l'est du Pé-Chan toute la pente septentrionale du Thian-Chan offre des phénomènes volcaniques, des laves, des pierres ponces, de grandes solfatares, parmi lesquelles on remarque celle d'Oroumtsi, qui a cinq lieues de tour.

Le volcan de *Ito-Tschéou* ou de *Tourfan*, sur le revers méridional du Thian-Chan, à cent cinq milles à l'est du Pé-Chan: la colonne de fumée qu'on en voit constamment sortir de jour est remplacée pendant la nuit par une flamme semblable à celle d'un flambeau; on y recueille aussi du sel ammoniac. Personne ne dit en avoir vu découler des laves. Au nord-ouest de la solfatare d'Oroumtsi, dans une plaine voisine de celle du Khobok, le sel ammoniac se sublime dans des crevasses et se dépose à l'état d'écorce solide et dure.

5.° La *série des îles Aléutiennes*, qui réunit l'Asie et l'Amérique septentrionale, contient un grand nombre de volcans, parmi lesquels M. de Buch cite: le volcan de *Tanaga*, le plus élevé, ayant dix lieues de circonférence à la base, et sa cime, divisée en plusieurs pics, couverte de neiges; les volcans de l'île d'*Un-mack*, qui sont d'une grande activité; un de ces volcans s'éleva sur la côte en 1796; les volcans d'*Alaska* et celui du détroit de Cook.

Les cimes les plus élevées des Cordillères, dit M. de Humboldt, sont généralement trachytiques, et les volcans actuels agissent par des ouvertures formées dans ces roches. L'ensemble du terrain volcanique forme ainsi une zone culminante sur le dos des Andes, et il s'étend rarement vers les plaines. Les volcans actifs, loin d'être solitaires ou associés par groupes, se suivent, à la manière des volcans éteints de l'Auvergne et des cratères brûlants de Java, par files, tantôt dans une série, tantôt sur deux lignes parallèles : ces lignes sont généralement dirigées (montagnes de Guatimala, de Popayan, de Los-Pastos, de Quito, du Pérou et du Chili) dans le sens de l'axe des Cordillères; quelquefois (Mexique) elles font avec cet axe un angle de 70°. L'élévation de la plupart des volcans des Andes, leur éloignement des bords de la mer, constituent les traits les plus distinctifs comparativement aux volcans de la Méditerranée. Des divergences non moins remarquables apparaissent lorsqu'on étudie les détails de forme et de composition de ces énormes soupiraux volcaniques.

Une partie de ces volcans consistent en dômes trachytiques plus ou moins surbaissés; les uns pourvus de cratères centraux, qui re-

jettent des matières gazeuses, des cendres, des
ponces (Ruca-Pichincha, Cotopaxi); les autres,
bouchés par le haut, mais ayant donné des
éruptions latérales; d'autres, enfin, totalement
inactifs et sans aucune ouverture (Chimborazo); de sorte qu'il en résulte une liaison
réelle de la formation lavique avec la formation trachytique. Ces dômes de trachytes sont-
ils en effet partie constituante de la formation
lavique, ou bien ne représentent-ils que les
canaux ouverts par l'action lavique à travers
des masses préexistantes. La question est importante, parce que, dans le premier cas, la
liaison des deux formations serait géognostique et tellement complète, qu'elle porterait
atteinte aux subdivisions adoptées; dans le second cas, elle serait purement géographique:
or, plusieurs considérations tendent à démontrer que ces dômes, sous le rapport des masses
constituantes, doivent être classés dans la formation trachytique, et qu'à la période lavique
appartient seulement leur configuration extérieure. C'est, d'abord, que l'émission de telles
roches, pendant la période lavique, formerait
une anomalie tout-à-fait unique; en second
lieu, les observations de M. Boussingault tendraient à faire regarder ces trachytes comme
disloqués, comme si leur soulèvement avait
eu lieu postérieurement à leur consolidation.
Ainsi des trachytes, qui devaient être en colonnades régulières, sont réduits à des amas

confus, à des brouillages de prismes; des variétés hétérogènes en blocs irréguliers sont de même mêlées et brouillées; enfin, l'on ne trouve aucun indice d'une création par épanchement pâteux au-dessus d'un orifice d'éruption, et l'on en trouve d'une origine opérée par soulèvement de masses préexistantes, solides et très-épaisses. Une troisième considération tend à confirmer cette dernière hypothèse, c'est que plusieurs faits indiquent que ces dômes sont creux; ainsi le Chimborazo ne fait pas dévier le pendule d'une quantité proportionnelle à sa masse et à sa densité. L'Altar ou Capac-Urcu et le Carguairazo, autres dômes de la même nature, dont le premier était plus élevé que le Chimborazo, s'écroulèrent sur eux-mêmes; le Capac-Urcu avant l'arrivée des Espagnols, et le Cairguairazo en 1698. Ce dernier écroulement donna lieu à l'émission d'une énorme quantité de matières boueuse, feldspathique et charbonneuse, que les habitants appellent lodazales ou moya, et qui couvrirent une étendue de plus de quinze lieues carrées. L'on pourrait donc, d'après ces considérations, regarder ces cônes comme des cloches, qui résultent de l'expansion lavique à travers les trachytes préexistants, et qui tantôt ont été percées et ont donné lieu à des éruptions, tantôt sont restées intactes, mais offrant dèslors, par leur forme et par le peu de solidité des masses constituantes, une tendance à s'é-

crouler sur elles-mêmes et à chasser au loin les
amas d'eau qui ont rempli leurs cavités et où
s'étaient développés des poissons en plusieurs
cas, ainsi que le démontrèrent ces déjections
boueuses du Carguairazo, qui contenaient un
grand nombre de petits poissons connus sous
le nom de prénadillas, et dont l'espèce habite
les ruisseaux de la province de Quito.

M. de Buch a divisé les volcans des Andes
en plusieurs séries : 1.° la *série du Chili*, qui
en comprend vingt-quatre, dont les plus remarquables sont : le volcan de *Peteroa*, connu
par son éruption de 1762; ceux de *Maypo*,
de *Sant-Iago*, de *Copiapo* et d'*Arequipa*. Les
tremblements de terre ont souvent détruit la
ville de Copiapo. Celui de 1819 ne consista
pas en grandes secousses successives, mais en
mouvements oscillatoires et très-rapides, dont
la durée était de près d'un quart d'heure; ces
mouvements ne furent sentis que dans des limites très-resserrées. La ville de Copiapo fut
détruite en 1773, en 1796 et en 1819, c'est-à-
dire tous les vingt-trois ans.

2.° La *série de Quito*. Suivant M. de Humboldt, la région élevée de Quito forme avec
les montagnes adjacentes une seule cavité volcanique : voûte énorme, qui s'étend dans la
direction nord-sud et couvre un espace de six
cents lieues carrées. Le Cotopaxi, le Tunguragua, l'Antisana, le Pichincha, etc...., surmontent cette voûte comme les cheminées d'un

même foyer souterrain. Des flammes sortent tantôt de l'un, tantôt de l'autre de ces volcans, et bien que plusieurs cratères y soient obstrués, les manifestations volcaniques qui ont lieu dans le voisinage doivent faire considérer tout le système comme en état d'activité. Les principaux volcans de cette série sont : le *Sangay*, élevé de cinq mille trois cent soixante mètres, et exhalant continuellement des vapeurs ; le *Tunguragua* ; le *Cotopaxi*, élevé de cinq mille huit cent quatre-vingt-sept mètres, et en activité presque continuelle depuis 1742 ; l'*Antisana*, élevé de cinq mille neuf cent quatre-vingt-cinq mètres, qui a fourni une coulée latérale de ponces et d'obsidienne ; le *Pichincha*, élevé de cinq mille huit cent quatre-vingt-un mètres, et pourvu d'un cratère qui a cinq mille six cents mètres de circuit ; le volcan de *Pasto*, avec un cratère qui rejette continuellement des gaz ; le *Puracé*, à l'est de Popayan. Les trachytes se prolongent jusqu'à Carthagène, et M. Roulin vit en 1826, pendant une période de tremblements de terre énergiques, une colonne de fumée se dégager du pic de *Tolima*, situé sur la Cordillère de Quindiu. Un volcan situé près du *Rio-Fragua*, se détache de la série et semble la mettre en connexion avec les volcans des Antilles.

5.º La *série de Guatimala*, qui comprend le volcan de *Papagayo* ; ceux qui entourent le lac de *Nicaguara* ; le volcan de *Telica*, qui

donne beaucoup de fumée et lance continuellement des scories; le volcan de *Sacatecoluca*,
qui s'entr'ouvrit en 1643 et donna issue à une
grande quantité de cendre et de lave; le volcan
de *Guatimala*, composé de deux pics dont la
hauteur dépasse quatre mille mètres; enfin,
le volcan de *Soconusco*.

4.° La *série du Mexique* est très-remarquable
par sa direction, qui, au lieu de coïncider
avec l'axe des Cordillères, lui est presque
perpendiculaire, et par les phénomènes dont
elle fut le théâtre.

Le Mexique présente cinq grands volcans,
qui traversent l'isthme de Panama, entre le
18° et le 19° de latitude, presque de l'est à
l'ouest, et coupant ainsi la chaîne des Andes
sous un angle de 70°. Ce sont, à partir de l'est,
le volcan de Saint-Martin ou de *Tuxtla*; celui
d'*Orizaba*, le *Popocatepetl*, le *Jorullo* et le
volcan de *Colima*. Dans la même direction le
sol volcanique reparaît dans les îles de Revil-
lagigedo.

Le volcan de Tuxtla, à trente lieues environ
au sud-est de Véracruz, eut une violente éruption en 1793. Les cendres, dit M. Daubeny,
furent transportées jusqu'à Pérote, qui en est à
plus de cinquante lieues. L'Orizaba, pic trachytique sans cratère, élevé de plus de cinq mille
trois cents mètres, n'a eu aucune éruption
récente; mais le Popocatepetl, qui atteint cinq
mille cinq cent quarante-deux mètres, et qui

est le plus rapproché de Mexico, est au contraire un volcan très-actif. Depuis l'année 1530, où une violente éruption mit fin à un long repos, ce volcan, qui s'élève à cinq mille cinq cent quarante mètres environ, a fourni des coulées de laves en bandes étroites comme les volcans de la Méditerranée.

Le volcan le plus intéressant de cette série est, sans contredit, celui de Jorullo, né de mémoire d'homme. En 1759, des plaines arrosées par le Cuitamba et le San-Pedro, couvertes de plantations de cannes et d'indigo, et qui depuis cinquante à soixante jours avaient été presque continuellement ébranlées par des commotions souterraines, furent soulevées avec un horrible fracas sur une étendue de trois à quatre milles carrés. Cette plaine, que l'on appelle *Malpays,* a été soulevée en forme de vessie. Vers le centre plusieurs cônes, dont le principal est le Jorullo, s'élevèrent par des éruptions simultanées, et des milliers de petits cônes, dits hornitos, composés d'argile, englobant des boules de basaltes, ont hérissé cette surface bombée (planche XI). Là où le terrain soulevé est contigu à la plaine des playas de Jorullo, qui n'a subi aucun changement et dont il a jadis fait partie, il y a, dit M. de Humboldt (à l'est de San-Isidoro), un saut brusque de six ou dix mètres. Les couches argileuses noirâtres ou brun-jaunâtres du Malpays paraissent comme fracturées, et offrent dans une coupe dirigée du N.-E. au S.-O., des fentes de stratification horizontales et ondulées. Après avoir franchi ce saut ou gradin, on s'élève sur la surface bombée du Malpays, en circulant autour des hornitos, jusqu'à la fracture centrale où sont sortis les grands volcans, dont le principal est le seul en activité. La convexité du terrain est dans quelques endroits de cent cinquante-six, en d'autres, de cent quatre-vingts mètres, c'est-à-dire, que la portion centrale, où s'élève brusquement le grand cône de Jorullo, est à peu près de cent soixante-dix mètres plus élevé que le bord du Malpays. Toute cette pente est si douce qu'on ne peut l'apprécier qu'avec des instruments : c'est, comme disent les naturels, un terrain creux; opinion confirmée par sa sonorité, la fréquence des crevasses, par des affaissements partiels qui ont eu lieu, et surtout par l'engouffrement des deux cours d'eau, le Cuitamba et le San-Pedro, qui se perdent à l'est du volcan, et reparaissent au jour comme des eaux thermales de 62° au bord occidental du Malpays. Les hornitos ou fours, ainsi appelés à cause de la vapeur d'eau mêlée d'acide sulfureux, qui, sous forme de fumée blanche, se dégage généralement des crevasses de leurs sommités, ainsi que des fissures qui traversent les ruelles qui les séparent, sont élevés de deux à trois mètres; ils sont composés de sphéroïdes de basaltes, dont le diamètre varie de quelques décimètres à un mètre, enchâssés dans une masse argileuse, à couches diversement contournées. Les vapeurs qui se dégagent, décomposent ces basaltes en masse argileuse noire et ferrugineuse, à taches jaunâtres. En approchant l'oreille des crevasses, on entend un bruit sourd, qui est dû peut-être aux cascades intérieures du Rio-Cuitamba. M. de Humboldt a constaté jusqu'au pied du Jorullo, que c'étaient bien les couches argileuses qui constituent le sol qui avaient été soulevées, et que le bombement superficiel ne résultait nullement de l'entassement des déjections, dont l'épaisseur augmente à mesure que l'on s'approche des bouches volcaniques. Le grand cône de Jorullo a produit un courant de lave compacte à l'intérieur, très-scoriacé à l'extérieur. Cette lave est basaltique et contient du péridot disséminé; elle empâte des morceaux crevassés de syénite; elle est sortie du cratère légèrement échancré, et elle était très-pâteuse, à en juger par sa forme massive et l'épaisseur de plus de deux cents mètres qu'elle a conservée à son origine: c'est en la suivant que MM. Humboldt et Bonpland ont pénétré dans l'intérieur du cratère encore brûlant.

Que de faits rassemblés dans cette longue éruption de Jorullo, dont la planche XI éclaircit les détails! Il y a soulèvement du sol, éruptions volcaniques au centre de ce soulèvement, émission de milliers de petits cônes de basalte en boules. Il est bon d'insister sur ces faits, parce qu'ils servent en quelque sorte d'introduction à la formation basaltique, sous le rapport des matières émises et sous celui du mode d'émission.

La *série des Antilles* doit être considérée, dit M. de Buch, comme en communication directe avec la chaîne primordiale de Caracas, par le seul fait que les secousses qui agitèrent cette province, cessèrent lorsque le volcan de Saint-Vincent vint à s'entr'ouvrir. Cette série peut se diviser en deux : l'une, qui comprend les petites Antilles, est parallèle à l'axe des Cordillères, tandis que la série des grandes Antilles suit la même direction que la série mexicaine.

Les principaux volcans de cet ensemble sont : le *Morne-Garou*, montagne la plus élevée de l'île Saint-Vincent.

Le 27 Avril 1812, le cratère de ce volcan, qui avait encore été visité la veille, lança des cendres, puis des flammes, et le 30, à 7 heures du matin, un torrent de lave creva la montagne du côté du N.-O., et en descendit avec une telle rapidité qu'il atteignit le rivage de la mer en quatre heures. A 5 heures après midi, le grand cratère rejeta une prodigieuse quantité de pierres et de cendres, qui détruisirent presque toutes les plantations de l'île.

Le volcan de l'île *Sainte-Lucie* est entouré

de vingt-deux petits lacs, dont les eaux sont toujours en ébullition, tellement que les bulles sont parfois lancées à quatre ou cinq pieds au-dessus de la surface. Le volcan le plus élevé de la *Martinique*, peut-être de toute la série, est le *Piton du Carbet*, dont les pentes sont couvertes de coulées de laves feldspathiques; près de la base on observe des colonnes de basaltes. Ce volcan est au milieu de l'île. La *Guadeloupe* est remarquable par la *soufrière*, cratère dont le bord est à environ mille six cent soixante-sept mètres au-dessus du niveau de la mer, et qui, le 27 Septembre 1797, eut une éruption de pierres ponces, de cendres, et d'épaisses vapeurs sulfureuses. Cet événement fut précédé de secousses qui ébranlèrent les Antilles pendant huit mois. Le volcan de *Saint-Eustache* est une montagne conique de dix lieues marines de tour, dont le centre est occupé par un cratère surpassant en grandeur et en régularité tous ceux des Antilles.

Après avoir suivi les phénomènes volcaniques dans les diverses parties du globe, nous pouvons résumer l'ensemble de ces phénomènes, en les classant, ainsi que l'a fait M. Brongniart, en plusieurs subdivisions distinctes :

1.° *Bruits souterrains et tremblements de terre*. Ces deux phénomènes sont ordinairement en connexion. Cependant le fameux tremblement de terre de Lisbonne, en 1755, se manifesta tout à coup et sans bruit, tandis que d'un autre côté, dans le district de Guanaxuato, au Mexique, des bruits souterrains se firent plusieurs fois entendre sans qu'il y eût de commotion sensible. Les tremblements de terre ne se manifestent pas seulement dans les contrées volcaniques; ceux de la Calabre, du Portugal, des Pyrénées, etc...., sont des exemples, que l'on pourrait multiplier, de commotions très-énergiques dans des contrées où il n'y a pas de volcans. La durée des secousses varie beaucoup; celles de Cumana durèrent douze et quinze secondes, tandis que d'autres sont presque instantanées. Quant à la durée de la série des secousses, elle peut être de plusieurs années, ainsi que cela eut lieu à Lancerote. On a remarqué que dans les contrées agitées il y avait des points où l'action était plus énergique ou moins sensible que dans les autres, et le fait le plus curieux que l'on ait mentionné à cet égard, c'est que dans une commotion qui eut lieu dans la vallée d'Aspe, dans les Pyrénées, en 1773, les constructions placées sur le granite furent ébranlées beaucoup plus violemment que celles qui reposaient sur le calcaire. Ce fait concorde avec beaucoup d'autres, dit M. Brongniart, pour placer le siége des phénomènes volcaniques au-dessous du granite, qui, en raison de sa densité, est

bon conducteur du mouvement. Assez ordinairement les tremblements de terre finissent
par une éruption. Ainsi, le tremblement de
terre de Lima cessa, lorsque cinq volcans des
environs entrèrent en activité. Les éruptions
de Monte-Nuovo, de Jorullo, mirent fin aux
commotions souterraines, et nous avons déjà
cité l'expérience qu'avaient à ce sujet les habitants des Sandwich, qui, craignant des tremblements de terre lorsqu'ils voyaient leurs
volcans inactifs depuis long-temps, jetaient
dans les cratères des victimes humaines, pour
apaiser leurs divinités. Les tremblements de
terre ont souvent agité les eaux de la mer, et
les plus grands désastres se rapportent à ce
mode d'action.

2.° *Soulèvements et affaissements du sol.* Le
bombement de la plaine du Malpays, le soulèvement des îles de Santorin, sont les faits
les plus complets qui se rapportent aux soulèvements contemporains du sol; car il ne faut
pas confondre avec l'exhaussement d'un sol
préexistant, le surgissement beaucoup plus
fréquent des îles de déjections. Le soulèvement graduel, observé sur les côtes de la Suède,
et celui qu'éprouva brusquement la côte du
Chili, doivent encore être mentionnés. Ce fut
en Novembre 1822 que commencèrent les agitations souterraines qui détruisirent au Chili
les villes de Valparaiso, Melipilla, etc....., lesquelles se terminèrent en Septembre 1823 par

des explosions suivies de chocs effroyables, à la suite desquelles le sol de la contrée fut fendu dans tous les sens. On observa le 20 Novembre que toute la côte s'était élevée sur une longueur d'environ cent lieues. Cette élévation était d'un mètre près de Valparaiso, et de 1^m,33 près de Quintero.

Les affaissements du sol ne sont pas moins fréquents que les soulèvements, et il paraît que les îles volcaniques de la Pacifique ont été le théâtre de phénomènes d'affaissements beaucoup plus grands que ceux que nous avons cités même dans les Amériques (écroulement du Capac-Urcu et du Carguairazo). Il y a peu d'années, une montagne élevée, occupant un espace d'environ quinze milles de long sur six de large, qui supportait quarante villages dans l'île de Java, a été engloutie et remplacée par une cavité. L'île de Sorca, une des Moluques, a complétement disparu à la suite de commotions volcaniques. L'on peut joindre à ces faits la formation de failles et de crevasses, observée au Chili, à Caracas, dans la Calabre, aux environs de Messine, etc.... On a cité de ces crevasses qui avaient plusieurs mètres de largeur et plus d'une lieue de long.

3.° *Modifications hydrographiques.* Les changements apportés dans la configuration de la surface du globe par les soulèvements et les affaissements du sol, portent naturellement sur les détails hydrographiques de la contrée.

Mais, en outre, les eaux des sources et des puits éprouvent des perturbations très-fréquentes. Ces eaux se troublent, s'échauffent, diminuent de volume. D'autres fois il se forme au contraire de nouvelles sources thermales ou minérales, et c'est ainsi que le Strok d'Islande, qui, comme le Geyser, jette périodiquement des colonnes d'eau, apparut, suivant Olafsen, pendant un tremblement de terre en 1784. En 1563, par un violent tremblement de terre dans la Sicile, toutes les sources furent salées. Pendant celui de Caracas, l'eau du lac Maracaïbo diminua sensiblement. Lorsque Raguse fut ruinée, en 1667, par un tremblement de terre, toutes ses sources tarirent.

4.° *Émission de substances gazeuses, liquides ou solides.* C'est l'émission de ces substances qui constitue le volcan. Les émissions gazeuses ne suffisent guère pour le faire regarder comme en état d'activité, bien que ce soit une forte présomption, lorsqu'elles ont lieu par un cratère. Pendant les éruptions, les dégagements gazeux deviennent tellement violents, qu'ils portent des cendres et des pozzolanes à mille et douze cents mètres au-dessus du volcan : c'est la vapeur d'eau qui forme la plus grande partie de ces gaz. M. Scrope pense même qu'il ne sort jamais de véritable flamme et que le reflet de la lave enflammée, par la girandole gazeuse, est l'origine de cette illusion. En se condensant dans l'atmosphère, cette grande

quantité de vapeur d'eau occasionne souvent
des pluies chaudes et acides. Ces dégagements
gazeux entraînent des cendres et des pozzolanes, qui obscurcissent l'air, et ont souvent
été transportées par les vents à des distances
de trente lieues et plus : des bombes volcaniques, composées de lave fluide qui s'arrondit
et se solidifie dans l'air, et de masses solides,
arrachées aux roches préexistantes, sont lancées par leurs explosions à d'énormes hauteurs. Le Cotopaxi a lancé, en 1533, des rochers de dix mètres cubes, qui sont tombés
à des distances de deux et trois lieues. En 1820,
le volcan de Motin, l'une des Moluques, pro-
jetait à une hauteur égale à la sienne, des
masses aussi grandes que les maisons du pays.
Les laves débordent par le cratère, ou elles
oscillent; ou, fracturant par leur pression les
flancs du cône, s'épanchent à son pied. Une
fois en contact avec l'air ambiant, la vapeur
dont elles sont pénétrées se dégage, et il se
forme une croûte solide superficielle, au-dessous de laquelle elles se meuvent. Cette croûte
superficielle empêchant le dégagement de
vapeurs et occasionant une pression par sa
contraction, il se forme souvent des déchirures, par lesquelles la lave fluide coule de
nouveau. La rapidité des courants de lave,
c'est-à-dire, leur fluidité, est extrêmement
variable. En 1776, un courant du Vésuve
parcourut près de deux kilomètres en qua-

torze minutes. Suivant M. de Buch, un courant
épanché du cratère atteignit la mer, c'est-à-
dire, parcourut trois kilomètres en trois heures.
Le même volcan présente au contraire des
exemples de laves qui avançaient encore plusieurs mois après leur émission. Quant au volume, nous avons fourni assez de données à
ce sujet. Les plus grandes émissions de lave
n'ont pas eu lieu par des cratères, mais immédiatement par des fractures; telles sont : celle
de Lancerote, qui couvrit les deux tiers de
l'île; celle de l'Islande, en 1783, qui occupe
une surface de quatre-vingt-quatorze milles
anglais sur cinquante.

La distribution géographique des volcans,
leur position assez générale sur les côtes ou
dans des îles, devraient trouver place à la suite
de ces généralités; mais nous préférons réserver
ce sujet pour la fin des terrains volcaniques.
Les rapprochements que nous ferons avec les
formations basaltique et trachytique, permet-
tront de le traiter d'une manière plus complète
et plus intéressante.

Volcans éteints.

Jusqu'ici nous n'avons considéré que les
phénomènes volcaniques qui ont eu lieu depuis les temps historiques. Cependant la formation lavique, caractérisée principalement
par la nature de ses laves et par la grande

Volcans
éteints.

influence des dégagements gazeux sur la forme des éruptions, paraît avoir commencé avant les temps les plus reculés de l'histoire. Ainsi nous trouvons dans la plupart des districts volcaniques des cratères, des laves, des cônes, qui font évidemment partie par leur forme, comme par leur composition, des produits de la période lavique, et dont les traditions n'ont pas conservé le souvenir. Dans beaucoup de contrées où il n'existe plus de volcans, les mêmes faits se représentent. Une subdivision en volcans *éteints* et en volcans *brûlants*, n'est pas une subdivision géognostique; il ne peut donc y avoir de différence à établir entre les volcans actifs dont nous avons précédemment décrit les principaux caractères, et les volcans qui n'ont donné aucun signe d'activité de mémoire d'homme, ou même que leur position indique comme plus anciens que certaines vallées, si leurs produits ont les caractères propres à la formation lavique.

Parmi les contrées qui présentent des volcans dans ces conditions d'identité, la France centrale et les bords du Rhin sont en quelque sorte classiques, parce que non-seulement la période lavique y est représentée par des masses puissantes et développées; mais surtout parce que cette période y est en quelque sorte en contact avec la période basaltique, que l'on peut suivre le passage des deux formations, et que l'on y voit les modifications simultanées des phénomènes et des matières émises.

La formation lavique est représentée dans la France centrale par environ cinquante cônes volcaniques, alignés sur le plateau granitique qui domine la ville de Clermont du côté de l'ouest. Ces cônes sont tous composés de scories et de pozzolanes; ils se sont évidemment formés sur une longue fissure dans une direction nord-sud, inclinant un peu vers l'ouest. Beaucoup ont fourni des courants de laves. La hauteur de ces cônes, qui présentent pour la plupart un cratère, quelquefois plusieurs, varie de cent à deux et trois cents mètres. Il ne faut pas confondre avec eux quatre dômes préexistants, qui appartiennent à la formation trachitique et dont le Puy-de-Dôme fait partie. La chaîne que constituent ces montagnes volcaniques est désignée sous le nom de chaîne des Puys ou des Monts-Dômes; elle a huit lieues de longueur. Le Puy-de-Dôme la divise à peu près en deux parties égales, et la planche XII représente les deux parties, figure 1, au nord; figure 2, au midi, prises du sommet du Puy-de-Dôme, figuré lui-même planche X et qui est beaucoup plus élevé. Ces vues donnent idée des formes diverses que peuvent affecter les cônes d'éruption.

Tous les cônes d'éruption de cette chaîne représentent des phénomènes analogues; ils ne diffèrent que par leur volume, lequel est proportionnel à la durée et à l'intensité des

Formation lavique de la France centrale.

émissions de scories et de pozzolanes, et par
les détails de leur forme, qui résultent de la
position et de la forme de l'orifice d'éruption.
Une partie des cônes à cratères qui ont fourni
des laves, ont été oblitérés par la sortie de
cette lave, c'est-à-dire qu'elle en a emporté
la moitié, et l'éruption ayant fini là, ces cônes
se présentent sous forme de cratères égueulés;
tel est le puy de Louchadière, au nord du
Puy-de-Dôme; tels sont surtout ceux qui sont
le plus au sud, les puys de la Vache, de Las-
solas, Vichatel, etc.... : mais, au contraire,
très-souvent après l'éruption de nouvelles
déjections ont reconstruit les cônes, ainsi que
cela est très-bien exprimé au puy de Pariou,
qui consiste en un cône à cratère très-régu-
lier, placé dans un cratère égueulé. Il est souvent arrivé que l'action volcanique s'est en
quelque sorte subdivisée, se créant deux, trois
et même quatre ouvertures dans un même
cône et donnant ainsi naissance à deux, trois
ou quatre cratères; tels sont: le puy de Côme,
qui en a deux; celui de Montchie, qui en a
quatre: le puy de Laschamp est une série de
cônes accolés et confondus en un seul. Les
déjections qui constituent ces cônes sont noires
ou rouges; elles contiennent quelquefois, surtout au puy de la Vache, du fer olygiste spéculaire; d'autres fois de très-jolis cristaux isolés
de pyroxène (puy de la Rodde). Au puy de la
Vache, les émanations hydrochloriques ont

altéré les déjections qu'elles ont colorées en jaune clair, ainsi que les cristaux de pyroxène qu'elles contiennent.

Les laves de la chaîne des Puys sont feldspathiques ou pyroxéniques; elles se distinguent facilement par leur texture cellulaire et poreuse, grenue et cristalline, des laves feldspathiques et pyroxéniques des autres formations, qui se présentent comme elles sous forme de coulées. Les laves pyroxéniques contiennent en quelques points seulement du péridot. Le caractère le plus saillant de ces laves est l'irrégularité de leur surface : cette surface est en effet hérissée d'aspérités, formées par des entassements de blocs anguleux, et dont la hauteur atteint dix et quinze mètres. Les aspérités, accolées dans le plus grand désordre, présentent un aspect analogue à celui des grands cours d'eau, lorsque les masses amoncelées de glaces qu'elles charient, sont arrêtées dans leur course; aussi ces laves forment des déserts plus ou moins étendus, très-difficiles à parcourir et connus sous le nom de Scheires. La scheire de Côme est la plus remarquable. On attribue ces aspérités à des explosions gazeuses, de sorte que la lave serait sortie du cratère chargée de beaucoup plus de gaz que n'en pourraient contenir les cellules qu'elle présente actuellement. Ces gaz se dégageaient avec violence pendant son trajet, et en bouleversaient, par leurs explosions, la surface déjà durcie. Plusieurs phénomènes tendent même à prouver qu'il en résulta des cavités intérieures, notamment dans la scheire de Côme, où l'on rencontre des creux très-fissurés, d'où sortent, pendant l'été, des courants d'air très-frais.

La conservation parfaite des volcans de la chaîne des Puys, la facilité avec laquelle on suit tous les accidents de leurs éruptions, la superposition fréquente de leurs laves aux coulées basaltiques, et les distinctions minéralogiques qui résultent de la texture et de la composition de ces laves, suffisent pour établir à la fois leur postériorité à la formation basaltique et leur âge très-récent. Cette conservation a quelquefois porté à considérer l'époque de leur activité comme trop rapprochée de nous. La position de ces volcans est telle, en effet, qu'ils ont pu échapper à l'action érosive des eaux; mais, lorsque leurs laves sont descendues dans des positions où elles provoquèrent des érosions, en barrant des cours d'eau, par exemple; ces érosions sont de nature à reculer l'âge des volcans bien au-delà des temps historiques. Ainsi, lorsque la lave du Côme barra l'ancien lit de la Sioule, les eaux s'accumulèrent au niveau de la lave; mais une colline argileuse, cédant à la pression, fut creusée à une profondeur de près de cent mètres. De même la lave de Vichatel barra le lit de la Mone, en s'appliquant contre

une colline tertiaire, qui fut entamée et creusée à une grande profondeur. Il n'est guère
possible d'établir des calculs approximatifs,
pour déterminer quel temps il fallut aux cours
d'eau cités pour creuser ces nouveaux lits :
cette action, primitivement très-accélérée par
une forte pression, est maintenant à peine
appréciable. Il suffit néanmoins d'étudier les
lieux, pour se convaincre qu'il fallut un plus
long laps de temps que celui dont l'histoire
nous a conservé le souvenir. D'un autre côté,
ces barrages ont résisté à l'érosion lorsque les
laves ont coulé sur des roches solides, et cette
considération établit une grande distinction
d'âge avec les éruptions basaltiques qui ont
eu lieu, non loin de là, dans le Bas-Vivarais,
dans des circonstances analogues; car depuis
l'émission de ces basaltes, les plus récents de
la France centrale, des barrages plus solides
que ceux qui ont donné naissance aux lacs
d'Aidat et de Chambon, ont été rompus et
profondément entamés.

Le fait le plus singulier de la chaîne des
Puys résulte du soulèvement en un point d'une
masse qui faisait partie du sol préexistant.
Cette masse soulevée est le Puy-Chopine, fig. 1,
qui est entouré d'une portion de cône d'éruption en forme de croissant. Il a fait lui-même
fonction de la partie du cratère qui manque;
car l'orifice volcanique étant à son pied, toutes
les déjections qui étaient lancées sur ses flancs

y retombaient, et celles qui étaient lancées vers les autres points pouvaient seules contribuer à la formation d'un cône d'éruption. Ce point, intéressant par tous les degrés d'altération que la chaleur volcanique a fait subir aux roches préexistantes, par les sublimations du fer oligiste que l'on y trouve, l'est encore par la difficulté de se rendre compte de l'époque du soulèvement et de la manière dont il s'est exécuté. L'altération du trachyte domite, qui a été d'ailleurs évidemment soulevé, démontre que le soulèvement est postérieur à la formation trachytique; mais comme l'on voit au pied de la masse un épanchement basaltique, il est possible que ce soit cette roche qui l'ait soulevé, et que les émissions laviques n'aient fait que suivre la même route. D'un autre côté, ce basalte n'est peut-être qu'un filon préexistant, lui-même soulevé avec toute la masse par l'action lavique. Quoi qu'il en soit, ce phénomène de soulèvement et de torréfaction d'une masse préexistante et très-diversement composée (car elle présente, outre le domite, une roche syénitique, un porphyre amphibolique et une roche feldspathique compacte), est d'autant plus intéressant qu'il paraît assez rare dans cette formation.

Formation lavique des bords du Rhin. La formation lavique des bords du Rhin constitue un pas plus prononcé vers la formation basaltique, et la liaison qui, en Auvergne, ne résulte que de passages minéralo-

giques accidentels, résulte ici non-seulement
de la nature des laves, qui oscillent continuellement du basalte à la lave moderne,
mais aussi de la forme toute particulière
qu'affecte la volcanisation. Les provinces de
l'Eiffel et de la Neuwied présentent à la
fois des volcans laviques et des volcans basaltiques, et la distinction entre les uns et les
autres est souvent très-difficile à établir. L'ensemble de la contrée, limitée par le Rhin, la
Moselle, les Ardennes et les plaines au-delà
de Cologne, présente d'abord un aspect en
harmonie avec les phénomènes laviques les
plus ordinaires. Des montagnes coniques, composées de déjections et de laves scoriacées,
surmontées de cratères quelquefois égueulés,
ont déversé des coulées de laves cellulaires;
mais des accidents particuliers du sol varient
cet aspect : ce sont des dépressions circulaires,
de vastes enfoncements cratériformes, qui se
présentent non plus sur des éminences coniques, mais creusés au niveau même des plaines
et des plateaux de schiste argileux, grauwacke
ou calcaire, qui constituent le sol de la contrée. Quelques-unes de ces dépressions cratériformes ont près d'une lieue de diamètre. Les
eaux s'y sont naturellement rassemblées, et il
en résulte des lacs circulaires, désignés dans
le pays sous le nom de *Maars*. La surface de
ces dépressions est généralement couverte de
scories libres et de fragments calcinés et plus

3. 6

ou moins altérés de la roche où elles sont creusées (le plus souvent la grauwacke), de sorte qu'elles semblent représenter des cratères formés par des éruptions gazeuses très-violentes, et constituer ce que l'on a appelé cratères d'explosions.

Steininger, géologue de Trèves, divise les cratères de l'Eiffel en trois classes : la première renferme ceux qui n'ont pas produit autre chose que des scories et des pozzolanes, et semblent ainsi formés par simple explosion : le lac de Laacher, celui d'Ulmen, trois lacs à Daun, deux à Gillenfeld, un à Bettenfeld, un à Dockweiler, un à Walsdorf, un à Marsburch. La seconde classe comprend ceux qui ont vomi des fragments scorifiés, quelquefois lâches et cimentés en une pâte : ce sont trois cratères de Gillenfeld, deux de Bettenfeld, un de Gérolstein, un de Steffler, deux à Boos, un à Rolandseck. La troisième classe renferme les volcans qui ont donné des courants de laves aussi bien que des déjections incohérentes, deux à Bertrich (dont un très-petit), un à Bettenfeld (le Mosenberg); un à Itterdsorf, un à Gérolstein, un à Ettingen. Ainsi la totalité des cratères de l'Eiffel, en comptant ceux qui sont le long et près de la rive gauche du Rhin, s'élève à près de trente.

Il est probable que l'ensemble de ces bouches volcaniques constitue une série non interrompue d'éruptions, pendant laquelle s'effectua la transition de la formation lavique à la formation basaltique. La lave de Dockweiler, pyroxénique, compacte et noire comme le basalte, et en même temps cellulaire et micacée, est un exemple de cette transition : mais aucune localité n'exprime mieux ce caractère incertain des volcans de l'Eiffel, que celle de Mosenberg. Vers le milieu du plateau du Mosenberg s'élève, dit M. Reynaud, une butte conique à cratère, dont la conservation est parfaite, et qui a fourni une lave brune et spongieuse. Au sud-est de ce cratère, et presque en contact avec lui, on en trouve un autre, dans un état complet de dégradation. Plus bas encore se trouve un troisième cratère, assez bien conservé, bien qu'échancré d'un côté par un courant de lave qui tombe en cascade dans la vallée, dont la partie inférieure prend l'aspect noir, compacte, et la structure prismatique du basalte. Ainsi, ces cratères accolés, et qui doivent être regardés comme géognostiquement contemporains, ont produit, l'un, une lave moderne et spongieuse; l'autre, une lave basaltique : fait qui reporte naturellement à l'hypothèse précédemment émise sur la succession des diverses laves.

Les cratères-lacs, que l'on a aussi appelés cratères d'explosion, se rapprochent davantage de la formation basaltique, qui nous présentera de nombreux exemples de cratères analogues, excavés dans les plateaux. Le cratére de Dreis, où l'on trouve en abondance des noyaux de péridot, de pyroxène et de mica, parmi les déjections qu'il a émises; les trois lacs de Daun, dont les flancs, plus ou moins rapides, sont couverts de déjections pyroxéniques, de fragments de grauwacke, calcinés ou vitrifiés et dont les angles sont plus ou moins arrondis, devraient peut-être faire partie des phénomènes déjà basaltiques. La planche X présente, d'après M. Reynaud, la configuration d'un des lacs de Daun (Gemünder-Maar), dont le diamètre est environ d'un kilomètre : ici point de lave qui puisse donner des indications géognostiques, et c'est à peine si l'on peut se rendre compte de la manière dont il a été excavé. Le volcan de Gérolstein, décrit avec détail par M. Reynaud, semble plus propre qu'aucun autre a éclaircir la question géognostique.

Le village de Gérolstein est dominé par un plateau grossièrement circulaire, d'environ un kilomètre et demi de diamètre, composé de calcaire à productus, trilobites, etc...., et terminé sur toutes ses faces par des escarpements très-abruptes. Au milieu de ce plateau se trouve un enfoncement conique, dont un des bords form saillie et qui est un cratère dont les parois sont revêtues par une lave d'un brun grisâtre, très-apre et très-poreuse. L'étude des lieux démontre que ce trou s'est formé au milieu des couches calcaires, et qu'il a donné passage a une grande quantité de lave, qui s'est répandue à la surface du plateau, et qui a même dépassé ses bords et s'est précipitée en cascades dans la vallée. La lave, en se retirant après s'être ainsi déversée, aura laissé cet enfoncement conique; elle est caverneuse et spongieuse comme les laves modernes, et doit être regardée comme telle, bien qu'on trouve en quelques points un peu de péridot. Le fait le plus intéressant de cette localité est la connexion qui existe entre la sortie de la lave et la conversion d'une partie du calcaire en dolomie. En effet, le calcaire, au voisinage de la lave, devient, dit M. Reynaud, grenu, cristallin et dolomitique, et ces caractères sont d'autant plus tranchés qu'on est plus près du contact. En même temps la stratification disparaît; on voit se prononcer de grandes fissures verticales, qui donnent a ces parties un caractère particulier. Dans l'intérieur de la lave une masse calcaire est devenue caverneuse, semblable à une pâte tourmentée dont les vides sont tapissés de cristaux dolomitiques. Les fossiles de ce calcaire ne cessent d'être visibles que dans les parties très-modifiées, et à mesure qu'on s'éloigne du contact, le calcaire reprend sa texture compacte et tous les caractères qui lui sont propres. Ces faits pourront par la suite venir à l'appui de la théorie de M. de Buch, relativement a la formation des dolomies.

Le lac Laacher, un des cratères-lacs les plus célèbres, est aussi un de ceux qui semblent appartenir préférablement à la formation basaltique. Néanmoins la lave de Niedermendig, très-cellulaire, exploitée comme meules, et qui contient, de même que certaines laves du Vésuve, de l'amphigène, de l'haüyne, etc...., semble se rattacher au système dont il est le centre. On a observé que de ce centre divergeaient, comme des rayons, des fractures, indiquées par des orifices d'éruption, de sorte qu'il semblerait que l'action qui a excavé le sol, l'a aussi fracturé sous la forme d'un étoilement. Ce fait est important, parce qu'il rattache tous ces cratères-lacs à des phénomènes autres que ceux des explosions volcaniques, auxquelles on ne peut attribuer de telles excavations.

FORMATION BASALTIQUE.

Caractères généraux. Le basalte, lave compacte et très-pyroxénique, est la roche dominante de la formation : c'est lui qui en détermine tous les caractères physiques ; car non-seulement c'est la roche la plus abondante, mais dans certaines contrées c'est la seule. La dolérite, la vacke, les déjections (scories, pozzolanes et cendres) et les roches d'agrégation (brèches volcaniques, tufs pyroxéniques, pépérines), modifient assez souvent, il est vrai, l'aspect uniforme et les phénomènes peu variés qui résulteraient de la présence exclusive du basalte, quelque diverses que pussent être d'ailleurs les formes sous lesquelles ce basalte apparaîtrait; mais le développement de ces autres roches est loin d'être constant. La dolérite et la vacke n'apparaissent qu'assez rarement et seulement en certains points des contrées basaltiques. Les déjections ne prennent ordinairement de l'importance que dans la partie récente de la période, celle qui touche à la formation lavique, soit que leurs éruptions n'aient été très-abondantes que vers cette époque, soit que les plus anciennes aient été détruites; enfin, les roches d'agrégation, quoique très-développées dans certains districts, sont encore moins constantes que les déjections.

Le basalte qui forme ainsi le trait caractéristique de la formation, y constitue, avec la dolérite, ce qu'on peut appeler les roches-laves. Ces laves se présentent sous des formes très-variées : en masses isolées, coniques, qui semblent résulter tantôt de l'accumulation d'un fluide pâteux, immédiatement au-dessus de son orifice d'éruption, tantôt de la dislocation d'une nappe plus ou moins étendue, dont elles seraient les témoins; en nappes d'épaisseur très-variable, dont l'étendue et la continuité sont très-remarquables et donnent lieu

le plus souvent à de vastes plateaux, qui contrastent avec les formes en bandes étroites,
qu'affectent généralement les coulées laviques ; en filons, dont la puissance varie depuis
dix, vingt mètres et plus, jusqu'aux veines de
quelques décimètres, qui peuvent cependant
se prolonger à des distances considérables.

Ces trois formes d'émission (masses accumulées sur place, coulées ou nappes, filons) n'appartiennent pas seulement aux laves basaltiques ; ce sont celles de toute matière fluide,
poussée de bas en haut, traversant la croûte
solide du globe, et venant s'épancher à sa surface, et c'est l'abondance des matières gazeuses
et par suite des déjections dans les éruptions
laviques, qui, en assujettissant les laves modernes à un mode d'épanchement particulier,
a empêché ces formes de se dessiner nettement.
Ces formes se retrouvent en effet dans la formation trachytique et dans les autres terrains
ignés ; mais des caractères plus spéciaux les rendent ici plus faciles à saisir que dans toute autre
formation, et permettent de mieux apprécier
les détails géogéniques des éruptions. C'est d'a-
bord la structure si souvent pseudo-régulière
des basaltes, structure qui paraît assujettie à
des lois fixes, dont quelques-unes ont été déterminées ; c'est, en second lieu, l'écartement
et l'isolement des points d'éruption. Nous avons
vu, en effet, les produits laviques tendre généralement à s'entasser autour d'un même orifice,

par des éruptions intermittentes. Les basaltes semblent, au contraire, affecter une tendance continuelle à se disséminer. Les orifices d'émission, liés uniquement par des relations de direction, sont éparpillés, de sorte que les matières émises constituent des collines quelquefois considérables, mais point de ces accumulations, de ces groupes montagneux qui représentent à la fois des éruptions puissantes et multipliées par un même orifice. Un orifice basaltique présente quelquefois les traces de deux éruptions, très-rarement de trois, et la plus grande partie n'en a eu qu'une seule. C'est du reste ce qui tendait à se produire dans les temps les plus anciens de la période lavique ; car nous avons fait remarquer que les cônes laviques de la chaîne des Puys n'avaient généralement eu qu'une ou deux émissions de lave.

Un des caractères les plus frappants des basaltes, est leur structure nette et souvent régulière. Généralement la structure d'une lave résulte des fissures de retrait que prend cette lave en se refroidissant, et l'on doit prévoir que, s'il existe des lois qui déterminent la direction de ces fissures, elles auront plus régulièrement suivi leur cours et seront, par conséquent, plus faciles à constater dans une lave homogène et à grain très-fin, que dans toute autre. Or, les laves basaltiques sont celles qui réunissent au plus haut degré ces deux

Structure des basaltes et des laves en général.

conditions. Aussi, les structures prismatique, tubulaire, globulaire, qui ne sont qu'ébauchées dans les laves modernes, apparaissent-elles avec une netteté toute caractéristique dans les basaltes. Les colonnades prismatiques, vulgairement appelées chaussées ou pavés des géants, sont devenues célèbres dans toutes les contrées de leur développement (France centrale, bords du Rhin, Hébrides, Islande, etc....). La régularité des prismes qui constituent ces colonnades basaltiques, leur tendance à se produire toutes les fois que la lave réunit les conditions d'homogénéité et de compacité, ne permettent pas de douter qu'ils résultent de lois générales. La structure prismatique n'est pas en effet la propriété des basaltes. Plusieurs coulées laviques (Vésuve, Auvergne) l'ont prise en se refroidissant, et parmi les roches ignées antérieures, les plus homogènes et les plus compactes (phonolites, trachytes homogènes, trapps) se présentent souvent en prismes aussi réguliers que les basaltes. Le granite lui-même affecte quelquefois cette structure. Les résultats auxquels nous parviendrons en recherchant les lois qui l'ont déterminée dans les basaltes, seront donc applicables à toutes les roches ignées.

Dans une masse de lave récemment émise, la solidification superficielle se fait très-vite, et il en résulte une croûte solide, très-irrégulièrement fissurée, dessous laquelle la lave

conserve sa chaleur et sa liquidité. Le refroidissement de la masse ainsi placée dans un
milieu inégalement conducteur du calorique
(les parties exposées à l'air devant se refroidir
plus vite que celles qui sont en contact avec
les roches qui supportent la lave et qui sont
naturellement moins conductrices du calorique), s'opérera inégalement de la surface extérieure au centre. La tendance à la contraction s'exercera en raison du progrès du refroidissement de tous les points de cette surface, et si nous considérons une coulée dont
la surface est à peu près horizontale, les efforts
peuvent être regardés comme agissant principalement suivant des plans verticaux ou horizontaux, et produisant ainsi deux systèmes
distincts de fissures. La lave pouvant se prêter
à un mouvement de haut en bas en s'affaissant,
les fissures horizontales seront généralement
les moins prononcées, quoique la principale
déperdition du calorique se fasse par l'air;
mais aucun mouvement analogue ne peut avoir
lieu horizontalement, et dès-lors les fissures
verticales seront exactement en raison de la
contraction que subira la masse dans ce sens.

Le refroidissement étant plus rapide dans
les premiers temps, il se formera de grandes
fissures verticales et même horizontales, si
la position de la lave est telle qu'elle ne se
prête pas au mouvement de contraction. M.
Scrope, considérant un massif isolé de toutes

ces premières circonstances qui peuvent rendre le refroidissement irregulier, explique
ainsi la structure prismatique : la force de
contraction qui s'exerce suivant le plan de
surface d'une couche de lave ou suivant des
plans parallèles, rencontre dans les divers
points où elle s'exerce, un obstacle dans la
diminution de volume, produite dans les parties environnantes. Par l'action de ces forces
opposées, la couche peut être divisée en un
nombre plus ou moins grand de parties distinctes, dans chacune desquelles la force in-
dividuelle de contraction surpasse les forces
de contraction opposées des parties voisines.
Dans chacune de ces parties il s'établit donc
un centre d'attraction; les parties cristallines
qui occupent le centre, restant stationnaires,
tandis que celles qui l'entourent, sont plus
ou moins attirées vers elles. Les fissures de
retrait se feront ainsi perpendiculairement au
plan de la surface de refroidissement, en coïncidant avec les lignes suivant lesquelles les
forces de contraction des centres voisins se
détruisent mutuellement. Ainsi donc, en supposant une masse homogène dont toutes les
parties se trouvent dans des conditions analogues, les points suivant lesquels se disposeront les centres d'attraction, seront symétriques et équidistants, et les fissures de retrait
tendront à se faire suivant des polygones réguliers. Par la propagation graduelle de la

consolidation, les fissures ainsi formées se pro-
longeront verticalement, de manière à donner
naissance à des prismes, dans chacun desquels
l'axe est formé par la ligne suivant laquelle
se sont disposés les centres d'attraction. Le
diamètre des prismes, c'est-à-dire, la distance
horizontale qui sépare deux centres d'attraction, sera d'autant moindre que la roche sera
plus homogène, plus compacte, et que le refroidissement aura été plus long.

Mais comme, dans la nature, la rugosité et
l'irrégularité ordinaire de la surface des laves
ont empêché la dispersion uniforme du calorique, que leur substance n'est jamais homogène, on rencontre des inégalités constantes
dans le diamètre des prismes, le nombre et
la grandeur de leurs pans. De plus, les centres
d'attraction ne se sont pas toujours placés
suivant des lignes droites ; de là les prismes
courbes et bifurqués.

Plusieurs faits indiquent que les fissures se
déterminent lorsque la matière est déjà tout-
à-fait solide, et, par conséquent, que cette
structure est uniquement due à la contraction
du refroidissement. Ainsi, dans les coulées du
Vélay et du Vivarais on trouve souvent des
noyaux empâtés d'olivine et même de granite,
coupés par une fissure et dont les deux parties
se trouvent ainsi dans deux prismes distincts.
Il a donc fallu que la lave fût déjà tout-à-fait
solidifiée, puisque la solidité de ces noyaux

a été vaincue par leur adhérence à la lave.

Cette explication de la structure prismatique s'applique parfaitement à la majorité des colonnades, qui sont en effet verticales et commencent au-dessous d'une partie supérieure irrégulièrement divisée, qui représente la croûte superficielle de la coulée (colonnades des Hébrides, Staffa, etc...., terrasses de l'Irlande, coulées du Vélay, du Vivarais, de l'Auvergne, etc....); elle se vérifie dans un grand nombre de filons, qui se montrent divisés en prismes horizontaux, et par conséquent perpendiculaires aux surfaces de refroidissement; mais si nous venons à considérer des coulées hétérogènes irrégulières, et dont les diverses parties ont été soumises à des influences de refroidissement variables, le problème se complique tellement, qu'il n'est pas étonnant qu'on ne puisse donner pour toutes les dispositions prismatiques qui se présentent, une explication satisfaisante, d'après ce seul point de départ. Ainsi, dans les coulées de la France centrale, des Hébrides et de l'Irlande, combien de fois les prismes changent subitement de direction, sans qu'on puisse se rendre compte des causes. Il est néanmoins un fait remarquable qui peut conduire à une explication dans les coulées du Vivarais, toutes les fois qu'il y a un brusque changement dans la direction des prismes, par exemple, que les prismes horizontaux sont remplacés par des prismes verticaux, des grandes fissures qui ont quelquefois plusieurs décimètres de largeur, séparent les deux systèmes, et les prismes horizontaux sont beaucoup plus imparfaits que les autres. Cette considération tend à faire regarder ces grandes fissures comme des canaux par où se dissipait le calorique, et qui isolaient les diverses tranches de la coulée, de manière à la mettre dans les conditions d'un filon où les prismes sont en même temps horizontaux et perpendiculaires aux surfaces de refroidissement.

La planche XIV présente un cas très-ordinaire de la combinaison de divers systèmes de fissures. Cette disposition, figure 1, prise dans le Bas-Vivarais, fait contraster les prismes réguliers de la partie inférieure de la coulée avec les prismes ébauchés et diversement dirigés de la partie supérieure. L'on peut apprécier, d'après les relations des premiers avec les grandes fissures verticales, et la caverne, qui résulte probablement d'une expansion de gaz, la disposition qu'ont les prismes à se former perpendiculairement à la surface de refroidissement.

Cette possibilité de reconnaître la marche suivie par le refroidissement, d'après la structure d'une masse de lave, peut conduire à la solution du problème le plus intéressant qu'on puisse se proposer en parcourant une contrée basaltique. Déterminer si tel lambeau de

Relations de la structure des masses avec leur mode d'émission.

basalte est un reste de coulée morcelée; une masse injectée dans les roches préexistantes, et ensuite dégagée de cette enveloppe par l'érosion des eaux; ou bien, enfin, une masse venue au jour et amoncelée au-dessus de son orifice d'éruption.

Dans le cas de structure prismatique, nous avons déjà caractérisé les lambeaux de coulée, et lors même que les prismes ne seraient qu'é-bauchés, il est rare que cette prédominance des fissures verticales sur les fissures horizon-tales ne soit pas très-prononcée et décisive. Il semble au premier abord, que l'on peut citer beaucoup d'exceptions. Ainsi, il existe des portions de coulées qui sont tabulaires et dans lesquelles on est frappé tout d'abord par la multiplicité des fissures horizontales : mais ce cas rentre absolument dans celui des pris-mes horizontaux; car les fissures verticales qui isolent les massifs les uns des autres, sont bien autrement larges et profondes que celles qui séparent les tables horizontales. Cette di-vision tabulaire peut résulter de l'impossibi-lité où la lave s'est trouvée de se contracter verticalement par suite de plusieurs circons-tances possibles; mais elle concorde plus sou-vent avec la disposition des parties cristallines qui constituent la lave, suivant des plans hori-zontaux et parallèles. Les phonolites, composés ordinairement de cristaux de feldspath plats et couchés horizontalement, affectent surtout

la structure tabulaire, au point qu'ils sont
presque partout où ils existent, employés
comme tuiles pour couvrir les maisons; mais
cette multiplicité des fissures horizontales n'exclut pas la prédominance des fissures verticales dans les coulées. Ainsi, il existe dans le
Vélay des coulées de phonolites, divisées en
très-gros prismes verticaux, qui sont horizontalement schisteux : or, à ne considérer qu'un
prisme, les fissures qui l'isolent sont certainement bien supérieures à la somme de toutes
celles qui déterminent la schistosité horizontale. Ces fissures verticales se sont nécessairement formées avant celles des plans horizontaux. On peut donc les considérer comme
ayant servi d'issues pour la déperdition du
calorique restant, et ayant par cela même
provoqué des fissures perpendiculaires aux
plans de refroidissement, lesquelles se sont
disposées suivant des plans parallèles, en
vertu de la nature minéralogique de la
lave. Cela est si vrai que dans certaines
masses phonolitiques ou basaltiques, dont la
nature minéralogique ne tendait pas à cette
division tabulaire, la subdivision des prismes s'est effectuée en d'autres très-petits
prismes.

Considérons actuellement une masse de
lave qui n'est pas parvenue au jour et qui a
été postérieurement dégagée de son enveloppe
de roche préexistante par l'érosion des eaux.

7

Ce cas est très-fréquent, parce que, les laves
étant généralement beaucoup plus dures et
plus résistantes que les autres roches, la dégradation ne les a point attaquées autant que
leur enveloppe. C'est ainsi que l'on voit des
filons affleurer sous forme de murs; des masses
cylindriques ou angulaires constituer des rocs
isolés au-dessus des roches qui forment le sol
environnant.

Soit une masse cylindrique ainsi enclavée,
l'on conçoit que son refroidissement sera bien
plus lent que celui d'une masse semblable
exposée à l'air, et si la roche est compacte et
homogène, les fissures devront suivre une
marche plus régulière que dans tout autre
cas. Les fissures dans une telle masse cons-
titueront donc un système unique et régulier; celles qui auront lieu suivant des plans
verticaux, perpendiculaires aux surfaces de
refroidissement, devront évidemment passer
par l'axe central de la colonne de lave : celles
qui se feront dans l'autre sens seront plus
rares par suite de l'affaissement possible de
la lave, et parfaitement horizontales. Mais
il est un troisième ordre de fissures qui tendra à se produire parallèlement aux surfaces de refroidissement, puisque la lave ne
peut s'affaisser dans ce sens, et ces fissures devront avoir lieu suivant des cercles parallèles
aux cercles extérieurs du refroidissement; de
sorte que la masse sera divisée en zones cy-

lindriques et concentriques. Ce joli cas a été signalé dans la plaine de Saint-Germain, près du Puy-en-Vélay, et la planche XIV donne idée de la structure d'une des masses saillantes, appelées les rochettes Saint-Germain.

La dégradation qu'a subie cette roche n'empêche pas, ainsi qu'on le voit, d'y constater les trois systèmes de fissures que nous avons indiqués. Les fissures horizontales sont les moins apparentes; elles ne se manifestent guère que sous le marteau; mais elles permettent d'extraire des dés prismatiques, qui ont pour base une surface rectangulaire, légèrement courbée. La perfection de ce cas résulte principalement de la compacité et de l'homogénéité du basalte. Lorsque la lave ne possédait pas ces deux conditions, il en est résulté une structure par grandes plaques concentriquement accolées, et c'est celle que l'on peut frapper dans ces trois masses qui s'élèvent sur la rive droite du Rhône, un peu au nord de Rochemaure. La roche la plus saillante, qui est celle du milieu, indique comment cette structure peut être modifiée et rendue moins sensible lorsque la masse, au lieu d'être cylindrique, est irrégulière.

Les filons, qui sont des masses aplaties qui ont rempli les fentes formées dans les roches préexistantes, se trouvent dans des conditions un peu différentes de refroidissement. Il n'y a guères à considérer que deux systèmes de

fissures : les unes perpendiculaires aux plans
de refroidissement, qui sont les plans qui constituent le toit et le mur du filon; les autres
parallèles à ces plans. Tantôt ce sont les premières qui ont le dessus, et conformément à
la loi précédemment indiquée, le retrait a
déterminé une structure en prismes horizontaux; tantôt, au contraire, ce sont les fissures
parallèles qui dominent, et il y a même plus
de chances pour ce dernier cas, puisque tout
affaissement dans ce sens est impossible; aussi
la masse du filon est quelquefois tellement
hachée dans ce sens qu'elle se délite en petits
feuillets schisteux, qui ont quelquefois à peine
quelques millimètres d'épaisseur. Quelques-
uns des filons basaltiques qui affleurent près
du plomb du Cantal, sont un exemple frappant de cette structure feuilletée parallèlement aux plans de refroidissement.

Venons actuellement à la structure des
masses pâteuses qui sortent en un ou plusieurs
points d'une fissure volcanique et s'accumu-
lent au-dessus de leurs orifices d'éruption. Ce
cas ne se présente pas dans les éruptions actuelles, parce que le rôle que jouent les gaz
dans ces éruptions rend ce mode d'émission presque impossible; mais rien de plus
commun dans la période trachytique et dans
les premiers temps de la période basaltique,
et de là l'origine de ces cônes et de ces dômes
trachytiques (Puy-de-Dôme, Sarcouy, etc.),

phonolitiques (toute la chaîne orientale du Vélay) ou basaltiques (Vélay, Haut-Vivarais), isolés ou alignés sur une même fissure. Quelle sera la marche du refroidissement de ces masses, lorsque la croûte superficielle aura ralenti la déperdition du calorique? Plus cette masse aura de hauteur, comparativement au diamètre de sa base, plus elle se rapprochera des conditions indiquées pour une masse cylindrique, en s'éloignant de celles qui président à la structure des coulées. Les diverses parties de cette masse amoncelée se trouvant symétriques par rapport à un axe central, les fissures tendront à se disposer en un système également symétrique par rapport à cet axe. Les fissures perpendiculaires à la surface de refroidissement, tendront à passer par l'axe, et celles qui sont parallèles à cette surface couperont les premières de manière à déterminer la formation de grandes poutres convergentes vers le sommet. Ces fissures, parallèles à la surface de refroidissement, pourront toujours se former, parce que la masse déjà solidifiée lorsque ces fissures se déterminent, se soutient d'autant mieux sur elle-même et tend par conséquent à s'affaisser d'autant moins que la masse conique est moins surbaissée.

Ces premières données sur la structure des masses amoncelées au-dessus de leur orifice d'éruption, se vérifient parfaitement sur la calotte hémisphérique que forme le trachyte du Puy de Sarcouy. Les galeries d'exploitation que l'on y a creusées, ont permis de constater l'existence de fissures concentriques à la surface extérieure. Elles se vérifient sur les pics phonolitiques du Vélay, dont un grand nombre présentent ces poutres convergentes vers le sommet, et sur un grand nombre de pics basaltiques de la France centrale, qui affectent aussi la même disposition en poutres convergentes et quelquefois prismatiques. Nous n'entrerons pas dans tous les détails accidentels qui peuvent modifier cette structure. Le cas le plus ordinaire résulte de ce qu'une partie du massif est isolée du reste par de grandes fissures diversement dirigées, qui, ayant servi d'issue au calorique, ont amené des changements dans la direction des fissures et des poutres plus ou moins prismatiques; ou bien de l'hétérogénéité de la masse qui a occasioné des courbures. (1)

____

(1) Quoi qu'il en soit, nous sommes forcés de laisser inexpliqués bien des faits relatifs à la disposition des prismes dans des massifs isolés qui n'ont évidemment pas fait partie de coulées. A la roche Sanadoire, par exemple, l'hétérogénéité de la lave phonolitique ne peut guère rendre compte de toutes les inversions que subit la structure. A la Tuilière comment expliquer la formation de ces prismes si bien faits, dont la convergence est très-faible et dont l'ensemble est coupé par un second système de fissures qui, d'après les observations de M. Scrope, suivent des courbes concentriques et convexes vers l'extérieur? En suivant les indications données par cette structure, nous serions conduit à penser que la partie supérieure de la roche Tuilière avait percé à la surface et s'était amoncelée suivant une surface convexe, tandis que la partie in-

La formation basaltique est, d'après la définition, une période pendant laquelle il ne
fut émis que des roches pyroxéniques particulières, mais de telle sorte que vers les limites de cette période il y a liaison avec les
produits des formations supérieures et inférieures. Cette liaison, théoriquement indiquée
par la mesure et la gradation avec laquelle la
nature a toujours procédé, est confirmée par
les faits. Elle a lieu de deux manières: d'abord
géognostiquement et par alternances d'émissions. Ainsi, vers la transition à la formation
trachytique l'on voit brusquement alterner

Éléments
de subdivi-
sions géo-
gnostiques.

-----

férieure resta engagée dans le sol. La principale déperdition du calorique ayant lieu de bas en haut, engendra les prismes perpendiculaires à
la direction de cette déperdition, et ces prismes furent ensuite coupés
par le système de fissures convexes, parallèles à la surface extérieure.
Mais nous ne sommes guère en droit de créer des hypothèses sur ces
bases; car les données que nous possédons sur l'origine de la structure
des laves sont loin d'être assez complètes.

Ainsi les énormes boules basaltiques de Pradelles, signalées par Fau-
jas, et autour desquelles se recourbent des poutres concentriques, concordent bien avec les règles que nous avons énoncées; mais peut-on admettre une origine analogue pour la structure en boules d'un ou deux
décimètres, assez fréquente dans les basaltes et les cockes? Il est à
présumer qu'il y a là une autre influence que celle du refroidissement,
par exemple, l'influence des attractions moléculaires.

Dans les cas de structures irrégulières on n'a point encore donné
d'explication satisfaisante, par exemple, pour la structure enchevêtrée
(grottes de Pranal en Auvergne, environs de Pradelles en Vivarais),
où les polyèdres à surfaces en partie courbes, à angles rentrants, sont
tellement irréguliers que l'on n'en peut obtenir un qu'en brisant ceux
qui l'entourent. Ainsi, pour ne pas courir chance d'erreurs, nous ne
chercherons pas à rendre compte de tous les cas de structure qui peuvent
se présenter, nous bornant aux faits généraux, dont on peut tirer un
excellent parti dans l'étude des contrées basaltiques, parce que ce sont
de beaucoup les cas les plus ordinaires.

des sorties de roches basaltiques avec des roches éminemment feldspathiques, qui le plus
souvent sont des phonolites. Ensuite minéralogiquement, de telle sorte que les basaltes
très-anciens seront riches en feldspath, pauvres en péridot, et par conséquent passeront
aux trachytes : ce n'est que graduellement que
la prédominance du pyroxène, l'abondance
du péridot, caractériseront les laves émises
comme basaltes, et que les émissions gazeuses,
devenant de plus en plus marquées, produiront des déjections qui donneront aux formes
des éruptions et à leurs produits des apparences laviques.

La période basaltique fut une longue période, et ce qui nous porte à le croire, c'est
moins l'abondance et la puissance des produits,
que les diverses époques d'éruptions que l'on
peut distinguer dans certaines contrées ; époques qui sont distinctes, soit par les directions
que suivent les émissions, soit par la nature
des roches émises, soit par l'évaluation de
l'action intermédiaire des eaux, soit par les
détériorations subies par les masses.

Ces divers moyens d'appréciation ont souvent permis de reconnaître que la période
totale pouvait se subdiviser en plusieurs périodes, séparées par des intermittences de
l'action volcanique ; fait qui suppose une certaine longueur à la période. Néanmoins, comparativement aux périodes sédimentaires,

cette longueur ne peut être très-considérable; car il ne faut pas la mesurer à partir des basaltes qui ont apparu les premiers, jusqu'aux plus modernes. Cette évaluation serait nécessairement fausse, puisque l'isochronisme n'existe pas pour les formations ignées : c'est dans une même contrée qu'il faut mesurer cette période : or, les basaltes de la France centrale ont commencé avant les grandes alluvions, et ont cessé à l'excavation actuelle des vallées (Vivarais); ils correspondent à peu près à toute l'étendue de la période alluviale. Il est des contrées (Vicentin) où les basaltes ont commencé à paraître à l'époque de la formation tertiaire inférieure; mais on manque d'éléments pour marquer l'époque où les produits laviques ont commencé à paraître dans le même point. Remarquons, d'ailleurs, que ce que nous disons là est peu important; car la durée d'une période dépend de l'activité des éruptions : il serait possible que cette période répondît à une période sédimentaire extrêmement longue dans une contrée et très-courte dans une autre. Le seul fait à mentionner, c'est que les émissions basaltiques, même dans les contrées où elles furent très-actives, ont duré assez long-temps pour constituer une formation distincte.

Si l'action volcanique éclatait dans un pays où il n'y eût jamais existé d'éruptions basaltiques, les roches émises seraient-elles basaltiques? Il n'y a aucune raison pour cela; car les causes qui ont envoyé des basaltes avant les laves modernes, peuvent avoir cessé d'être, sans qu'il y ait eu aucune manifestation de leur existence à la surface. Dès-lors on conçoit que dans une contrée, n'y eût-il qu'une éruption basaltique, cette éruption pourra répondre au commencement, au milieu ou à la fin de la formation. La science possède-t-elle assez de données pour déterminer, d'après l'examen des produits de cette éruption, l'âge plus ou moins avancé où en étaient les causes génératrices des basaltes? Dans beaucoup de cas il sera possible de faire cette détermination, et il n'est pas à douter que les progrès ultérieurs ne fixent des moyens généraux toujours applicables. Pour cela il faudra étudier la formation dans toutes les contrées, en établissant les connexions qui existent entre toutes, afin d'en déduire des lois générales. Nous allons exposer ces études au point où elles en sont.

Il n'existe que peu de contrées basaltiques qui puissent représenter la formation complète, c'est-à-dire, qui offrent une série d'émissions successives et peu interrompues depuis la fin des éruptions trachytiques jusqu'aux volcans laviques. La France centrale, et peut-être le système volcanique des bords du Rhin, sont les seules qui paraissent jusqu'ici satisfaire à ces conditions.

France centrale. La France centrale présente deux séries

d'émissions, et pour ainsi dire deux formations indépendantes. D'une part celle du Vélay et du Vivarais; de l'autre celle de la Haute et Basse-Auvergne. Dans ces deux parties d'une même contrée les éruptions basaltiques eurent lieu simultanément et parallèlement; mais tandis que dans le Vélay et le Vivarais ces éruptions se succédaient sur une échelle très-puissante, et pour ainsi dire sans lacune, sans interruption, pendant toute la durée de la période, en Auvergne l'intensité volcanique ne fut considérable que dans les premiers temps, et les éruptions se raréfiaient à mesure que la période s'avançait. La formation du Vélay et du Vivarais est donc celle que nous pouvons présenter comme type.

Cette formation type se compose de cinq systèmes distincts, réunis entre eux par des relations de position et d'attenance géographique, de parallélisme, de composition minéralogique. Ce sont, en suivant l'ordre géognostique probable : 1.° les volcans basaltiques modernes du Bas-Vivarais, placés au pied de la fracture d'élévation du sol primitif; fracture qui sépare nettement le Bas et le Haut-Vivarais par un relèvement escarpé de plusieurs centaines de mètres; 2.° la chaîne occidentale du Vélay, qui limite la vallée de la Haute-Loire à l'ouest, et la sépare de la haute vallée de l'Allier, depuis Pradelles jusqu'à Paulhaguet; 3.° la chaîne intermédiaire, parallèle à la précédente, qui traverse le bassin elliptique de la Haute-Loire et en forme le grand axe depuis les volcans de Bauzon et du Pal jusqu'à celui de Bar, près Allègre ; 4.° la chaîne des Coyrons, dirigée du S.-E. au N.-O., depuis les sommités de l'Escrinet jusqu'à Rochemaure et Montélimart sur le Rhône ; 5.° la chaîne orientale du Vélay, parallèle à la chaîne occidentale, et principalement composée de roches appartenant à la formation trachytique, mais dans laquelle se trouvent beaucoup de basaltes, les plus anciens de la contrée et qui se lient à ceux des Coyrons, qui ont cependant une direction différente, par une identité frappante de composition.

Lorsque l'on a successivement étudié ces cinq systèmes basaltiques, beaucoup d'éléments de classification se présentent pour distinguer les relations géognostiques de chacun. C'est 1.° la composition, qui, depuis les basaltes les plus anciens jusqu'aux plus modernes, se montre assujettie à des lois de modifications graduelles ; 2.° les formes extérieures, qui annoncent des modes d'émission très-différents, la configuration des masses basaltiques étant également assujettie à une série de modifications graduelles, qui nous permettent de reconnaître, lorsque nous aurons constaté les lois qui président à ces modifications, l'âge probable d'une masse basaltique ; 3.° la position de ces masses relativement aux vallées princi-

pales et aux cours d'eaux actuels, et les altérations qu'auront pu subir, de la part des agents
atmosphériques, les configurations primitives.

Cet énoncé des éléments de classification
peut convenir à toutes les contrées basaltiques. Actuellement les détails où nous allons
entrer, relativement à la France centrale, ne
pourront être constitués en lois générales
qu'après avoir recherché si les autres contrées
y sont réellement assujetties. Commençons par
les considérations minéralogiques.

Dans la formation qui nous occupe, et en Composition.
général dans toute la France centrale, il y a
à distinguer au moins quatre variétés de basaltes ou laves basaltiques compactes : 1.° le
basalte *porphyroïde*, à pâte de basalte ordinaire, parsemé de cristaux de pyroxène et
renfermant assez généralement du péridot
très-disséminé : ce basalte est remarquable par
sa dureté et sa ténacité (sauf les cas de décomposition), il est rarement bulleux ou scorifié : 2.° le basalte *variolitique*, remarquable
par les petits noyaux ou plutôt par les points
de chaux carbonatée ou de mésotype dont il
est criblé ; la pâte basaltique est plus ou moins
compacte, plus ou moins grenue, quelquefois
rougeâtre, et distincte, en ce que les substances
accidentelles qui la caractérisent ne sont pas
dues à des infiltrations postérieures dans des
bulles ou cavités préexistantes, mais sont
préexistantes au refroidissement de la roche,

et résultent soit d'un empâtement fait avant
sa sortie, soit plus probablement d'une liquation et d'une affinité chimique (1) : 3.° le basalte
feldspathique, basalte essentiellement homogène, dur, tenace, passant souvent aux roches
feldspathiques par une texture finement écailleuse, peu péridotique : 4.° le basalte *pyroxénique* ou plutôt *péridotique*, basalte beaucoup
plus cristallin que le précédent, souvent cellulaire et bulleux comme les laves modernes,
abondant en péridot disséminé ou même en
noyaux : c'est le basalte moderne de M. Bertrand de Doue, lequel est si bien caractérisé,
que l'on peut en quelque sorte reconnaître
dans tout le Vélay si une coulée est moderne,
d'après l'inspection d'un seul échantillon.

Les dolérites sont rares en France et pourraient constituer une cinquième variété de
lave basaltique, que l'on désignerait sous le nom
de basalte cristallin. Puis, enfin, les vackes,
dont l'origine est tout-à-fait analogue à celle des
laves basaltiques sous le rapport de l'émission,

(1) C'est sur cette opinion que repose la distinction du basalte variolitique en variété distincte, assimilant en quelque sorte l'origine des
noyaux variolitiques à celle des cristaux du pyroxène : or elle est confirmée
par des examens minutieux, qui m'ont démontré que dans des cas très-
multipliés (basaltes variolitiques de Rochemaure, de Mezères, des rochettes Saint-Germain, de Gergovia, etc...) la forme occupée par les
noyaux variolitiques n'était point celle des bulles ou scorifications ordinaires à ces mêmes roches, et que lorsqu'elles se scorifiaient, il y avait
différence notable entre les bulles et les scorifications qui étaient constamment restées vides, et les vacuoles remplies de mésotype ou de
chaux carbonatée.

mais dont nous ignorons la nature de fluidité.

Les substances disséminées dans ces roches directement émises par l'action de la force expansive et probablement par une action purement dynamique, à laquelle se joignaient rarement les actions gazeuses qui paraissent agir dans les éruptions actuelles, sont assez nombreuses. Le péridot, le pyroxène, le feldspath, l'amphibole, le fer titané, la chabasie, la néphéline, la mésotype, la chaux carbonatée, l'arragonite, sont les plus ordinaires. Déjà le feldspath, comme principe constituant des basaltes, nous a donné des indications géognostiques ; il devient de plus en plus prédominant, à mesure que les basaltes sont plus anciens : les indications fournies par la présence du péridot sont également très-significatives.

Ceux qui n'observeraient que les basaltes de la France, seraient certainement conduits à regarder le péridot comme principe constituant et essentiel de cette roche. Il y abonde disséminé en petits fragments vitreux et cristallins, d'un vert plus ou moins foncé ; il est même un point (Laussone) où il existe en cristaux très-bien formés, d'un ou plusieurs millimètres ; il se trouve en outre en noyaux arrondis, d'une teinte plus claire que le péridot disséminé, dit noyaux d'olivine, dont le diamètre varie depuis un centimètre jusqu'à plusieurs décimètres ; enfin, au volcan de Bar, près Allègre, qui a rejeté une quantité prodigieuse

de ces noyaux d'olivine, on trouve en outre
des fragments de péridot vert sombre, vitreux,
translucide, homogène et susceptible d'être
taillé. La cassure des noyaux d'olivine est ordinairement granulaire. Les grains, d'un vert
clair, sont parsemés d'autres grains, également
vitreux, d'un vert bouteille : par la décomposition, ce péridot s'irise, devient rouge, et
perd souvent toute consistance. Accidentellement il affecte des caractères exceptionnels;
par exemple il devient dur et tenace, à cassure conchoïde; d'autres fois il est d'un vert
bronzé, tout-à-fait opaque.

Sous ces diverses formes le péridot est très-
inégalement réparti dans les diverses variétés
de basalte : les basaltes feldspathiques en contiennent très-peu, souvent même point du tout;
tandis que les basaltes riches en pyroxène en
contiennent considérablement. Il semble qu'il
résulte de ce fait une sorte de répulsion entre
le feldspath et le péridot, et, en effet, ce principe est démontré par plusieurs observations
importantes. Toutes les fois qu'une lave basaltique, pyroxénique, en fusion, traversant des
roches feldspathiques (granite, trachyte, etc.)
en a empâté des fragments et s'est incorporée
une quantité sensible de ces roches, le péridot a disparu en cette partie. Ainsi l'on voit
autour des noyaux et des masses empâtées, le
basalte changé en une roche d'apparence plus
ou moins trachytique ou simplement à l'état

de basalte feldspathique, mais en tout cas toujours sans péridot. Ce principe, que j'ai développé et appuyé sur des faits dans ma Description des terrains volcaniques de la France centrale, complète les caractères distinctifs des basaltes anciens et modernes de la France centrale. Dans les premiers, la proportion du feldspath produit l'absence du péridot, la texture écailleuse, la sonorité, un aspect terne; dans les autres, la texture plus cristalline fait ressortir la présence du péridot disséminé. Il existe bien, il est vrai, des laves très-anciennes et très-pyroxéniques, et par suite renfermant du péridot; mais ces laves sont préférablement porphyroïdes, et si le feldspath domine dans la pâte, le péridot est éliminé. Du reste, les exceptions à cette règle résultent de la présence des noyaux d'olivine, plutôt que de celle du péridot disséminé, qui est beaucoup plus régulier dans ses allures, et doit être préférablement consulté.

Les formes des masses basaltiques conduisent à reconnaître leur mode d'émission. Les altérations subies par ces masses et les indications qui en résultent sur l'âge relatif des basaltes de la contrée, concordent tout-à-fait avec celles qui ont été fournies par les caractères minéralogiques. *(Caractères geognostiques.)*

Les volcans basaltiques du Bas-Vivarais se présentent absolument dans les mêmes conditions que les volcans laviques, si ce n'est que les laves vomies sont des basaltes. Ces laves ont occupé les lits des cours d'eau actuels, qui les ont creusés de nouveau entre le basalte et le granite : ce sont les escarpements verticaux résultant de ces érosions qui offrent des colonnades si belles et si variées. Les orifices d'émission, auxquels on arrive en suivant les coulées, présentent la forme de cônes à cratères plus ou moins élevés. Les scories, les pozzolanes, les cendres qui les constituent, sont identiques aux déjections laviques. D'après la conservation parfaite de ces bouches volcaniques, on ne serait pas étonné de voir les feux souterrains s'y frayer de nouveau un passage.

Toute la partie occidentale de la vallée de la Haute-Loire présente des phénomènes analogues. Une centaine de cônes à cratères ou de soufflures volcaniques sont alignés dans le sens de cette vallée et ont déversé, dans toute la longueur de la chaîne, des laves très-péridotiques, qui se superposent et alternent avec des bancs de déjections libres ou légèrement agglutinées. On remarque dans ce district que les coulées ne se présentent plus sous forme de bandes longues et étroites, partant des bouches à cratères; elles couvrent tout le sol d'un manteau épais, sans qu'on puisse constater aucunes relations avec les cratères et sans qu'on puisse même reconnaître si ce manteau

basaltique est composé de plusieurs laves accolées ou d'une seule émission partie de plusieurs orifices, à travers lequel les soufflures
de laves scorifiées se seraient ensuite fait jour.
Quoi qu'il en soit, il est des points où les alternances et les superpositions de laves indiquent
des éruptions successives. C'est dans les brèches
scoriacées qui séparent deux laves auprès de
Saint-Privat d'Allier, que MM. Hibbert et Bertrand ont découvert des ossements d'ours,
de cerfs, etc..., dont l'examen a conduit à
penser que ces ours avaient habité des cavernes
creusées dans ces matières friables, et venaient
y dévorer leur proie. Les déjections de ce district ont souvent éprouvé une décomposition
qui indique ces éruptions comme plus anciennes que le système du Bas-Vivarais : le
même fait résulte des érosions éprouvées par
les masses les plus puissantes partout où elles
ont été sur le passage des eaux.

Dans la partie orientale du Vélay et dans
les Coyrons, les caractères extérieurs sont encore tout différents : ce sont des masses basaltiques isolées, que leur structure et leur position indique, non pas comme des restes de
coulées morcelées, mais comme amoncelées
au-dessus de leur orifice d'éruption : ce sont
de vastes plateaux plus ou moins découpés
par les eaux, où l'on ne voit point de cratère
et où les déjections apparaissent décomposées
en terres bolaires et par lambeaux informes.

Quelques dépressions cratériformes (lac de Saint-Front, Freycinet), creusées dans les plateaux et environnées de terres bolaires, de scories décomposées, peuvent être regardées comme des centres d'émissions; mais ces cratères n'ont évidemment pas été formés comme ceux qui se trouvent au sommet des cônes de déjections: ils rappellent par leur disposition les cratères de l'Eiffel, et il semble qu'une vaste colonne de lave vint frapper le sol, l'étoila, puis, s'étant déversée sur les plateaux circonvoisins, se retira, en laissant une dépression que les dernières explosions configurèrent en forme de cratère.

Cette distinction des basaltes anciens et des basaltes modernes ressort d'une manière aussi évidente que possible des caractères minéralogiques et géognostiques des roches; mais l'étude de la contrée démontre que l'action volcanique ne fut pas précisément divisée en deux périodes, et que des volcans intermédiaires réunissaient les produits de ces deux périodes. Dans ma description de ces terrains j'ai établi par des considérations géognostiques cette distinction, que M. Bertrand avait constatée par des considérations minéralogiques. Parmi ces phénomènes intermédiaires, la formation des brèches des environs du Puy est le plus intéressant, et il est bon de le citer, parce que, les roches d'agrégation étant assez rares dans la formation basaltique, en raison

de la dureté des roches, ces brèches constituent une curieuse anomalie par leur développement, de même que par la forme sous
laquelle elles se présentent.

Cinq énormes rochers, composés de brèches
basaltiques fortement agglutinées, surgissent
dans la dépression dont la ville du Puy occupe
le centre. Ces masses, dont les formes isolées
et abruptes contrastent avec l'idée de sédimentation que fait nécessairement naître l'examen des roches constituantes, sont réunies
entre elles par des lambeaux épars, beaucoup
moins solides; or, comme chacune doit porter
en elle-même le principe de sa conservation, il paraît probable que ce principe n'est
autre qu'une grande solidité, et que le dépôt
n'ayant été fortement agglutiné que par place
par des sources minérales, les matières incohérentes furent entraînées lors de la débacle
du lac où elles s'étaient déposées. D'après l'examen de la nature et du gisement de ces brèches,
on est conduit à conclure qu'il exista un lac
dans la dépression du Puy, où s'accumulèrent
et se stratifièrent à la fois les matières lancées
par les volcans voisins et celles qui étaient
chariées par les cours d'eau, puis, que les
eaux, étant venues à rompre leur digue, en-
traînèrent tout ce qui n'avait pas été consolidé.

Dans la Haute et Basse-Auvergne la formation basaltique présente les mêmes caractères
que dans le Vélay et le Vivarais, seulement

les basaltes anciens, auxquels se rapportent
les immenses nappes qui couvrent le Cantal
et les abords du Mont-Dore, sont de beaucoup les plus développés. Les vackes (Gergovia, Pont-du-Château) sont particulières à
la Basse-Auvergne. Ces roches présentent souvent des taches arrondies, plus foncées que
la pâte, qui, accidentellement, prennent l'aspect d'un cristal incomplet de pyroxène. Du
reste, leur gisement, les contournements
qu'elles subissent, et qui amènent toujours une
densité plus grande et une texture plus compacte, indiquent qu'elles ont été émises directement à l'état pâteux.

Dans toute la France centrale les basaltes
sont postérieurs aux derniers dépôts tertiaires.
Cet âge, prouvé par un grand nombre de
superpositions immédiates, n'a été contesté
que pour la localité de Gergovia, près Clermont. On voit, en effet, en ce point des roches
calcaires superposées à des basaltes qui semblent stratifiés. M. Scrope, frappé de ce qu'il
y avait d'anomal dans ce gisement, avait supposé que les calcaires supérieurs étaient des
espèces de travertins postérieurs aux basaltes;
mais M. Dufrénoy y ayant trouvé des coquilles,
a été conduit à penser que ces basaltes s'étaient
intercalés par force entre deux couches tertiaires, donnant ainsi lieu à un filon horizontal.

Comme les débris des basaltes anciens se
trouvent dans des alluvions anciennes et ano-

males à l'état actuel, tandis que les basaltes les plus modernes (Bas-Vivarais) ont occupé les lits des petits cours d'eau actuels, on voit que les émissions basaltiques ont duré en France pendant une très-grande partie de la période alluviale.

La pointe nord-est de l'Irlande, une partie des Hébrides et certaines dentelures occidentales de l'Écosse, constituent une longue et large traînée basaltique, dirigée presque N.-S., et qui est remarquable par la puissance des masses dont elle se compose. Le comté d'Antrim, l'île de Mull et l'île de Sky, sont les trois principaux centres d'accumulation de cette traînée. Au nord de Sky, le groupe de Fladahuna, les îles de Shiants sont entièrement volcaniques. Au sud de Sky, les îles de Canna, de Sandy, d'Egg, de Muck et de Rhum, le sont également : puis viennent les vastes masses basaltiques, qui couvrent toute l'île de Mull, auxquelles se rattachent à l'est les basaltes des îles du canal de Mull, du district de Morven et de la pointe d'Ardhamurchan en Écosse, à l'ouest les îles d'Eorsa, d'Ulva, de Gometra, de Staffa, de Colonsa; puis le groupe des Treshnish. Entre ce vaste système et celui du comté d'Antrim, les basaltes sont très-disséminés; ce sont des filons et des Dykes, beaucoup plus fréquemment que des lambeaux de coulées, qui établissent la connexion.

Les basaltes de l'Écosse peuvent, d'après

M. Boué, être rapportés à trois espèces distinctes, suivant la prédominance du pyroxène,
du feldspath ou du fer titané. Les basaltes
proprement dits ou *pyroxéniques*, sont des
roches noires ou grisâtres, compactes, passant
quelquefois aux dolérites. Les variétés à grains
très-fins sont les moins répandues; elles présentent des teintes noirâtres et bleuâtres, et
affectent de belles divisions prismatiques. Les
basaltes à grains grossiers sont les plus communs; ils sont noirâtres et grisâtres, affectent
plus rarement des formes bien régulières, mais
frappent par l'étendue de leurs colonnades.
Ces basaltes pyroxéniques renferment peu de
noyaux de minéraux accidentels, si ce n'est
le pyroxène lui-même en cristaux. Les basaltes *feldspathiques* sont noirâtres, grisâtres,
bleuâtres, verdâtres ou brunâtres; ils sont
très-sonores sous le marteau, et rappellent par
de petits cristaux de feldspath les caractères
de certains phonolites, ce qui les a quelquefois fait décrire sous le nom de *Klingstein* basaltique; ils sont aussi susceptibles de prendre
un retrait prismatique très-net et très-régu-
lier, et les colonnades de Staffa en offrent un
exemple. Ces basaltes sont très-sujets à la décomposition; ils constituent alors une terre
argileuse, que l'on a appelée basaltes terreux:
ils sont plus sujets que les autres variétés à
présenter des cavités et des noyaux de substances étrangères. L'île de Sky paraît pré-

senter un assez grand nombre de ces roches
à l'état de véritables amygdaloïdes. Rarement
les basaltes feldspathiques passent à l'état vitreux ; le seul exemple notable constitue un
lambeau dans l'île d'Egg. Les basaltes très-
chargés de *fer titané* sont peu communs et
se distinguent des autres par un émail d'un
noir intense, par une pesanteur considérable,
une dureté plus grande, une compacité particulière, un aspect mat, parsemé de points
brillants. Les basaltes rouges ou bruns, appelés
par les géologues de Freyberg *Eisenthon*,
ne paraissent être que des basaltes de cette
variété, ayant fait un pas plus ou moins grand
vers la décomposition. Le pyroxène, le feldspath, le fer titané, se trouvent assez souvent
isolés dans ces basaltes. Le péridot y est aussi
fréquent.

Le péridot, si abondant, si caractéristique
dans les basaltes de la France, ne paraît pas
jouer, à beaucoup près, un rôle aussi important en Écosse et en Irlande. Mac-Culloch, qui
a parcouru toute l'île de Sky, n'en a cité que
dans un point près de Dunwegan ; mais aussi
la roche en était tellement pétrie que, lorsqu'elle se décomposait, elle avait l'apparence
d'une masse d'olivine. M. Boué en a trouvé
dans l'île de Mull et sur la côte orientale de
l'Écosse, des deux côtés de la baie du Forth.
Néanmoins la rareté du péridot reste un fait
incontestable. Doit-on en inférer que les lois

précitées n'existent que pour la France? Il est plus probable que les basaltes de l'Irlande et de l'Écosse rentrent eux-mêmes dans ces lois; que l'absence du péridot résulte de ce qu'ils appartiennent tous au commencement de la période basaltique, et qu'ils doivent être assimilés aux basaltes que nous avons désignés sous le nom de basaltes anciens. Les autres substances accidentelles sont moins rares; ce sont: le quartz, dont la présence est un fait curieux et qui concorde avec l'ancienneté que nous a déjà indiquée l'absence du péridot (il existe à l'état hyalin, et à celui de jaspe, de silex résinite, de calcédoine); l'analcime; la stilbite; la mésotype; la chabasie; la chaux carbonatée; l'apophyllite; la prehnite.

Les dolérites sont très-répandues dans certaines parties du terrain basaltique de l'Écosse. On les rencontre surtout dans les îles de Mull, de Rhum, des Shiants, sur la côte orientale de Sky, dans le golfe de la Clyde, etc....; elles ont souvent une tendance à la division prismatique, et quelquefois à se déliter en boules. La grosseur des cristaux de feldspath et de pyroxène constituants est très-variable: quelques variétés sont porphyroïdes. Dans l'île de Mull il y a des dolérites très-remarquables par leur pâte verdâtre compacte, contenant de grands cristaux de pyroxène brun noirâtre ou jaunâtre et de feldspath vitreux. Les substances accidentelles sont les mêmes que celles des basaltes : on peut leur ajouter les pyrites.

Les terres bolaires, distinctes par leur aspect terreux et leurs teintes rouges ou violacées, forment des lits assez irréguliers entre les coulées basaltiques : elles abondent dans les îles de Mull, d'Egg et de Sky, et représentent évidemment les restes décomposés des déjections qui ont accompagné les émissions de laves.

L'aspect de la formation basaltique en Écosse et en Irlande est le même qu'en France; mais on ne peut guère reconnaître les points d'émission et les détails géogéniques; car l'âge géognostique étant beaucoup plus ancien, les altérations érosives ont été beaucoup plus énergiques. Ces émissions ont en effet eu lieu parallèlement à une partie des dépôts tertiaires, et les restes des coulées qui constituent les îles isolées, annoncent que les modifications du sol ont été considérables. Le plus souvent les basaltes affectent la forme de terrasses, placées les unes au-dessus des autres, donnant ainsi l'idée des coulées superposées : ce sont les escarpements de ces terrasses qui présentent les colonnades basaltiques devenues si célèbres.

La constance des caractères de la formation basaltique dans toutes les contrées qu'elle constitue, nous dispense d'entrer dans de plus grands détails descriptifs, d'autant plus que nous aurons occasion de donner encore quelques détails sur les basaltes des Canaries, etc...,

en revenant sur l'ensemble du terrain volcanique. Les contrées allemandes, situées entre
le 50.° et le 51.° parallèle, la Hongrie, le Vicentin, la Toscane, etc...., présentent beaucoup
de plateaux et de buttes basaltiques; mais ce
sont toujours les mêmes roches, toujours les
mêmes formes. Peut-être, lorsque les contrées
basaltiques de l'Afrique, de l'Océanie, des
côtes orientales de l'Asie, auront été explorées,
pourra-t-on ajouter de nouveaux caractères à
ceux que nous avons énoncés.

Quant aux contrées américaines, la formation basaltique, dit M. de Humboldt, est peu
importante, comparativement à la formation
trachytique, dans les Cordillères du Mexique,
de la Nouvelle-Grenade, de Quito et du
Pérou : elle se montre principalement sur
les plateaux ou dans les vallées. Ainsi, ni le
Chimborazo, ni le Cotopaxi, ni l'Antisana,
ni le Pichincha, ne présentent de véritables
roches basaltiques, tandis que ces roches, caractérisées par l'olivine, séparées en belles
colonnes de trois pieds de diamètre, se rencontrent sur le plateau de Quito, mais loin
de ces volcans dans la vallée du Rio-Pisque.
Près de Popayan, les basaltes ne recouvrent
pas les dômes de Sotará et de Puracé; ils sont
isolés sur la rive occidentale du Cauca, dans
les plaines de Julumito. Au Mexique, la grande
formation basaltique du Valle de Santiago,
entre Valladolid et Guanaxuato, est très-éloi-

gnée des masses trachytiques du Popocatepetl et de l'Orizava. Tous ces basaltes, ajoute
M. de Humboldt, reposent probablement
aussi, à de grandes profondeurs, sur un sol
trachytique; mais leur séparation des montagnes trachytiques est un fait remarquable.

FORMATION TRACHYTIQUE.

La nature feldspathique des trachytes, leur *Caractères généraux.*
variété, leurs formes massives, les tufs et conglomérats dont ils sont accompagnés, et avec
lesquels ils alternent, donnent à cette formation un tout autre aspect qu'à la précédente.
En outre, les roches trachytiques affectent
généralement une tendance à s'agglomérer,
pour constituer des groupes montagneux qui
forment les parties les plus élevées des contrées où ils se trouvent; disposition qui contraste avec celle des basaltes que nous avons
vus tendre au contraire à s'éparpiller et à se
disséminer sur de grandes surfaces. Il en résulte un caractère de puissance et de continuité très-distinctif. L'antériorité des trachytes aux basaltes est démontrée par un grand
nombre de superpositions dans les contrées
qui renferment les deux formations; telles que
la France centrale, le Siebengebirge, les Andes, etc.... Les exceptions ne sont que des faits
accidentels, résultant de la réapparition de

roches trachytiques après les premières émissions de basaltes. Quant à leur âge géognostique, relativement à la série sédimentaire, l'on a long-temps regardé les émissions trachytiques comme toutes antérieures au terrain tertiaire, ainsi que cela a lieu dans la Hongrie; mais les trachytes de la France centrale, qui recouvrent et ont souvent disloqué les calcaires et les marnes d'eau douce de la formation supérieure; ceux des monts Euganéens, qui ont traversé un calcaire grossier tertiaire, démontrent que, si les éruptions de cette formation ont commencé pendant la série des terrains secondaires, elles se sont prolongées pendant toute la période tertiaire.

Les roches d'agrégation prennent une grande importance dans cette formation, en vertu des érosions violentes et prolongées que les roches directement émises du sol ont eu à subir, et par suite de la nature de ces roches, qui sont généralement beaucoup moins résistantes que les laves basaltiques. Les plus anciens tufs et conglomérats alternent avec les trachytes successivement émis, tandis que les plus récents forment autour des centres d'émission une ceinture de plateaux et de collines avancées, qui annoncent long-temps d'avance à l'explorateur la présence des trachytes en place.

Les divers modes d'éruption des laves trachytiques, c'est-à-dire, des roches poussées au dehors dans un état de fluidité igné plus ou moins grand, furent analogues à ceux que nous avons indiqués pour les basaltes anciens: ces laves furent injectées dans les failles et les fissures du sol, où elles se retrouvent sous forme de filons et arrivent à la surface; elles s'épanchèrent sous forme de larges nappes, et surtout, en vertu de la fluidité pâteuse assez ordinaire aux roches très-feldspathiques, elles s'accumulèrent au-dessus des orifices d'éruption, donnant naissance à des masses plus ou moins surbaissées, à des dômes, dont les filons semblent souvent les racines.

Les formes qui indiquent ces modes d'émission ne pourront guère être appréciées que dans les contrées où la formation est postérieure au terrain tertiaire. Dans les autres, les masses sont tellement dégradées, tellement noyées dans les tufs et les conglomérats, qu'on ne peut déterminer leurs contours. Nous entrerons donc en matière par la description des contrées européennes, où les émissions trachytiques sont les plus récentes. Les groupes de la Hongrie, si bien détaillés par M. Beudant, indiqueront comment la formation se lie au terrain porphyrique; et nous terminerons par un aperçu rapide des caractères qu'elle présente dans la chaine des Andes.

Le terrain trachytique constitue dans la France centrale les groupes ou accumulations des Monts-Dores et du Cantal, les dômes isolés des montagnes Domitiques, et la chaîne orientale du Vélay. Les groupes du Cantal et des Monts-Dores représentent le véritable terrain trachytique; car les monts Domitiques et la chaîne du Vélay ne sont que le développement de deux espèces de roches particulières, les domites et les phonolites. Ces deux groupes sont d'ailleurs indépendants par leur position, étant séparés par une contrée granitique; mais ils sont rapprochés par leur composition et par la liaison des basaltes très-répandus autour d'eux. Le trachyte est la roche dominante; il forme la partie centrale, avec des tufs et des conglomérats encore plus développés, tandis que les pentes extérieures sont presque exclusivement composées de roches de transport, recouvertes par des laves basaltiques. Les phonolites se montrent aussi en quelques points, mais comme subordonnés aux trachytes; tandis que l'inverse a lieu dans la chaîne du Vélay. Cette chaîne n'a aucun rapport de forme ni de composition avec les deux groupes, dont elle est séparée par une distance considérable: son aspect hérissé et la répartition inégale et non continue des masses trachytiques, contrastent avec leur puissance et leur continuité dans les groupes. On peut cependant leur appliquer ce principe commun, que hors des limites assez régulières, entre lesquelles eurent lieu les éruptions trachytiques, on ne trouve plus que des roches de

transport, qui appartiennent à cette formation,
c'est-à-dire, que toutes ces éruptions se rattachent à un système, et qu'il n'y en eut point
d'isolées ni d'excentriques.

Il n'est aucune formation ignée qui renferme Composition.
autant de variétés de roches que la formation
trachytique, car, abstraction faite de tout ce
qui est roche d'agrégation, les trachytes, accompagnés de scories et de cendres, se présentent sous les aspects les plus divers. En
effet, aux variations illimitées de texture et de
couleur que peut offrir la pâte compacte, bul-
leuse, scorifiée, noire, rouge, blanche...., il
faut ajouter celles qui peuvent résulter de la
grandeur, du nombre des cristaux de feldspath, de leur état vitreux, fritté, lithoïde,
de leur association avec d'autres substances
disséminées. Les obsidiennes et les phonolites
viennent encore augmenter la série des roches
que l'on peut appeler les laves de la formation,
bien que leurs formes massives aient souvent
peu de rapport avec les formes de nappes et
de coulées des laves modernes et basaltiques.
Les roches vitreuses n'occupent en France
que des gisements très-circonscrits; mais les
phonolites acquièrent un développement considérable et semblent par leur âge postérieur
aux trachytes et leur concentration dans des
gisements particuliers, tendre à s'isoler en une
sous-formation distincte.

Les phonolites n'alternent point, en effet,

avec les trachytes : ils ne se rencontrent pas indifféremment dans les diverses parties des groupes de montagnes, ainsi que cela devrait avoir lieu pour des roches qui ne sont que des modifications d'un même principe constituant. Ils composent seuls la chaîne du Vélay sur une longueur de plus de cinquante kilomètres, et dans toutes les parties de cette chaîne ils sont antérieurs aux basaltes les plus anciens, tandis que le peu d'érosions qu'ils ont subies (car il n'existe pas de conglomérats phonolitiques) les indique comme postérieurs aux trachytes. Dans les Monts-Dores et les Monts-Cantal, ils sont concentrés dans des gisements particuliers et postérieurs aux basaltes anciens; mais comme ils sont peu développés, et qu'ils ne paraissent point liés aux dernières éruptions trachytiques, on incline à les considérer dans ces derniers gisements comme une alternance des deux formations; tandis que la chaîne du Vélay, où ils sont à la fois très-puissants et intimement liés aux trachytes, représenterait préférablement leur véritable âge géognostique, en les indiquant comme un appendice à la formation trachytique, et formant le passage à la formation basaltique.

Cette distinction géognostique est confirmée par la différence de composition qui existe entre les trachytes et les phonolites; différence indiquée par la constante solubilité de ceux-ci dans les acides et confirmée par les ana-

lyses de M. Gmelin, qui les regarde comme des
mélanges de feldspath et d'une substance zéo-
lithique. Du reste, il est peu douteux qu'il
n'existe des différences minéralogiques analogues entre les trachytes et les obsidiennes,
et même les domites; et ces diverses espèces
de roches, bien que liées entre elles par des
passages fréquents, sont toujours très-distinctes. Il n'en est pas de même des variations
infinies dont chacune de ces espèces est susceptible : toutes les variétés sont tellement
liées entre elles qu'on ne peut établir que des
subdivisions relatives, en rattachant chaque
variété à des types bien déterminés. (1)

(1) Dans ma Description des terrains volcaniques de la France centrale, j'ai subdivisé les roches trachytiques de la manière suivante :

Trachyte à gros cristaux. Les cristaux de feldspath sont très-nombreux : leur grosseur varie de 0,01 à 0,03 de diamètre. La pâte de
ces trachytes est plus feldspathique que dans tout autre : elle est aussi
moins compacte, et les cristaux y sont rarement très-adhérents. Les
trachytes du pic Sancy, de l'assise supérieure de la grande cascade aux
Monts-Dores, des sommités du col de Cabre et du Puy-Mary, dans le
Cantal, sont le type de cette variété.

Trachyte porphyroïde. Les cristaux de feldspath n'ont que quelques
millimètres : ils sont souvent mats, opaques et colorés; ils sont également répartis dans une pâte compacte, tenace, homogène, à laquelle
ils adhèrent fortement. Le type de cette variété est parfaitement exprimé dans les trachytes rouges, à l'extrémité sud de la Crête de Ferval
(Cantal), dans d'autres trachytes rougeâtres du Val d'Enfer, qui ressemblent beaucoup à des porphyres, et dans les trachytes bleuâtres de
la Pradette (chaîne du Vélay).

Trachyte homogène. Contient peu ou point de cristaux de feldspath.
La pâte est d'une teinte homogène, ordinairement compacte, et par
cela même passe souvent au phonolite. Les trachytes noirs, passant au
basalte, souvent prismatique, des Monts-Dores, se rapportent à ce type.
M. Bertrand l'a placé dans le Vélay, à Freisselier. Le Cantal en offre des

Les trachytes dans le Cantal et les Monts-Dores sont constamment associés à des roches

---

exemples fréquents dans ses filons, notamment dans le ravin du Plomb.

Trachyte schistoïde. Peu de cristaux de feldspath opaques et blancs. La roche est de couleur claire, blanche ou grise, remarquable par sa structure schisteuse. Sa cassure est, dans le sens des feuilles, unie et nacrée; dans l'autre elle est raboteuse. Ce type abonde dans la chaîne du Vélay, où il semble quelquefois un phonolite décomposé; son gisement principal est à Saint-Pierre-Eynac. Il existe dans le Cantal, au Pas-de-Compain, dans les Monts-Dores, sur la route de la Grande-Vallée à Murat-le-Quaire.

Trachyte amphibolique. Parmi les substances disséminées, il n'y a que l'amphibole qui prenne assez d'importance pour constituer une variété distincte; mais il doit alors être très-abondant, et effacer tous les autres caractères. Les trachytes de Montusclat, dans le Vélay, forment le type de cette variété, qui n'existe réellement que là.

Trachyte domite. Aspect terreux, léger, de couleur claire, grise ou jaune, cristaux de feldspath petits et mal formés, souvent nuls, tendres, happant fortement à la langue. Le type constitue les montagnes Domitiques, de nombreux filons dans le Cantal, aux environs des Chazes.

Tels sont les caractères extérieurs et les plus saillants de six variétés de trachyte, auxquelles on peut rapporter toutes celles de la France centrale, en donnant un peu d'extension à leurs caractères. Les variétés qui dépendent de la texture de la roche, trachytes compactes, bulleux, cellulaires à cavités déchiquetées, scorifiés; peuvent appartenir à chaque subdivision. Les deux autres espèces de roches-laves de la formation trachytique, sont beaucoup moins compliquées. Les phonolites se réduisent à deux variétés.

Phonolite compacte. Peu fissuré, à cassure largement conchoïde et céroïde, dans le sens perpendiculaire aux tables, très-finement écailleux, pas de cristaux visibles, de couleur sombre. Le type de cette variété existe dans les filons des Boutières, à l'Ambre, etc., dans le Vélay; à Griounaux, dans le Cantal.

Phonolite feuilleté ou tégulaire. Ce phonolite se divise en dalles et en feuillets. Sa cassure est plate et unie dans un sens, céroïde dans l'autre : il affecte des couleurs plus claires, souvent verdâtres. Cette variété comprend les phonolites tigrés et mouchetés. Le type en est sur le pic du Mézenc, à Saint-Pierre-Eynac, etc., à la Sanadoire et la Tuilière, dans les Monts-Dores.

Obsidienne homogène. Dans le Cantal, ravin des Gardes, au-dessous

d'agrégation, dont la puissance est tellement
supérieure qu'ils semblent souvent leur être

---

de Pradahaut, il y en a plusieurs filons. Le verre en est homogène, sombre, sans cristaux.

Obsidienne porphyroïde. Aux Monts-Dores, sur la route de Murat, ces obsidiennes sont vertes et noires, peu vitreuses, empâtant des cristaux de feldspath. La verte passe à la ponce. La variété noire passe en un point au perlite par une cassure testacée. Dans le Cantal, une obsidienne granulaire présente des caractères analogues.

Tuf cinérite. Paraît résulter de cendres feldspathiques, ordinairement agglutinées. Ces tufs sont de couleur claire, fins, homogènes, leur cassure est souvent conchoïde, et ils renferment des plaques de tuf plus grossier et comme milliolité, ce qui provient probablement du tassement par les eaux des parties les moins fines. Il n'est pas toujours facile de distinguer ces tufs des tufs ponceux fins; leur pesanteur spécifique plus considérable est le meilleur guide; il est d'ailleurs probable qu'ils se sont souvent mélangés. Le type de ces tufs est aux Monts-Dores dans la Grande-Vallée du côté du Capucin, et au ravin de la Craie.

Tuf ponceux. Cette dénomination convient spécialement aux tufs fins et homogènes, de couleur claire. Il ne faut pas les confondre avec les conglomérats ponceux, dont le gravier renferme des ponces broyées et entières. Ils ont beaucoup de rapport avec les tufs précédents, mais sont quelquefois tellement légers qu'ils se soutiennent sur l'eau lorsqu'ils sont bien secs (ravin des Égravats). Les tufs cellulaires, dont les cavités sont plus ou moins remplies de ponces décomposées, paraissent dues à leur association avec les tufs cinérites. Ils contiennent souvent des ponces plus ou moins intactes, du mica. Ces tufs abondent dans les Monts-Dores et le Cantal.

Brèche trachytique. Ces brèches sont *homogènes* ou *hétérogènes.* Les brèches homogènes sont composées de petits fragments trachytiques de même nature, ordinairement scorifiés à petits pores, accolés et agglutinés par un ciment peu abondant. Les brèches hétérogènes sont composées de fragments de différents trachytes souvent scorifiés, mais ordinairement noyés dans un ciment très-abondant et plus ou moins grossier.

Enfin, les *conglomérats*, qui sont souvent *ponceux.* Il n'y a de description possible que pour le gravier dans lequel les blocs, souvent énormes, sont englobés, et qui présentent fréquemment des ponces entières. Les conglomérats extérieurs contiennent des roches non volcaniques; des basaltes y sont mêlés aux trachytes. Ces roches de transport, broyées, mélangées, n'ont d'intérêt que suivant les localités où elles se trouvent.

subordonnés. Cette supériorité des roches d'agrégation serait fort embarrassante à expliquer, si toutes provenaient de détritus arrachés aux trachytes; mais une grande partie doit ses matériaux à des éruptions directes de matières pulvérulentes ou plus ou moins scorifiées. Il ressort même de quelques observations, que la force volcanique aurait rejeté et entassé des blocs de trachytes, de grosseur variable, sur certains points, où on les retrouve sans apparence de remaniement par les eaux. Ces produits de l'action volcanique immédiate se sont ensuite mêlés aux détritus de toute espèce. On les retrouve associés aux brèches, aux conglomérats hétérogènes; roches exclusivement de transport, qui contrastent avec celles qui résultent de déjections accumulées, que l'on peut regarder souvent comme en place.

La dénomination générale de roches d'agrégation ne convient donc pas toujours à une classe composée de types si différents; mais comme ces roches ont ordinairement éprouvé l'action des eaux, qu'elles ont été modifiées, agrégées par des infiltrations postérieures, ou qu'elles ont été transportées; comme elles sont d'ailleurs réunies par le fait de l'association des roches de déjections avec les conglomérats hétérogènes de transport, cette dénomination est encore celle qui convient le mieux à l'ensemble de ces roches.

L'existence de ces diverses classes de roches
d'agrégation prouve que les éruptions trachytiques ne se bornèrent pas à des émissions de
laves, mais qu'elles furent accompagnées de
déjections abondantes : fait d'autant plus évident que la chaîne du Vélay, qui ne contient
pas de roches scorifiées et dont l'émission ne
fut vraisemblablement accompagnée d'aucune
déjection, ne présente pas de roches d'agrégation. Ces déjections sont les ponces si abondantes dans les tufs et les conglomérats, surtout aux Monts-Dores; ces tufs si fins, si homogènes, friables ou endurcis, et qui ne sont
évidemment que des cendres feldspathiques.
Ce sont, enfin, ces agglomérations locales de
trachytes, dont les blocs homogènes, libres
ou cimentés, présentent souvent des scorifications extérieures, ou qui d'autres fois, en petits
fragments agglutinés, compactes ou finement
scorifiés, appartiennent tous à la même espèce
et forment des assises distinctes. Cette première
classe de roches d'agrégation occupe la partie
centrale; ils alternent avec les laves trachytiques, de même que les laves des volcans évidents alternent avec leurs déjections. Dans
aucun cas leur disposition ne peut faire supposer qu'elles aient affecté la forme de cratères.

Avec cette première espèce de roche d'a-
grégation contrastent les entassements de blocs
de toute dimension, de toute espèce, qui con-

tiennent souvent des blocs basaltiques, libres
ou plus ou moins cimentés par un gravier
volcanique souvent ponceux. La position de
ces roches de transport contraste de même
que leur composition; car ils sont rejetés vers
la zone extérieure, forment les dernières pentes, et se retrouvent dans des gisements tout-à-
fait excentriques, à des distances considérables du groupe dont ils ont étendu les limites
et adouci les aspérités.

Dans leur position, relativement aux trachytes, les roches d'agrégation de la partie
centrale leur sont généralement inférieures,
non-seulement en ce que les masses qui constituent les sommités sont composées de trachytes, mais parce que le couronnement des
plateaux supérieurs est presque toujours formé
par des épanchements trachytiques plus ou
moins continus. Elles se trouvent cependant
quelquefois très-près des sommités et dans des
positions où elles ne peuvent s'être formées,
les roches dont elles se composent ne se re-
trouvant pas dans les points dominants. Ces
perturbations apparaissent d'ailleurs avec
évidence en plusieurs points par les bouleversements des couches, de telle sorte que les recherches sur l'action des eaux dans les groupes
trachytiques acquièrent une grande importance, non-seulement par la formation continue des tufs, brèches et conglomérats, mais
par les modifications qu'elles apportèrent à

la forme de ces groupes. Cette appréciation conduit en effet à reconnaître quelle part ont eue les soulèvements à la forme qu'ils présentent actuellement.

Les substances accidentelles, disséminées dans ces diverses roches, sont : l'amphibole, le pyroxène, le mica, le fer titané, le fer oligiste, le quartz (en noyaux dans certains trachytes du Cantal), le grenat, la mésotype, la néphéline, la chabasie, l'arragonite, la chaux carbonatée, etc....

Le groupe du Cantal est un cône irrégulier, surbaissé, évidé à son centre, dont la base, à peu près circulaire, occupe une surface qui a plus de soixante-quinze kilomètres de diamètre. Le groupe trachytique proprement dit occupe la partie centrale et se compose de montagnes élevées, d'où partent des contreforts qui s'abaissent graduellement et se terminent par des plateaux plus ou moins inclinés. La hauteur absolue des montagnes centrales varie en 1400 et 1871 mètres. Les trachytes, dont la puissance est de beaucoup inférieure à celle des roches d'agrégation, avec lesquelles ils alternent, se présentent sous forme de couches, dont quelques-unes sont assez continues pour qu'on puisse les suivre pendant six cents mètres et plus, en masses isolées et en filons. A mesure que l'on s'éloigne du centre, ils deviennent moins puissants et les roches d'agrégation prennent un développement exclusif; mais leur nature se modifie, et l'on voit succéder aux tufs d'apparence homogène, aux conglomérats fortement agglutinés, dans lesquels l'influence de l'action volcanique est souvent évidente, les roches tout-à-fait hétérogènes, les conglomérats de blocs trachytiques et basaltiques, englobés dans un gravier souvent ponceux. Les phonolites constituent plusieurs pics qui surgissent au-dessus des conglomérats trachytiques dans la dépression centrale du groupe, et dont le principal est le Puy-Griou.

Le groupe des Monts-Dores est un cône moins vaste et moins régulier que celui du Cantal; il occupe un espace à peu près circulaire d'environ vingt kilomètres de diamètre. La masse trachytique qui constitue cette gibbosité montagneuse, est d'une épaisseur moyenne de quatre à cinq cents mètres; elle est superposée à un plateau primitif, dont la hauteur moyenne a été évaluée par Ramond à 1000 mètres : c'est un ensemble de plateaux diversement inclinés, sur lesquels s'élèvent des aspérités ordinairement formées par des trachytes massifs, tandis que les vallées et les déchirures qui les sillonnent et les séparent, présentent des alternances de trachytes et roches d'agrégation. Les masses les plus élevées sont disposées de même qu'au Cantal, suivant une crête demi-circulaire, qui encaisse une dépression où commence la vallée des Bains.

Le pic Sancy, point culminant de cette crête, atteint une élévation de 1887 mètres; il paraît lui-même le centre d'un système de filons très-nombreux et dont quelques-uns sont d'une puissance remarquable, tandis que les escarpements de la vallée présentent des alternances très-régulières de trachytes et de roches conglomérées. Les plateaux du centre sont recouverts par des nappes très-continues de trachytes, qui sont le plus bel exemple connu de véritable trachyte en nappes ou coulées très-étendues.

Dans le Cantal, les assises alternantes de trachytes et de roches conglomérées qui constituent la masse principale du groupe, sont sensiblement inclinées du centre à la circonférence, c'est-à-dire, suivant les pentes du cône. Dans les Monts-Dores, MM. Dufrénoy et Élie de Beaumont ont constaté trois centres de relèvement des couches; le premier est la crête qui domine la vallée des bains; le second, vers les grandes masses trachytiques du Puy de la Tache; le troisième est la dépression semi-circulaire dont les pics phonolitiques de la Sanadoire, de la Tuilière et de la Malviale occupent le centre.

Sur le même plateau que les Monts-Dores, à une distance d'environ douze kilomètres de ses dernières pentes, la formation trachytique fut prolongée au nord et dans la direction déjà déterminée par la succession des deux groupes précédents, par des émissions de trachytes-domites. Cette espèce de roche constitue quatre dômes arrondis, qui sont le Puy-de-Dôme, élevé de 1468 mètres, le Sarcouy, le Clierzou, le petit Suchet et quelques autres lambeaux. (Planches X et XI.)

Ce nouveau centre trachytique est remarquable non-seulement par l'émission exclusive de domites, mais surtout par la forme régulière et arrondie des masses constituantes. Ces formes existent bien dans les Monts-Dores, mais point avec cette pureté de contours qui est du plus haut intérêt, parce qu'elle démontre l'indépendance des masses comme origine, chacune d'elles représentant un point d'émission distinct, et qu'elle indique aussi le mode de formation par accumulation de roche très-pâteuse au-dessus des orifices d'éruption. Le domite n'est en effet qu'une variété de trachyte, qui constitue des filons et des masses assez puissantes dans le Cantal et les Monts-Dores. L'histoire de l'éruption de ces dômes est toute tracée par leur conservation parfaite. Sur une fissure, qui fut par la suite suivie par les volcans laviques, divers orifices d'éruption furent ouverts, et des trachytes d'une fluidité très-pâteuse, poussés de bas en haut, et même amenant des masses pulvérulentes, de même que certains basaltes ont amené des pozzolanes friables, s'amoncelèrent en dômes au-dessus de ces orifices, leur base prenant plus ou moins d'extension. Il arriva même en un point que la trachyte-domite eut assez de fluidité pour s'épancher sous forme de nappe, ainsi que cela eut lieu à l'ouest du Puy-Chopine. L'émission de Clierzou paraît avoir été précédée de quelques phénomènes particuliers, comme un bouillonnement superficiel, indiqué par la présence de ponces et de scories domitiques, qui se trouvent à la partie supérieure. Il est à remarquer que lorsque l'action lavique vint à se manifester sur cette même fissure, la lave vint de préférence percer au pied de ces dômes et donna naissance à des volcans à cratères, accolés comme le petit Puy-de-Dôme au grand Puy-de-Dôme, le petit Sarcouy au grand Sarcouy, le grand Suchet au petit Suchet.

La chaîne trachytique du Vélay forme la limite orientale de la vallée de la Haute-Loire : c'est une suite de pics et de plateaux indépendants, tantôt interrompue, tantôt présentant des renflements qui, dans les groupes du Mégal et du Mézenc, atteignent jusqu'à douze et quinze kilomètres de largeur ; de telle sorte qu'on pourrait la considérer comme une série de centres d'action, placés sur une même ligne, et rattachés les uns aux autres par des masses isolées, qui suivent la même direction. C'est ainsi que les groupes du Cantal, des Monts-Dores et les monts Domitiques se succèdent sur une même ligne ; mais ce rap-

prochement est le seul à faire entre ces deux
lignes trachytiques, dont la forme et la composition diffèrent complétement. Vue de la
vallée, cette chaîne termine l'horizon par un
long rideau bizarrement découpé : ce sont
des pics aigus, de grosses montagnes arrondies ou terminées par des plateaux, escarpées
sur toutes leurs faces, accumulées en plusieurs
points, clair-semées dans d'autres. Les teintes
sombres qui résultent de la nudité de ces montagnes, leurs formes hardies et variées à l'in-
fini, donnent à cette contrée une physionomie
caractéristique. Si l'on pénètre dans l'intérieur,
on est frappé de la non-continuité du terrain
trachytique. Les centres d'éruption eux-mêmes ne sont composés que de masses isolées,
tout-à-fait indépendantes et séparées par des
vallées granitiques ou basaltiques : ce sont toujours des formes abruptes, des rocs décharnés
surgissant au milieu des blocs entassés autour
d'eux.

Le groupe principal est celui du Mézenc,
qui forme la partie sud de la chaîne : c'est un
système de pics et de plateaux qui s'élèvent
graduellement jusqu'aux sommités centrales.
Le point culminant, qui est en même temps
celui de toute la chaîne, est formé par le pic
du Mézenc, à 1774 mètres au-dessus du niveau
de la mer. Ce groupe s'étend principalement
vers le sud, et se termine par les montagnes
du Béage et de la vallée de Sainte-Eulalie, où

la Loire prend sa source. Le terrain basaltique y est développé sur une grande échelle. Le groupe du Mégal succède à celui du Mézenc. Le terrain trachytique y est plus continu, plus puissant, et n'est pas associé au terrain basaltique. Le point culminant est Testevoire, à 1447 mètres de hauteur. Ce groupe s'étend dans tous les sens par des pics excentriques très-éloignés. La chaîne se prolonge ensuite au nord par une série de grosses masses, dont les principales sont : Eymerau, Gerbizon, Miaune et la Magdeleine, jusque par-delà le défilé de Chamalières, par lequel la Loire s'échappe de la haute vallée.

Les phonolites constituent la presque-totalité de la chaîne, et l'étude des diverses masses qu'ils constituent, démontre que ces phonolites sortirent en un grand nombre de points, suivant une longue fissure, dirigée du N.-N.-O. au S.-S.-E., et qu'au-dessus de ces orifices la lave prit des formes très-diverses, suivant sa plus ou moins grande fluidité, le plus souvent s'accumulant en dômes arrondis et en masses coniques; d'autres fois s'affaissant et formant des masses aplaties et très-épaisses; plus rarement, enfin, s'épanchant sous forme de nappe. L'émission de ces phonolites ne fut accompagnée d'aucune déjection; ce qui les distingue des éruptions trachytiques des groupes précédents et justifie l'absence totale des conglomérats, en tenant aussi compte de la dureté des

masses et de leur position sur une crête saillante. Postérieurement à ces éruptions feldspathiques, les basaltes se firent jour en deux
points de la chaîne (le Mézenc et la partie
nord du Mégal); ils soulevèrent les phonolites,
s'intercalèrent quelquefois entre eux, et s'é-
panchèrent à leur pied, en couvrant de leurs
vastes nappes les intervalles qui séparaient
ces masses préexistantes.

Age géognos-
tique des di-
vers centres
trachytiques
de la France.

Les alternances si fréquentes des trachytes
et des roches d'agrégation, leur stratification,
la conservation des dykes, des dômes, qui leur
sont superposés, enfin la conséquence naturelle des formes bien déterminées, qui est la
facilité avec laquelle on se rend compte de
l'origine des masses trachytiques, forment un
ensemble de faits qui caractérisent parfaitement cette formation en France. L'existence
de formes déterminées et leur conservation,
contrastent avec tout ce qu'elles ont de vague
et d'incertain dans les autres contrées trachytiques du globe; elles annoncent une époque
d'apparition plus récente, surtout si l'on considère que ces caractères, bien autrement pur
et développés dans la formation basaltique,
sont ici justifiés par de fréquents rapprochements de composition, et par des passages minéralogiques qui adoucissent tout ce qu'il y a
de brusque dans le passage des roches feldspathiques aux roches pyroxéniques.

La supposition d'un âge récent est encore

motivée par l'association des roches trachytiques avec les basaltes, et par le développement très-étendu des roches phonolitiques. La
liaison entre ces trois périodes distinctes, les
trachytes, les phonolites et les basaltes, est un
fait qui sera bien constaté et qui exprime en
résumé les caractères distinctifs précités.

Ces probabilités sur l'âge récent des trachytes de la France sont confirmées par l'observation. L'on doit à MM. Lyel et Murchison
un travail sur le Cantal, qui ne laisse rien
à désirer sur cette matière. Il résulte, en effet,
non-seulement de nombreuses stratifications
des roches trachytiques sur les couches tertiaires, mais des perturbations que leur émiss-
sion a causées dans le système de ces couches;
il résulte que l'apparition des trachytes dans
le Cantal est postérieure aux derniers dépôts
tertiaires. Cette superposition est très-bien
exprimée à Thiezac, à Gyou de Mamou, à la
Vyssière. En d'autres points, notamment à
Boudiou et de Polminhac à Aurillac, les couches tertiaires sont bouleversées, fracturées,
et l'on en retrouve des blocs énormes, englobés dans les roches trachytiques.

Comme il n'existe pas de faits qui puissent
porter à regarder les Monts-Dores et la chaîne
du Vélay comme antérieurs au Cantal, on
peut donc regarder la question comme résolue pour tout le terrain trachytique de la
France; mais on trouve aussi dans ces deux

centres des faits qui leur assignent le même âge géognostique. En effet, à l'est de Saint-Pierre-Eynac en Vélay les lambeaux d'une coulée phonolitique reposent sur les marnes tertiaires; et bien que le groupe des Monts-Dores, superposé au granite, n'atteigne pas le terrain tertiaire, on trouvera des arguments sinon dans le groupe lui-même, du moins dans cette observation applicable au Vélay, qu'il y a absence complète de tout débris volcanique dans les roches d'agrégation tertiaire.

L'âge relatif de ces trois grands centres trachytiques ne peut être établi d'une manière absolue, car la période de leur développement fut si courte qu'on ne peut saisir de distinction certaine : mais comme il n'est pas probable que trois centres d'éruptions si considérables aient été tout-à-fait contemporains, du moins pendant la grande intensité de leurs éruptions, on peut se laisser guider dans l'appréciation de cet âge relatif par quelques faits qui ne sont pas sans importance. Ainsi, relativement au Cantal et aux Monts-Dores, qui sont réunis par leurs rapports de forme et de composition, on remarque que dans les Monts-Dores les trachytes affectent des formes bien plus caractérisées et bien mieux conservées; les coulées y sont plus évidentes; et leurs formes souvent basaltiques présentent, de même que les roches, plus de passages aux basaltes. Ces trachytes sont essentiellement modernes.

Ceux du Cantal, au contraire, ont des formes bien moins déterminées. Les basaltes forment une zone puissante autour de ce groupe ; mais il existe entre leurs roches et les trachytes très-peu de rapports minéralogiques.

Ces observations ne conduisent-elles pas à penser que les grandes éruptions de ces deux centres ont eu une influence mutuelle, de même que certains volcans brûlants voisins, et que la lacune qui s'annonce entre les éruptions basaltiques et trachytiques du Cantal est remplie par l'émission des Monts-Dores. Quoi qu'il en soit, un fait moins hypothétique est que la chaîne du Vélay est postérieure à ces deux groupes : ceci est appuyé non-seulement sur ce que la période phonolitique à laquelle elle appartient, peut être regardée comme postérieure à la période trachytique proprement dite, mais aussi sur la liaison intime et unique de ce terrain phonolitique avec les basaltes, développés sur une plus grande échelle et vers le centre même des masses.

Le Siebengebirge est un groupe de monta-gnes trachytiques, situé sur les bords du Rhin, à deux lieues environ au-dessus de Bonn. C'est un amas irrégulier de montagnes arrondies, peu variées de forme et de hauteur, et parmi lesquelles on distingue principalement sept sommets ; ce qui lui a fait donner le nom de Siebengebirge. Le Drachenfels est la montagne la plus apparente, bien qu'elle ne soit

pas la plus élevée; elle domine le Rhin par
un vaste escarpement, dont le pied est exploité, et se compose de trachyte blanc, caractérisé par un grand nombre de gros cristaux de feldspath vitreux. Des conglomérats,
souvent décomposés, couvrent les pentes douces du Drachenfels. Les alluvions du Rhin,
qui s'élèvent aussi sur ses flancs à une assez
grande hauteur, ont empêché M. Reynaud de
reconnaître les rapports du conglomérat avec
quelques lambeaux tertiaires qui sont dans le
fond de la vallée. Près du Drachenfels s'élève
le Wolkenburg, composé de trachyte grisâtre
ou rougeàtre, très-amphibolique. Les deux
trachytes se touchent, et le passage de l'un à
l'autre a lieu dans un espace très-court; le
Stenzenberg, composé d'un trachyte brun encore plus amphibolique que le précédent,
donne lieu à de très-belles exploitations;
M. Reynaud a remarqué au milieu de la masse,
de puissantes colonnes verticales, qu'on ne
saurait, dit-il, mieux comparer qu'à des troncs
d'arbres, et qui se délitent en feuillets minces
et contournés comme une véritable écorce.

Les autres montagnes sont composées de
trachytes analogues aux précédents. Les conglomérats occupent le fond des vallées et
s'élèvent à des hauteurs plus ou moins grandes sur les flancs de chaque masse. Généralement, dans les conglomérats qui sont au
pied d'une montagne, ce sont toujours les

trachytes constituants de cette montagne qui
dominent, et comme chacune d'elles est formée
d'un trachyte particulier, cette prédominance
est très-remarquable. La colline dite l'Ofen-
kuler-Berg est composée d'un tuf blanc, léger,
très-fin et presque homogène. Ce tuf est traversé par des filons de trachytes qui le sillonnent dans tous les sens et qui augmentent
à mesure que l'on approche de la masse trachytique sur laquelle il repose.

Il existe des couches tertiaires dans la vallée de Niedermühle, et M. Reynaud a reconnu
que les conglomérats s'avançaient en recouvrement au-dessus d'elles. D'un autre côté les
conglomérats schisteux présentent en plusieurs points des empreintes des mêmes dicotylédones qui abondent dans les couches de
molasse voisines. Dès-lors il est probable,
dit-il, que les couches tertiaires se sont déposées après le soulèvement du trachyte, et
que les causes qui stratifiaient ces couches
agissaient en même temps sur les conglomérats
des bords du bassin.

Les basaltes recouvrent en un grand nombre
de points du Siebengebirge les trachytes et les
conglomérats trachytiques; mais il y a peu de
liaison entre les deux formations. En Hongrie
il n'y a pas même cette liaison de voisinage, et
M. Beudant dit qu'il y a en quelque sorte répulsion, antipathie entre les trachytes et les
basaltes; tandis qu'il y a au contraire liaison

avec les roches du terrain porphyrique; telles
que les grünstein et les porphyres métallifères.
C'est M. Beudant qui a, le premier, déterminé
les caractères de la formation trachytique
d'après ses recherches en Hongrie; aussi cette
contrée est-elle devenue classique.

Hongrie. La formation trachytique constitue en Hongrie cinq groupes principaux, s'élevant la
plupart sur le bord septentrional de la grande
plaine, comme autant d'îles particulières, qui
n'ont entre elles aucun rapport visible. Ces
groupes sont composés de montagnes coniques ou arrondies, entassées les unes sur les
autres, qui, à partir des sommets les plus élevés, s'abaissent progressivement vers les plaines,
où elles se terminent par des collines plus ou
moins alongées et composées de débris. Il
existe dans différentes parties, des sommets en
forme de plateaux, escarpés à pic, et qui présentent des assises horizontales plus ou moins
distinctes; mais nulle part on ne voit de lambeaux isolés qui se correspondent, et qu'on
puisse regarder comme les restes d'une couche
morcelée. Nulle part il n'y a de vestiges de
cratères. On peut distinguer çà et là dans les
coupes du terrain des lignes de stratification,
la plupart horizontales et peu inclinées; mais
ces lignes, peu continues, ne se prolongent pas
régulièrement dans les mêmes masses, et les
différentes roches que l'on rencontre ne forment pas de couches superposées les unes aux

autres. Chacune forme plutôt une montagne ou une masse particulière, qui paraît indépendante de celle qui l'avoisine.

La composition minérale est à peu près la même dans les cinq groupes, et il n'y a généralement de différence que dans le plus ou moins d'extension des diverses espèces de roches, et dans quelques modifications particulières que chacune d'elles est susceptible de présenter. Les roches principales sont : 1.º des trachytes; 2.º des porphyres à base de feldspath compacte, désignés sous le nom de porphyres trachytiques; 3.º des roches vitreuses ou vitro-lithoïdes, qui sont toutes des variétés de perlites; 4.º des porphyres argileux plus ou moins siliceux, toujours très-celluleux, désignés sous le nom de porphyres molaires; 5.º des roches d'agrégation.

Ces roches, considérées en petit, présentent presque toutes une structure porphyroïde, c'est-à-dire, qu'elles renferment des cristaux de feldspath plus ou moins distincts, ordinairement vitreux, et diverses substances cristallines, disséminées dans une pâte : elles sont tantôt compactes, tantôt criblées de cavités qui, par leur grandeur et leur forme, donnent à la masse des apparences très-variées. Tantôt ce sont des cavités irrégulières, à parois angulaires ou mamelonnées; tantôt des cellules arrondies, à parois lisses; ailleurs des cavités alongées, déchiquetées, tordues, qui donnent aux roches une apparence scoriacée; d'autres fois, enfin, ce sont des pores très-petits et très-nombreux, ou des cellules très-étroites et très-alongées, toutes parallèles les unes aux autres, qui déterminent plus ou moins cette rigidité, cette légèreté qui caractérise les roches ponceuses. La structure celluleuse, scoriacée, appartient de préférence aux trachytes, la structure ponceuse aux perlites, et la structure cariée aux porphyres trachytiques et aux porphyres molaires. La pâte ne varie pas moins dans ses caractères que les roches dans leur structure.

Dans les *trachytes*, si la pâte feldspathique est pure, elle présente une cassure cireuse; dans quelques cas elle est semi-vitreuse. Les couleurs sont généralement sombres, et souvent la pâte est mélangée de particules fines, disséminées, les unes noires, les autres vertes, qui donnent à la masse l'une ou l'autre couleur; d'autres fois c'est l'oxide de fer qui intervient comme principe colorant. Dans les *perlites*, la pâte vitreuse passe par toutes les nuances possibles à l'état vitro-lithoïde ou tout-à-fait pierreux. Quelquefois ce sont des globules de véritable feldspath compacte ou strié du centre à la circonférence. Ailleurs toute la masse est lithoïde et se présente soit à l'état de feldspath céroïde, soit à un état analogue à celui des terres cuites. Dans les *porphyres trachytiques*, la base feldspathique est géné-

ralement assez pure, de couleur claire, rougeâtre ou brunâtre, tantôt d'un éclat émaillé,
tantôt d'un éclat gras et souvent tout-à-fait
matte. La cassure est généralement à larges
écailles. S'il s'introduit dans la pâte quelque
mélange, c'est la matière siliceuse qui la rend
plus ou moins infusible et lui donne l'apparence du silex terne ou corné. Dans les *porphyres molaires*, la pâte terne, à cassure terreuse, paraît fortement mélangée de silice, qui
s'y présente à l'état de jaspe ou de silex corné.
Souvent la masse se trouve entièrement composée de globules blanchâtres de feldspath
strié du centre à la circonférence, qui rappellent ceux que l'on observe dans les roches
précédentes, et qui, malgré l'extrême différence des autres caractères (1), établissent
encore avec elles quelques rapports minéralogiques.

Les substances cristallines, disséminées dans
ces diverses pâtes, sont : le *mica* noir brillant:
le *feldspath*, le plus souvent vitreux ou fendillé, quelquefois simplement lamelleux, plus
rarement compacte ; ses cristaux sont très-
nets dans les trachytes, petits et mal terminés
dans les autres roches : l'*amphibole*, très-abon-

---

(1) Une roche volcanique siliceuse est sans doute un fait surprenant ;
mais tout porte à croire que cette prédominance des principes siliceux
résulte de la décomposition des silicates préexistants. La texture cariée
des porphyres molaires vient à l'appui de cette assertion.

dant dans certains trachytes : le *pyroxène*, qui est plus rare et ne se présente pas avec l'amphibole ; il est tantôt noir, tantôt verdâtre et translucide ; le *quartz*, qui se trouve en cristaux distincts et souvent très-nombreux dans les porphyres trachytiques et molaires : le *fer titané*, plus ou moins fréquent dans les trachytes : enfin, la *calcédoine*, le *jaspe* et l'*opale*, qui se trouvent en petites géodes ou en veines.

Ces différentes roches de la formation trachytique conservent dans les divers groupes un certain ordre constant et régulier, et M. Beudant a reconnu que les montagnes d'un même genre sont toujours disposées de la même manière, relativement à celles d'un genre différent.

Le trachyte occupe généralement le centre des groupes et constitue les masses les plus considérables comme les plus élevées. Le porphyre trachytique compose des montagnes plus basses et toujours en avant des premières. Plus loin se trouvent les montagnes de perlites, et, enfin, viennent les porphyres molaires, qui composent les dernières masses solides et se trouvent placées en avant de toutes les autres. Il n'y a que les conglomérats qui leur succèdent et s'avancent dans les plaines à des distances plus ou moins grandes. Il est difficile de déterminer l'âge relatif de ces diverses masses. Cependant cette succession géographique semble indiquer une succession géognostique, de sorte qu'il y aurait eu différentes époques de formation, dont la plus ancienne serait le trachyte, et la plus nouvelle, le porphyre molaire.

Ces différentes masses partielles de roches, distinctes les unes des autres au moins par leurs positions respectives dans chacun des groupes, si ce n'est par leur âge relatif, présentent chacune un ensemble de caractères assez frappants. La masse des trachytes offre un grand nombre de roches scorifiées, la plupart de couleur sombre; on y trouve de l'amphibole, du pyroxène, du fer titané, tandis que le quartz y manque totalement. La masse des porphyres trachytiques se distingue par l'abondance et la pureté du feldspath compacte, par les couleurs claires des produits, l'absence des véritables scories et la présence du quartz en nombreux cristaux et de la calcédoine. La masse des perlites est suffisamment caractérisée par l'abondance des roches vitreuses, par les produits vitro-lithoïdes, la présence des ponces, des scories vitreuses et par l'absence des scories pierreuses. Enfin, la masse des porphyres molaires est parfaitement distincte de toutes les autres par l'aspect terne et grossier de tous ses produits, par leur analogie avec certains porphyres des terrains secondaires, par l'abondance des cristaux de quartz, par les veines et les nids de jaspe et même le silex terne.

Les conglomérats trachytiques qui recouvrent les masses précitées, sont de diverses sortes et se distinguent à la fois les uns des autres par la nature des débris qu'ils renferment et par leur position. Il y en a qui sont composés de débris de trachyte proprement dit, d'autres proviennent des masses de perlites, et, enfin, le plus petit nombre se rattache aux masses de porphyre trachytique et à celles de porphyre molaire. En général, les diverses espèces de roches ne sont pas plus mélangées dans les conglomérats que dans les groupes montagneux, où ils sont en place.

Quant à leurs positions respectives, les conglomérats, formés de gros blocs de trachyte de diverses variétés, sont très-rapprochés des montagnes d'où ces débris ont pu être détachés, et s'élèvent encore à une grande hauteur. Ceux qui sont composés de matières scorifiées, sont déjà plus éloignés et ne forment que des collines au pied des groupes trachytiques; enfin, les conglomérats ponceux sont tout-à-fait rejetés loin des montagnes, et se trouvent souvent dans les plaines, à de très-grandes distances. La même remarque s'applique aux conglomérats qui entourent les masses de perlites, de porphyres trachytiques et de porphyres molaires. Les conglomérats à grains fins renferment souvent des débris organiques : ce sont des bois passés à l'état siliceux, des impressions de plantes, analogues à des tiges de roseaux, enfin des coquilles marines de différents genres et semblables à celles qu'on trouve dans des calcaires grossiers, analogues à ceux des environs de Paris, qui existent aux environs de Pesth et ailleurs.

Parmi les nombreuses variétés de roches recomposées aux dépens des matières ponceuses, la plus remarquable est la roche alunifère. Cette roche fait partie essentielle des masses porphyriques qui reposent sur les conglomérats ponceux et proviennent de leur décomposition; elle doit la propriété de donner de l'alun, après la calcination, à une substance particulière, désignée sous le nom d'alunite, qui tapisse tantôt les cavités de la roche, tantôt se trouve intimement mélangée à sa pâte. Ces roches sont exploitées à Parad, dans les montagnes de Beregh et de Tokaj : elles ne sont pas particulières à la Hongrie; car il existe des roches alunifères tout-à-fait analogues dans les Monts-Dores et dans les États romains (contrée de Tolfa). Les variétés les plus riches en alunite forment des masses plus ou moins considérables, qui se trouvent au milieu des roches pauvres et stériles auxquelles elles passent insensiblement; elles sont accompagnées de pyrites, de soufre...., et l'aspect siliceux que prend souvent la roche conduit à penser que l'alunite résulte de l'influence sulfureuse qui a décomposé les silicates feldspathiques.

Les opales et jaspes-opales appartiennent aussi aux conglomérats trachytiques, où ils se trouvent en veines et en rognons, et où ils paraissent s'être formés sous des influences encore agissantes. Les opales sont infiniment moins abondantes dans les roches trachytiques en place, elles ne se trouvent que dans la perlite, et jamais dans le trachyte proprement dit. Dans les porphyres trachytiques ou molaires, si les matières siliceuses viennent à s'isoler, c'est toujours à l'état de calcédoine ou de silex terne. L'exploitation la plus considérable des opales a lieu à Tschervenitza, a environ deux milles de Kaschau; on y trouve l'opale opaque, laiteuse, l'opale de feu, l'opale limpide, concrétionnée, et l'opale irisée, qui est le principal objet des recherches. La plus grande qui ait jamais été trouvée, pèse dix-sept onces.

Quant à la position géognostique de la formation trachytique de la Hongrie, relativement aux autres roches ignées et à la série sédimentaire, les masses principales reposent généralement sur le terrain de syénite et de porphyre. Les conglomérats recouvrent les grauwackes schisteuses, sur le calcaire de transition, et enfin sur le calcaire magnésifère, qui appartient au terrain jurassique. Ces mêmes conglomérats sont recouverts par la molasse ou grès à lignites, et par des sables coquilliers qui se rapportent au calcaire grossier parisien.

Les masses trachytiques des monts Euganéens, de la Toscane méridionale, de l'Anda-
lousie, etc...., ne présentent que des faits analogues à ceux que nous venons d'énoncer; à
peine si quelques roches particulières donnent à ces contrées d'autres caractères de
composition.

La formation trachytique constitue une
partie des îles de la Grèce. Le groupe de Santorin, les rochers de Christiana, Milo, et
probablement Antimilo, l'Argentière et Po-
lino, Polycandros, les écueils de Kténia, des
Annades : de Phalkonéra, la petite île de
Kaymméni, Poros, Égine et Méthana dans le
golfe d'Athènes : enfin l'île de Skyros, et probablement celle de Négrepont, ont été signalés
par MM. Virlet et Boblaye comme appartenant à la formation trachytique. La presqu'île
de Méthana est le seul point de la Morée où
se montrent les trachytes que l'on retrouve
dans les îles de Thrace (Imbros, Samothraki,
Lemnos, Ténédos), à Smyrne, à Pergame,
dans la Troade, où ils constituent une chaîne
de montagnes à l'est d'Eski-Stamboul, et sur
les deux rives du Bosphore de Thrace, vers
son embouchure dans la mer Noire, où elles
constituent les îles Cyanées.

A Égine, Méthana, Milo, etc...., les trachytes sont recouverts par la formation subapennine; mais M. Virlet a reconnu qu'ils avaient
continué à s'élever pendant les dislocations

postérieures. Ainsi, à Égine, ils ont relevé les argiles bleues de la partie inférieure de la formation subapennine, avant le dépôt sablonneux coquillier qui a succédé ; tandis qu'à Méthana et Poros ce dépôt sableux et les calcaires supérieurs ont été relevés et disloqués.

Amérique. Les trachytes qui forment une bande peu continue, mais souvent très-développée, sur la crête de la chaîne des Andes, paraissent constituer la formation la plus complète qui soit connue. Nous avons dit, en parlant des grands volcans américains, que cette bande trachytique avait été probablement modifiée dans sa forme par l'action lavique, et cette circonstance, jointe au peu de détails géognostiques que nous possédons, empêche que nous puissions assimiler, sous le rapport des modes d'éruption, les trachytes américains à ceux de la France centrale. Comme il est peu de ces dômes soulevés à travers les trachytes, de ces cloches percées à leur sommet et qui sont aujourd'hui les points de déchargement de l'action expansive, qui aient fourni des laves, les trachytes sont presque partout à découvert, et il n'y a, dit M. de Humboldt, que les conglomérats trachytiques et quelques formations problématiques argileuses, qui les cachent à l'examen des géologues.

Chaque dôme trachytique présente des roches différentes, suivant que l'un des éléments prédomine dans le tissu cristallin. Le mica

noir est assez caractéristique des trachytes du
Cotopaxi, parce qu'il est rare dans les autres
masses. L'amphibole domine dans les trachytes, souvent noirs, du Pichincha et d'Antisana,
et dans ceux de l'ancien volcan de Jana-Urcu :
c'est le pyroxène dans la région inférieure et
moyenne du Chimborazo. Le feldspath lithoïde
et laiteux abonde dans les trachytes blancs du
Cerro de Santa-Polonia, et l'on trouve du feldspath lithoïde et vitreux dans les trachytes
du Chimborazo, dans certaines variétés noires
et vitreuses de Jana-Urcu.

Du reste, l'ensemble minéralogique de la
formation est le même que dans les contrées
précédemment décrites : ce sont les mêmes
roches, les mêmes substances disséminées. L'on
n'y a trouvé jusqu'ici aucun exemple de trachyte péridotique, et le quartz n'est que tout-
à-fait accidentel.

Néanmoins le quartz est plus abondant que
dans la France. En effet, dit M. de Humboldt,
les trachytes des Cordillères, considérés sous
un point de vue général, apparaissent sans
doute dépourvus de quartz en cristaux et en
noyaux ; mais il existe à cette loi des exceptions frappantes. Ainsi, la masse du Chimborazo, formée par un trachyte semi-vitreux,
vert-brunâtre, dépourvu d'amphibole, abondant en pyroxène, très-compacte, tabulaire
ou divisé en colonnes prismatiques, minces
et irrégulières, cette masse renferme, comme

couche intercalée, un banc rouge-pourpré, celluleux, à cristaux de feldspath à peine visibles, et parsemé de nodules alongés de quartz blanc. Plus haut, à 6032 mètres d'élévation, le quartz disparaît, et l'on aperçoit une traînée de roches bulleuses, rouges, désagrégées, qui pourraient faire croire à l'existence d'une ancienne bouche près du sommet du Chimborazo. Sur le plateau central du Mexique, les trachytes de Lira enchâssent du quartz laiteux. Les belles opales de Zimapan au Mexique, ne paraissent pas appartenir, comme celles de Hongrie, aux conglomérats, mais bien à des trachytes porphyriques, qui renferment des globules rayonnés de perlite.

Les obsidiennes constituent une des parties les plus intéressantes de la formation trachytique américaine, et elles présentent sur une échelle plus développée les mêmes caractères que les roches vitreuses des îles Lipari. M. de Humboldt a distingué deux classes d'obsidiennes trachytiques : 1.° celles des trachytes noirs (Cerro del Quinche, au nord de Quito) ou blancs (Cerro de las Novajas, au nord-est de Mexico); 2.° celles des perlites (entre Mexico et Valladolid); ces obsidiennes devant être distinguées des obsidiennes laviques de Ténériffe, Vulcano, etc....

Les blocs de roches remplies de rognons d'obsidiennes, lancés par le Cotopaxi, paraissent être trachytiques et avoir été arrachés

aux parois du dôme; peut-être en est-il de
même des fragments d'obsidienne lancés en
abondance et jusqu'à plusieurs lieues de distance par le volcan de Sotara, près Popayan.
Les champs de Los Serillos, des Uvalès et de
Palacè, sont couverts de ces fragments, qui
affectent quelquefois la forme de larmes et
qui offrent toutes les nuances de couleurs,
depuis le noir foncé jusqu'à celle d'un verre
artificiel entièrement incolore.

Les obsidiennes des trachytes blancs du
Cerro de las Novajas sont chatoyantes, ar-
gentées et striées, généralement disséminées
par fragments, mais formant aussi quelquefois
des couches continues. Les obsidiennes des
trachytes noirs pyroxéniques du Cerro del
Quinché, sont noir-verdâtre, veinées de rouge
brique, et se trouvent en couches intercalées
de plusieurs décimètres. M. de Humboldt signale encore des obsidiennes noires, stratifiées, au nord de Quextaro (plateau du Mexique). Sur d'autres points du plateau de la
Nouvelle-Espagne, à Cinapecuaro, au pied du
Cerro-Ucareo et dans le chemin de la Puebla
de los Angelos à Perote, les obsidiennes se
trouvent par rognons dans des perlites à éclat
émaillé, composés de globules semi-vitreux
blanc-grisâtre. A Cinapecuaro, le perlite constitue de petites collines coniques, entourées
de pics basaltiques et de dômes trachytiques.
La roche est régulièrement stratifiée, et l'ob-

sidienne noire, vert-noirâtre et vert-grisâtre,
se trouve par nids ou rognons de deux à cinq
pouces de diamètre, qui sont quelquefois tellement abondants que, par suite de leur juxta-
position, le perlite semble enchâssé dans l'obsidienne.

Les obsidiennes du Mexique et des Andes
de Quito contiennent souvent, ajoute M. de
Humboldt, de petits cristaux de feldspath vitreux; des masses polyédriques de perlstein;
des agrégations de grains cendrés, d'un aspect terreux, distribués par zones parallèles
et souvent interrompues; enfin, des fragments
de trachyte brun-rougeâtre, à demi fondus,
placés tous d'un même côté à l'extrémité de
vacuoles très-alongées et parallèles entre
elles. M. de Buch a fait observer que les masses
de perlites, tantôt sphéroïdales, tantôt octo-
gones dans leur coupe, présentent constamment à leur centre un très-petit cristal de
feldspath vitreux ou d'amphibole, et que la
position de ce petit cristal a déterminé la
forme de tout le système.

L'assise la plus superficielle de la formation
trachytique des Andes, consiste en conglomérats et débris, remaniés et agglutinés par les
eaux. Ces conglomérats couvrent d'immenses
surfaces, non au pied des Cordillères, mais
sur leurs flancs et sur des plateaux de 2400 à
3200 mètres; ils sont tantôt friables et tufacés
(base du Cotopaxi et du Capac-Urcu), tantôt

compactes et endurcis comme du grès (base
du Pichincha).

Les ponces, en blocs de cinq à six mètres
de longueur et en masses pulvérulentes, forment, dit M. de Humboldt, la partie la plus
intéressante de ces conglomérats. Au pied du
Cotopaxi, entre la ville de Tacunga et le village de San-Felipe (plateau de Quito), il existe
d'immenses carrières creusées dans ces ponces
et qui en facilitent l'étude. Au premier abord
l'on croirait que les collines qu'elles constituent (Guapulo et Zumbalica) sont entièrement formées d'une roche blanche, fibreuse,
à couches horizontales et à fibres perpendiculaires, et l'on pourrait, en effet, extraire des
blocs non fissurés de plus de soixante pieds
de longueur; mais en examinant de plus près
ces couches, on voit que ce sont des masses
d'un décimètre à un mètre d'épaisseur, en-
châssées dans une terre blanche, argileuse et
formant un véritable conglomérat. Les blocs
sont déposés dans la terre argileuse, recouverts de ponces en fragments menus, et souvent leurs angles sont arrondis. Les ponces
sont blanches ou bleuâtres, contenant du mica
jaune et noir, des cristaux effilés d'amphibole
et du feldspath vitreux.

La ponce, ainsi que l'a dit M. Beudant, ne
peut pas être regardée comme une roche distincte : c'est un état celluleux et filamenteux,
sous lequel plusieurs roches de la formation

trachytique et de la formation lavique sont
susceptibles de se présenter. Ainsi, les ponces
que présentent les conglomérats, ne doivent
pas être regardées comme toutes liées aux
émissions de roches vitreuses. Il en est qui se
rattachent à des trachytes, de même qu'il y
a une distinction à établir, dans la formation
lavique, entre les ponces rejetées par le Cotopaxi ou le Sotara, lesquels n'ont pas fourni
d'obsidiennes, et les ponces vitreuses, capil-
laires, qui accompagnent les obsidiennes récentes de Ténériffe.

L'on n'a que peu de données sur l'âge de
ces émissions trachytiques, relativement à la
série sédimentaire, vu que les trachytes et les
roches vitreuses ne sont généralement recouverts que par des roches volcaniques, telles
que les conglomérats, les phonolites, les basaltes et les roches laviques. Quelquefois cependant, dit M. de Humboldt, de petites formations locales, calcaires ou gypseuses, que
l'on peut appeler tertiaires, parce qu'elles sont
certainement postérieures à la craie, surmontent les trachytes qui devaient ainsi être rapportés au commencement de la période tertiaire, et se rapprocheraient plus des trachytes
de la Hongrie que de ceux de la France.

Considérations sur l'ensemble du terrain volcanique.

Nous n'avons considéré jusqu'ici les formations volcaniques qu'isolément et en les détaillant; mais actuellement que nous avons reconnu qu'il y avait liaison entre ces formations et que, pour ne parler que des deux extrêmes, il y avait connexion géographique entre les trachytes et les laves modernes, connexion qui n'existe pas entre les trachytes et les roches ignées antérieures, et qui suffirait par conséquent pour justifier la réunion des trois formations volcaniques en un seul terrain; actuellement il nous reste à considérer l'ensemble de ce terrain : il nous reste à constater les relations géognostiques et physiques des trois formations, à reconnaître les modifications apportées dans les produits des émissions anciennes par les émissions plus récentes, à rechercher les lois générales auxquelles sont assujetties les éruptions de cette grande période, qui commence aux trachytes et finit aux laves les plus récemment émises.

Cherchons d'abord à constater les relations géognostiques des formations, et l'influence mutuelle des éruptions qui, pendant trois périodes successives, tendent à s'accumuler vers les mêmes points du globe. Les éruptions laviques, en s'exerçant à travers les trachytes

des Cordillères, ont probablement modifié
leurs formes; mais on n'a pu reconnaître jusqu'ici de quelle nature étaient ces modifications. Les Canaries, où les trois formations sont
réunies et parfaitement distinctes dans leurs
produits, ont fourni des indications plus précises.

Les îles Canaries, celles des Salvages, de
Madère et de Porto-Santo, de même que le
long archipel des Açores, semblent, dit M.
Webb, lier ensemble les continents de l'Afrique et de l'Europe, et plusieurs écrivains ont
cru y voir les débris de la fameuse Atlantide
des Grecs. Les parties les plus occidentales du
continent européen (Portugal) se terminent
en promontoires basaltiques, et il paraîtrait
que la côte occidentale d'Afrique (cap de
Geer) est de même nature : or, comme les
Canaries, Madère, Porto-Santo et les Açores,
sont aussi volcaniques et surtout basaltiques,
on a ainsi une grande chaîne, qui se prolonge
encore vers le sud jusqu'aux îles du Cap-Vert.

Les Canaries forment le point le plus important de cette longue série, parce que les
phénomènes volcaniques ont agi sur une
échelle puissante, et que les trois formations
s'y trouvent réunies, circonstance précieuse
pour reconnaître les connexions qui existent
entre elles. M. de Buch a publié un célèbre
travail sur ces îles, et plus récemment MM.
Webb et Berthelot ont complété ce travail

par des observations plus détaillées. Les Canaries présentent les trois formations volcaniques d'une manière très-distincte, et il ne pourrait y avoir de confusion que parce qu'une partie des produits laviques sont feldspathiques et consistent surtout en ponces et en obsidiennes, analogues à celles de Lipari, Vulcano, etc....; mais les basaltes, très-puissants, très-développés, sont là pour établir une distinction géognostique positive entre ces produits, que leur puissance et leur position pourraient faire confondre avec ceux de la formation trachytique. C'est ainsi que M. Webb regarde comme postérieurs à la série basaltique les vastes amas de ponces qui couvrent le district d'Arico de las Bandas, dans la partie méridionale de Ténériffe, ainsi que celles qui couvrent le grand plateau de Las Canadas, élevé de 2800 mètres au-dessus de l'Océan.

Les roches basaltiques sont généralement d'un bleu foncé, grises ou presque noires; elles sont en partie porphyroïdes et souvent caractérisées par leur structure columnaire; elles occupent tout le littoral et les hauteurs moyennes, et constituent les longs contreforts qui des hauteurs centrales descendent vers les côtes: leurs nappes sont séparées par d'immenses couches de tufs, d'agglomérats, de déjections volcaniques, d'argile de différentes couleurs, passant quelquefois au tripoli. Quel-

ques-uns de ces tufs, que M. Webb appelle
interbasaltiques, et dont les identiques se trouvent dans les Açores, présentent des empreintes
de feuilles, des indices de galène, du mica.
Près de la ville de Las Palmas, à la grande
Canarie, on trouve une couche calcarifère,
interbasaltique, qui contient des nodules
forés par des litophages, une infinité de car-
dium et d'autres coquilles marines. Cette couche se trouve actuellement à soixante mètres
au-dessus du niveau de la mer.

Les roches trachytiques dominantes sont :
un trachyte grisâtre, porphyroïde, où les cristaux de feldspath, en partie vitreux, sont plus
ou moins clair-semés; un trachyte amphibolique, qui prend accidentellement l'apparence
basaltique. Les trachytes et les tufs feldspathiques, qui sont très-abondants, prennent
quelquefois une couleur verte foncée, qui,
suivant M. Webb, paraît provenir de la présence d'une grande proportion d'épidote. D'autres fois le mica leur donne une apparence
granitoïde, jusqu'à les faire prendre pour des
roches anciennes (cratère de Palma, Señora
de la Pena, dans l'île de Fortaventura), constituant les montagnes intérieures des principales îles et les abords de leurs énormes
cratères centraux. Le cirque qui embrasse
au centre de Ténériffe le vaste plateau cratériforme des Canadas, est composé de roches
feldspathiques, et c'est au milieu de cette

chaîne de circonvallation que se trouve le volcan de Teyde ou pic de Ténériffe. La vaste cavité centrale et cratériforme de l'île de Palma présente une composition analogue. Il en est de même des masses puissantes et bouleversées qui constituent la chaîne circulaire qui encaisse l'immense enceinte cratériforme de la grande Canarie, où la formation trachytique est plus développée que dans les autres îles. Le morne de Saucillo, les cimes d'Artenera, de Firaxana, les montagnes de Tamadaya, de Juenta-Blanca et de la Cueva del Médioda, constituent les points culminants de ce système. Vues de loin, ces montagnes feldspathiques s'annoncent de suite par leurs contours arrondis et massifs, qui les font distinguer de la série pyroxénique, dont les crêtes offrent au contraire des pointes aiguës et saillantes. Au-dessus des formations trachytique et lavique, MM. Webb et Berthelot ont observé des dépôts calcaires et quelquefois gypseux qui recouvrent les talus de certaines vallées, et qui sont surtout remarquables dans les plaines arides de Fortaventura et de Lancerote: ils ont reconnu que ces dépôts résultaient du desséchement de grands lacs, ou bien de l'action des eaux pluviales, agglutinant les matières rejetées par le vent, ou bien encore de sources minérales, comme à Ténériffe, près de Fassiga, où une source donne lieu à des calcaires pisolitiques et des stalactites oolitiques.

Cratères de soulèvement.

Nous avons déjà parlé des éruptions modernes des volcans de Teyde et de Chahorra, au centre de Ténériffe, de celles qui eurent lieu sur les flancs de Palma, de la fameuse éruption qui couvrit une grande partie de Lancerote. On voit donc que les trois formations volcaniques sont très-bien représentées dans les îles Canaries; mais l'ensemble qui résulte de cette association n'est point tel qu'on pourrait le supposer quant à la forme, et l'étude de la constitution physique de ces îles nous conduira à reconnaître qu'elles résultent, non pas seulement de l'accumulation des matières volcaniques des différents âges, les unes sur les autres, mais aussi d'une action purement dynamique sur la croûte solide du globe, c'est-à-dire, de soulèvements. Un soulèvement, causé par des éruptions volcaniques, comme ceux qui ont eu lieu à Jorullo, ou même sans éruption, comme cela s'est fait presque instantanément sur la côte du Chili et graduellement sur la côte de Suède, ne présente rien que de très-naturel; car l'action qui pousse à la surface du globe de telles masses de laves, est bien capable d'en soulever la croûte solide : mais ces soulèvements sont assujettis à certaines lois, et c'est dans les Canaries que M. de Buch les a reconnues. Avant d'exposer sa théorie, nous avons indiqué la composition générale de ces îles d'après des observateurs qui n'avaient alors aucune connaissance de

idées de M. de Buch, afin qu'il en résultât
une plus grande authenticité pour tout ce
qui est fait géognostique, et que l'on pût
mieux apprécier la théorie destinée à donner
l'explication de ces faits, laquelle a été l'objet
de beaucoup de discussions.

L'île de Palma est un cône surbaissé, dont
le sommet est tronqué. Lorsqu'on y est parvenu, l'on aperçoit que cette partie centrale
est une vaste dépression circulaire, dont les
parois sont tellement escarpées, qu'on ne peut
y descendre. En tournant l'île, l'on peut entrer dans ce vaste cirque, désigné dans le pays
sous le nom de Caldera, par une coupure qui
se trouve du côté de la mer. Arrivé dans cette
Caldera, on la voit encaissée par une enceinte
circulaire d'escarpements et de rochers à pic
qui s'élèvent jusqu'à plusieurs milliers de pieds.
Ces escarpements, partout où on peut les approcher, présentent des alternances basaltiques : ce sont, vers les parties inférieures, des
assises d'une énorme épaisseur de fragments
basaltiques agglomérés, qui supportent le basalte solide, et les assises plongent toutes du
centre de la Caldera vers l'extérieur, parallèlement à la surface cônique de l'île.

Dans cet immense cratère, qui a deux lieues
marines de diamètre, rien ne rappelle un
centre d'éruptions volcaniques; l'on n'y voit
ni scories, ni déjections, ni coulées de lave
analogues à celles que produisent l'Etna et

le Vésuve. En parcourant l'énorme fente qui
y conduit, on rencontre des blocs de roches
primitives, tout-à-fait étrangères à la surface
des Canaries. Quels phénomènes présidèrent
donc à la formation de ce cratère, qui n'a
de commun avec les cratères ou entonnoirs
d'éruption, dont il s'éloigne par sa composition et par ses dimensions, que la forme circulaire. A voir la stratification des assises de basaltes et de conglomérats qui s'inclinent à
partir d'un point central et culminant, il semble que ces assises, soulevées par une force
agissante en ce point, se sont rompues tout en
obéissant à cet exhaussement, laissant un vide
au point de rupture. C'est cette hypothèse qui
se présente tout d'abord à l'esprit, qui a fait
donner à ces dépressions circulaires le nom
de cratères de soulèvement; nom qui rappelle
à la fois le fait du soulèvement et l'action volcanique qui a pu se manifester. La présence
anomale des blocs de roches primitives peut,
en effet, être attribuée à des explosions centrales, et il est à remarquer que les deux cônes
d'éruptions qui existent sur les flancs de Palma
et qui ont vomi des laves, se trouvent sur une
ligne droite, qui passe en même temps par le
centre de la Caldera.

La grande Canarie présente sur une échelle
plus vaste une forme analogue à celle de
Palma, et ne peut guère révéler de fait
nouveau. Les trachytes occupent la partie

centrale et culminante de l'île, c'est-à-dire,
forment l'encaissement de la dépression circulaire. Les basaltes forment les sommités du
second ordre, et la stratification des longues
terrasses que forment leurs assises, suit de
même les pentes de l'île; mais la découverte
par MM. Webb et Berthelot d'une couche coquillière interbasaltique (Las Palmas), évidemment formée sous les eaux de la mer, et actuellement à soixante mètres au-dessus de son
niveau, acquiert une grande importance; car
elle démontre un exhaussement considérable
et postérieur à la formation basaltique.

Ténériffe, en partie différente de Palma et
de Canaria, apporte de nouveaux documents.
Le trait caractéristique de sa constitution
physique n'est plus le cratère; c'est un énorme
pic (planche X), cône aigu, qui atteint une
hauteur absolue de 3710 mètres. Ce pic, dit
de Teyde, est un volcan actif, dont nous avons
déjà cité le mode d'action, flanqué d'autres
volcans, dont la montagne de Chahorra est
la plus apparente. Le système actif occupe la
partie centrale d'une vaste dépression cratériforme, analogue à la Caldera de Palma; mais
il la remplit presque entièrement. Ce cratère
central est pourtant très-prononcé; ses parois
sont escarpées, et la crête dépasse généralement la limite de la végétation des arbres. Les
masses qui constituent cette enceinte sont trachytiques; ce sont des conglomérats qui com-

posent la partie inférieure des escarpements, et leurs alternances sont couronnées par des assises découpées de trachyte. En quelques points l'on voit des basaltes les couronner (parties supérieures de l'Angostura), et de là s'incliner en longs plateaux vers la mer. Le volcan central du pic, avec ses bouches latérales et ses montagnes accolées, n'exclut point d'ailleurs la manifestation de l'action volcanique dans les autres parties de l'île; il y a souvent au pied des contreforts basaltiques de petits cônes d'éruption, qui ont produit des laves : mais l'intensité de l'action centrale, l'accumulation des matières vomies, et peut-être en partie soulevées, démontrent clairement que le centre du cratère de soulèvement fut toujours le principal point d'action. Ainsi, l'examen de Ténériffe tend à démontrer deux faits : d'abord la formation par soulèvement d'un cratère central, qui se distingue des cratères d'éruption non-seulement par sa composition toute trachytique, mais aussi par sa dimension, puisqu'il suffit à contenir un des plus grands cônes d'éruption connus; ensuite, que le point central de ce cratère, c'est-à-dire, le point de soulèvement fut la route la plus naturelle ouverte à l'intensité volcanique qui s'y développa avec énergie, et ne fut qu'un second effet d'une même cause agissante au même point.

L'île de Fortaventura, celle de Lancerote

malgré la défiguration que lui fit subir l'éruption de 1730, présentent aussi des indices d'une
disposition analogue : mais ce n'est pas seulement dans les Canaries que M. de Buch a
reconnu cette disposition ; d'autres centres
volcaniques, séparés par des distances considérables, lui ont offert une configuration identique. L'ile de Barren, dans le golfe du Bengale, au nord des iles Nicobar, est un des exemples les plus complets et les plus évidents
(planche X) : c'est une enceinte circulaire
de rochers qui s'élèvent souvent à cinq cents
mètres, s'abaissant en pente assez douce du côté
de la mer, mais très-escarpés à l'intérieur. Cette
haute muraille circulaire s'enfonce sous les
eaux et présente une échancrure par laquelle
on peut entrer, et qui permet de voir dans
l'intérieur du cirque un cône d'éruption qui
s'élève au point central. Ce cône est d'une
grande activité ; sa hauteur égale celle des
bords ; elle est de 563 mètres.

Si les eaux de l'Océan s'élevaient à deux
mille mètres environ, les bords du cirque de
la Caldera-de-Palma, dont le point culminant
a 2386 mètres de hauteur absolue, formeraient,
dit M. de Buch, un golfe semblable par sa
configuration et sa profondeur, à celui que
forment les iles de Santorin, de Thérasia et
d'Aspronisi dans l'archipel grec ; golfe dont le
diamètre ne surpasse que d'un quart celui de
la Caldera. Ces trois îles sont composées de

conglomérats et de tufs trachytiques, recouverts par des agrégats ponceux. Les assises
plongent vers l'extérieur du golfe et se perdent
dans la mer par des pentes assez douces, tandis
qu'elles présentent dans l'intérieur des escarpements très-abruptes. Ainsi Santorin, qui
forme les deux tiers du cirque, présente un
escarpement de six lieues de développement,
tout près duquel on n'a trouvé le fond qu'à
huit cents pieds, tandis qu'un peu plus loin
on a sondé jusqu'à mille, sans toucher. Les
alternances de tufs et de conglomérats, dont
se composent ces trois îles, ont été déposées
horizontalement sur des schistes argileux, qui
forment le fond des mers voisines et qui sont
visibles en plusieurs points des côtes extérieures de Santorin et de Thérasia; or, pour
amener ces dépôts horizontaux à la disposition cratériforme actuelle, on est conduit à
supposer une force agissant de bas en haut,
et relevant symétriquement les assises qui se
sont rompues au point où agissait la force
expansive. En effet, ajoute M. de Buch, la
manifestation de cette force a tenté à plusieurs reprises de créer un volcan en ce même
point. Cent quarante-quatre ans avant l'ère
chrétienne, parut au centre du golfe la petite
île d'Hyéra ou Palaio - Kaméni, qui reçut
un accroissement en 1427. En 1578, la petite
Kaméni sortit au milieu du bassin avec beaucoup de ponces et un grand dégagement de

chaleur; enfin, de 1707 à 1709 se forma la nouvelle Kaméni, qui fournit des vapeurs sulfureuses. Ces îles centrales sont composées d'un trachyte brun, à cassure résineuse, avec des cristaux de feldspath vitreux. Aucune ne présente de traces de cratère d'éruption, de sorte qu'elles semblent produites par soulèvement. On a remarqué, en effet, en plusieurs points des exhaussements graduels.

Le cône de Santorin est très-surbaissé : Stromboli se présente dans des conditions inverses. Les assises de trachytes et de conglomérats à travers lesquels l'action lavique s'est frayé une issue, ont été soulevées, vers le point d'éruption, sous des angles de vingt-cinq et trente degrés. La planche X, où M. Hoffmann a représenté la disposition des produits trachytiques et laviques, indique parfaitement comment ce soulèvement s'est effectué et de quelle manière la cavité centrale a été remplie par le cône d'éruption.

Les cratères de soulèvement indiqués jusqu'ici, sont des îles, et paraissent formés par l'action des roches laviques. La Somma, qui ceint le Vésuve, est un fait continental qui semble se rattacher à ceux que nous venons d'énoncer dans les îles et que nous pourrions encore multiplier. La cavité centrale que présenterait la Somma, en faisant abstraction du cône du Vésuve, n'est pas d'une grandeur telle qu'on ne puisse la comparer avec certains cratères d'éruption ; mais sa composition n'est guère celle d'un de ces cratères. Toutes les déjections de Fossa-Grande semblent faire partie des éruptions du Vésuve proprement dit, et les roches calcaires et primitives que l'on trouve soulevées et altérées à la Somma, annoncent des phénomènes de soulèvement accompagnés de chaleur et de pression, plutôt que ceux des éruptions laviques. La seule analogie qu'il y ait entre le cratère de la Somma et celui du Vésuve, ce sont les filons qui en traversent la masse, de même que la lave moderne remplit les fractures que sa pression détermine dans le cône : mais les filons de la Somma ne sont pas de la même nature que les roches laviques de ce système ; ils sont trachytiques et pourraient, par conséquent, être de beaucoup antérieurs au système d'éruptions génératrices du Vésuve. De plus, ces filons ne peuvent être assimilés à ceux du cône actif, parce que, s'ils n'étaient que le passage d'une lave, on retrouverait encore les laves correspondantes à chacun d'eux par leur nature minéralogique et leur voisinage, ce qui n'a pas lieu.

Si la formation des cratères de soulèvement est un fait général et qui tend à se produire toutes les fois qu'il y a manifestation de l'action expansive sur un point de l'écorce du globe, il a dû s'en former non pas seulement par la sortie des roches laviques, mais par celle des basaltes, des trachytes et même des roches ignées antérieures. Il est vrai que dans la période lavique il a fallu le concours de certaines circonstances, que nous ne pouvons guères apprécier, pour qu'il y ait eu formation d'un cratère de soulèvement; car dans beaucoup de cas les laves ont percé leur trou net ou bien ont fait éruption en un ou plusieurs points d'une fissure, sans qu'il y ait eu de soulèvements très-sensibles du sol : mais comme ces circonstances doivent dépendre en grande partie de la résistance opposée par le sol traversé, et de l'état de la lave, qui peut avoir moins de facilité pour traverser et percer les roches solides, et par conséquent plus de tendance à soulever, elles doivent avoir existé dans les autres périodes ignées.

Les groupes du Cantal et du Mont-Dore ont été signalés par MM. Dufrénoy et Élie de Beaumont comme présentant les plus grandes analogies avec les cratères de soulèvement. Le groupe du Mézenc est dans le même cas, et ces trois grandes accumulations trachytiques qui dominent la France centrale, doivent évidemment au même ordre de phénomènes les formes analogues qu'ils affectent. Le groupe du Cantal est celui où l'on peut le mieux se rendre compte de ces phénomènes, parce qu'il y a dans sa forme un ensemble qui annonce une grande unité des causes génératrices.

La grande cavité centrale, au milieu de la-

France centrale.

quelle surgissent des masses phonolitiques, est
entourée par une crête culminante, de laquelle
se détachent, comme autant de rayons diver-
gents, toutes les vallées principales. Une vaste
nappe basaltique recouvre tous les contreforts
qui séparent les vallées, et les escarpements
qui regardent de chaque côté, semblent indiquer que les solutions de continuité sont postérieures à l'émission, et qu'elles résultent de
l'excavation des vallées, qui ne seraient que
des fractures agrandies par les eaux. L'inclinaison du basalte dans le sens des pentes du
cône du Cantal, inclinaison qui est souvent
de neuf et dix degrés, concorde avec l'hypothèse des soulèvements postérieurs, parce que
des nappes si minces, si étendues, doivent
avoir été très-fluides et qu'elles n'auraient
guère pu rester dans des positions si inclinées.
Enfin, les perturbations si nombreuses des conglomérats qui se montrent en couches inclinées jusque sur la crête culminante; celles du
terrain tertiaire, qui semble avoir été bombé,
ainsi que l'ont fait remarquer MM. Lyel et
Murchison, position tout-à-fait opposée aux
lois de la stratification; la situation anomale des
phonolites; conduisent à assimiler le groupe
du Cantal aux cratères de soulèvement signalés
par M. de Buch. Si l'on supposait le groupe
du Cantal submergé jusqu'à la base des masses
phonolitiques du centre, les parties saillantes
au-dessus de ce niveau présenteraient une

disposition analogue aux îles de Santorin.

Le Mont-Dore est dans des conditions à peu près identiques à celles du Cantal, si ce n'est qu'il présente deux centres distincts de soulèvements, tous deux en forme de cratères; il n'y en a qu'un seul qui présente des phonolites au centre. Dans le groupe du Mézenc, ce sont les basaltes qui ont soulevé les phonolites Du reste, ces soulèvements cratériformes n'existent pas seulement dans les groupes trachytiques, et il est des points où les basaltes semblent avoir soulevé de la même manière le sol primitif.

Au sommet de la côte de Montpezat se trouve un cirque granitique, dont la parfaite conservation est due, sans doute, à ce qu'il est moins vaste que les cirques du Cantal et du Mont-Dore, et à ce qu'il n'est sillonné par aucun cours d'eau. Vers le centre de la plaine circulaire qui forme le fond de ce cratère granitique, surgissent trois cônes isolés de déjections basaltiques. Ces cônes sans cratères sont des soufflures de la lave soulevante, laquelle a été injectée dans plusieurs fentes qui traversent les montagnes qui forment l'enceinte du cratère, notamment vers l'échancrure qui sert d'entrée. Le granite qui forme l'enceinte, n'est pas stratifié; on ne peut donc tirer aucun argument des masses divisées verticalement, qui font saillie surtout vers l'ouest. Mais comment donner aucune explication de

cette forme anomale à celles de tous les gisements de granite? Le soulèvement se démontre
ici non plus par les bouleversements de masses
stratifiées, mais par l'impossibilité de trouver
aucune hypothèse pour justifier la formation
de ce cratère, qui n'est point évidemment un
cratère d'éruption, et qui se montre au contraire avec tous les caractères d'un cratère de
soulèvement.

Ce cratère est situé au sommet de l'escarpement si abrupte, qui conduit du Haut au Bas-
Vivarais; or, l'on voit, en descendant cet escarpement, que la même lave basaltique qui
a été injectée en plusieurs points de ce cratère,
a crevé latéralement, et s'est épanchée le long
de l'escarpement jusque dans le Bas-Vivarais.
Il est à remarquer que cette lave devait être
très-peu fluide, puisqu'elle s'est maintenue
sur un plan très-incliné, au lieu de s'épancher
dans la plaine, quoique pourtant très-chaude,
puisqu'elle a en partie vitrifié les fragments
de granite qu'elle a empâtés. Sa division n'est
pas prismatique.

L'existence de cratères formés par soulèvement est donc un fait général quant aux
trois formations volcaniques. Nous verrons,
en étudiant les autres terrains, qu'ils sont extrêmement fréquents et qu'ils sont résultés des
émissions porphyriques, granitiques, comme
de celles des phonolites, des basaltes ou des
laves modernes. La discussion théorique des

faits qui doivent avoir lieu lorsque la force expansive tend à soulever en un point l'écorce du globe, est-elle en harmonie avec les faits observés? Telle est la question que MM. Élie de Beaumont et Dufrénoy ont traitée, mettant en connexion ces faits avec les lois proportionnelles qui existent entre l'exhaussement total de la masse soulevée et les dimensions des fractures résultant de cet exhaussement.

Les soulèvements ont agi sur des surfaces peu bombées, ainsi que le prouvent les assises régulières de tufs et de conglomérats, roches qui, stratifiées par les eaux, n'ont pu généralement former que des surfaces très-planes, et les vastes nappes de basalte, nappes dont la continuité n'est interrompue que par les vallées creusées postérieurement à leur émission, et qui n'ont pu s'épancher d'une manière aussi continue et prendre le retrait prismatique perpendiculaire aux surfaces de stratification, que sur des plans très-peu inclinés. Or, pour comparer à ces roches une matière comme elles inextensible, supposons qu'une action de bas en haut tende à soulever en un point une nappe de glace d'une épaisseur suffisante. La glace sera d'abord soulevée autant que le permettra son peu d'élasticité, puis elle s'étoilera dans le point où agit la force, et les pointes des fragments triangulaires convergents seront exhaussées proportionnellement à l'intensité de cette force, laissant en-

tre elles un vide d'un diamètre d'autant plus
grand que l'exhaussement aura été plus considérable, autour duquel divergeront, comme
des rayons autour d'un centre, des fractures,
dont le nombre et la largeur seront proportionnels à l'exhaussement total, et par conséquent au vide central.

MM. Dufrénoy et Élie de Beaumont ont
reconnu par le calcul que les cratères de soulèvement précités satisfaisaient aux conditions de proportion entre les fractures divergentes et l'exhaussement probable. Dans les
cônes de Stromboli, Palma, Ténériffe, Santorin, et dans ceux du Cantal et du Mont-Dore,
le rapport de la somme des interstices dus à
l'écartement, mesurés à égale distance de la
base et du sommet, au développement total
de la circonférence que présente le cône à
cette même hauteur, est de :

Pour Stromboli.........	0,14730
— Palma............	0,04470
— Mont-Dore.......	0,01012
— Ténériffe........	0,00708
— Cantal..........	0,00219
— Santorin........	0,00085.

L'on voit par ce rapprochement un exemple frappant de la différence que présentent
les parois des cratères de soulèvement, suivant
qu'elles appartiennent à des cônes plus ou
moins surbaissés, et par conséquent, de l'iné-

gale facilité avec laquelle elles doivent se trouver susceptibles d'être démantelées par les agents atmosphériques. Pour de plus grands détails, nous ne pouvons que renvoyer aux mémoires intéressants publiés par MM. Élie de Beaumont et Dufrénoy, dans lesquels sont consignés toutes les objections et tous les arguments relatifs à la théorie des cratères de soulèvement.

Cherchons actuellement à embrasser les faits relatifs à la disposition et la distribution géographique des terrains volcaniques : questions qui ont été éclaircies par les travaux de MM. de Buch et Poulett Scrope.

Disposition et distribution géographique des terrains volcaniques.

L'action volcanique, quelle que soit d'ailleurs son origine, se présente comme une action expansive, agissant de bas en haut, soulevant ou perçant la croûte du globe, et poussant à sa surface des matières généralement fluides ou gazeuses. Lorsque l'ouverture d'une nouvelle bouche volcanique est nécessaire à l'équilibre intérieur du globe, sa position sera déterminée par les circonstances locales de résistance des couches superficielles, la fracture devant s'opérer dans les points où elles en offrent le moins. Si les efforts qui ont accompagné ou précédé les éruptions précédentes ont disloqué la croûte solide du globe, de manière à la rendre moins résistante dans le voisinage de certains points, la nouvelle fissure d'éruption se produira dans le voisinage de ces

anciens volcans. La prédominance générale
de cette loi, dit M. Scrope, est la cause du
surgissement des nombreux systèmes de volcans. Parmi ces systèmes, les uns présentent
des agglomérations qui ne semblent au premier
abord assujetties à aucune loi de disposition;
telles sont les agglomérations volcaniques de la
France centrale, des bords du Rhin, de l'Islande, des Açores, des Canaries, des îles du
Cap-Vert, de l'archipel des Moluques, des
Gallipages, etc. : mais cette apparence d'irrégularité disparaît lorsqu'on vient à étudier
dans leurs détails ces diverses agglomérations,
et l'on a reconnu qu'elles pouvaient se décomposer en divers systèmes linéaires, représentant des alignements de volcans sur des
fractures longitudinales, elles-mêmes assujetties à certaines lois; ou bien qu'elles faisaient
partie de longues et larges bandes volcaniques, dont la disposition était loin d'être ar-
bitraire. Ainsi nous avons vu que les volcans
de la France centrale se répartissaient suivant
des lignes assujetties à des lois de parallélisme,
soit entre elles, soit avec les accidents principaux du sol, et nous avons vu que les masses
les plus puissantes qui représentaient les éruptions accumulées d'au moins deux formations,
n'échappaient pas elles-mêmes à ces lois d'alignement et de parallélisme : ainsi les groupes
d'îles de la mer Pacifique se suivent dans des
directions faciles à constater. Les autres sys-

tèmes, et ce sont de beaucoup les plus nombreux, sont nettement et franchement alignés
et présentent, soit sur les continents, soit dans
les iles, des exemples frappants et très-multi-
pliés de parallélisme.

D'après ce qui a été dit précédemment, il
est facile de se rendre compte des causes qui
déterminent cette disposition. En effet, la position des volcans dans une contrée étant déterminée par les conditions de résistance locale, les points qui présenteront le moins de
résistance seront généralement situés dans
une fracture préexistante, soit dans le prolongement de cette fracture. En second lieu,
une première fracture s'étant formée dans le
sens où les couches solides avaient le plus de
facilité à se fendre, lorsqu'une seconde fracture se formera à travers les mêmes couches,
elle tendra à suivre une direction parallèle à
celle des précédentes; sans compter que, la
direction étant aussi déterminée en grande
partie par la nature de l'effort qui la produit,
cette condition ne peut guère varier dans un
même terrain. Ainsi, d'une part cette tendance
des masses volcaniques à s'aligner, tendance
qui se manifeste non-seulement par leur position relative, mais aussi par leur forme, qui
est très-souvent alongée dans le sens de la direction générale, s'explique par les conditions
de solidité des couches superficielles, qui assignent au volcan qui se forme une place sui-

vant la fracture préexistante: d'une autre part
le fait de parallélisme des alignements d'une
même contrée résulte non-seulement de la parité des circonstances de solidité des couches résistantes, mais aussi de la parité qui doit
également exister dans les circonstances des
efforts agresseurs.

Et, en effet, les efforts d'une action expansive qui s'exerce par l'intermédiaire de matières fluides ou gazeuses contre des parois solides, doivent avoir lieu de la manière la plus
simple possible, c'est-à-dire, suivant une ligne
droite ou sur un seul point.

Le cas où l'action tend à s'exercer suivant
une ligne droite doit être le plus ordinaire,
parce qu'une paroi solide et cassante, telle
que nous pouvons nous représenter l'écorce
du globe, sera toujours portée à se fissurer et
à se fendre. Dès-lors, les émissions de laves
auront lieu sur les divers points de ces fissures,
et rien de plus simple que les alignements de
masses volcaniques dont le globe est en quelque sorte sillonné.

L'énumération des volcans en séries de M.
de Buch comprend, en effet, sauf celles de
l'Europe, la presque-totalité des masses volcaniques du globe, et la tendance à la disposition
linéaire est telle que les volcans isolés ou groupés qui semblent les plus indépendants, apparaissent liés entre eux par des points volcaniques intermédiaires, qui existent ou dont on

peut du moins supposer l'existence. C'est ainsi
que l'on peut considérer les Açores, les Canaries, les îles du Cap-Vert, comme constituant
un système linéaire avec Sainte-Hélène et l'Ascension. Il en est de même des masses volcaniques du nord de l'Irlande, des Hébrides et des
îles Féroë, et même de l'Islande. La connexion
qui existe entre toutes les masses volcaniques
sera bien plus apparente si on les trace sur une
mappemonde : alors rien n'est isolé, rien n'est
anomal. Toutes les séries sont généralement
réunies par des points intermédiaires, de sorte
que l'ensemble des fractures qu'elles constituent, représente des lignes brisées, inégalement réparties sur la surface du globe. Or,
si l'on compare ces lignes volcaniques avec
celles qui forment les traits caractéristiques
de la configuration actuelle du globe, traits
qui sont parfaitement indiqués, d'un côté par
les chaînes de montagnes qui le sillonnent,
de l'autre, par les contours des continents,
les îles, etc....., qui représentent les lignes
d'intersection des inégalités de cette surface
par un horizon régulier, qui est la surface
des mers; l'on arrive à reconnaître que la distribution des masses volcaniques n'est pas ar-
bitraire et qu'il existe des relations fixes entre
cette distribution et la configuration du globe.
Ces relations, en grande partie étudiées par
M. Poulett Scrope, sont importantes à constater, parce qu'elles constituent un des élé-

ments les plus concluants pour la théorie généralement adoptée sur la géogénie du globe.

Et d'abord, quels sont les points où l'action
volcanique semble la plus fréquente et la
plus énergique? En considérant non-seulement les volcans en activité, mais toutes les
émissions du terrain volcanique, on reconnaît
que cette tendance générale des premiers à
se trouver sur les côtes maritimes ou dans des
îles, existe également pour l'ensemble du terrain. Ainsi, presque toutes les séries précédemment citées, sont formées par des îles
(sauf celles des Andes et du Mexique). Les îles
qui bordent le continent africain et qui présentent les plus grandes accumulations d'émissions ignées des trois formations, viennent à
l'appui de ce principe, confirmé en Europe
par nos volcans méditerranéens, placés dans
des îles ou sur les côtes continentales.

Les exceptions qui résultent de la position
des terrains volcaniques de la France centrale,
des bords du Rhin, de ceux que l'on a signalés
dans les parties centrales de l'Asie et de ceux
qui surmontent les Cordillères, suffisent pour
démontrer que la loi n'est pas générale et que
toute hypothèse qui tendrait à l'attribuer à
l'influence des eaux de la mer dans la formation des volcans, serait incompatible avec
les faits; mais elles ne peuvent infirmer le
principe de la tendance des masses volcaniques à se former dans l'intérieur des mers,

loin de tout continent, ou à s'aligner parallèlement aux côtes continentales.

Que l'on jette un coup d'œil sur l'intérieur
de l'océan Pacifique, l'on sera frappé, dit M.
Scrope, de l'absence des terres sur un si grand
espace qui forme presque le quart du globe.
On y voit une multitude d'îles volcaniques ou
d'îles madréporiques, qui représentent presque toutes des volcans : outre cette accumulation intérieure d'îles volcaniques (les Carolines, les Mariannes, les Sandwich, etc...) cette
vaste mer est encerclée par les séries insulaires
ou littorales des masses volcaniques que nous
avons énumérées et qui s'étendent suivant les
côtes occidentales des Amériques, depuis la
Terre-de-Feu jusque vers les côtes de la Cali-
fornie, puis se dirigent par le système des
Aleutiennes vers le Kamtschatka, à partir duquel commencent les séries japonaises, co-
réennes, etc., qui bordent de loin le continent
asiatique, tandis que les volcans des Andes
forment au contraire une bordure volcanique intérieure et continentale. Que l'on compare cette profusion des masses volcaniques
dans l'intérieur et autour de la Pacifique avec
leur rareté dans l'intérieur de l'Asie ou des
Amériques, et l'on en déduira que la distribution des volcans paraît assujettie à deux lois :
tantôt ils sont développés en raison de l'absence des terres continentales, c'est-à-dire,
qu'ils font équilibre au non-exhaussement de

la croûte du globe; tantôt ils sont disposés pa-
rallélement aux saillies continentales, dont ils
paraissent dessiner les contours, c'est-à-dire,
qu'ils se sont formés sur les lignes de fractures
résultantes de l'exhaussement de ces parties
de la croûte du globe.

Ces deux lois demandent à être appuyées
sur d'autres faits que la distribution des volcans de la Pacifique. Pour la première, nous
citerons avec M. Scrope la position géographique des Antilles. En effet, l'absence totale
des volcans sur les côtes orientales des Amériques contraste avec leur fréquence sur les
côtes occidentales. Ce fait, dont nous démontrerons la connexion avec la seconde loi,
souffre cependant une exception dans la position des Antilles: or, les Antilles se trouvent
précisément là où il y a interruption continentale, puisque l'Amérique se trouve réduite
à l'isthme de Panama; elles compensent évidemment par leur présence cette interruption
et représentent peut-être en force volcanique
dépensée une somme égale à la force expansive
qui aurait suffi à l'exhaussement de la continuation de la bande continentale. L'Islande, la
plus grande accumulation connue de matières
volcaniques, doit représenter en force dépensée de quoi compenser une grande partie de
l'intervalle continental entre les pointements
nord-ouest de l'Europe et le Groënland.

Quant à la seconde loi, qui est la plus im-

portante, parce qu'elle résulte d'une manière
moins directe de l'idée que nous pouvons nous
faire de l'action expansive de l'intérieur du
globe, nous la confirmerons par un plus grand
nombre d'exemples. Que l'on détaille les lignes
suivies par l'action volcanique vers les pointes
méridionales de l'Asie; ces lignes apparaissent
presque toutes dans les relations d'un parallélisme frappant avec les dentelures continentales. Ainsi, la rangée volcanique de Java,
de Sumatra et des îles Adaman, forme une
sorte de parallèle avancée à la rangée des montagnes primitives et secondaires de Bornéo,
de la côte nord de Sumatra, de la péninsule
Malaga et de l'empire des Birmans. Les ar-
chipels des Maldives et des Laquedives suivent la côte élevée de la péninsule de l'Indos-
tan. La manière remarquable dont le district
volcanique linéaire de l'Italie semble sortir
de dessous l'escarpement parallèle des Apennins qui forment l'axe de cette péninsule,
et la direction parallèle que suivirent les
crevasses qui sillonnèrent le sol de la Calabre,
à la suite des tremblements de terre violents
qu'elle éprouva, démontrent la liaison de
parallélisme qui tend à se produire entre les
fissures volcaniques, c'est-à-dire les séries de
volcans, et les chaînes de montagnes, c'est-
à-dire les fractures d'élévation. La position
des basaltes des Hébrides et du nord de l'Irlande en regard des escarpements occidentaux

de l'Écosse; la situation des régions volcaniques de l'Ionie et de la Mysie sur le front du
grand promontoire de l'Asie mineure, sont
des exemples confirmateurs que l'on pourrait
encore multiplier. Les groupes volcaniques
des Açores, de Madère, des Canaries, du Cap-
Vert, les îles de l'Ascension, de Sainte-Hélène,
de Tristan d'Acunha, de Marion, de Bourbon,
de France, forment une ceinture très-incom-
plète, il est vrai, autour de l'Afrique, mais
que, vu son éloignement des côtes, l'on peut
considérer comme complétée par des masses
sous-marines.

Les émissions volcaniques en connexion de
gisement et de parallélisme avec les chaînes
de montagnes qui sillonnent la croûte du
globe, paraissent en beaucoup plus grand
nombre que celles qui sont destinées à compenser l'absence de soulèvements. La loi à
laquelle se rattache la position des premières
est en effet une loi de détail facile à constater,
vu que les roches émises seront dans ce cas
presque toujours apparentes, étant en rapport
avec les parties saillantes du globe. La position des autres résulte au contraire d'une loi
d'ensemble et ne peut s'observer que lorsque
le phénomène aura été assez énergique pour
élever du fond des mers des masses très-puissantes.

Ne semble-t-il pas anomal, lorsqu'il vient
d'être démontré que l'élévation des strates so-

lides qui composent l'écorce du globe, est en
raison inverse des phénomènes volcaniques
dans une des grandes divisions du globe, de
voir beaucoup de sommités formées par des
trachytes? C'est que dans ce cas on ne considère que l'élévation en masse, l'élévation que
l'on peut appeler continentale : lorsqu'au
contraire on vient à considérer le détail des
soulèvements, la seconde loi intervient, et le
soulèvement très-prononcé d'une chaîne étant
un motif de dislocation et un indice d'action
de la force expansive, il y a présomption
de roche ignée : or, les éruptions postérieures
ou contemporaines du soulèvement d'une
chaîne peuvent affecter deux dispositions,
elles pénétreront dans les roches disloquées
et viendront éclater sur des points alignés et
parallèles à cette dislocation, et par conséquent à la direction générale des couches
relevées au pied de la chaîne, de dessous laquelle elles sembleront se dégager. D'autres
fois elles s'élèveront dans la fracture principale de la chaîne et lui serviront d'axe.

Dans le premier cas, l'on ne peut guère
tirer aucune induction entre l'âge relatif de
la chaîne et des épanchements ignés, si ce
n'est que ces épanchements sont postérieurs;
car, lorsqu'il existe un escarpement très-prononcé, bien que très-ancien, dans un district
volcanique, les éruptions sont souvent venues
s'aligner au pied. Ainsi l'escarpement du Haut-

Vivarais est certainement antérieur au terrain tertiaire, et les basaltes du Bas-Vivarais, qui sont postérieurs à ce terrain, ont pourtant négligé la direction générale des basaltes du Vélay et du Vivarais, pour venir s'aligner au pied de cet escarpement. Mais lorsque les roches volcaniques forment l'axe d'une chaîne, il est bien probable que ce sont là les roches soulevantes; les trachytes des Andes sont dans ce cas.

Du reste, bien que les émissions ignées et les soulèvements ne soient que deux effets différents d'une même cause, on ne doit pas chercher à pousser dans leurs dernières conséquences les deux lois qui ont déterminé la distribution des terrains volcaniques. Les relations d'âge et de parallélisme n'ont apparu jusqu'ici que d'une manière assez vague, et ce qui résulte des considérations précédentes, ce que l'on peut regarder comme démontré, c'est que l'action volcanique doit être attribuée à une force expansive intérieure, agissant depuis la période tertiaire suivant des conditions purement dynamiques.

TERRAIN PORPHYRIQUE.

Les détails dans lesquels nous sommes entré en décrivant le terrain volcanique, étaient d'autant plus nécessaires que ce terrain est à peu près le seul de la série où les formes des masses soient assez bien conservées pour que l'on puisse constater leur mode d'émission. Nous avons vu, du reste, tous les cas qui peuvent se présenter lorsque des roches ignées, pâteuses ou fluides, percent la croûte solide du globe pour s'épancher à la surface, et nous aurons rarement occasion d'y revenir actuellement. La nature des roches émises, leurs relations avec la configuration du sol, les modifications qu'elles ont amenées dans les masses minérales préexistantes, tels sont les faits qui nous restent à apprécier dans les terrains porphyrique et granitique.

Il n'est guère possible d'établir des relations chronologiques entre les diverses roches que nous avons indiquées comme constituant le terrain porphyrique. Les trapps caractérisent l'Écosse; les ophites, les Pyrénées; dans les Alpes occidentales, ce sont les roches serpentineuses; les mélaphyres, dans les Alpes orientales, et il est bien peu de contrées où l'on trouve un développement simultané de ces divers termes. Les porphyres forment cependant exception en ce qu'on les rencontre presque partout; mais ils se présentent dans des conditions géognostiques tellement variées, qu'on ne peut en conclure aucun fait, sinon que ce sont eux qui semblent former la transition au terrain granitique. Les ophites qui, dans les Pyrénées, sont postérieures au terrain tertiaire, peuvent être regardées comme étant placées à l'autre extrémité de la série des termes du terrain porphyrique. Manquant ainsi de données pour classer géognostiquement les roches du terrain porphyrique, nous suivrons un ordre plutôt minéralogique, qui concorde peut-être avec l'ordre géognostique. Ainsi, les ophites des Pyrénées peuvent avoir à la fois avec les roches feldspathiques et serpentineuses des Alpes orientales, des relations géognostiques et minéralogiques. Les trapps de l'Écosse, les spillites d'Oberstein et les mélaphyres des Alpes occidentales, sont peut-être dans le même cas : tandis que les porphyres feldspathiques et quartzifères, partout si constants dans leurs caractères et dans leurs allures, constitueraient aussi un troisième terme géognostique. Mais le gisement des diorites, qui

concordent bien souvent avec les porphyres
anciens sous le rapport du gisement, tandis
que leur composition les rapprocherait plutôt
des autres termes, nous empêche de donner
cette subdivision comme très-réelle : mieux
vaut attendre de nouveaux travaux, qui puissent éclairer cette question intéressante.

Les ophites constituent des monticules isolés, arrondis, généralement placés au pied
de la chaîne des Pyrénées ou dans les vallées.
M. Palassou a signalé le premier ces roches
porphyriques, dont il avait en outre remarqué
la liaison constante avec les masses gypseuses,
et nous devons à M. Dufrénoy une description
très-circonstanciée de leur nature et de leur
gisement.

Cette roche, qui n'est, ainsi que nous l'avons
dit, qu'une espèce de porphyre amphibolique, et dont l'amphibole lherzolite est une
variété, ne paraît pas être arrivée liquide ;
elle n'a pas coulé et s'est élevée probablement
en masses pâteuses par de larges excavations.
La position relative des masses d'ophite dépend beaucoup des circonstances locales ; car
leur fréquence dans toute la partie occidentale des Pyrénées a fait présumer à M. Dufrénoy que cette roche forme le fond du sol et
se trouve partout à une petite profondeur ;
mais comme elles n'ont pu arriver au jour
qu'à la faveur de dislocations très-prononcées,
la direction des couches soulevées et fractu-

rées indique aussi celle des émissions. L'action
s'est fait sentir suivant les lignes qui courent
E. 18° N. à O. 18° S. Une grande partie de la
Catalogne, de la Navarre et de la Biscaye, des
Pyrénées orientales et des Basses-Pyrénées,
doivent leur forme actuelle à ces soulèvements,
qui se rapprochent par leur direction du système principal des Alpes, dont ils paraissent
une dépendance.

La plupart des monticules d'ophite sont
placés dans le terrain crétacé, mais ils se prolongent jusque dans les Landes, et c'est là que
M. Dufrénoy a constaté leur âge géognostique.
A Bastènes, lieu célèbre par les cristaux d'arragonite, le terrain tertiaire qui recouvre le
terrain crétacé est incliné comme lui d'environ 40° vers le S. 6° N. L'ophite soulevante est
entourée de masses gypseuses. Les sables des
Landes, qui ont participé au mouvement du
sol, sont plus modernes que le calcaire d'eau
douce des environs de Miranda, lequel correspond aux meulières parisiennes; ce sont
les derniers dépôts réguliers qui ont précédé
les alluvions anciennes: or, comme le terrain
d'alluvion se trouve (Biaritz) recouvrir horizontalement la craie, au point même où l'o-
phite s'est fait jour, on peut en conclure que
l'époque d'apparition des ophites est resserrée
dans des limites très-étroites, cette époque
étant comprise entre les dépôts tertiaires supérieurs (ceux qui correspondent au terrain

de transport ancien de la Bresse) et le terrain alluvien.

Cet âge, très-récent, pourrait conduire à classer les ophites dans le terrain volcanique, et M. Tournal a fait ce rapprochement pour celles des environs de Narbonne ; mais il existe des divergences trop prononcées pour que ce rapprochement soit réel : c'est d'abord la nature même de l'ophite, roche amphibolique, passant à l'amphibole pur, ensuite l'influence modificatrice qu'elle a eue sur les roches préexistantes qu'elle a traversées, influence qui a eu lieu sur une échelle très-développée, et dont les terrains volcaniques n'offrent aucun exemple.

En effet, il résulte de la description de M. Dufrénoy, que les nombreuses masses de gypse et de sel gemme des Pyrénées sont une conséquence immédiate de la présence des ophites, tandis que les seules particularités que l'on observe au contact des terrains volcaniques avec les calcaires, ne consistent qu'en changement de texture. A mesure que l'on s'approche des ophites, les calcaires, généralement compactes et esquilleux, deviennent cristallins et en partie dolomitiques. Vers les plans de contact, ils deviennent cariés et caverneux ; une partie dure et cristalline empâtant des parties terreuses et même friables. Ces calcaires caverneux accompagnent toujours les masses gypseuses, de sorte que lors même qu'on ne

verrait pas la relation entre le gypse et l'ophite,
les roches cariées suffiraient pour l'établir. Les
marnes qui alternent avec les couches calcaires sont ordinairement d'un gris foncé; à
la proximité des gypses et de l'ophite, elles
deviennent d'un rouge de vin et maculées. Ces
marnes colorées annoncent presque toujours
la présence du gypse. Cependant on en observe quelquefois sans qu'il y ait de gypse;
mais dans ce cas même l'ophite est toujours
à une petite distance. Le sel gemme se trouve
fréquemment avec le gypse et l'ophite, sa présence est révélée par les nombreuses sources
salées qui sourdent indifféremment de l'une
et l'autre de ces deux roches. Quelquefois il
arrive lui-même au jour, et dans tous les cas
il est évidemment le produit des mêmes causes.
Les nombreuses masses gypseuses de la Catalogne ne sont que rarement accompagnées
d'ophite; mais, outre qu'elles affectent la même
direction, leurs caractères minéralogiques les
identifient avec les gypses de l'ophite. Comme
eux, ces masses contiennent des cristaux de
quartz, de pyrite, de fer oligiste, d'arragonite;
elles sont associées à des sources salées; comme
eux, enfin, elles sont accompagnées de perturbations dans les couches environnantes,
auxquelles elles sont évidemment postérieures.

La côte de Bayonne, à une petite distance
sud de Biaritz, est un des points signalés par
M. Dufrénoy comme exprimant très-bien les

relations de l'ophite, du gypse, du calcaire
crétacé et des marnes qui l'accompagnent. En
ce point, les couches du terrain crétacé sont
fortement contournées et brisées au contact
d'un amas de gypse accompagné de marnes
rouges et d'ophite. On observe, en outre, que
toutes les couches convergent vers un point
qui serait situé à une petite distance en mer;
ce qui semble indiquer que l'ophite et le gypse
que l'on voit sur la côte, ne seraient que le reste,
le témoin, d'un amas beaucoup plus considérable. La masse gypseuse a la forme d'un coin,
dont la base est d'environ dix mètres, et qui
s'enfonce verticalement dans des couches fracturées de calcaire. (Planche XII.)

Le gypse de cette masse est blanc et cristallin : des marnes blanchâtres ou rougeâtres,
elles-mêmes traversées de petites veines de
gypse fibreux, y sont intercalées irrégulièrement, et l'ophite y apparaît en masses arrondies peu considérables, il est vrai, mais suffisantes pour établir la connexion. L'ophite
n'est jamais très-abondante dans le gypse, et
elle paraît former un noyau central dont les
masses gypseuses constituent la partie extérieure; les fissures y sont tapissées de gypse.
Dans les masses gypseuses liées aux ophites,
on rencontre assez généralement des noyaux
calcaires, qui, dans l'exemple qui nous occupe, n'appartiennent pas aux couches calcaires marno - sableuses qui constituent la

côte, mais sont de calcaires noir cristallin ou gris à nummulites, qui proviennent de couches plus inférieures et démontrent ainsi l'intercalation postérieure par une force agissant de bas en haut.

Les Pyrénées présentent de nombreux exemples de cette configuration du sol que M. de Buch a appelée cratère de soulèvement. L'ophite paraît être en connexion avec l'un de ces cratères, en ce qu'il en occupe le centre. Ainsi les salines d'Anana, à l'ouest de Vittoria, sont alimentées par un puits creusé dans l'ophite; or, cette ophite remplit tout l'intérieur d'un cirque qui paraît avoir plus de 2000 mètres de diamètre, et qui est profondément encaissé par des crêtes calcaires, qui s'abaissent en pentes alongées vers l'extérieur. La direction de ces calcaires varie, mais non pas irrégulièrement, car elle est telle qu'aux extrémités d'un même diamètre les couches plongent en sens inverse, et que la surface qui réunirait toutes ces lignes d'inclinaison serait un cône tronqué.

Cette disposition, ajoute M. Dufrénoy, est exactement la même que celle qui résulterait du soulèvement d'une masse conique qui forcerait toutes les couches à se plier autour d'elle et à se rompre au sommet : c'est un véritable cratère de soulèvement. Ces calcaires sont noirs et appartiennent au terrain crétacé. Le sol des environs d'Anana étant tertiaire, il est probable que le terrain crétacé n'a été mis au jour que parce qu'il a été soulevé au travers par les ophites. En effet, extérieurement à ce cratère de soulèvement et un peu plus bas que l'arête culminante qui en forme les bords, on voit une seconde enceinte beaucoup plus large que la première, mais en même temps moins régulière ; elle est formée de calcaire d'eau douce et de molasse en couches très-inclinées, et elle a été évidemment soulevée et fracturée par le terrain crétacé, de même que celui-ci l'avait été par les ophites.

Sous le rapport géognostique et même minéralogique, il y a de grandes analogies entre les ophites des Pyrénées et les roches serpentineuses des Alpes occidentales. En effet, géognostiquement, les ophites sont postérieures au soulèvement de la chaîne des Pyrénées, dont elles ne suivent pas d'ailleurs la direction, tandis qu'elles partagent à la fois l'âge et la direction des serpentines des Alpes ; minéralogiquement, le talc des serpentines remplit absolument, relativement au feldspath, le même rôle que l'amphibole des ophites, de sorte que l'on serait tenté de conclure avec plusieurs minéralogistes, que le talc n'est qu'une forme affectée par des substances en proportion variables, et non point un composé en proportions définies. Il suffira dès-lors de comparer les analyses des substances talqueuses, qui contiennent généralement un peu de fer, avec celle de l'amphibole, pour voir combien il y a peu de distance des ophites aux serpentines et aux variolites, le principe dominant (le feldspath), constituant toujours la majeure partie de ces diverses roches.

Ce rapprochement, confirmé par la parité d'aspect, par l'identité des substances disséminées et par la connexion géognostique, tend à simplifier le terrain porphyrique, en permettant de soupçonner l'assimilation géognostique de roches dissemblables.

Les roches serpentineuses des Alpes sont développées sur une échelle bien plus considérable que les ophites des Pyrénées : elles constituent des filons, des masses intercalées énormes, et l'énergie des modifications qu'elles ont fait subir aux terrains à travers lesquels elles sont sorties, est proportionnée à leur puissance. En effet, tout le terrain jurassique des Alpes, dont nous avons décrit la composition anomale, doit en grande partie cette composition aux altérations que lui ont fait subir les roches serpentineuses. Or, l'analogie de ces modifications avec celles que les ophites ont déterminées dans les Pyrénées, est d'autant plus remarquable, qu'elle concorde avec une identité presque complète dans les substances accidentelles. Ainsi, d'une part, le fer oxidulé, les pyrites citées dans les ophites, constituent dans les roches feldspathiques et talqueuses des Alpes des gisements considérables (mines de fer oxidulé de Cogne, pyrites de Casset, etc....); d'un autre côté, les gisements salifères de Bex, les gypses de Bex, Cogne, etc...., paraissent résulter, dans le terrain jurassique des Alpes, d'influences analogues à celles des ophites sur le terrain crétacé des Pyrénées.

Les roches serpentineuses des Alpes sont très-diverses; elles forment une série continue de variétés compactes, porphyroïdes et même granitoïdes, du feldspath presque pur, à des roches onctueuses, comme le talc. La serpentine, l'euphotide, la variolite, sont les types les plus généraux; peut-être la protogine du Mont-Blanc fait-elle aussi partie de cette série? Les euphotides et les variolites, susceptibles d'un beau poli, sont souvent recherchées comme pierre d'ornement; mais ces deux roches forment plutôt des masses subordonnées; car on les trouve très-souvent en fragments et en blocs roulés dans le lit des torrents, sans qu'on puisse découvrir leur point de départ.

Une des masses connues de variolites se trouve sur la rive droite du Drac, à quatre ou cinq cents mètres au-dessus de son niveau, à peu près à égale distance des deux hameaux appelés les Beaumes et les Gondonins. Cette masse, intercalée dans des calcaires et des schistes probablement jurassiques, a vingt ou trente mètres de puissance et contient en plusieurs points du cuivre pyriteux.

3.

14

Serpentines
et euphotides
du Piémont,
de l'Italie et
de l'Angle-
terre.

Ce qui tend à confirmer l'assimilation que nous avons établie entre les ophites des Pyrénées et les roches serpentineuses des Alpes, c'est que ces dernières sont intimement liées à des roches amphiboliques, presque partout où elles sont développées sur une échelle assez considérable.

Cette fusion des deux espèces de roches s'observe très-bien dans le Piémont, entre le Breuil et le mont Cervin, où elles constituent des masses puissantes. Dans la Ligurie, on voit souvent, dit M. de la Bèche, les serpentines et les euphotides affecter des caractères trappéens, notamment entre Braco et Montanaro, sur la grande route de Gênes à Florence, où on les voit traverser les schistes et les calcaires, tantôt coupant les couches sous des angles aigus, tantôt semblant partager leur stratification. C'est à la sortie de ces roches qu'une grande partie de la Ligurie paraît devoir son relief actuel, et si c'est avec raison que les calcaires de la Spezzia ont été assimilés à la formation oolitique, l'émission des roches serpentineuses est postérieure à cette époque, puisque ces calcaires ont été fortement accidentés.

Il est même possible, ajoute M. de la Bèche, que l'âge de ces roches serpentineuses soit encore plus moderne, puisque les dépôts tertiaires de lignites de Caniparola, près Sarzana, ont été relevés jusqu'à la verticale, et que les conglomérats qui leur sont associés ne contiennent aucun fragment de serpentine ou d'euphotide.

Les serpentines et les euphotides sont généralement mélangées, fondues ensemble, de manière à prouver que ce ne sont que les variétés d'un même type. Cette fusion s'observe très-bien dans les masses puissantes de Levanto, dont les ramifications disloquent les macignos de Capo-Mesco et de la vallée de Rochetta, près Borghetto. Les serpentines et les euphotides qui constituent le Monte-Ferrato en Toscane, présentent les mêmes caractères d'intimité; elles ont modifié les grès, qu'elles traversent de la même manière que les roches feldspathico-talqueuses du col du Chardonnet; elles les ont changés en quartz compacte.

En Angleterre, la masse serpentineuse du cap Lizard, dans le comté de Cornouailles, fait en quelque sorte partie des diorites. Mac-Culloch a cité à Clunie, dans le Perthshire, un trapp qui se changeait en serpentine vers son contact avec le calcaire. Ce trapp s'entremêle beaucoup avec le calcaire, et les petites ramifications des filons qu'il projette, sont entièrement composées de serpentine avec asbeste et stéatite. Le même fait a été observé dans les filons trappéens qui traversent le grès calcaire de Strathaird et le marbre blanc de Strath. Ces considérations tendent donc à faire assimiler les serpentines de l'Angleterre aux trapps, qui y sont si puissants et si fréquents. Une des masses serpentineuses les plus célèbres de l'Angleterre, est celle que M. Lyell a citée comme traversant le vieux grès rouge à West-Balloch dans le Forfarshire; elle a la forme d'un dyke, dont la puissance est de plus de vingt-cinq mètres, et a sensiblement altéré les conglomérats quartzeux qu'elle traverse.

Enfin, dans l'Amérique équinoxiale M. de Humboldt a encore signalé la liaison des euphotides et des serpentines avec les roches amphiboliques; liaison également minéralogique et géognostique. Ainsi, sur le bord septentrional des Llanos de Venezuela, entre Villa de Cura et Malpasso, on voit des masses considérables de serpentines reposer sur des schistes verts et sur des calcaires, et un grunstein à petits grains forme à la fois des couches dans le schiste et dans la serpentine. En général, dit M. de Humboldt, les schistes verts, les calcaires noirs, les grunstein et les serpentines traversées par des filons pyriteux, de la contrée de Venezuela, peuvent être considérés comme formant un même groupe géognostique par la constance de leur association.

Les roches compactes, de couleurs généralement foncées et de composition incertaine, que nous avons désignées sous le nom de trapp, et que les Anglais appellent aussi whinstone, toadstone, etc...., affectent des caractères tout-à-fait distincts de ceux qui sont ordinaires aux

roches ignées anciennes. Ces caractères particuliers résultent de la grande fluidité qu'elles
paraissent avoir eue généralement; ce qui,
joint à leur nature minéralogique, les assimile
en partie aux basaltes. Comme eux, elles forment des nappes, mais encore bien plus puissantes et bien plus étendues; comme eux, elles
ont été injectées dans des failles, dans des fissures, et l'on peut suivre les filons et les dykes
qu'elles ont formées à travers des provinces entières; comme eux, elles se sont accumulées au-
dessus des orifices d'éruption, elles se sont intercalées entre les couches des terrains stratifiés qu'elles ont traversés. L'Écosse et l'Angleterre septentrionale nous présentent tous ces
phénomènes sur une échelle bien autrement
considérable que les contrées basaltiques, et
l'immense quantité des matières émises, les failles énormes, les perturbations avec lesquelles
sont liées ces émissions, nous les représentent
comme un des faits ignés les plus remarquables.

La composition des trapps est variable dans
la proportion des principes constituants; car
ils sont tantôt noirs comme le basalte, bleu-
noirâtre, vert-noirâtre; puis ils passent à la
dolérite, aux amygdaloïdes avec noyaux siliceux, calcaires ou zéolithiques, et même au
feldspath compacte (leptynite ou phonolite).
Outre ces variations, il en est d'autres qui paraissent résulter de la décomposition; telles
sont les vackes, les argilolites (claystone), qui
les accompagnent assez fréquemment.

La fréquente association des trapps avec le terrain houiller et les grès pénéens, leur avait fait d'abord attribuer un âge beaucoup plus ancien que celui qu'ils ont réellement. M. Sedgwick, qui a décrit les dykes du Yorkshire et du comté de Durham, indique celui qui court depuis le High Teesdale jusqu'à la côte orientale, comme traversant le terrain houiller, le grès rouge et le lias. Ce dyke, qui est un des plus longs que l'on connaisse, n'a pas moins de soixante milles. M. Murchison a signalé des roches de la formation oolitique, empâtées dans les trapps des Hébrides, notamment sur la côte méridionale de l'île de Mull. D'après la liaison qui existe en Écosse entre la formation basaltique et la formation trappéenne, liaison qui est établie d'une manière aussi intime que possible par la presqu'identité des amygdaloïdes, des phonolites et des dolérites de chacune, il est probable qu'il n'y a guères eu d'intervalle de l'une à l'autre.

Les trapps des Iles Britanniques se présentent, avons-nous dit, sous trois formes distinctes : sous celle de filons; en couches intercalées dans les divers terrains qu'ils traversent; en accumulations montagneuses et puissantes, souvent très-étendues.

Les filons de trapp ne sont guère remarquables que par leur puissance et leur continuité : celui de Cleveland, dont la roche se rapproche du basalte, suivi sur près de qua-

tre-vingts milles, est un exemple frappant de
cette puissance. Ces filons, en vertu de la dureté de leurs roches, sont souvent restés en
saillie après la destruction, soit par érosion,
soit par décomposition du sol encaissant,
formant ainsi de longues et d'épaisses murailles qui, lorsque la structure de la roche est
régulière, semblent avoir été construites par
les hommes. C'est cette disposition fréquente
en murailles saillantes qui leur a fait donner
le nom de dykes. La puissance et la continuité de ces dykes ne doit pas uniquement
être attribuée à la grande quantité de roches
émises; elle résulte aussi de ce que la sortie
des trapps coïncide avec de grandes dislocations. Ainsi, ce n'est point seulement dans des
fissures d'écartement que les roches trappéennes ont été injectées; elles sont sorties
par de véritables failles, de chaque côté desquelles les couches correspondantes se trouvent à des niveaux différents de dix, vingt,
cent mètres, et au-delà. Nous avons déjà cité
la grande faille qui commence à la montagne
de Crossfel et se prolonge dans la direction
nord-sud jusqu'à la chaîne Pennine (pl. IV).
Une partie des dykes de Newcastle, du Yorkshire, du Derbyshire, etc..., sont dans le même
cas. Il est souvent arrivé qu'un dyke a été coupé
par un autre sous un angle quelconque ou
même dans un plan coïncidant, de sorte que
l'on a deux filons l'un dans l'autre.

Les couches trappéennes intercalées ont, de tout temps, excité la curiosité des géologues, car elles ont quelquefois suivi les lignes de stratification si régulièrement et sur de telles longueurs, qu'elles semblent tout-à-fait contemporaines des couches sédimentaires avec lesquelles elles alternent; mais il est rare néanmoins que le fait de leur intercalation postérieure ne soit pas indiqué par quelque anomalie. Ainsi, l'on voit souvent une couche de trapp qui s'était régulièrement maintenue entre deux couches sédimentaires, s'infléchir tout à coup, couper les lignes de stratification et aller s'intercaler plus haut entre deux autres couches. D'autres fois ces trapps aboutissent à de véritables filons qui jettent à droite et à gauche des ramifications dans les couches sédimentaires qu'ils traversent. Ces alternances hétérogènes sont assez communes dans le Derbyshire, où le toadstone s'est inséré entre les calcaires, les argiles schisteuses et les grès du calcaire carbonifère; dans le comté de Durham, vers la partie haute de la vallée de la Teess; dans la houillère de Birchhill en Straffordshire; dans les grès rouges de l'Écosse, etc...

Les trapps constituent à la surface du sol des districts d'autant plus accidentés et montagneux, qu'ils sont à la fois plus puissants et plus continus. L'action érosive des eaux, dont ces districts portent l'empreinte généralement très-prononcée, est probablement pour

beaucoup dans ces rugosités des surfaces trappéennes ; car l'allure de ces laves, comme
filons verticaux ou horizontaux, annonce une
fluidité sous l'influence de laquelle elles durent affecter la forme générale de nappes
plutôt que celle d'agglomérations montagneuses. On trouve, en effet, de vastes nappes de
trapp très-continues, malgré leur peu d'épaisseur, et dans ce cas de continuité sans puissance, la surface de la contrée est simplement
ondulée ; quelques masses arrondies donnent
lieu à des saillies peu considérables : d'autres
fois il y a puissance sans continuité, des
masses considérables et escarpées apparaissent
plus ou moins disséminées. Or, doit-on considérer tous ces trapps comme résultant d'un
seul paroxisme, et de vastes nappes dont nous
ne voyons guère que les restes morcelés et dont
les filons et les couches intercalées seraient
les racines ? ou bien représentent-ils une série
d'éruption ? Ce qui rend la première hypothèse
plus probable, c'est qu'il y a très-peu d'indices
de stratification et de superposition de matières hétérogènes. En Écosse, les masses trappéennes constituent les monts Ochills, la partie
orientale des Pentlands, les groupes de Gisle-
ton, Eildon, Tindo, etc...., dont la hauteur
varie entre cent et six à sept cents mètres ; ils
se montrent autour de Dundle, entre Bervic
et le North-Esk, où ils bordent les côtes de
leurs escarpements abruptes, s'avançant quel-

quefois en promontoires, comme cela a lieu entre Montrose et la baie de Lunan.

La sortie de masses trappéennes aussi développées que celles de l'Écosse, de l'Angleterre et des Hébrides, n'a pu avoir lieu sans de grands bouleversements dans les roches préexistantes. Ces bouleversements affectent les formes les plus variées; les couches traversées étant tantôt inclinées, tantôt tout-à-fait renversées sur elles-mêmes, et même tellement fracturées que l'on en trouve des blocs qui ont fréquemment plusieurs milliers de mètres cubes, empâtées dans le trapp. Une des plus célèbres de ces perturbations, parce qu'elle fut remarquée une des premières et citée à l'appui de l'origine ignée des trapps, est celle que l'on observe au roc du château de Stirling.

Le château de Stirling est bâti sur une masse irrégulière de trapp passant à la dolérite. Cette masse, de plus de deux cents pieds de hauteur, est escarpée de presque tous les côtés, excepté vers le sud, où elle descend par une pente assez ménagée jusqu'au niveau de la plaine environnante. Vers la base du trapp l'on voit les strates du terrain houiller se relever, puis se terminer brusquement en s'y enfonçant. Cette disposition, fidèlement représentée d'après le dessin des transactions géologiques, ne peut évidemment résulter que d'un arrachement violent, produit par la sortie du trapp.

Ce qui aurait dû ouvrir plutôt les yeux des géologues sur l'origine ignée des trapps, ce sont les altérations qu'ils ont causées dans les roches en contact. Les calcaires sont devenus cristallins et passent au marbre saccharoïde, de même que lorsqu'on fait fondre de la craie dans un canon de fusil. Les grès ont été changés en quartz compacte, à cassure luisante, absolument tels qu'ils sont lorsqu'après un long usage on les retire des fourneaux dont ils constituaient les parois. La houille est souvent à l'état de coke, et les schistes qui l'accompagnent sont calcinés et à l'état de thermantide, tels qu'ils sont dans les houillères embrasées. Toutes ces roches reprennent peu à peu leur état naturel à mesure que l'on s'éloigne du contact.

Le trapp, si analogue au basalte par sa compacité, son homogénéité, et même en partie par sa composition, doit nécessairement se rapprocher de lui par sa structure. Les mêmes phénomènes de structure prismatique, tabulaire, globuliforme, se présentent, en effet, dans ces roches. M. Grégory Watt a fait sur ces divers cas de structure les recherches les plus intéressantes, et, afin de constater jusqu'à quel point on pouvait juger les causes déterminatrices par comparaison avec les phénomènes de retrait qui ont lieu dans de petites masses, il fit fondre environ sept cents livres d'un trapp finement grenu et d'une tex-

ture confusément cristalline. Une partie, que
l'on fit couler pendant que la masse était encore fluide, prit un aspect tout-à-fait vitreux;
mais par un refroidissement lent et prolongé
jusqu'à huit jours, les résultats furent très-
différents. M. Grégory Watt constata d'abord
la formation des sphéroïdes dont le diamètre allait jusqu'à deux pouces, qui présentaient une
texture radiée, avec fibres distinctes, et qui
donnaient aussi lieu à des couches concentriques lorsque les circonstances n'étaient favorables qu'à cette structure. Cette structure
disparaissait par une chaleur suffisamment
continuée. Les centres de la plupart des sphéroïdes devenaient compactes avant que le
diamètre eût atteint un demi-pouce, et cette
compacité s'étendait peu à peu dans toute la
masse : en continuant la température convenable à cet arrangement de molécules, la texture devint plus granulaire, la couleur plus
grise, les points brillants plus grands et plus
nombreux. Bientôt ces molécules se disposè-
rent régulièrement, et la masse devint parse-
mée de lames cristallines.

M. Grégory Watt a tiré de ces observations
des conclusions plus ou moins en harmonie
avec la structure prismatique ou globulaire
des roches ignées; mais elles sont surtout con-
cluantes relativement à la texture de ces roches : elles expliquent comment une roche
cristalline devient ordinairement plus com-

pacte, souvent même vitreuse, au contact des roches traversées; elles indiquent pourquoi les cristaux peuvent disparaître, les couleurs mêmes changer, sans qu'il y ait cependant de différence dans la composition des parties dissemblables.

Le mélaphyre ou porphyre pyroxénique a été caractérisé comme roche et comme gise-ment par M. de Buch, qui en a donné pour type les roches noires du Tyrol qui ont ac-cidenté les calcaires secondaires et les por-phyres rouges. Les caractères distinctifs de ces roches sont : la fréquence des cristaux de feldspath disséminé, la rareté du quartz, l'ab-sence du péridot. Ce ne sont point cependant des porphyres à base de pyroxène, en ce que la pâte, malgré sa couleur foncée, contient encore plus de feldspath que de pyroxène. En effet, dit M. de Buch, la pesanteur spéci-fique du feldspath pur est de 2,558, et celle du pyroxène, de 3,238; or, les mélaphyres les plus noirs des montagnes de Fassa ne pesant que 2,750 au plus, ils contiennent trois fois plus de feldspath que de pyroxène.

Les mélaphyres sont essentiellement mas-sifs, et leur sortie au jour est généralement accompagnée de grandes perturbations dans les roches traversées qui, dans le Tyrol, sont surtout les grès rouges avec les porphyres rouges quartzifères qui les accompagnent si fréquem-ment, et le calcaire jurassique. Leurs positions anomales, dont les cas les plus fréquents sont exprimés dans les coupes jointes à ce volume, suffisent pour démontrer leur formation par expansion de bas en haut, et M. de Buch pense que toutes les Alpes tyroliennes doivent en grande partie leur relief à leur sortie. En effet, dit-il, les couches de grès rouge et de calcaire coquillier se trouvent dans des positions si abruptes et à des hauteurs si différentes, qu'on chercherait en vain à ramener toutes ces portions séparées à un niveau ou même à une pente générale, depuis leur élévation de plus de 2500 mètres au-dessus de Saint-Pellegrin, jusqu'à celle de 300 au-dessus de Caltern et de Tramin. Or, partout où il y a des escarpements abruptes, des changements de niveau et des inclinaisons considérables, les mélaphyres sont là pour les justifier.

Les coupes de la vallée de Fassa et du Feigenstein (planche XIII) donnent idée de la disposition la plus générale des mélaphyres, et d'après cette disposition dans quelques escarpements, notamment dans le vallon de Cipit, on est conduit à penser qu'ils s'élèvent partout en masses irrégulières dans l'intérieur des pyramides, des pics et des masses colossales de calcaire : mais le fait le plus curieux de ces contrées est, sans contredit, le changement de ces calcaires en dolomie, changement qui paraît toujours concorder avec le contact ou le voisinage des mélaphyres.

La vallée de Fassa, où les mélaphyres abondent, est très-remarquable par les formes bizarres des rochers calcaires, coupés à pic, que l'on y rencontre à chaque pas. Ces rochers, ordinairement d'une blancheur éclatante, sont composés de dolomie friable, grenue, accidentellement cristalline; ils accompagnent les mélaphyres et paraissent devoir être regardés comme résultant de leur influence modificatrice sur les calcaires non stratifiés, d'autant plus qu'ils cessent de se montrer et sont remplacés par les calcaires coquilliers compactes et stratifiés, dès que le mélaphyre disparait. La physionomie des masses dolomitiques est caractéristique : des crevasses verticales et profondes les divisent sous forme de tours et d'obélisques, sans qu'aucune division en couches horizontales ou inclinées n'interrompe l'uniformité des contours perpendiculaires. Quelquefois des murs de rochers nus s'élèvent à plusieurs milliers de pieds de hauteur; ils ont peu d'épaisseur et restent séparés dès leur base, de ces pics et cimes dentelés de dolomie qui atteignent la limite des neiges éternelles.

La montagne de Langkofel, dans la vallée de Gröden, laquelle atteint plus de mille mètres d'élévation au-dessus de sa base, a été donnée par M. de Buch comme un des meilleurs types de ces formes caractéristiques des dolomies. On conçoit à peine, dit-il, comment une

pareille masse peut se soutenir; car elle est
complétement inaccessible, dépourvue de végétation et composée d'une roche peu résistante, qui est traversée par des fissures verticales très-profondes.

Les dolomies ne sont pas restreintes, en
effet, à la vallée de Fassa; M. de Buch les signale partout et avec les mêmes formes entre
le Pusterthal et les frontières d'Italie : elles
entourent comme des îlots de rochers, et en
s'élevant à des hauteurs prodigieuses, la partie
supérieure de la vallée de Gröden et le Vol-
kenstein; elles constituent les montagnes pittoresques de Botzen, le Rosengarten, le Schlern
et le colosse du Langkofel, toute la chaîne
qui s'étend de Sasso-Vernale à Buchenstein,
les pics du Gaderbach, ceux de l'Abtei, ceux
de la vallée de Drau. Toute la pente sud-ouest
des montagnes de Sextenthal est composée de
dolomie, et de là cette roche se prolonge en
Italie vers le Tagliamento et le Frioul. Toute
la vallée de Fiemme est bordée des deux côtés
de dômes de dolomie. On les retrouve dans
les environs de Trento, au Mendelberg, à
l'ouest de Botzen jusqu'au-delà de Tramin.
Du Mendelberg elle descend dans la vallée
de Fondo, et vers l'ouest elle s'étend en hautes
murailles vers une ligne que l'on peut tracer
de Caldas dans le val de Sol, au bain de Saint-
Pancrace dans la vallée d'Ultens. Là se termine la longue série des dolomies, et avec elles
disparaissent aussi les porphyres.

La connexion constante du porphyre pyroxénique avec la dolomie est un fait incontestable. Chacune de ces roches est constamment l'indice de l'autre, et vers le sommet du
Seisser-Alp l'on trouve des mélaphyres scorifiés, enveloppant des calcaires changés en dolomie grenue. Ce fait du changement des calcaires en dolomie au contact des roches ignées,
existe, en outre, dans bien d'autres contrées
que le Tyrol. M. de Buch l'a observé dans la
Grande-Canarie et dans l'intérieur de l'île de
Madère. M. Dufrénoy l'a constaté en plusieurs
points de la France centrale. M. Reynaud l'a
cité sur une échelle assez grande auprès de
Géroldstein (voyez plus haut les volcans laviques des bords du Rhin). Beaucoup d'autres
géologues ont cité des faits analogues, notamment au contact des trapps en Angleterre; mais en aucun point le phénomène n'a
eu lieu sur une échelle aussi gigantesque que
dans le Tyrol.

Comment se fait-il, dit M. de Buch, que la
magnésie puisse traverser et modifier des roches calcaires dont la puissance moyenne est
de plusieurs milliers de pieds, pour en faire
une roche uniforme dans toute son étendue.
M. Gmelin a fait l'analyse du calcaire stratifié,
et n'y a point trouvé de magnésie; or, lorsqu'on voit ce calcaire se modifier peu à peu,
sans que sa continuité soit interrompue, et
passer à la dolomie dans le voisinage des mé-

laphyres, n'est-il pas naturel de croire que c'est la roche pyroxénique qui l'a fourni. M. de Buch cite les environs de Trente comme présentant la confirmation de cette hypothèse.

Le cône dolomitique de Santa-Agatha, près Trento, se compose de dolomie tellement crevassée et fendillée, que l'on n'y peut obtenir de cassure fraîche. Les fissures principales sont souvent couvertes de petits cristaux rhomboédriques de dolomie, et la dimension de ces cristaux est proportionnelle à la grandeur des fissures. Dès-lors il est naturel qu'une roche tellement fendillée ait perdu sa stratification et ses fossiles : on conçoit que des milliers de routes furent ouvertes à la magnésie. Les cristaux furent d'autant plus grands et plus distincts que ces routes étaient plus larges. De plus, un reste de couleur rouge fait présumer que cette dolomie de Santa-Agatha n'est que le prolongement des calcaires rougeâtres à ammonites, divisés en couches minces, qui forment la plus grande partie des pentes de la vallée de Trento. On s'en assure en tournant la montagne; car les couches en dalles, sans altération, se trouvent sur le revers, de sorte qu'avec des fouilles on pourrait obtenir des dalles, d'un côté formées de calcaire à ammonites, tandis que l'autre serait dans cet état de décomposition qui conduit à la formation de la dolomie.

Cette théorie de M. de Buch a été depuis confirmée par des observations analogues, faites dans d'autres contrées. Sans doute, l'on a peine à comprendre comment la magnésie, qui est fixe, a pu être transportée dans la roche calcaire ; mais le contact des roches ignées ne nous présente-t-il pas des problèmes aussi complexes ? Certains calcaires, se pénétrant de grenats, d'amphibole ou de pyroxène, souvent à des distances de plusieurs mètres des points de contact, ne représentent-ils pas des transports de molécules aussi inexplicables dans l'état actuel des connaissances ? Comment se rendre compte du changement complet que doit nécessairement avoir éprouvé tout le terrain jurassique des Alpes, lorsque sur une échelle bien moindre nous ne pouvons comprendre les nombreux cas d'altération qu'offrent les calcaires du Vésuve ? Si l'on veut chercher quelque fait analogue hors des phénomènes géognostiques, ne voit-on pas des plantes qui se sont développées dans un sol dont on a déterminé d'avance la composition, que l'on a composé soi-même avec des substances présumées pures, présenter à l'analyse des corps qu'elle ne peut avoir puisés ni dans ce sol ni dans l'atmosphère ? Les transports de molécules, soit par suite d'une influence violente, comme paraît avoir été celle des roches ignées, soit par des actions spontanées, comme cela a lieu actuellement dans beaucoup de filons et de roches en décomposition, sont des faits encore peu étudiés, mais que la science ne peut manquer de déterminer un jour. (1)

Environs de Lugano. La contrée comprise entre le lac d'Orta et celui de Lugano, est un des points où l'on peut étudier le plus facilement les caractères de la longue bande de porphyre pyroxénique qui perce au jour dans presque toutes les vallées du penchant méridional des Alpes. Avant que M. de Buch eût décrit cette contrée, elle

---

(1) La note suivante de M. Élie de Beaumont, qui a étudié les dolomies et les mélaphyres sur le revers méridional de la chaîne, est à placer parmi les documents les plus importants relatifs à la formation de la dolomie.

Le changement de la craie en calcaire saccharoïde, près de ses points de contact avec les filons de basalte qui la traversent dans le comté d'Antrim en Irlande et quelques autres exemples de phénomènes semblables, ont acquis une si juste célébrité qu'ils se présentent toujours dès le premier abord à l'esprit, lorsqu'on s'occupe des changements que certaines roches paraissent avoir éprouvées depuis leur première consolidation. Il résulte assez naturellement de là, qu'en voyant qu'on admet une connexion entre l'apparition des mélaphyres et l'origine de la dolomie, quelques personnes supposent qu'on regarde la dolomie comme produite par les mélaphyres, à peu près comme le calcaire saccharoïde d'Irlande a été produit par le basalte. Par suite, il arrive que presque chaque fois qu'on trouve une masse de dolomie qui n'est pas en contact avec une masse de mélaphyre, on la regarde comme une objection aux idées de M. de Buch. M. de Buch considère les dolomies comme produites par des gaz qui se sont dégagés du sein de la terre au moment de la sortie des mélaphyres, en profitant de toutes les fractures que le sol venait d'éprouver, fractures qui pouvaient leur donner issue aussi bien et souvent même mieux à quelque distance des masses de mélaphyres sortis au jour, que près de ces mêmes masses.

S'il pouvait rester quelque doute sur la pensée de M. de Buch à cet égard, il suffirait, pour les dissiper, d'examiner la contrée de Lugano, en se rappelant qu'il l'a présentée comme un des points les plus classiques pour l'étude de ce genre de phénomènes. Il est très-rare, en effet, que

avait été déjà signalée par M. Fleuriau de Bellevue, qui avait reconnu que les masses qui enveloppent les roches semi-vitreuses de Grantola et de Cunardo, s'étaient élevées du sein de la terre. Ces masses incohérentes ne sont, en effet, que de ces tufs qui accompagnent si souvent les roches ignées massives, et qui résultent de leur frottement contre les parois des roches qu'elles traversent.

dans la contrée de Lugano on voie les mélaphyres en contact absolument immédiat avec les masses de dolomie.

Si on considère cette contrée dans son ensemble, on y voit en général les couches du système calcaire qui comprend la Majolica, se relever sous un angle souvent très-considérable à l'approche des montagnes composées de granite, de porphyre quartzifère et de mélaphyre; elles n'offrent aucune trace d'une disposition littorale autour de ces montagnes, auxquelles elles présentent au contraire des escarpements comparables à ceux des cratères de soulèvement, et on les voit généralement se changer en dolomie, en approchant de leur terminaison du côté des masses non stratifiées, dont les colonnes irrégulières de mélaphyre forment en quelque sorte les axes. Les dolomies touchent rarement ces colonnes centrales, qui, au moment de leur élévation, ont rejeté de côté les roches primitives : elles se lient donc aux mélaphyres par suite du rôle essentiel que jouent ces derniers dans la constitution des massifs de roches non stratifiées; mais non dans le plus grand nombre des cas par un contact immédiat et visible. Au contraire, on peut dire que les dolomies se trouvent toujours, ici, dans le voisinage de la fracture qui a dû se former entre les roches primitives soulevées et les roches primitives de même nature, restées à leur ancienne place dans les profondeurs de la terre.

Les objections relatives à l'origine de la dolomie ne s'adresseraient donc directement à l'hypothèse à laquelle M. de Buch a été conduit par l'observation de faits si nombreux et si frappants, qu'autant qu'elles tendraient à prouver qu'une agrégation de petits rhomboèdres de dolomie, telle que celle qui constitue la montagne de San-Salvatore de Lugano, ne saurait absolument provenir d'une série de couches calcaires, régulièrement stratifiées, sur laquelle seraient venues à agir des vapeurs dégagées de l'intérieur du globe.

M. de Buch a retrouvé ces tufs à Mesen-
zana, à Saint-Paulo, au-dessus de Marchirolo
et du lac de Ghirla. Le mélaphyre s'élève à
côté d'eux jusqu'à une hauteur très-considérable; car le mont Argentaro en est composé
en grande partie jusqu'à sa cime. Des lambeaux
de roches calcaires, attachés à ses flancs,
prouvent, dit-il, que le mélaphyre les a détachés, lors de son soulèvement, de la grande
masse calcaire qui s'étend vers le sud. Ces mêmes porphyres pyroxéniques soulèvent et percent le granite de Baveno dans la vallée de
Brinzio, et près de Mélide sur le lac même de
Lugano. On doit encore, ajoute M. de Buch,
attribuer aux phénomènes qui accompagnè-
rent leur soulèvement, les dolomies du penchant nord et de la cime du Monte-Sacro de
Varèse, du Salvadore, des environs de Lugano
et du Monte del Nova; celles qui se trouvent
au-dessus du Grianta, sur le lac de Come, etc....
En poursuivant la grande route de Lugano à
Mélide, on voit comment les couches calcaires
se fendillent, se remplissent de rhomboèdres
de dolomie, changent de forme et de couleur,
et finissent, enfin, par ne plus présenter qu'une
masse uniforme de dolomie pure. Les dolomies
se trouvent sur l'alignement de la sortie du
mélaphyre, et précisément au pied des montagnes de gneiss et de schiste micacé des Alpes,
qui ont dû probablement être soulevées avant
que le mélaphyre ait pu se faire jour.

L'on voit à la fois aux environs de Baveno les porphyres pyroxéniques, les porphyres quartzifères et les granites. Les porphyres et les granites se distinguent des mélaphyres par le quartz disséminé qu'ils contiennent et par la nature même de leur feldspath; car celui des mélaphyres paraît être à l'état d'albite, et l'albite que l'on rencontre dans les granites, ne se trouvant que dans les fissures, semble devoir être attribué à l'influence des mélaphyres. Les spath fluors, assez fréquents à Baveno, la baryte sulfatée, et peut-être les substances métalliques exploitées à Viconago, paraissent aussi en connexion avec la présence de ces roches.

Il y a souvent liaison minéralogique et géognostique entre le porphyre rouge et le granite; ce qui a fait dire que le premier n'était que l'écorce, dont le granite serait le noyau; mais entre eux et les mélaphyres il y a séparation géognostique très-tranchée, les passages minéralogiques n'étant que des faits accidentels.

L'époque d'éruption du mélaphyre est constamment postérieure aux porphyres et granites. S'il pouvait exister des doutes sur ce fait géognostique, ils seraient pleinement dissipés, dit M. de Buch, sur les bords du lac de Ghirla, dans le val Gana. On voit succéder vers le haut du lac des tufs noirs aux granites qui avaient formé jusqu'alors le penchant des

montagnes; puis l'on arrive à une grande masse
de mélaphyre. Cette roche noire s'élève jusqu'à une hauteur assez considérable; mais le
haut des montagnes est formé par le granite,
de sorte que le mélaphyre n'est qu'une masse
poussée de bas en haut et intercalée après
coup. Les relations avec les porphyres quartzifères sont exprimées d'une manière encore
plus évidente sur les bords orientaux du lac
de Lugano. En remontant le petit ruisseau de
Viganole, on suit des porphyres rouges, dans
lesquels on ne tarde pas à découvrir une puissante masse de mélaphyre intercalé. Ce mélaphyre ne perce pas les porphyres. La limite
supérieure est nette et tranchée, bien qu'elle
soit irrégulièrement ondulée; mais à peu de
distance de cet endroit on le voit s'élever au-
dessus du porphyre, et il constitue toutes les
montagnes depuis les villages de Rovio et de
Mélano jusqu'à celui de Campione.

La presqu'île de Lugano présente des faits
non moins concluants; car on voit le mélaphyre pénétrer dans le gneiss et le schiste micacé, et en empâter des fragments : or, il l'a fait
postérieurement à l'élévation du granite et du
porphyre, car le tuf qui l'entoure n'est composé que de roches qui appartiennent à ces
deux formations. Jamais on ne voit des pièces
de mélaphyre enveloppées par le granite et
le porphyre, ni même dans les grès antérieurs
aux calcaires. Un examen attentif a prouvé

que l'agglomérat curieux qui sépare le schiste
micacé de la dolomie à Saint-Martin, ne contient que des débris de porphyre rouge quartzifère, quoique souvent il y en ait qui prennent
l'apparence de mélaphyre. Tous ces faits, dit
M. de Buch, séparent nettement la formation
du porphyre pyroxénique de celles du porphyre quartzifère et du granite. L'élévation
de la première est postérieure à la formation
des couches tertiaires, tandis que celle du
porphyre et du granite est antérieure à la
formation des grès, et par conséquent des
couches calcaires qui leur sont superposées.

M. d'Omalius d'Halloy a groupé sous le nom
de terrain porphyrique du Palatinat une série
de roches d'autant plus intéressante qu'elle
est très-variée et présente un passage assez mé-
nagé des porphyres noirs aux porphyres feldspathiques, établissant ainsi entre ces roches
dissemblables la connexion qui doit exister
entre deux formations d'un même terrain. Ce
terrain s'étend au sud de la Nahe, entre le
Rhin et la Sarre, et se compose principalement
de trapps, de spillites et de porphyres feldspathiques ou quartzifères.

Les trapps des environs de Kirn et de Tho-
ley sont des roches homogènes, dures, so-
nores, d'un aspect mat et de couleur noire
bleuâtre ou verdâtre, passant quelquefois
aux diorites. Il paraît, dit M. d'Omalius que
l'amphibole qui détermine les caractères de

ces roches trappéennes, est quelquefois remplacé par du pyroxène, car il y a des passages à la vacke et à la dolérite, ce qui établit une connexion entre elles et les roches basaltiques qui se trouvent non loin de là dans la même contrée. Les escarpements trappéens présentent volontiers les cassures en escaliers qui distinguent les roches compactes. Quelquefois la roche se décompose concentriquement, de manière à laisser à la surface des masses arrondies.

Les spillites constituent, notamment aux environs d'Oberstein, des collines arrondies, plus ou moins disséminées. Ces roches, brunâtres et rougeâtres, souvent bulleuses, sont célèbres par les jaspes et les agathes qu'elles renferment sous forme de nodules ellipsoïdes, lesquels donnent lieu à une exploitation assez active. On a long-temps considéré ces noyaux siliceux comme résultant d'infiltrations postérieures; mais, outre que l'on peut citer un grand nombre d'exemples où des roches ignées contiennent des nodules analogues, on a remarqué que les vides laissés en les ôtant, n'avaient point les mêmes caractères de forme que les cellules naturelles. Ces nodules, ovoïdes dans les endroits où la roche semble étirée, semblent avoir eux-mêmes subis une compression et s'être prêtés à ces mouvements, de même que les gros cristaux d'amphigène dans les laves du Vésuve. Un fait qui porterait, au

contraire, à revenir à l'ancienne hypothèse
d'infiltrations postérieures, est leur assimilation aux géodes et aux noyaux quartzeux avel-
lanaires, que l'on trouve dans des roches noirâtres et terreuses du Vicentin, et qui contiennent quelquefois dans leur intérieur une
goutte d'eau, d'où leur est venu le nom d'enhydres : mais il peut y avoir une distinction à établir entre les spillites et les roches à enhydres
du Vicentin, et sans regarder la question
comme résolue, bien des circonstances de détail portent à considérer les rognons siliceux
des spillites d'Oberstein comme identiques sous
le rapport de l'origine aux noyaux quartzeux,
quelquefois cristallins, de certains trachytes
du Cantal. Ces spillites sont accompagnés, en
plusieurs points des environs d'Oberstein, de
véritables conglomérats, dans la composition
desquels ils entrent pour une proportion plus
ou moins grande.

La montagne du Donnersberg présente le
passage des porphyres noirs aux porphyres
feldspathiques, et ceux-ci sont eux-mêmes
conduits par des nuances insensibles aux porphyres rougeâtres quartzifères des environs
de Creutznach ; mais doit-on en conclure
réellement qu'il y a connexion géognostique
entre ces deux roches. Une pareille connexion
résulte immédiatement des passages minéralogiques, lorsque ces passages sont fréquents et
qu'ils ont lieu sur une grande échelle, comme

cela a lieu des roches trappéennes de l'Écosse et des Hébrides aux roches basaltiques; mais si l'on voulait donner la même valeur à des faits isolés et circonscrits, l'on serait bientôt conduit à ne plus voir dans la série des terrains ignés qu'un ensemble continu, sans subdivisions tranchées.

La meilleure preuve que l'on puisse donner de cette nécessité d'écarter tous ces faits de détail, consiste dans une observation de M. de Buch, près de Holmstrandt, dans le golfe de Christiania en Norwège. Un porphyre renfermant un peu de quartz et d'amphibole s'y trouve placé entre un calcaire à orthocères et une syénite à zircons. Or, l'on voit au milieu de ce porphyre une couche intercalée d'une roche pyroxénique, d'apparence tout-à-fait basaltique. Le porphyre de Holmstrandt, dit M. de Buch, devient basalte par ces mêmes passages et ces nuances insensibles, si communes en Auvergne. Ce basalte est noir, presqu'à petis grains, pauvre en feldspath, riche en pyroxène; il devient quelquefois bulleux et prend un aspect scorifié au contact avec le porphyre. Cette couche, soit qu'elle ait été intercalée après coup, soit qu'on ne la considère que comme un accident minéralogique, démontre la possibilité de la création de passages entre deux roches hétérogènes, par le seul fait de leur contact. En se laissant aller aux interprétations, on pourrait pourtant con-

clure de ce gisement une fusion des trois terrains de la série ignée.

Il y a aussi association et passage accidentel Porphyres de l'Aveyron.
entre les porphyres pyroxéniques et les por-
phyres feldspathiques, décrits par M. Dufrénoy dans le département de l'Aveyron. Ces
porphyres occupent, dit-il, un espace assez
considérable; ils se montrent entre Flagnac
et Saint-Michel-d'Aubin, aux environs de Fi-
geac, très-près des houillères de Firmy, et se
retrouvent presque continuellement jusqu'à
Lachapelle, située à plusieurs lieues de distance. Ils apparaissent le plus souvent dans
la partie inférieure des vallées; ils sont recouverts par le grès houiller, de sorte qu'ils semblent appartenir au terrain ancien de manière à démontrer qu'ils lui sont postérieurs.
Les porphyres pyroxéniques sont rudes au
toucher et se rapprochent souvent des roches
trappéennes qui forment des dykes aux environs de Newcastle; ils sont mis en connexion
avec les porphyres feldspathiques, rarement
quartzifères, auxquels ils sont associés, en prenant une texture compacte et des apparences
pétrosiliceuses. Ces porphyres forment tantôt
des couches assez régulières, du moins dans
l'étendue où on peut les observer; tantôt ils
se présentent en filons, en masses intercalées
dans le grès houiller.

Les porphyres feldspathiques et quartzifères Porphyres feldspathi- ques et quar- tifères.
constituent le terme le plus développé, le

plus fréquent du terrain porphyrique. Il est peu de contrées montagneuses où l'on ne trouve des porphyres soit en filons déliés, soit en masses, lorsque le sol de ces contrées est plus ancien que le terrain pénéen. Dans les Cordillères, cette formation des porphyres est plus puissante que partout ailleurs, et comme elle a été l'objet des recherches principales de M. de Humboldt, nous la choisirons à juste titre comme type de description.

Dans les Cordillères. Les porphyres s'étendent dans les Cordillères, suivant le méridien, sur une longueur de 2500 lieues. Ces porphyres, en partie riches en minerais d'or et d'argent, sont le plus souvent associés aux trachytes qui les surmontent et à travers lesquels agissent encore les forces volcaniques. Cette accumulation des porphyres sur une bande étroite, dans la partie la plus occidentale et la plus élevée du continent, au bord de cet immense bassin de l'océan Pacifique, fait ressortir, dit M. de Humboldt, leur liaison avec les mines d'or et d'argent, d'où leur est venue cette dénomination de porphyres métallifères. A l'est des Andes, sur une étendue de plus de 500,000,000 lieues carrées, on ne connaît guère ni porphyres ni trachytes, et si dans les montagnes du Brésil on a trouvé l'or, le platine, le palladium, de l'étain et d'immenses amas de fer spéculaire, on n'y a point trouvé de gisements métallifères à comparer pour la richesse à ceux du Pérou et du Mexique.

Ce qui caractérise généralement les porphyres de l'Amérique équinoxiale, c'est d'une part l'absence presque totale du quartz ; de l'autre, la présence du feldspath vitreux et de l'amphibole, en vertu desquels ces porphyres passent aux trachytes et aux diorites. Les porphyres mexicains présentent, en effet, le feldspath commun, opaque, et le feldspath vitreux en cristaux lamelleux, larges ou effilés. Le quartz, lorsqu'il se montre, n'est pas en cristaux bipyramidés comme d'ordinaire, mais en petits grains informes. Le mica manque totalement, tandis que l'amphibole et quelquefois même le pyroxène sont en assez grande abondance. Ces porphyres, essentiellement puissants et massifs, ont été étudiés dans tous leurs détails minéralogiques, dans les exploitations des filons métallifères, qu'ils accompagnent si fréquemment. Quant à leurs détails géognostiques, les données manquent totalement ; mais la liaison fréquente et intime qu'ils affectent avec les roches trachytiques qui les surmontent, leur prédominance sur les diorites, les spillites et les roches serpentineuses, qui n'y semblent que subordonnées et auxquelles ils se lient d'ailleurs par des passages multipliés, conduisent à les regarder comme embrassant tout le terrain porphyrique et constituant une série d'émissions pendant une grande partie de la période. Les calcaires foncés et les schistes souvent superposés à des porphyres qui semblent quelquefois partager leur stratification, pourraient bien n'avoir pris l'apparence de transition qu'ils affectent, que par suite de modifications analogues à celles du terrain jurassique dans les Alpes. Quant aux intercalations fréquentes dans des masses évidemment de transition, elles ne prouvent nullement que la plus grande masse de ces porphyres ne leur soit pas de beaucoup postérieure.

Les porphyres des Cordillères affectent quelquefois une structure pseudo-régulière et une disposition en filons ou en nappes qui dénotent parfaitement leur origine ignée, et qui, lorsqu'ils sont de couleurs foncées, les feraient prendre pour des basaltes. M. de Humboldt cite entre autres les porphyres de Popayan, qui renferment un peu de quartz et d'amphibole, et semblent stratifiés; les porphyres amphiboliques non quartzifères de Pisojé, qui, vers la pente occidentale du Puracé, sur la rive droite du Rio-Cauca, constituent une magnifique colonnade de prismes de cinq à sept pans, ayant dix-huit pieds de long. Généralement tous les porphyres columnaires des Cordillères sont dépourvus de quartz.

Cette origine des porphyres est encore mieux indiquée par les masses subordonnées de roches vitreuses ou obsidiennes porphyriques, auxquelles ils passent et qui établissent le passage aux trachytes. En avançant à quatre ou

cinq lieues de distance des mines de Moran,
par Omitlan, par les savanes de Tinaxas, vers
le Jacal, dont l'Oyamel ou la montagne des
Couteaux forme la pente occidentale, on entre
dans un terrain qui a tous les caractères porphyriques et où l'action des feux souterrains
a cependant laissé des traces visibles. Les porphyres de Moran ne contiennent pas encore
d'obsidienne; mais au pied de l'Oyamel des
porphyres terreux, blanc-grisâtre, affectant
la même direction que les porphyres argentifères, abondent en feldspath vitreux et servent de base à une roche blanc-rougeâtre,
dont l'éclat émaillé et la cassure unie trahissent la nature vitreuse, et qui n'est autre
chose qu'une perlite lithoïde, porphyrique,
ou plutôt un porphyre trachytique dont la
base est d'obsidienne.

Les porphyres avec feldspath vitreux se
rapprochent tellement des trachytes, que M.
de Humboldt a souvent été embarrassé pour
les distinguer. Ainsi, dans la vallée de Mexico,
les porphyres noirs, bulleux, recouverts par
des amygdaloïdes basaltiques, sont-ils à assimiler aux porphyres métallifères? A la Cuesta
de Varientas, un porphyre terreux, rouge-
brunâtre, sans amphibole, mais abondant en
cristaux effilés de feldspath vitreux, se dégage
de dessous le terrain volcanique, auquel il
semble appartenir minéralogiquement, tandis
que géognostiquement il en est séparé par

la superposition de calcaires présumés jurassiques, et de gypses ou marnes tertiaires avec ossements d'éléphants, qui remplissent les bassins de l'Hacienda del Salto, de Batas et du Puerto de los Reyes.

La même difficulté se présente lorsque, sortant de la vallée de Mexico, vers l'est, pour traverser l'arête de montagne sur laquelle se trouvent le volcan de la Puebla, l'Iztaccihocatl et le Popocatepetl, on voit les roches porphyriques, recouvertes par des calcaires qui ne sont pas tertiaires, intimement liées aux trachytes des grands volcans encore enflammés.

Les porphyres de Guanaxuato sont, dit M. de Humboldt, ceux qui peuvent déterminer le plus clairement le maximum de l'ancienneté des porphyres mexicains. Ces porphyres sont essentiellement métallifères; car ils traversent et surmontent les schistes de transition, qui sont, ainsi qu'eux-mêmes, traversés par le célèbre filon de Guanaxuato (Veta-Madre), lequel a été exploité sur une longueur de 25,000 mètres, et fait avec le méridien le même angle que les filons de Zacatecas, de Pasco et de Moran. On les voit à l'est de Guanaxuato former des masses gigantesques, qui se présentent de loin comme des murailles et des bastions. Ces crêtes porphyriques, taillées à pic, dominent les plaines environnantes de plus de quatre cents mètres, et semblent avoir été soulevées par des fluides élastiques.

Les porphyres dominants du district de Guanaxuato sont à pâte de feldspath compacte et verdâtre, enchâssant du feldspath lamelleux et non vitreux, soit en cristaux presque microscopiques (Buffa), soit en cristaux très-grands (mines de San-Bruno et du Tesoro). L'amphibole, qui teint probablement en vert la masse entière de ces roches, ne se distingue que par des taches informes. En s'élevant vers la Sierra, le porphyre est souvent divisé en boules à couches concentriques. Sa pâte devient vert-noirâtre, semi-vitreuse, et renferme à la fois des grains de quartz et un peu de mica cristallisé. Près de Villalpando, les filons aurifères traversent un porphyre vert, à pâte phonolitique, avec cristaux de feldspath vitreux : c'est une roche qu'on a peine à distinguer d'un trachyte compacte, porphyroïde, et qui pourtant est recouverte par des grés et des conglomérats rougeâtres, dont les couches inférieures passent à la grauwacke et que M. de Humboldt regarde comme devant être assimilés au grès rouge du terrain pénéen.

Les porphyres mexicains forment un immense terrain, très-rarement interrompu par des couches intercalées, et ce développement continu des porphyres quartzifères et feldspathiques, métallifères et non métallifères, est un fait d'autant plus frappant qu'il n'existe pas dans d'autres parties des Cordillères où l'on trouve des intercalations de roches massives et stratifiées.

Dans la Hongrie, la Transylvanie, la Saxe, la Norwège, etc...., le terrain porphyrique est également bien plus compliqué. Les porphyres sont interrompus par des diorites, des syénites, des granites, avec lesquels ils semblent alterner, et l'on a même observé des micaschistes et des calcaires stéatiteux, qui paraissaient y former des couches subordonnées. La fréquence de ces bancs intercalés éloigne, dit M. de Humboldt, d'une manière très-prononcée, les porphyres de la Hongrie et de la Norwège, des roches trachytiques; elle les éloigne aussi des porphyres de la Nouvelle-Espagne, dont ils se rapprochent pourtant par leurs caractères minéralogiques.

Le terrain porphyrique de la Hongrie présente un intérêt particulier, par sa nature amphibolique, par la liaison qui existe entre les trapps, diorites porphyroïdes et porphyres, qui le constituent, roches que M. Beudant comprend sous le nom générique de grunstein porphyrique, et par leur association très-fréquente avec les syénites. Cet ensemble de roches se trouve géognostiquement placé entre des schistes de transition et les trachytes, et, tandis qu'ils se fondent en quelque sorte avec le terrain granitique par leur connexion avec les syénites, les porphyres se tiennent au contraire toujours distincts des trachytes, qui, dans le cas de passage minéralogique, sont généralement les seuls dont les caractères se modifient.

Le terrain de grunstein porphyrique se compose donc surtout de roches compactes ou porphyroïdes, à base de feldspath compacte, ordinairement coloré en verdâtre par l'amphibole. M. Beudant a étendu le même nom à des roches pétrosiliceuses, où le feldspath compacte est presque pur; parce que ces dernières ne sont réellement que des variétés des précédentes et qu'elles font partie des mêmes masses; si bien, dit-il, qu'un même bloc de quelques mètres cubes, sans fissures et sans couches apparentes, en offre à la fois toutes les modifications : or, il serait absurde de donner des noms différents aux diverses parties d'une même masse. Ce terrain, de même que celui de la Nouvelle-Espagne, est très-pauvre en quartz, qui ne se montre guère que dans les masses subordonnées de porphyres, syénites et granites; de même encore il est en connexion avec tous les gisements métallifères (filons aurifères) de la contrée. M. de Humboldt a fait observer que, d'après de simples considérations oryctognostiques, c'est-à-dire, de composition, le terrain aurifère de Hongrie ressemble bien plus à la formation mexicaine d'Ovexeras, dans laquelle alternent des syénites et des grunstein plus ou moins porphyroïdes, qu'à ces grandes masses de porphyres que traversent les célèbres filons de Pachuca, Réal del Monte, Moran et Guanaxuato; mais, considérées géognostiquement, toutes ces roches de porphyre et de syénite, celles du Mexique et de la Hongrie ne constituent réellement qu'une seule formation, tantôt simple, tantôt composée, avec alternances et couches subordonnées.

Le terrain porphyrique se présente en un grand nombre de points de la contrée, et quelquefois sur des étendues assez considérables. Presque toutes les contrées où ils dominent, contiennent des filons métallifères. C'est d'abord la contrée de Schemnitz, celle où le terrain est à la fois le plus complet et le plus facile à étudier. On le retrouve à Kremnitz, au-dessous des trachytes, à Hochwiesen, contrée de Kœnigsberg, où il repose sur des schistes de transition. Vers le Danube, le terrain porphyrique constitue une partie du groupe montagneux autour duquel tourne la rivière d'Ipoly. On en voit des masses au pied septentrional des montagnes de Matra et dans celles de Karanes. En Transylvanie, il forme dans la contrée de Kapnik des montagnes assez élevées, qui se prolongent jusque vers les frontières de la Moldavie, et reparaît dans les contrées de Offen-Banya et de Zalathno ; il se montre encore au Banat, dans tous les lieux où l'on exploite des mines.

M. Beudant résume ainsi les caractères du terrain porphyrique dans ces diverses contrées.

1.º La masse du terrain est comprise entre

des schistes talqueux et la formation trachytique; 2.º la partie inférieure est formée de
syénite, qui passe au granite et au gneiss, et
qui, çà et là, constitue quelques montagnes
peu élevées et peu considérables; 3.º la masse
de roches qui se trouve au-dessus de la syénite, est formée de grunstein compacte, solide, simple ou porphyroïde, et qui, par ses
couleurs, le degré de pureté de sa pâte et
le mélange accidentel de diverses substances
(amphibole, pyroxène, grenat, etc....), offre
un grand nombre de modifications; 4.º la
partie supérieure est principalement composée de grunstein porphyroïdes, terreux, au
milieu desquels se trouvent plus particulièrement les filons aurifères et argentifères qui
font la richesse de la Hongrie; 5.º enfin, on
trouve dans ce terrain des couches subordonnées, qui se rapportent au micaschiste, au
quartz compacte, au calcaire stéatiteux.

Les porphyres feldspathiques, susceptibles
d'un si beau poli, et que l'on taille en colonnes, en urnes, en coupes, etc...., sont des
variétés assez rares et qui n'apparaissent guère
qu'en masses subordonnées. Dans le massif
scandinave, où les porphyres sont souvent associés à des syénites, de même qu'en Hongrie,
on a trouvé un grand nombre de ces variétés
que l'on exploite. Dans une même carrière
on trouve à la fois le porphyre rouge anti-
que, le porphyre brun, connu sous le nom de

porphyre de Suède, le porphyre rose et le porphyre vert à pâte amphibolique; ce qui prouve que l'on ne doit pas attacher une très-grande importance à ces variations des pâtes feldspathiques, surtout lorsque le *facies* de la roche reste toujours le même et que la couleur indique seule ces changements de composition.

Les nombreuses masses porphyriques de l'Allemagne, dont les grès rouges semblent souvent être les conglomérats, ne présentent rien de particulier, si ce n'est qu'elles déterminent d'une manière plus précise, par leur connexion avec le terrain pénéen, l'âge géognostique de la formation. Du reste, ce sont toujours les mêmes caractères minéralogiques des porphyres quartzifères ou feldspathiques. Et en effet, que l'on compare entre eux les porphyres métallifères des contrées les plus éloignées, on sera frappé de leur identité. Ceux de la France centrale sont remarquables par les pinites qu'ils contiennent assez souvent; ils accompagnent tantôt sous forme de filons (Pont-Gibaud), tantôt sous forme de masses puissantes, qui paraissent avoir percé sur les crêtes et sur les plateaux montagneux (crête de Pierre-sur-Haute, plateau d'Ambert à Brassac), les filons de galène argentifère, si communs en Auvergne.

Jusqu'ici les masses ignées du terrain porphyrique ont été beaucoup plus étudiées sous

le rapport de leurs caractères, de leurs variations minéralogiques, que relativement à leur
position géognostique. Aussi, tout en établissant des distinctions entre les roches talqueuses,
amphiboliques, pyroxéniques, feldspathiques,
qui représentent ce terrain dans les Alpes occidentales et orientales, dans les Pyrénées, la
France centrale, les Vosges, la Forêt-Noire,
la Saxe, le Hartz, la Hongrie, la Transylvanie,
le Caucase, le massif scandinave, le Groënland, les Iles Britanniques, la chaîne des
Andes, on en est encore à savoir s'il y a lacune
géognostique là où les roches talqueuses n'existent point, là où les roches amphiboliques ex-
cluent les roches pyroxéniques et réciproquement; s'il y a un ordre de succession constant entre ces divers termes.

On a reconnu, ainsi que M. de Humboldt
l'a dit depuis long-temps, que dans les deux
mondes des masses cristallines, composées de
feldspath et d'amphibole, ou de feldspath et
de pyroxène (l'on peut ajouter ou de feldspath
et talc, ou de feldspath seulement), oscillent
entre le terrain volcanique, le grès rouge et
le terrain de transition; mais l'on n'a pu encore rassembler assez de données pour constater si les émissions continues d'une seule
de ces séries minéralogiques pouvaient avoir
rempli toute la période géognostique, où s'il
y avait lacune dès qu'une d'entre elles ne se
présentait pas.

TERRAIN GRANITIQUE.

Lorsque MM. de Buch et Haussmann signalèrent aux environs de Christiania des granites et des syénites postérieurs à des calcaires qui contenaient des débris organiques et qui appartenaient évidemment à une époque de sédimentation régulière, on eut peine à les croire, tant ce fait contrariait les idées généralement admises sur la période primitive. Ces observations étaient néanmoins si précises et si incontestables que l'on fut conduit à reconnaître qu'il y avait en Norwège une formation granitique postérieure au terrain de transition.

Le terrain granitique put être regardé comme définitivement constitué, lorsque M. Élie de Beaumont trouva dans les montagnes de l'Oisans des roches granitoïdes postérieures non plus seulement au terrain de transition, mais au terrain jurassique. Depuis, d'autres contrées présentèrent encore des faits analogues, et les recherches de M. Dufrénoy dans les Pyrénées, de MM. Hugi et Studer dans les Alpes, n'ont laissé aucun doute sur la généralité des émissions granitiques postérieurement aux dépôts sédimentaires réguliers.

De là, le démembrement de ce que l'on a appelé le terrain primitif, et comme les recherches des géologues tendent continuellement à distraire quelque gisement de ce terrain, il est probable qu'il finira par se réduire considérablement; le terrain que nous appelons granitique s'augmentant à ses dépens. Et, en effet, les modifications que nous avons constatées et qui ont lieu sur une si vaste échelle, au contact des roches ignées, peuvent donner la physionomie tout-à-fait primitive à des dépôts de transition et y supprimer les débris organiques; de sorte que l'on en sera bientôt à se demander si la croûte superficielle formée par la première précipitation des eaux et par les émissions ignées avant l'existence de tout être organique, est réellement à découvert en quelque point du globe.

Nous avons laissé subsister le terrain primitif, y plaçant tous les gisements que des faits positifs ne conduisaient pas à regarder comme postérieurs aux premiers terrains sédimentaires; il ne nous reste donc plus à indiquer que les roches ignées granitiques dont la postériorité est bien démontrée. Il y en a encore peu comparativement aux nombreuses

contrées qui sont formées de ces roches cristallines; mais les caractères de beaucoup de
ces contrées sont tels qu'on peut en soupçonner
beaucoup d'autres. Sous le rapport de la composition, nous sommes entré dans beaucoup
de détails minéralogiques sur les terrains primitifs et de transition, de manière que l'on
puisse apprécier les probabilités qui rangent
telle contrée dans le premier ou le second
de ces terrains. Il ne nous reste donc à considérer les roches granitiques non primitives
que sous le rapport de leur position géognostique.

Norwège. Une grande partie des granites et les célèbres syénites zirconiennes de la Norwège, reposent sur des schistes argileux et micacés,
qui alternent avec des grauwackes, des couches de lydiennes et des calcaires ordinairement noirs et renfermant des débris organiques (orthocères, entroques….). Ces roches
granitiques sont intimement liées aux porphyres et diorites, également très-développés,
et avec lesquels on les voit souvent alterner.
Ainsi, l'on voit à Skiallebjerg des filons porphyriques et trappéens, qui ont de quatre à
trente mètres de puissance, traverser les schistes et les calcaires, et préluder au développement des roches porphyriques et granitiques.
Entre Stromsoë, Maridal et Krogskown, les
coupes présentent de bas en haut le gneiss;
des schistes alternant avec des calcaires à or-

thocératites et surmontés de grauwackes; des porphyres passant quelquefois aux diorites; des granites et des syénites à zircons alternant avec quelques assises porphyriques. Aux environs de Skeen et de Holmstrand, le calcaire à orthocératites, très-puissant et associé à des quartz compactes, est recouvert par des porphyres et des syénites à zircons.

Les syénites, de même que les porphyres, ont souvent une tendance à prendre des apparences trappéennes et basaltiques, et à se scorifier, surtout à leur contact avec les roches qu'elles traversent ou qu'elles recouvrent. Ces circonstances minéralogiques remarquables constituent un caractère très-significatif quant à l'état de fluidité pâteuse, dans lequel devaient se trouver ces masses lorsqu'elles sont arrivées à la surface du globe. M. de Buch a remarqué que les cristaux de feldspath disparaissaient à mesure que la roche prenait une teinte plus foncée. Dans leur état normal, les syénites norwégiennes sont principalement composées de beaucoup de grands cristaux de feldspath rouge ou jaunâtre, et d'amphibole en très-petits cristaux. Le mica et le quartz sont très-disséminés et souvent même purement accidentels, de sorte qu'il y a passage aux diorites. A Christianiafiord, les syénites sont remarquables par la multiplicité des vacuoles et la structure caverneuse et gercée, peu ordinaire à ces roches. Ces circonstances de structure paraissent généralement en connexion avec la fréquence des zircons.

Postérieurement à ces recherches intéressantes sur les granites et les syénites de la Norwège, évidemment épanchés postérieurement à des dépôts sédimentaires, MM. Léopold de Buch et de Humboldt reconnurent dans le Tyrol méridional des masses de granite et de syénite porphyroïde, également intercalées dans des terrains de sédiment, et qui, suivant leur expression, semblent déborder du grès rouge dans la formation calcaire superposée.

C'est dans la vallée de Fiemme que se trouvent ces roches granitiques. M. de Buch a constaté l'intercalation du granite dans les calcaires et de vastes fragments de ceux-ci qui s'y trouvaient englobés. Ce n'est pas un fait de superposition uniforme, comme celle des syénites zirconiennes aux calcaires à orthocératites de la Norwège; c'est, disait-il, un fait de soulèvement. Il serait même difficile de révoquer en doute l'action modificatrice du granite sur le calcaire. Ce calcaire est devenu très-grenu vers les points de contact, de même qu'à l'approche des masses évidemment volcaniques. Ces altérations sont très-sensibles au-dessus du village de Prédazzo, où le contact du granite et du calcaire marbre peut être suivi sur une assez grande longueur.

Terrains granitiques de l'Oisans. Le nom d'Oisans, dit M. Élie de Beaumont, s'applique spécialement à l'ensemble des versants de montagnes dont les eaux affluent dans la Romanche au-dessus de Vizille; mais un travail géologique sur cette contrée doit nécessairement s'étendre aussi aux versants opposés des mêmes montagnes. Dans cette acception générale, la dénomination d'Oisans comprend plusieurs massifs de montagnes assez distincts, tant par leur disposition physique, que par leur composition minéralogique. Le premier de ces massifs est l'extrémité sud-ouest de la rangée des cimes primitives, qui, de la pointe d'Ornex et du Mont-Blanc, s'étend jusqu'à la montagne de Taillefer, à l'ouest du bourg d'Oisans. Le second est une sorte de rameau du premier, qui, à partir du col de Glaudon, se dirige vers les montagnes des grandes Rousses, à l'est du bourg d'Oisans et d'Huez. Le troisième, qui est celui où M. Élie de Beaumont a trouvé des granites si récents, se présente en avant des deux premiers et sépare le bassin de la Romanche de celui de la Durance et des sources du Drac. Sa cime la plus haute, le mont Pelvoux, entre Saint-Christophe et le val Louise, atteint 4105 mètres d'élévation absolue.

Le massif montagneux que domine le Pelvoux, considéré en grand et abstraction faite des ramifications sinueuses, comparativement peu élevées, qui le rattachent aux deux premiers, présente une forme à peu près circulaire. Considéré dans ses détails, il se compose de la réunion d'un certain nombre de masses granitiques irrégulières, sur lesquelles s'appuie une écorce fracturée de gneiss.

Ces masses granitiques, rangées suivant une portion de cercle et se touchant par leur base, présentent un ensemble assez régulier. La roche dominante est un granite talqueux, passant à la protogine, mais qui en diffère en ce que le quartz, en grains amorphes, translucides, grisâtres, y est généralement très-abondant. Le gneiss est beaucoup moins abondant que le granite. Dans l'intérieur du groupe les diverses variétés de protogine et le gneiss de l'Oisans, présentent très-souvent de petits filons d'épidote, contenant en même temps du quartz, de l'albite et de la chlorite. Ces petits filons se lient à ces gîtes de minéraux cristallisés, très-variés, qui ont rendu la contrée célèbre parmi les minéralogistes.

Les cimes et les crêtes les plus élevées des montagnes comprises entre Saint-Christophe et le val Louise, forment une ligne d'escarpements qui entourent presque circulairement le hameau de la Bérarde, à l'exception de l'ouverture par laquelle s'écoulent les eaux du Vénéon. Vers le bourg d'Oisans, ce cirque ne présente que des échancrures très-élevées et en petit nombre. Les escarpements intérieurs, qui regardent la Bérarde, sont généralement très-escarpés, tandis que les pentes de l'extérieur sont assez douces pour que les

neiges puissent s'y amonceler; de sorte que,
si l'on voulait monter sur quelque point de
la crête, ce ne serait guère qu'en partant de
l'extérieur qu'on pourrait y parvenir. En parcourant ces pentes extérieures, on voit les
assises de gneiss se relever sous des angles plus
ou moins grands vers la crête culminante.
M. de Beaumont cite la montagne des Agniaux
comme un des points où on peut le mieux
apprécier cette disposition. Cette montagne se
compose de grandes écailles de gneiss, qui
montent et se dégagent les unes de dessous les
autres, et qui toutes ensemble sortent de
dessous les assises du système à nummulites,
relevé dans le même sens et avec la même régularité. Il est donc probable, dit-il, que ces
belles couches de gneiss, aussi planes que celles
du Mont-Rose, ont été jadis horizontales, de
même que les couches évidemment sédimentaires qui s'appuient sur leur extrémité, et
que leur position inclinée actuelle résulte
d'un soulèvement postérieur au terrain crétacé.

Lorsque des cimes du mont Genèvre on promène, ajoute M. de Beaumont, un œil attentif
sur toutes ces écailles de gneiss, dont l'ancienne
horizontalité est attestée par leur parallélisme
général avec les couches de sédiment, qui
s'appuient sur elles en plusieurs points; lorsqu'on les voit se relever uniformément et symétriquement vers la partie centrale du mas-

sif de roches cristallines, on ne peut se défendre de l'idée d'un soulèvement central, auquel ce même massif devrait sa forme et sa hauteur. Le profil de chacune des parties de la grande enceinte circulaire, dont la Bérarde occupe le centre, rappelle complétement celui d'une section que l'on aurait faite dans un cratère volcanique ; mais comme le gneiss ne peut être considéré comme une roche qui a coulé, il devient prouvé, par un exemple péremptoire et sur une échelle immense, qu'une disposition cratériforme des plus prononcées n'est pas toujours l'indice de l'ancienne existence d'un cône d'éruption.

Les bords de ce cirque, élevés de trois à quatre mille mètres, présentent un circuit de six myriamètres ou douze lieues; ils embrassent un espace de quatre lieues de diamètre. La connexion qui existe entre la disposition des couches de la ceinture extérieure de gneiss et la forme des cimes qu'elles composent, montre que ces cimes n'ont subi depuis qu'elles existent que de faibles dégradations. L'intérieur du cirque de la Bérarde n'a évidemment pu subir lui-même que des dégradations du même ordre; il n'a donc pu être creusé par l'action érosive des eaux. Cette action n'a pu que modifier légèrement quelques parties de sa forme, dont les traits généraux datent évidemment de l'époque de la dislocation des couches alpines.

Ces caractères physiques assimilent complétement le cirque de l'Oisans aux cratères de soulèvement. Le relèvement convergent des grandes écailles de gneiss, présente la plus grande analogie avec celui des assises basaltiques de la grande Canarie. La différence d'origine du basalte et du gneiss ne s'oppose nullement à l'hypothèse que des portions de la surface du globe, recouvertes de matières différentes, aient cédé d'une manière analogue à des forces agissant de bas en haut. M. Élie de Beaumont a vérifié par le calcul la concordance entre la somme des fractures divergentes et le soulèvement total que ce point paraît avoir éprouvé. Venons actuellement aux rapports de gisement qu'il a observés entre les roches granitoïdes d'apparence primitive et les roches sédimentaires.

Le massif circulaire de l'Oisans paraît terminé de plusieurs côtés par des failles qui séparent seules les roches d'apparence primitive des couches secondaires qui se trouvent à la même hauteur. Ces failles, qui forment un des traits caractéristiques des contrées alpines, annoncent des déplacements instantanés et très-violents. Ainsi, par exemple, depuis le vallon de Beauvoisin jusqu'au Casset, le gneiss sort immédiatement de dessous le système à nummulites, dépendant du terrain crétacé, d'une manière qui suppose souvent que dans la profondeur les roches primitives coupent les couches du terrain jurassique sur lequel repose le terrain crétacé de toute la contrée; présentant ainsi, par rapport à ces couches, sur de très-grandes longueurs, la même disposition que la masse d'un filon par rapport à l'une des parois des roches encaissantes.

La production de ces failles est évidemment en rapport avec certains gisements, où l'on voit avec autant d'évidence que de surprise, les roches dites primitives s'engager dans les roches de sédiment ou même les recouvrir.

Ainsi, la coupe n.° 1 présente un exemple d'enchevêtrement de roches primitives avec les couches crétacées que M. Élie de Beaumont explique en supposant que les couches N de droite étaient le prolongement des couches M de gauche, et qu'elles ont été soulevées à des hauteurs inégales par une masse irrégulière de roches anciennes, dont la surface présenterait une double inflexion.

Près des extrémités de la ligne courbe, suivant laquelle le granite et le gneiss coupent généralement les couches secondaires, on voit, aux environs de la Grave et Champoléon, le contact s'effectuer avec des circonstances plus significatives. Ainsi, au sud-sud-ouest de Villard-d'Areine, le granite recouvre les couches jurassiques (coupe n.° 2). La surface de contact peut être observée sur une grande longueur: on voit que le granite repose obliquement sur le calcaire, dont les couches plongent sous les escarpements déchiquetés qu'il constitue. La surface de contact n'est pas plane; les deux roches s'emboîtent l'une dans l'autre, avec des circonstances quelquefois très-compliquées. Les deux roches sont soudées l'une à l'autre, de sorte que l'on peut obtenir des échantillons moitié calcaire, moitié granite. Au point de contact le calcaire est gris-bleuâtre, translucide, dur et un peu cristallin; il a visiblement perdu quelque chose de son aspect originaire, et il reprend l'aspect un peu marneux, qui lui est propre, à un ou deux mètres de distance. On observe dans ces couches, jusqu'à quelques mètres de distance du granite, des bélemnites et des ammonites, évidemment jurassiques, et qui prouvent qu'elles font partie du grand système jurassique des Alpes.

Des superpositions analogues ont été observées en d'autres points. Dans ces exemples, comme à Villard-d'Areine, la manière dont les roches cristallines anciennes s'appuient sur les couches sédimentaires, jurassiques et crétacées; les modifications qui se présentent au contact dans celles-ci et les variations de grains que subissent les roches cristallines elles-mêmes; la forme hardie et abrupte des masses qu'elles constituent, se réunissent pour donner la preuve et la limite de l'état de mollesse ou de refroidissement imparfait dans lequel ces roches se trouvaient encore, lorsqu'elles sont venues à la surface du sol. Ces diverses circonstances prouvent que les roches granitiques n'étaient pas réduites à l'état de masses froides et inertes, lorsque les superpositions au terrain jurassique se sont opérées; elles démontrent que ces roches doivent être considérées comme des roches ignées, dont l'émission est postérieure à ce terrain.

Les granites des Pyrénées se montrent dans des conditions de gisement et dans des relations minéralogiques non moins curieuses que celles qui viennent d'être indiquées. Des masses granitoïdes se trouvent intercalées dans des couches calcaires, où elles doivent nécessairement s'être introduites sous forme de filons. Des altérations très-prononcées ont lieu vers les plans de contact : les calcaires sont changés en marbres et en dolomies, et les minerais de fer, si abondants dans cette chaîne, semblent également ment devoir être attribués aux réactions qui ont eu lieu par suite de la sortie des granites.

La description que M. Dufrénoy a donnée des granites qui constituent les collines de Saint-Martin, peut convenir à un grand nombre d'autres gisements des Pyrénées; elle résume la plupart des circonstances géognostiques et minéralogiques qui peuvent servir à constater les phénomènes géogéniques. A une demi-heure du pont de la Fou, la Gly entre dans une gorge profonde, ouverte dans des

calcaires cristallins, en couches presque verticales. Ces calcaires, qui ont tout-à-fait une
physionomie ancienne, ont été reconnus comme faisant partie de la formation crétacée inférieure : ils sont redressés très-brusquement ;
circonstance en rapport avec la présence du
granite, qui se trouve à une petite distance
de la surface du sol, et se montre au jour de
tous côtés. A mesure qu'on s'approche du granite, ils deviennent de plus en plus cristallins ;
à trois cents mètres de distance, ils sont tout-
à-fait saccharoïdes et ne présentent plus de
trace de fossiles. Des minerais de fer se trouvent précisément au contact de ces calcaires
et d'une pointe granitique qui sort au milieu
d'eux.

En s'approchant des collines granitiques de
Saint-Martin, M. Dufrénoy a observé la succession suivante dans les couches très-inclinées
qui s'appuient sur leurs flancs : 1.° des couches
d'un calcaire rougeâtre saccharoïde, ferrugineux ; 2.° une dolomie assez solide, quoique
composée d'une réunion de petits rhomboèdres isolés : cette roche non stratifiée, qui peut
avoir dix-huit mètres de puissance, et qui est
d'un jaune clair dans les cassures fraîches,
contient quelques veines de fer spathique à
petits grains et des taches de fer spéculaire ;
ces substances, en se décomposant, colorent
fortement la roche ; 3.° une roche feldspathique et quartzeuse, qui paraît résulter de la

pénétration du granite dans le terrain, et qui est par conséquent formée d'éléments très-divers : cette masse non stratifiée est pénétrée dans tous les sens de fer spathique ; 4.° une masse dolomitique, de composition analogue à celle qui a déjà été citée ; 5.° une roche granitoïde, non stratifiée, formant cependant une masse disposée parallèlement aux couches, et dont la puissance est de trente-sept mètres : cette roche, composée de feldspath à grandes lames, de mica verdâtre et d'un peu de quartz, est mélangée de fer spathique et de fer oligiste écailleux, distribués sous forme de petits nids ; 6.° à ce granite succède de nouveau la dolomie, qui forme comme une salbande à la roche feldspathique : cette dolomie pénètre dans le granite, sur lequel elle s'appuie ; elle contient du fer spathique et surtout du fer oligiste écailleux ; 7.° enfin, le granite des collines Saint-Martin, granite à petits grains et à mica noir, dont la première masse est évidemment une ramification qui s'est intercalée.

La position presque verticale des couches, le parallélisme de la dolomie et des masses de granite, s'opposent à la supposition d'un dépôt calcaire dans les anfractuosités du granite, tandis que le soulèvement de cette roche, postérieurement au terrain crétacé, et son épanchement entre deux couches de ce terrain, expliquent d'une manière simple et naturelle

ces relations géognostiques. C'est très-proba-
blement à l'action réciproque du granite sur
le calcaire et aux dégagements gazeux qui ont
dû se faire au contact de ces deux roches, que
sont dus les changements que le calcaire a
éprouvés et l'introduction des minerais de fer.
La plupart des mines de fer des Pyrénées sont
en effet situées à la jonction des granites et
des calcaires, et leur formation, ajoute M.
Dufrénoy, semble partout en rapport intime
avec le soulèvement de la chaîne granitique.
La texture cristalline, si générale dans les
calcaires des Pyrénées, quel que soit leur âge
géognostique, paraît également un résultat
de cette action.

Ces divers travaux sur les roches granitiques
ont été confirmés par ceux de MM. Hugi et
Studer, qui ont découvert dans les Alpes un
grand nombre de cas d'intercalation, analogues à ceux que M. Élie de Beaumont a constatés. Les positions du granite de la Jungfrau
(planche Ire), relativement aux dépôts jurassiques, expriment les cas les plus ordinaires
qui se présentent.

Si l'on joint à ces faits géognostiques ceux
qui résultent de l'intersection si fréquente
dans les contrées de transition, des couches
sédimentaires par des filons de roches granitiques, sera-t-on éloigné de considérer les granites, syénites, leptynites des Vosges et de la
Forêt-Noire, les diorites de la Corse, les gra-

nites et syénites du Hartz, etc., comme postérieurs aux roches de transition, peut-être
même à des dépôts plus récents qu'ils dominent? En se laissant guider par des analogies,
on serait conduit à classer dans le terrain granitique la plus grande partie de ces roches
cristallines anciennes, qui forment le point
central et culminant des gibbosités du globe,
et qui apparaissent comme centres de soulèvement et d'altération des roches préexistantes.

Il n'est guère de contrée où dominent les
roches anciennes, qui ne présente un grand
nombre de ces centres cristallins. Nous avons
cité les Vosges, la Forêt-Noire, la Corse, le
Hartz, les Pyrénées, la Scandinavie; nous pouvons y ajouter le Cornouailles, le pays de
Galles, le Groënland, l'Erzgebirge, et les autres groupes montagneux de l'Allemagne centrale, la Hongrie, le Caucase, l'Asie mineure,
la péninsule du mont Sinaï, dont les syénites
passent aux roches noires et compactes du
groupe trappéen, et se scorifient comme elles.
Une partie des roches granitiques américaines,
celles surtout qui apparaissent en collines saillantes et arrondies, comme des masses tuber-
culeuses que le globe aurait rejetées, sont évidemment à assimiler aux granites et syénites
de la Scandinavie.

En résumé, le terrain granitique nous montre les émissions de roches ignées se continuant

de la période secondaire dans la période de transition, et allant se fondre dans cette époque incertaine, où les granites semblent s'isoler de plus en plus, de manière à conduire à un noyau igné, qui formerait une croûte générale au-dessous des premiers dépôts sédimentaires.

CONSIDÉRATIONS

Sur les causes de l'émission des roches ignées et sur l'état actuel du globe.

Au point où nous en sommes arrivés, on voit que les phénomènes volcaniques de l'époque actuelle ne représentent que le dernier terme d'une longue série d'émissions ignées, qui ont eu lieu depuis que le globe terrestre se trouve dans les conditions astronomiques où il est actuellement. L'origine de cette action continue doit donc nécessairement être en connexion intime avec la constitution physique ou chimique du globe.

Le problème des éruptions volcaniques, considérées isolément, se réduit, dit M. Élie de Beaumont, à trouver les raisons chimiques ou géogéniques qui font qu'un orifice, traversant la croûte extérieure du globe, peut venir aboutir par sa partie inférieure dans une lave incandescente et pénétrée de toutes les matières que l'on voit s'en dégager lorsqu'elle coule à la surface du sol. L'existence momentanée ou permanente, dans ou sous l'écorce du globe, étant une fois admise, et un canal de communication étant supposé produit entre elle et la surface, M. Élie de Beaumont conçoit le mécanisme des éruptions de la manière suivante : les substances gazeuses, dont l'existence au sein de la masse liquide qui fournit les courants de lave est attestée par les vapeurs blanchâtres qui continuent à se dégager de leur surface jusqu'à leur entière consolidation, constitueraient le principal agent mécanique de l'émission. Lorsqu'un point de la masse fluide interne se trouve mis en communication avec l'extérieur, ces gaz, venant à se dégager dans tous les points de la masse qui ne sont pas trop éloignés de l'ouverture, poussent à travers le nouvel orifice une partie de cette même masse, devenue elle-même plus légère par la quantité de bulles gazeuses dont elle est pénétrée et qui lui donne cette structure spongieuse. Le phénomène serait analogue à celui qui se passe lorsqu'une liqueur fermentée s'échappe du vase où elle était renfermée.

Si l'on considère l'ensemble des terrains ignés, le point de vue s'agrandit, et l'on est conduit à rechercher l'origine de l'émission des roches ignées dans un agent plus général et plus puissant que l'action des gaz. En effet, cette action déjà très-contestable dans les basaltes, dont la compacité est si constante, ne peut être admise pour les masses extrêmement pâteuses, qui se sont élevées plutôt qu'elles n'ont coulé à la surface du globe. En suivant pas à pas les terrains ignés, on les voit augmenter de puissance, de telle sorte que des phénomènes actuels à ceux des terrains porphyrique et granitique, il y a évidemment diminution d'intensité et d'énergie, ou plutôt augmentation d'obstacles à la force expansive qui les pousse au dehors. Ainsi nous ne voyons plus la terre se crevasser et donner issue à d'énormes masses pâteuses, qui s'amoncèlent à de grandes hauteurs. Pour arriver jusqu'à nous, il faut que la matière des laves soit fluide et qu'elle reçoive l'impulsion des gaz.

L'action volcanique résulte-t-elle de phénomènes chimiques ou dynamiques? Telle est la seule question actuellement pendante, et que, selon toute apparence, des considérations assez récentes ont résolue de telle sorte que la question peut être ainsi formulée : les phénomènes ignés résultent-ils de l'oxidation des couches successives dont se compose le globe, ainsi que l'a supposé M. Davy? ou bien n'est-ce, ainsi que l'a dit M. de Humboldt, que l'action de l'intérieur d'une planète encore en fusion sur son écorce solide ou oxidée, c'est-à-

dire, un simple phénomène de refroidissement?

On peut arriver à la solution de cette question en l'abordant d'une manière directe, ainsi
que l'a fait récemment M. Arago, qui a ainsi
formulé l'énoncé du théorème à démontrer :
à l'origine des choses, la terre était probablement incandescente; aujourd'hui son écorce
solide conserve encore une partie notable de
sa chaleur primitive.

Si la terre était déjà solide, dit M. Arago,
quand elle commença à tourner sur son centre, la forme qu'elle avait alors accidentellement a dû se conserver à peu près intacte,
malgré le mouvement de rotation. Il n'en serait
pas de même dans la supposition contraire.
Une masse fluide prend nécessairement, à la
longue, la figure d'équilibre correspondante
à toutes les forces qui la sollicitent : or, la
théorie montre qu'une telle masse, supposée
d'abord homogène, doit s'aplatir dans le sens
de l'axe de rotation et se renfler à l'équateur;
elle donne la différence des deux diamètres;
elle fait connaître que dans l'état final d'équilibre, la figure générale de la masse est celle
d'un ellipsoïde; elle signale les modifications
qui peuvent résulter, dans les hypothèses physiques les plus vraisemblables, d'un défaut
d'homogénéité des couches liquides. Tous ces
résultats du calcul se concilient à merveille
quant à leur ensemble, et même quant à leurs

valeurs numériques, avec les nombreuses mesures de la terre que l'on a faites dans les deux hémisphères. Un tel accord ne saurait être l'effet du hasard, et l'on peut en conclure que la terre a été primitivement fluide.

Quiconque aura lu la description des terrains ignés, ne conservera aucun doute sur la nature de cette fluidité. En voyant les formations ignées augmenter de puissance et de fréquence, à mesure que l'on remonte l'échelle géognostique, pour aller se fondre dans des masses qui sont presque uniquement cristallines et qui paraissent former une croûte générale, on ne peut méconnaître que cette fluidité fut essentiellement ignée. La terre, primitivement incandescente, serait donc dans un état de refroidissement plus ou moins avancé; et, en effet, M. Arago a encore démontré cette proposition par des considérations purement physiques.

Supposons, dit-il, que la terre ait reçu toute sa chaleur du soleil. Le calcul, fondé sur cette hypothèse, nous apprendra : 1.º qu'à une certaine époque la température sera invariable; 2.º que cette température solaire de l'intérieur du globe change avec la latitude. Sur ces deux points la théorie et l'observation sont d'accord; mais il faut ajouter que, d'après la théorie, dans chaque climat, la température constante des couches terrestres serait la même à toutes les profondeurs, du moins tant qu'on ne s'enfoncerait pas de quantités fort grandes, relativement au rayon du globe : or, tout le monde sait aujourd'hui qu'il n'en est pas ainsi. Les expériences thermométriques faites dans une multitude de mines, les observations de la température de l'eau d'un grand nombre de fontaines jaillissantes venant de diverses profondeurs, se sont accordées à donner un accroissement de 1° centigrade pour chaque vingt ou trente mètres d'enfoncement. Quand une hypothèse conduit à un résultat aussi complétement en désaccord avec les faits, elle est fausse et doit être rejetée. Ainsi il n'est pas vrai que les phénomènes de température des couches terrestres puissent être attribués à la seule action des rayons solaires.

Cette action une fois éliminée, la cause de l'accroissement régulier de chaleur qui s'observe en tout lieu, à mesure qu'on pénètre dans l'intérieur du globe, ne saurait être qu'une chaleur propre, une chaleur d'origine. La terre peut donc être considérée comme un globe incandescent, qui se refroidit comme un soleil encroûté, dont la haute température pourra être hardiment invoquée toutes les fois que l'explication des phénomènes géologiques l'exigera.

M. Arago a ensuite démontré que ce refroidissement s'opérait depuis un laps de temps bien considérable, et comparativement auquel la période des temps historiques est bien peu de chose. En effet il a constaté, d'après des considérations astronomiques, que dans l'espace de deux mille ans, la température générale de la masse de la terre n'a pas varié de la dixième partie d'un degré. La suite des temps apportera de grandes modifications dans les températures intérieures; mais à la surface, tous les changements peuvent être considérés comme presque accomplis, car les calculs de Fourier ont prouvé que l'effet thermométrique, produit à la surface par la chaleur centrale, n'est plus aujourd'hui que la trentième partie d'un degré.

Ayant une fois démontré qu'à une certaine distance de la surface du globe toutes les roches doivent être en fusion, et d'après la loi de progression de la température (1° centigrade par vingt ou trente mètres) cette distance doit être de trente, quarante et soixante kilomètres au plus, comment concevoir le mécanisme des éruptions ignées? Aussitôt que le globe, à l'état de fluidité incandescente, fut amené dans les circonstances de refroidissement, il dut se former rapidement une première croûte solide. Cette croûte, se contractant par l'effet de l'abaissement de la température, comprima l'intérieur, encore liquide, jusqu'à ce qu'il se produisît des fractures, par lesquels cet intérieur fut éjaculé et s'épancha à la surface; tel fut le mécanisme de l'émission des roches ignées anciennes : c'est ce qui se passe toutes

3. 18

les fois que dans les opérations métallurgiques on soumet des masses métalliques en fusion à un trop prompt refroidissement.

Mais, à mesure que le refroidissement faisait
des progrès, les résultats se modifièrent. Il arriva une période dans laquelle nous sommes
actuellement, où, la température de la croûte
superficielle ne s'abaissant plus d'une manière
sensible, cette croûte cessa de se contracter,
et par conséquent de comprimer l'intérieur
fluide; mais tandis que l'enveloppe extérieure
conserve ses dimensions, la masse fluide, en
contact avec elle, continuant à se refroidir
d'une manière beaucoup plus sensible, et par
conséquent à se contracter, il se forme des
vides intérieurs, de telle sorte que l'enveloppe
superficielle, tendant à s'appliquer autant que
possible contre la partie intérieure qui se con-
tracte, se déforme, se fracture et se ride. Dès-
lors la partie intérieure fluide se trouve mise
en communication, à la faveur de ces dislocations, avec la surface du globe, et l'on peut
concevoir le mécanisme des éruptions, suivant
l'explication citée précédemment d'après M. M.
Élie de Beaumont.

Dans les premiers âges géognostiques, les
phénomènes chimiques, dus à la condensation des matières qui étaient tenues à l'état de
vapeurs dans l'atmosphère et à leurs réactions
avec les substances pâteuses ou même solidifiées, avec lesquelles elles furent mises en

contact, purent exercer une influence notable sur les modifications successives de la surface du globe. Mais tout porte à croire que depuis une époque très-reculée ces phénomènes furent tout-a-fait secondaires, et que les phénomènes dynamiques ont seuls présidé aux émissions ignées.

L'hypothèse qui attribue l'origine des volcans à la réaction des eaux sur des métaux alcalins ou sur les sulfures et les chlorures de ces métaux, hypothèse qui, au premier abord, s'accorde si bien avec la position géographique des volcans actuels, relativement aux mers, avec l'énorme quantité de vapeur d'eau rejetée pendant les éruptions, et l'acide hydrochlorique du Vésuve, de Vulcano, etc....; enfin, qui n'est pas infirmée par la position continentale des volcans de la France centrale, des bords du Rhin, des Cordillères ou de la Tartarie, parce que l'on peut substituer à l'eau de la mer les infiltrations des eaux continentales; cette hypothèse ne soutient cependant pas un examen approfondi.

En effet, on a reconnu qu'une grande partie des volcans brûlants ne fournissaient ni hydrochlorates, ni chlorures, ni gaz hydrochlorique, et que les gaz dégagés étaient surtout la vapeur d'eau, l'acide sulfureux, un peu d'acide carbonique et d'azote, et d'autres tout-à-fait accidentels. On ne retrouve point cette grande quantité d'hydrogène, qui, dans le cas d'oxidation par la décomposition de l'eau, devrait aussi se dégager. Enfin, si l'on considère l'augmentation progressive et graduelle du calorique, depuis la surface du globe, jusqu'aux roches liquéfiées, on concevra que l'eau, à une profondeur peu considérable, relativement à la distance totale de la surface à ces roches liquéfiées, ne pourra exister qu'à l'état de vapeur, et que cette vapeur, tendant toujours à s'élever, ne pourra se trouver en contact avec les laves, que lorsqu'elles se seront élevées dans les conduits volcaniques. Les inégalités de surface des roches liquéfiées doivent être bien plus considérables que celles de la surface du globe, et l'on se rend compte très-facilement de la présence de la vapeur d'eau au-dessous des laves, dans les bouches volcaniques actuelles, et de sa coopération dans les éruptions : mais d'ailleurs, comme ce concours de la vapeur d'eau est un phéno-mène récent, dont on retrouve peu de traces dans la période basaltique, et surtout dans la période trachytique; qu'elle ne doit être con-sidérée que comme une modification de l'ac-tion volcanique; il ne reste que la disposition générale des volcans qui semble établir con-tradictoirement avec les premières considéra-tions, que leur formation et leur entretien exigent le voisinage des mers. (1)

____

(1) M. Fournet a récemment envisagé la théorie volcanique sous un point de vue tout nouveau. Nous transcrivons ici une note qu'il a com-

Or, d'après ce que nous avons dit en terminant le terrain volcanique, la distribution

posée à ce sujet, et dans laquelle il met en application les phénomènes que présente la solidification de l'argent tenu en fusion dans une atmosphère oxigénée.

« On sait par les expériences de MM. Lucas et Gay-Lussac que l'argent fondu au contact de l'air, absorbe de l'oxigène, qu'il abandonne ensuite en se solidifiant. La quantité de ce gaz peut aller jusqu'à vingt-deux fois le volume de la masse d'argent, et c'est à son dégagement que l'on a attribué le phénomène connu aux essayeurs sous le nom de végétation ; mais l'on n'avait encore donné jusqu'à présent aucune attention aux circonstances remarquables qui l'accompagnent, quand on opère un peu en grand.

« Ayant eu très-fréquemment à raffiner dans de petits fourneaux à réverbère des masses de quarante à cinquante livres d'argent, j'ai pu les suivre avec soin, et je puis assurer que quand l'argent est suffisamment pur et le refroidissement gradué, on ne manque pas de les observer dans la forme et dans l'ordre que je vais exposer.

« La solidification commence par les bords et s'avance de là graduellement vers le centre : celui-ci, avant d'être pris, éprouve une très-légère agitation, comme un petit trémoussement très-faible, et se fige ainsi.

« Les choses demeurent quelque temps en cet état sous les apparences du plus grand calme ; puis, tout à coup, une portion de la surface se bombe irrégulièrement ; il se fait des déchirures en une ou plusieurs lignes quelconques, desquelles s'écoulent, dans diverses directions, des nappes d'argent très-fluide, qui surhaussent encore le bombement primitif. Cette première période ne manifeste du reste pas encore d'une manière bien claire la présence d'un gaz, et paraît résulter de quelque mouvement intestin des molécules, qui cherchent à se grouper pour subir la cristallisation et produisent ainsi la rupture de l'enveloppe avec l'éjaculation de quelques portions liquides.

« Après quelque repos, il survient un nouvel accident, exactement comparable à ce que nous connaissons des phénomènes volcaniques. En effet, la cristallisation continuant, le gaz oxigène est déplacé avec force, et son dégagement a lieu par un ou plusieurs points ; il entraîne avec lui de l'argent fondu, qu'il ramène de l'intérieur à l'extérieur, en produisant une série de cônes, surmontés généralement d'un petit cratère, vomissant des coulées de ce métal, que l'on voit bouillonner vivement dans son intérieur.

« Ces cônes s'élèvent peu à peu par l'accumulation des déjections, qui

géographique des masses volcaniques est précisément le fait qui milite le plus en faveur

se consolident sur leur pente. La nappe mince et figée sur laquelle ils sont assis, éprouve sur une étendue assez grande des secousses en soulèvements et affaissements alternatifs, répétés en forme de tremblements tellement intenses quelquefois, que sans la ténacité et l'élasticité du métal il y aurait évidemment des dislocations, des fissures et autres accidents analogues, et les lambeaux qui en résulteraient pourraient être resoudés ensuite, dans diverses positions plus ou moins bizarres, par l'argent liquide qui s'épancherait entre eux.

« Finalement quelques-uns des cratères se bouchent pour ne plus se rouvrir. Les autres continuent à présenter au gaz un passage d'autant plus pénible qu'ils sont plus élevés et que leur cheminée s'est davantage rétrécie par les portions de métal qui s'y sont coagulés. Aussi les projections de globules d'argent deviennent-elles violentes, et ils sont portés à d'assez grandes distances, même jusque hors du fourneau, par la série des explosions qui se répètent à intervalles rapprochés.

« C'est ordinairement le dernier de ces petits volcans qui atteint la plus grande hauteur et qui manifeste tous ces phénomènes avec la plus grande intensité. Il faut encore remarquer que tous ces petits cônes ne prennent pas leur naissance en même temps; mais que quelques-uns sont déjà tranquilles lorsqu'il s'en forme de nouveaux en d'autres points.

« Il ne faut pas croire non plus qu'ils soient d'une dimension insignifiante, à tel point qu'il faille des yeux préoccupés d'idées théoriques pour en suivre les divers progrès. Il y en a qui atteignent un pouce et plus de hauteur et jusqu'à deux ou trois pouces de diamètre à leur base, et la durée totale du phénomène se prolonge au moins pendant une demi-heure à trois quarts d'heure.

« Pendant la série de la formation des cônes à dégagement de gaz et dont l'activité a toujours quelque durée, on voit aussi surgir tout à coup en divers points et à divers intervalles, des jets d'argent, qui se figent en forme de quilles d'une tournure plus ou moins bizarre, malgré l'incompatibilité qui semble exister entre la fluidité de l'argent et ces formes élancées. Leur formation est instantanée; ils ne décèlent en rien la présence d'un gaz, quoiqu'il ne soit pas possible de décider qu'ils ne soient pas formés sous son influence : ils se rapprochent en cela des phénomènes de la première période signalée plus haut; ils sont, en un mot, les dykes ou les culots de cette formation volcanique.

« Ces actions, qui durent tant que l'argent n'est pas complétement solidifié, m'ont paru se lier intimement aux phénomènes géologiques par une identité complète. Rien n'y manque en effet : soulèvements avec

du système dynamique. En effet, lorsqu'au
lieu de considérer cette distribution relati-

épanchement, trépidations du sol, fractures, dykes, volcans à cratère,
déjections, dégagements de gaz, coulées, le tout avec une ressemblance
frappante d'ailleurs. La différence ne porte que sur les dimensions, à tel
point que je me suis plu en Auvergne à rendre un grand nombre de personnes témoins de ces faits, et je ne manquais pas de les entendre développer l'étonnante similitude qui existait entre ces petits volcans et
ceux de Pariou, de la Nugère, de Côme, etc., qui frappaient journellement leurs yeux.

« Si nous jetons maintenant un coup d'œil sur les phénomènes analogues que nous offre la nature, nous pourrons encore établir quelques
rapprochements, qui ne seront pas dépourvus de tout intérêt.

« La masse de la terre a été fluide comme la masse d'argent en question. Les travaux des plus célèbres géologues modernes mettent le fait
hors de doute : c'est sous l'influence de cette fluidité ignée, favorisée
encore par la pression d'une atmosphère abondante, que la terre a absorbé les gaz environnants. Ceux qui sont doués d'affinités énergiques,
tels que l'oxigène, etc., se sont combinés directement avec une partie
des métaux et des métalloïdes, et y sont restés unis ; mais ceux qui ne
possèdent que des affinités faibles, sont restés plus ou moins de temps
simplement condensés, puis se sont dégagés à divers intervalles et par
divers points et se dégageront jusqu'à ce que la masse dans laquelle ils
sont dissous soit solidifiée, tout comme l'air disséminé dans l'eau
s'en détache à mesure qu'elle cristallise en se gelant.

« Dans le phénomène qui accompagne la solidification de l'argent,
l'oxigène manifeste trop peu d'affinité pour rester uni a ce métal. Dans
le phénomène que présente le globe terrestre, ce sont l'acide carbonique
et les vapeurs aqueuses qui sont principalement dans ce cas. Aussi voyons-
nous ces deux corps dominer dans tous les pays volcanisés, déjà éteints
ou encore en activité. Il est inutile d'en résumer ici la liste, elle ne
renfermerait que des localités bien connues des géologues.

« Parmi les gaz qui se dégagent ainsi avec plus ou moins de violence,
l'azote ne se présente que plus rarement. Était-il noyé dans une trop
grande masse pour qu'il pût entrer en ligne de compte ? a-t-il plus ordinairement formé des combinaisons qui ressortent avec les eaux minérales sous forme de glairines ou bien les autres matières organiques
que nous trouvons disséminées dans les roches ? ou bien, enfin, dans
cet ordre de phénomènes qui se lie si intimement aux affinités, la masse
terreuse en fusion a-t-elle fait un triage des gaz en excluant l'azote, tout
comme l'argent fondu dans le réverbère ne montre aucune tendance à

vement aux mers, nous l'avons considérée relativement aux accidents du sol, au relief de la
surface du globe, qui ont eux-mêmes déterminé la distribution des eaux, nous sommes
arrivé à ce résultat remarquable : 1.º que les
volcans se sont généralement ouverts sur les
fractures d'élévation des continents et des
chaînes de montagnes; 2.º que l'action volcanique est en raison inverse du développement
et de la continuité des masses continentales,
et qu'ils ont, par conséquent, servi à épuiser
la force expansive, à établir l'équilibre qui
n'avait pu l'être par le soulèvement des masses
consolidées.

L'émission des roches ignées n'est pas en
effet le seul résultat à la surface du refroidissement du globe terrestre. Les mouvements
du sol, soulèvements et affaissements dont
nous avons signalé quelques exemples contemporains, et qui, d'après les observations

---

s'unir à l'acide carbonique ou aux autres gaz résultant de la combustion ?
c'est ce que je laisse aux géologues à décider. Peut-être encore s'est-il
dégagé plus rapidement que les autres gaz; c'est ainsi que le cuivre
métallique laisse dégager le gaz sulfureux avant sa solidification et
produit une ébullition violente, connue sous le nom de travaillement.

« La masse énorme d'acide carbonique qui se dégage encore journellement avec ou sans les eaux minérales des volcans en activité ou éteints,
pourrait, vu son excessive abondance, être invoquée en témoignage
de la composition de l'atmosphère ancienne, riche en ce gaz, que M.
Adolphe Brongniart a admis pour se rendre compte de la puissante
végétation des époques primordiales, tout comme dans le foyer de raffi-
nage d'argent toutes les circonstances concourent pour dénoter une
atmosphère riche en oxigène. »

sur les perturbations éprouvées par les dépôts sédimentaires, ont joué un rôle bien autrement important dans les autres périodes
géologiques, doivent être évidemment attribués aux mêmes influences dynamiques. Ce
sont deux effets différents d'une même cause.

Nous avons dit (Introduction géologique)
que l'on pouvait parcourir toute l'histoire
géologique du globe en s'attachant à l'un des
trois éléments de modifications comme principe classificateur; savoir : la sédimentation,
l'émission des roches ignées, les soulèvements
de la croûte du globe. Après avoir décrit les
deux séries de terrains, il nous reste donc à
présenter la classification et l'histoire des révolutions du globe sous le rapport purement
dynamique. C'est à M. Élie de Beaumont que
l'on doit cette classification et cette histoire
des révolutions dynamiques. Nous ne pouvons
donc mieux donner une idée de ses recherches à ce sujet, qu'en présentant le résumé
qu'il en a récemment publié dans la traduc-
tion française du Manuel géologique.

EXTRAIT

D'UNE SÉRIE DE RECHERCHES

SUR QUELQUES-UNES DES

RÉVOLUTIONS DE LA SURFACE DU GLOBE,

Présentant différents exemples de coïncidence entre le redressement des couches de certains systèmes de montagnes et les changements soudains qui ont produit les lignes de démarcation qu'on observe entre certains étages consécutifs des terrains de sédiment. (1)

———

Les deux grandes conceptions d'une suite de révolutions violentes et de la formation des chaînes de montagnes, par voie de soulèvement, ayant été successivement introduites dans la géologie, il était naturel de se demander si elles sont indépendantes l'une de l'autre; si des chaînes de montagnes ont pu se soulever sans produire, sur la surface du globe, de véritables révolutions; si les convulsions qui n'ont pu manquer d'accompagner le surgissement de masses aussi puissantes et d'une structure aussi tourmentée que les hautes monta-

---

(1) Les recherches dont je présente ici les principaux résultats m'ont occupé depuis plusieurs années, et sont loin d'être terminées. Leur exposition ne pourrait être faite que dans un ouvrage assez étendu, dont le présent extrait n'est, en quelque sorte, que le programme.

Paris, le 13 Août 1833.

L. ÉLIE DE BEAUMONT.

gnes, n'auraient pas été la même chose que les
révolutions de la surface du globe, constatées
d'une autre manière par l'observation des dépôts de sédiment et des races aujourd'hui perdues, dont ils recèlent les débris; si les lignes
de démarcation qu'on observe dans la succession des terrains, et à partir de chacune desquelles le dépôt des sédiments semble avoir,
pour ainsi dire, recommencé sous des influences nouvelles, ne seraient pas tout simplement
les résultats des changements opérés dans les
limites et le régime des mers par les soulèvements successifs des montagnes.

L'expression *terrain de sédiment*, dans laquelle on résume en quelque sorte l'analyse
des connaissances que l'observation nous a fait
acquérir sur les masses les plus répandues à la
surface de notre planète, entraîne si naturellement avec elle l'idée d'*horizontalité*, que ce
n'est jamais sans surprise qu'on entend parler
pour la première fois de couches de sédiment
observées dans une position verticale ou voisine de la verticale. Stenon, en 1667, soutenait
déjà que toutes les couches de sédiment inclinées sont des couches redressées; et depuis les
observations de Saussure sur les poudingues de
Valorsine, en Savoie, les géologues s'accordent
généralement à penser que les couches de sédiment qu'on voit fréquemment dans les pays
de montagnes, inclinées sous de très-grands
angles, ou placées verticalement, et dont cer-

taines parties se trouvent même dans une situation renversée, n'ont pu être formées dans cette position, mais qu'elles y ont au contraire été placées par suite de phénomènes qui se sont passés plus ou moins long-temps après l'époque de leur dépôt originaire.

Il n'y a que peu de contrées où ces phénomènes se soient produits assez tard pour agir sur toutes les couches de sédiment qui y existent aujourd'hui : le long de presque toutes les chaînes, on voit, lorsqu'on les observe avec attention, les couches les plus récentes s'étendre horizontalement jusque vers le pied des montagnes, comme on conçoit qu'elles doivent le faire, si elles ont été déposées dans des mers ou dans des lacs, dont ces mêmes montagnes ont en partie formé les rivages; d'autres couches, au contraire, se redressant et se contournant plus ou moins sur les flancs des montagnes, s'élèvent en quelques points jusqu'à leurs crêtes. Dans chaque chaîne en particulier, la série des couches de sédiment se divise ainsi en deux classes distinctes. La place, variable d'une chaîne à une autre, qu'occupe dans la série générale des couches le point de partage de ces deux classes, est même une des choses qui particularise le mieux chacune de ces chaînes; et tandis que la position des couches anciennes redressées fournit la meilleure preuve du soulèvement des montagnes qui en sont en partie composées, l'âge géologique des

deux classes de couches fournit le moyen le
plus sûr de déterminer l'âge des montagnes
elles-mêmes; il est en effet évident que la date
de l'apparition de la chaîne est intermédiaire
entre la période du dépôt des couches qui y
sont redressées, et celle du dépôt des couches
qui s'étendent horizontalement au pied de ses
pentes.

Rien n'est plus essentiel à remarquer que la
constante netteté de la séparation de ces deux
séries de couches dans chaque chaîne. Ce résultat d'observations a déjà en sa faveur la sanc-
tion d'une longue expérience. Il y a long-temps,
en effet, qu'on est dans l'usage de se servir d'un
défaut de parallélisme observé entre la stratification d'un système de terrains et celle du
système qui le supporte, comme fournissant
la ligne de démarcation la plus nette qu'on
puisse trouver entre deux systèmes de terrains
de sédiment consécutifs. Cette notion, développée dans les leçons des professeurs les plus
célèbres, est devenue pour ainsi dire vulgaire,
et c'était même déjà sur un fait de ce genre,
généralisé à la vérité outre mesure, que
Werner avait établi sa principale division
dans la série des terrains.

Il résulte de cette distinction toujours
tranchée, et sans intermédiaire, entre les
couches redressées et les couches horizontales, que le phénomène du redressement
s'est opéré dans un espace de temps compris

entre les périodes de dépôt de deux formations superposées, et qui lui - même n'a vu se déposer dans le lieu de l'observation aucune série régulière de couches. Si on n'observait les dernières couches redressées et les premières couches horizontales que dans les points où leur stratification est discordante, on pourrait croire qu'il s'est écoulé un laps de temps quelconque entre le dépôt des unes et des autres. Mais il arrive au contraire très-souvent qu'en suivant les unes et les autres jusqu'à des distances plus ou moins considérables des lieux où la discordance de stratification se manifeste, on trouve les secondes posées sur les premières en stratification parfaitement concordante, et même liées à elles par un passage plus ou moins graduel, qui prouve que le changement survenu dans la nature du dépôt s'est opéré sans que le phénomène de la sédimentation ait été suspendu. L'intervalle pendant lequel la discordance de stratification observée a été produite, a donc été extrêmement court.

En examinant avec attention les groupes de montagnes, même les plus compliqués, on parvient ordinairement à les décomposer en un certain nombre d'éléments diversement entre-croisés les uns avec les autres, dans toute l'étendue de chacun desquels la position de la ligne de démarcation entre les couches inclinées et les couches horizontales est la même. Le plus souvent la ligne de démarcation, relative à ceux de ces différents chaînons qui sont parallèles entre eux, est semblablement placée, et elle change lorsqu'on passe à ceux qui ne sont pas dirigés dans le même sens. On peut donc dire d'une manière générale, que chacun des systèmes de chaînons parallèles a été produit d'un seul jet et pour ainsi dire d'un seul coup.

Il est évident qu'une pareille convulsion a dû modifier, au moins dans les contrées voisines des points qui en ont été le théâtre, la formation lente et progressive des terrains de sédiment, et que quelque chose d'anomal doit s'observer sur une assez grande étendue dans le point de la série de ces terrains qui correspond au moment auquel un redressement de couches a eu lieu. Les géologues qui depuis Werner ont étudié avec le plus de soin les terrains de sédiment, et les naturalistes qui ont examiné les débris d'animaux et de végétaux qu'ils renferment, ont en effet généralement remarqué qu'entre différents termes de la série de ces terrains, des variations brusques se manifestent à la fois dans le gisement, l'allure et même la nature locale des couches, et dans les fossiles végétaux et animaux qui y sont enfouis. D'après des observations qui n'embrassaient pas un assez grand espace, on avait d'abord supposé plus générales qu'elles ne le sont, quelques-unes de ces variations, dont on a trop cherché depuis à atténuer la valeur. Lorsque

deux formations semblent passer insensiblement l'une à l'autre, il n'y a jamais qu'une très-
petite épaisseur de couches dont la classification puisse rester incertaine, et lorsque certaines espèces de fossiles sont communes à deux
formations successives, elles ne forment, en général, qu'une fraction, souvent même peu
considérable, du nombre total des espèces de
chacune des deux formations. C'est ce qu'on
voit par la comparaison que M. Deshayes a établie entre les catalogues des espèces de coquilles trouvées dans les trois groupes qu'il
distingue dans les terrains tertiaires et le cata-
logue des espèces actuellement vivantes, comparaison dont les résultats sont d'autant plus
frappants que les analogues vivants de certaines espèces de chacun des trois groupes tertiaires se trouvent aujourd'hui dans des mers
séparées. M. de Humboldt a su peindre avec un
rare bonheur ce résultat général des observations des géologues, lorsqu'il a enrichi notre
langue des expressions *formation indépendante, horizon géognostique.*

Aussi tout annonce qu'entre les périodes des
diverses formations, il y a eu pour le moins des
déplacements considérables dans les lieux
d'habitation de certains groupes d'êtres organisés, en même temps que dans les lieux de dépôt de certains sédiments; et il suffit que, par
suite de pareils déplacements, il se trouve,
dans la série des assises superposées de l'échelle

géologique, des points beaucoup plus remarquables que les autres par les changements
qu'ils indiquent dans les dépôts et dans les habitants d'une même contrée, pour qu'il y ait
lieu d'être frappé de l'accord de cet ordre de
faits avec la considération des résultats nécessaires des soulèvements successifs des chaînes
de montagnes.

Les fractures opérées dans la croûte extérieure du globe ont déterminé l'élévation et le
redressement des couches dont cette croûte se
compose, et les arêtes de ces couches brisées et
redressées sont devenues les crêtes de ces aspérités de la surface du globe, qu'on nomme chaînons de montagnes; d'où il résulte que les expressions, direction moyenne d'un système de
fractures, direction moyenne d'un système de
couches redressées, direction d'un système de
montagnes, sont à peu près synonymes. Il n'y a
d'exception que dans les cas où des fractures se
sont produites dans un terrain où la plupart
des couches étaient déjà fortement dérangées.
Ces sortes de croisements ont généralement
donné lieu à des complications dont on doit
chercher à faire abstraction dans la recherche
des lois générales du phénomène du redressement des couches.

Parmi les résultats d'observation, qui rendent impossible de considérer les dislocations
de couches qui caractérisent les pays de montagnes, comme les résultats de phénomènes

locaux qui se seraient répétés d'une manière successive et irrégulière, on doit placer au premier rang la constance des directions moyennes suivant lesquelles les couches de sédiment se trouvent redressées sur des étendues souvent immenses.

L'examen pratique des montagnes a fait connaître aux mineurs, depuis un temps immémorial, le principe de la constance des directions, et c'est même un de ceux dont ils se servent le plus utilement pour la conduite de leurs travaux de recherche. C'est par suite de l'observation de la constance de direction des couches houillères de certaines parties de la Belgique, que des recherches ont été tentées en 1717, au milieu des terrains plats de la Flandre française, sur la direction prolongée des couches exploitées à Mons, tentative d'où est résultée l'ouverture des importantes mines de Valenciennes et d'Aniche.

Le phénomène si remarquable de la constance des directions s'est pour ainsi dire graduellement agrandi par les recherches des géologues, qui, depuis Saussure et Pallas, ont observé d'un œil attentif la structure des montagnes. De jour en jour on a plus positivement reconnu, qu'une des choses qui distinguent le plus fondamentalement les chaines des montagnes, quand on les compare les unes aux autres, c'est la direction que le phénomène auquel est dû le redressement des couches leur

a imprimé, en déterminant la direction de la
plupart de leurs crêtes. Depuis 1792, M. de
Humboldt a fait remarquer des concordances
et des oppositions également remarquables
entre les directions de chaînes éloignées ou
voisines. Depuis long-temps aussi M. Léopold
de Buch a montré que les chaînes de montagnes de l'Allemagne se divisent au moins en
quatre systèmes nettement distingués les uns
des autres par les directions qui y dominent.

L'existence d'une distinction si tranchée
conduisait d'elle-même à concevoir que les divers systèmes de montagnes ont pu être produits par des phénomènes indépendants les
uns des autres, tandis que l'étroite liaison que
présentent le plus souvent entre elles, aussi
loin qu'on puisse les suivre, les dislocations
dirigées dans le même sens, devait naturellement faire supposer qu'elles ont toutes été produites par une même action mécanique. Déjà
en combinant les observations faites dans un
grand nombre de mines métalliques, Werner
était arrivé à cette belle conclusion, que, dans
un même district, tous les filons d'une même
nature doivent leur origine à des fentes parallèles entre elles, ouvertes en même temps
et remplies ensuite durant une même période.
Cette notion, de la contemporanéité des fractures parallèles entre elles et de la différence
d'âge des fractures de directions différentes,
ayant ainsi été établie par l'illustre professeur

de Freyberg, pour le cas particulier des fentes
où se sont amassés les filons métalliques, rien
n'était plus naturel que de songer à la généraliser et à l'étendre à toutes les dislocations que
présente l'écorce minérale de notre globe.

Dans le cas où cette induction serait exacte,
le nombre des phénomènes de dislocation que
le sol de chaque contrée aurait éprouvés, serait à peu près égal à celui des directions de
chaînes de montagnes réellement distinctes et
indépendantes les unes des autres, qu'on pourrait y distinguer. Ce nombre n'est jamais très-
grand; il est à peu près du même ordre que
celui des changements de nature et de gisement
que présentent les dépôts de sédiment de chaque contrée; changements qui les ont fait distinguer, depuis Werner, en un certain nombre
de formations, et qui ont été considérés comme étant chacun le résultat d'un grand phénomène physique. Il devenait donc naturel de
chercher à rapprocher l'une de l'autre ces deux
manières d'énumérer les changements que la
surface de notre planète a éprouvés, et il suffisait presque de songer à ce rapprochement
pour être conduit à l'idée que les deux séries
parallèles de faits intermittents dont on retrouve ainsi les termes successifs par deux
voies différentes, doivent rentrer l'une dans
l'autre. Mais pour sortir à cet égard des aperçus généraux et vagues, il était nécessaire de
mettre en rapport un certain nombre des li-

gnes de démarcation que présente la série des
dépôts de sédiment européens, avec un pareil nombre de systèmes de chaînes de montagnes européennes. C'est ce que j'ai essayé de
faire dans les recherches dont cet article présente le résumé.

La circonstance que, dans chaque contrée,
les couches de sédiment inclinées et les crêtes
que ces couches constituent, ne présentent
pas indifféremment toutes sortes d'orienta-
tions, mais se coordonnent à un nombre limité de directions générales, circonstance
dont toutes les cartes un peu exactes présentent des exemples frappants, m'a paru constituer, dans l'étude des montagnes, un fait d'une
importance analogue à celle que présente,
dans l'étude des dépôts de sédiment successifs,
le fait de l'indépendance des formations. J'ai
cherché à mettre ces deux grands faits en
rapport l'un avec l'autre, et je crois avoir
constaté leur coïncidence dans un assez grand
nombre d'exemples, pour pouvoir conclure
que l'indépendance des formations de sédiment successives est une conséquence et même une preuve de l'indépendance des systèmes de montagnes diversement dirigés.

L'indication d'une tendance générale au
parallélisme que présenteraient les rides et
les fractures de l'écorce terrestre produites à
une même époque, semble, au premier abord,
n'avoir pas besoin de commentaire, surtout

lorsqu'on se borne à l'appliquer, comme nous aurons à le faire d'abord, aux accidents observés dans le sol d'une contrée assez peu étendue, pour que la courbure de la terre y soit peu sensible. Cependant, comme on ne voit rien qui limite la distance à laquelle il serait possible de suivre des accidents constamment soumis à une même loi, on sent bientôt la nécessité d'analyser cette première notion d'un certain parallélisme avec assez d'exactitude, pour que l'étendue de l'espace sur lequel ce parallélisme pourrait exister, ne soit jamais dans le cas d'en mettre la définition en défaut.

Pour cela, il faut avant tout se rappeler que lorsqu'on trace un alignement quelconque sur la surface de la terre, avec un cordeau, avec des jalons ou de toute autre manière, la ligne qu'on détermine est la plus courte qu'on puisse tracer entre les deux points extrêmes auxquels elle s'arrête, et qu'abstraction faite de l'effet du léger aplatissement que présente le sphéroïde terrestre, une pareille ligne est toujours un arc de grand cercle.

Deux grands cercles se coupant nécessairement en deux points diamétralement opposés, ne peuvent jamais être parallèles dans le sens ordinaire de ce mot; mais deux arcs de grand cercle d'une étendue assez limitée pour que chacun d'eux puisse être représenté par une de ses tangentes, pourront être considérés comme parallèles, si deux de leurs tangentes respectives sont parallèles entre elles. C'est ainsi que tous les arcs de méridien qui coupent l'équateur sont réellement parallèles entre eux aux points d'intersection. En général, deux arcs de grands cercles peu étendus, sans être même infiniment petits, pourront être dits parallèles entre eux s'ils sont placés de manière à ce qu'un troisième grand cercle les coupe l'un et l'autre à angle droit dans leur point milieu. Par la même raison, un nombre quelconque d'arcs de grands cercles n'ayant chacun que peu de longueur, pourront être dits parallèles à un même grand cercle de comparaison, si chacun d'eux en particulier satisfait à la condition ci-dessus énoncée par rapport à un élément de ce grand cercle auxiliaire. Pour cela il est nécessaire et il suffit que les différents grands cercles qui couperaient à angle droit chacun de ces petits arcs dans son milieu, aillent se rencontrer eux-mêmes aux deux extrémités opposées d'un même diamètre de la sphère. Si cette condition est remplie, et si en même temps tous les petits arcs de grands cercles dont il s'agit, sont éloignés des deux points d'intersection de leurs perpendiculaires, s'ils sont concentrés dans le voisinage du grand cercle qui sert d'équateur à ces deux pôles, ils pourront être considérés comme formant sur la surface de la sphère un système de traits parallèles entre eux. Les différents sillons d'un même champ ou de deux champs voisins, ne peuvent jamais, à la rigueur, s'ils sont rectilignes, présenter d'autre parallélisme que celui qui vient d'être défini, et cette définition a l'avantage d'être indépendante de la distance à laquelle ces deux champs pourraient se trouver placés.

L'examen de la surface de l'Europe a déjà conduit à distinguer les uns des autres douze systèmes de montagnes d'âges différents et de directions généralement différentes, et à les rapprocher de douze des lignes de partage observées dans la série des dépôts de sédiment. Il est bien probable que ce nombre douze, qui, dans tous les cas, ne serait relatif qu'à l'Europe, n'est pas définitif; car il reste encore dans la série des terrains de sédiment de l'Europe plusieurs lignes de démarcation assez tranchées, qui, dans cet arrangement, ne se trouvent rapprochées d'aucun système de dislocations. Peut-être quelques-unes de ces lignes de partage se lient-elles à des systèmes de fractures et de rides qui, bien qu'observables en France, en Allemagne, en Angleterre, n'y ont pas encore été suffisamment distingués, et restent encore confondus avec les dislocations appartenant aux autres systèmes dans lesquels ils sont censés former des anomalies; peut-être aussi ces mêmes lignes de partage se rattachent-elles à des commotions qui n'ont eu que peu d'énergie dans les contrées que je viens de citer, mais qui auront laissé des traces plus visibles dans le sol de contrées adjacentes, et dont les conquêtes que la géologie a faites récemment en Grèce, en Sicile, en Afrique, en Espagne, pourront nous aider à retrouver la trace.

Je vais passer successivement en revue les douze systèmes de dislocation dont je viens de parler, en indiquant *sommairement* les observations qui conduisent à les mettre en rapport avec un pareil nombre des lignes de partage que présente la série des terrains de sédiment.

I. *Système du Westmoreland et du Hundsruck.*

Celui de ces rapprochements qui remonte à l'époque géologique la plus ancienne, est dû aux recherches dont M. le professeur Sedgwick a communiqué les résultats, en 1831, à la Société géologique de Londres. Ce savant géologue, qui s'était occupé depuis près de dix ans de l'exploration des montagnes du district des lacs du Westmoreland, a fait voir que la moyenne direction des différents systèmes de roches schisteuses y court du N.-E. un peu E., au S.-O. un peu O. Cette manière de se diriger fait que, l'un après l'autre, ils viennent se perdre sous la zone carbonifère qui couvre les tranches de leurs couches; d'où

il résulte qu'ils sont nécessairement en stratification discordante avec cette zone. L'auteur
confirme cette induction en donnant des coupes détaillées; et de tout l'ensemble des faits
observés, il conclut que les couches des montagnes centrales du district des lacs ont été
placées dans leur situation actuelle, avant ou
pendant la période du dépôt du vieux grès
rouge, par un mouvement qui n'a pas été lent
et prolongé, mais *soudain*.

D'autres circonstances me font regarder à
moi-même, comme bien probable, que ce
soulèvement a même eu lieu avant le dépôt
de la partie la plus récente des couches que
les Anglais nomment terrains de transition,
c'est-à-dire avant le dépôt des calcaires à trilobites de Dudley et de Tortworth.

M. le professeur Sedgwick a aussi montré
que, si on tire des lignes suivant les directions
principales des chaînes suivantes, savoir : la
chaîne méridionale de l'Écosse, depuis Saint-
Abbs Head jusqu'au Mull de Galloway, la
chaîne de grauwacke de l'île de Man, les crêtes
schisteuses de l'île d'Anglesea, les principales
chaînes de grauwacke du pays de Galles et la
chaîne de Cornouailles; ces lignes seront presque parallèles l'une à l'autre et à la direction
mentionnée ci-dessus, comme dominant dans
le district des lacs du Westmoreland.

L'élévation de toutes ces chaînes, qui in-
fluent si fortement sur le caractère physique

du sol de la Grande-Bretagne, a été rapportée
par M. le professeur Sedgwick à une même
époque, et leur parallélisme n'a pas été regardé par lui comme accidentel, mais comme
offrant une confirmation de ce principe général déjà déduit de l'examen d'un certain
nombre de montagnes, que les chaines élevées à la même époque présentent un parallélisme général dans la direction des couches
qui les composent, et par suite dans la direction des crêtes que ces couches constituent.

La surface de l'Europe continentale présente plusieurs contrées montueuses, où la
direction dominante des couches les plus
anciennes et les plus tourmentées court aussi,
comme M. de Humboldt l'a remarqué depuis
long-temps, dans une direction peu éloignée
du N.-E. ou de l'E.-N.-E. (*hora* 5 — 4 *de la
boussole des mineurs*). Telle est par exemple
la direction des couches de schiste et de grauwacke des montagnes de l'Eiffel, du Hundsruck et du pays de Nassau, au pied desquelles
se sont probablement déposés les terrains carbonifères de la Belgique et de Sarrebruck.
Telle est aussi celle des couches schisteuses
du Hartz; telle est encore celle des couches
de schiste, de grauwacke et de calcaire de
transition des parties septentrionales et centrales des Vosges, sur la tranche desquelles
s'étendent plusieurs petits bassins houillers;
telle est même à peu près celle des couches

de transition, calcaires et schisteuses, d'une date probablement fort ancienne, qui constituent en grande partie le groupe de la montagne Noire, entre Castres et Carcassonne, et qui se retrouvent dans les Pyrénées, où, malgré des bouleversements plus récents, elles présentent encore, et souvent d'une manière très-marquée, l'empreinte de cette direction primitive.

Enfin, cette direction *hora* 3 — 4 est aussi la direction dominante et pour ainsi dire fondamentale des feuillets plus ou moins prononcés des gneiss, micaschistes, schistes argileux et des roches quartzeuses et calcaires de beaucoup de montagnes appelées souvent primitives, telles que celles de la Corse, des Maures (entre Toulon et Antibes), du centre de la France, d'une partie de la Bretagne, de l'Erzgebirge, des Grampians, de la Scandinavie et de la Finlande.

Le parallélisme de cette direction et de celle observée par M. le professeur Sedgwick, en Angleterre, joint à la circonstance que cette loi d'une forte inclinaison dans une direction à peu près constante, à laquelle obéissent presque universellement les couches et les feuillets des terrains les plus anciens de l'Europe, ne comprend pas les formations d'une origine postérieure, conduit naturellement à supposer que l'inclinaison de toutes les couches de sédiment qui sont comprises dans le domaine de cette loi, est due à une même catastrophe qui, jusqu'ici, est la plus ancienne de celles dont les traces ont pu être clairement reconnues. Il ne faut cependant pas désespérer de voir des recherches ultérieures mettre les lignes de démarcation, que l'observation indique déjà entre les différentes assises des anciens terrains de transition, en rapport avec des soulèvements plus anciens et encore plus effacés que celui dont nous venons de parler.

Les noms qui rappellent un type naturel bien déterminé, tels que ceux de calcaire du Jura, d'argile de Londres, de calcaire grossier parisien, ont, en géologie, des avantages tellement marqués, qu'il était à désirer qu'on pût en employer du même genre pour les divers systèmes d'inégalités d'âges différents qui sillonnent la surface de la terre. Il n'était pas sans embarras de choisir, pour indiquer une réunion de rides qui traversent une grande partie de l'Europe, qui probablement s'y sont produites au milieu d'accidents préexistants, et qui, depuis, ont été soumises à un grand nombre de dislocations, un nom simple et facile à retenir, qui se rattachât à des accidents naturels du sol et qui ne fût pas exposé, à cause de sa brièveté même, à donner lieu à des équivoques et à des disputes de mots. Il m'a semblé qu'on pourrait adopter pour le système dont nous parlons le nom de *système* du *Westmoreland* et du *Hundsruck*, en convenant de prendre la partie pour le tout, et en rattachant tout l'ensemble à deux districts montagneux, où les accidents très-anciens qui nous occupent sont encore au nombre des traits les plus proéminents. On pourrait tout aussi bien l'appeler système du Bigorre, du Canigou, du Pilas, de l'Erzgebirge, du Harz, puisque les couches schisteuses anciennes dont ces montagnes sont en grande partie composées, paraissent avoir contracté elles-mêmes, à l'époque ancienne qui nous occupe, leurs inflexions primordiales. Mais comme ces mêmes montagnes paraissent devoir une grande partie de leur relief actuel à des mouvements beaucoup plus récents, j'ai craint qu'en les faisant figurer dans la désignation d'un système d'accidents bien antérieur à la configuration définitive qu'elles nous présentent, on n'introduisît trop de chances de confusion.

II. *Systèmes des Ballons* (Vosges) *et des collines du Bocage* (Calvados).

Les observations mentionnées dans l'article précédent prouvent déjà que le système du Westmoreland et du Hundsruck a été soulevé avant le dépôt de la série carbonifère; mais il paraît qu'il avait été même soulevé avant le dépôt de la partie la plus récente des cou-

ches que les Anglais appellent de transition.
En effet, parmi ces couches il en est une classe
très-répandue en Europe, qui a échappé au
ridement des schistes anciens dans la direction
hora 3 — 4, et qui paraîtrait au contraire
avoir été déposée sur les tranches de ces couches plus anciennes déjà redressées.

Telles sont les couches calcaires marneuses
et arénacées avec orthocératites, trilobites,
polypiers, etc., qui se trouvent en Podolie,
aux environs de Saint-Pétersbourg, en Suède
et en Norwège, où elles ne sont généralement
que peu dérangées de leur horizontalité primitive, et celles des montagnes de Sandomirz
et des collines au N.-O. de Magdebourg.

Telles sont encore les couches de transition,
si riches en fossiles, de Dudley (Staffordshire)
et de Tortworth (Gloucestershire), qui paraissent avoir été déposées au pied des montagnes
déjà soulevées du pays de Galles, et qui ne
sont elles-mêmes affectées que par des dislocations d'un ordre plus récent. Telles paraissent être aussi une partie des couches calcaires schisteuses et arénacées du midi de
l'Irlande, objet des recherches de M. Weaver,
et particulièrement celles qui renferment les
couches d'anthracite sur lesquelles sont ouvertes toutes les mines de combustible fossile
de la province de Munster, excepté celles du
comté de Clare, situées dans le véritable terrain houiller.

Le terrain de transition des collines du Bocage (Calvados) et de l'intérieur de la Bretagne, a lui-même une grande ressemblance avec celui décrit par M. Weaver dans le sud de l'Irlande. Il se compose, de même, de couches multipliées de schiste, de grauwacke, de grès quartzeux passant à des roches de quartz, d'ampélite graphique et alumineux, et de calcaire; il contient des fossiles de la même classe et présente sur les bords de la Loire près d'Angers, ainsi qu'aux environs de Sablé et de Laval, des exploitations de combustibles.

Enfin, je suis encore porté à rapporter à la même époque de dépôt le terrain de schiste argileux et de grauwacke, contenant des couches d'anthracite avec des empreintes végétales peu différentes de celles du terrain houiller dont se compose en grande partie l'angle sud-est des Vosges, et qui paraît s'être adossé aux masses granitiques des environs de Gerardmer, de Remiremont et du Tillot, qui elles-mêmes s'étaient probablement soulevées lors de la formation des anciennes rides Nord-Est Sud-Ouest.

Indépendamment des rapports géognostiques et paléontologiques qui se manifestent entre les diverses parties du vaste dépôt de transition dont je viens de parler, elles ont encore cela de commun, qu'elles échappent à la dislocation qui a produit l'ancien système

dirigé entre le N.-E. et l'E.-N.-E. Lorsque ces
couches ne sont pas horizontales, leurs dislocations suivent généralement d'autres directions, dont la plus marquée, qui probablement
a été produite immédiatement après leur dépôt, court suivant des lignes dont l'angle avec
le méridien varie suivant la longitude de 90°
à 67°½, mais qui sont toujours très-près d'être
exactement parallèles à un grand cercle qui
passerait par le Ballon d'Alsace (dans le midi
des Vosges), en faisant avec le méridien de
cette cime un angle de 74°, ou en se dirigeant
de l'O. 16° N. à l'E. 16° S.

La direction indiquée par le prolongement
de ce grand cercle se retrouve à très-peu près
dans les couches de transition du midi de l'Irlande, contrée montueuse et inégale, composée de crêtes courant généralement de l'Est
à l'Ouest, et atteignant leur plus grande élévation dans les montagnes de Kerry, ou le
Gurrane-tual, l'un des *reeks* de Magillycuddy,
près de Killarney, s'élève à 1067 mètres au-
dessus de la mer. Les couches de transition
y affectent, d'après M. Weaver, une direction
générale de l'Est à l'Ouest, et plongent au Nord
et au Sud en présentant une stratification verticale dans l'axe des crêtes : elles diminuent
d'inclinaison de chaque côté de ces crêtes, se
plient dans l'intervalle de manière à devenir
horizontales, et forment ainsi une succession
de bassins alongés. Elles atteignent des hau-

teurs de moins en moins grandes, à mesure
qu'on s'avance vers le Nord, et finissent par
s'enfoncer sous les dépôts contrastants du vieux
grès rouge et du calcaire carbonifère des comtés de l'intérieur ; discordance qui est rendue
très-frappante par la position presque horizontale du vrai calcaire carbonifère des mêmes districts.

Dans le Devonshire et le Sommersetshire,
la formation de grauwacke et de schiste contenant quelquefois de petits lits de matière
charbonneuse, présente encore une direction
peu éloignée du parallélisme avec le même
grand cercle de comparaison (E. 10° S. — O.
10° N.), et leur redressement, qui est certainement plus ancien que celui du conglomérat
rouge d'Exeter (*rothe todte liegende*), attendu
que ce dernier s'étend horizontalement sur
leurs tranches, ainsi qu'on peut s'en assurer
dans beaucoup de localités, paraît être également antérieur au dépôt du vieux grès rouge
qui ne les a pas recouvertes.

Les couches de transition les plus récentes
de la Bretagne et du Bocage de la Normandie,
celles dans lesquelles se trouvent les anthracites des bords de la Loire et de Sablé, les
calcaires à graphtolites de Feuguerolles et les
grès quartzeux de Mai, près Caen, courent
aussi à peu près parallèlement au grand cercle
de comparaison que nous avons indiqué ci-
dessus, et c'est sur leurs tranches ou sur celles

de couches plus anciennes, repliées avec elles, que paraissent s'être déposés les petits terrains houillers de Littry (Calvados) et du Plessis (Manche), celui de Saint-Pierre-la-Cour (Mayenne)? ceux de la Vendée, et probablement aussi celui de Quimper.

Les masses de syénite et de porphyre qui dans le sud-est des Vosges forment les cimes jumelles du Ballon d'Alsace et du Ballon de Comté, s'alongent, de l'Est 16° Sud, à l'Ouest 16° Nord, et ont redressé, dans cette direction, les couches du terrain à anthracites. Le terrain houiller de Ronchamps s'est déposé au pied de ces montagnes sur les tranches des couches redressées.

La structure de toute la partie méridionale du massif central des Vosges, depuis Plombières jusqu'à la vallée de Massevaux, est en rapport avec celle du Ballon d'Alsace, et se rattache à la direction O. 16° N.—E., 16° S. Il en est de même de la partie méridionale du noyau ancien de la Forêt-Noire.

Le Ballon d'Alsace s'élève à 789 mètres au-dessus de la ville de Giromagny, bâtie elle-même au niveau du terrain houiller, et le Ballon de Gebweiler, situé plus au Nord-Est, s'élève à 955 mètres au-dessus du même point. Parmi les inégalités de la surface du globe, dont on peut assurer que l'origine remonte à une date aussi reculée, on ne pourrait encore en citer de plus considérables.

La Lozère nous présente, beaucoup plus au Sud, une autre masse granitoïde alongée à peu près dans le même sens; et comme la direction de cette masse semble avoir déterminé celle du bassin intérieur des départements de la Lozère et de l'Aveyron, dans lequel se sont déposés horizontalement le terrain houiller, le grès bigarré et le calcaire du Jura, on peut supposer que l'élévation de cette masse est contemporaine de celle de la syénite du Ballon d'Alsace.

Le Harz se termine au N.-N.-E. par un escarpement comparable à celui qui termine les Vosges et la Forêt-Noire au S.-S.-O. Cet escarpement, qui coupe obliquement la direction des couches schisteuses, est parallèle à la plus grande longueur de ce groupe de montagnes isolé, et à la ligne sur laquelle les granites du Brocken et de la Rosstrappe se sont élevés, en perçant les schistes et les grauwackes déjà redressés antérieurement dans une autre direction; il est en même temps parallèle, à peu de chose près, au grand cercle de comparaison dont nous avons déjà parlé. Ce soulèvement, évidemment postérieur au premier redressement des schistes et des grauwackes, dans la direction *hora* 3 — 4, n'a pas été le dernier que le Harz ait éprouvé; mais il a influé plus qu'aucun autre sur la forme générale de son relief, et il a évidemment précédé le dépôt des terrains houillers qui sont situés à son pied.

Les grauwackes, qui forment des collines au N.-O. de Magdebourg, et dans lesquelles on trouve, comme en Irlande, en Bretagne et dans le sud des Vosges, un grand nombre d'impressions d'équisétacées et d'autres plantes peu différentes de celles du terrain houiller, ne partagent pas la direction, *hora* 3 — 4, des autres grauwackes de l'Allemagne. Elles appartiennent probablement à la partie la plus récente des dépôts dits de transition, et la direction de leurs couches est presque parallèle à celle de l'escarpement N.-N.-E. du Harz, dont le soulèvement a sans doute eu quelque influence sur le ridement qu'elles ont éprouvé.

Enfin les montagnes de Sandomirz, dans le S.-O. de la Pologne, nous présentent encore des couches de transition, d'une date probablement récente, redressées dans une direction presque exactement parallèle à celle du grand cercle de comparaison que nous avons mené par le Ballon d'Alsace.

Ce système de rides avait concouru avec le précédent, et peut-être avec d'autres encore qui n'ont pas été étudiés jusqu'ici, à donner un relief ondulé et une structure disloquée au sol ancien (*Ur- und Uebergangs-Gebirge*), dans les inégalités duquel se sont, plus tard, déposées les premières couches de cet ensemble de dépôts que Werner avait nommé *Flœtz-Gebirge*, et que les géologues français et anglais ont nommé *dépôts secondaires;* dépôts dont

la série carbonifère (*old red sandstone, moun-
tain limestone, coal measures*) forme l'assise
inférieure.

III. *Système du nord de l'Angleterre.*

Depuis la latitude de Derby jusqu'aux frontières de l'Écosse, le sol de l'Angleterre se
trouve partagé par un axe montagneux qui,
pris dans son ensemble, court presque exactement du Sud au Nord en s'écartant seulement un peu vers le Nord-Nord-Ouest. Dans
cette chaîne, qui, étant formée entièrement
par des couches de la série carbonifère, est
aujourd'hui nommée la grande chaîne carbonifère du nord de l'Angleterre, les forces soulevantes semblent, en prenant la chose dans
son ensemble, avoir agi (non toutefois sans
des déviations considérables) suivant des lignes dirigées à peu près du S. 5° E. au N. 5° O.
Ces forces soulevantes ont produit de grandes
failles dont l'une forme le bord occidental de
la chaîne dans le Peak du Derbyshire. Elle est
prolongée par une ligne anticlinale dans les
montagnes appelées *Western Moors* du Yorkshire; et à partir de là l'escarpement occidental
de la chaîne est accompagné par d'énormes
fractures, depuis le centre du Craven jusqu'au
pied du Stainmoor. Une autre fracture très-
considérable passant au pied de l'escarpement
occidental du chaînon du Cross-fell, rencontre

sous un angle obtus, près du pied du Stainmoor, la grande faille du Craven. Cette dernière faille explique immédiatement la position isolée des montagnes du district des Lacs.

M. le professeur Sedgwick prouve directement, dans le Mémoire qu'il a consacré à la
structure de cette chaîne, que toutes les fractures ci-dessus mentionnées ont été produites
immédiatement avant la formation des conglomérats du nouveau grès rouge (*rothe todte
liegende*), et il présente les plus fortes raisons
pour penser qu'elles ont été occasionées par
une action à la fois violente et de courte durée;
car on passe sans intermédiaire des masses inclinées et rompues aux conglomérats qui s'é-
tendent sur elles horizontalement, et il n'y a
aucune trace qui puisse indiquer un passage
lent d'un ordre de choses à l'autre. Enfin, M.
le professeur Sedgwick, recherchant quelle
pourrait être l'origine des phénomènes décrits, indique les différentes roches cristallines qui se montrent en contact avec les roches de la série carbonifère (le *toadstone* du
Derbyshire et le *whinstone* du Cumberland).

L'élévation de la chaîne du nord de l'Angleterre n'a probablement pas été un phénomène isolé; mais, si l'on jette un coup d'œil
sur la carte géologique de l'Angleterre par
M. Greenough, et sur celle jointe au Mémoire
de MM. Buckland et Conybeare sur les environs de Bristol, on est naturellement conduit

à remarquer, que les roches problématiques qui percent et qui disloquent les dépôts houillers de Shrewsbury et de Coal-brook-dale, et celles qui forment les Malvern-Hills, paraissent liées à une série de dislocations qui, courant presque du Nord au Sud, se prolonge à travers les couches de transition récentes, et les couches de la série carbonifère, jusqu'aux environs de Bristol.

La côte, dirigée presque du Nord au Sud, qui forme la limite occidentale du département de la Manche, et différentes lignes de fracture dirigées de même dans le sens du méridien que présente le bocage de la Normandie, doivent aussi probablement leur origine première à des dislocations de la même catégorie que celles de la grande chaîne carbonifère du nord de l'Angleterre.

Peut-être aussi des traces du même phénomène pourraient-elles être reconnues dans le massif central de la France (chaîne de Pierre-sur-Haute, chaîne de Tarare), dans les montagnes des Maures (département du Var) et dans les montagnes primitives de la Corse.

IV. *Système des Pays-Bas et du sud du pays de Galles.*

Les formations du grès rouge et du zechstein, déposées primitivement en couches à peu près horizontales, au pied des montagnes du Harz, du pays de Nassau, de la Saxe, sont

bien loin d'avoir conservé partout leur horizontalité primitive. Elles présentent au contraire un grand nombre de fractures et de
dérangements, dont une grande partie affectent en même temps les formations du grès
bigarré et du muschelkalk, mais dont une
certaine classe ne dépasse pas le zechstein, et
paraît s'être produite immédiatement après
son dépôt. De ce nombre sont les failles et les
inflexions variées dirigées moyennement de
l'Est à l'Ouest, que présentent les couches du
grès rouge, du weiss-liegende, du kupfer-
schiefer et du zechstein, dans le pays de Mansfeld; accidents dont M. Freisleben avait déjà
indiqué que la production devait être antérieure au dépôt du grès bigarré.

Ces accidents remarquables de la stratification des premières couches secondaires du
Mansfeld me paraissent n'être qu'un cas particulier d'un ensemble d'accidents de stratification qui, depuis les bords de l'Elbe jusqu'aux petites îles de la baie de Saint-Bride,
dans le pays de Galles, et jusqu'à la chaus-
sée de Sein en Bretagne, affectent toutes les
couches de sédiment dont la formation n'est
pas postérieure à celle du zechstein. Dans cette
étendue de 280 lieues, toutes les couches dont
il s'agit, partout où elles ne sont pas dérobées
à l'observation par des formations plus récentes auxquelles ces mouvements sont étrangers, se présentent dans un état plus ou moins

complet de dislocation. Il y a même des points,
comme à Liége, à Mons, à Valenciennes, sur
les flancs des Mendip-Hills et dans le bassin
houiller de Quimper, où elles présentent
les contorsions les plus extraordinaires; où
leur profil présente, par exemple, la forme
d'un Z, ou des formes plus bizarres encore.
Ces accidents de stratification ont pour caractère commun, que les couches se sont pour
ainsi dire repliées sur elles-mêmes sans s'élever
en montagnes considérables, qu'ils n'occa-
sionnent à la surface du terrain que de faibles
protubérances, malgré la complication des
contorsions que les couches présentent à l'intérieur, et que les plis (ou les lignes de fracture) se sont produits, pour moitié, dans une
direction parallèle à un grand cercle qui tra-
verserait le Mansfeld perpendiculairement au
méridien de ce pays, et pour l'autre moitié,
suivant les directions des dislocations que présentaient déjà en chaque point les couches
plus anciennes affectées par des bouleversements antérieurs. Ainsi, dans la bande de terrain carbonifère qui s'étend d'une manière
presque continue depuis le pays de la Marck
jusqu'aux environs d'Arras, les couches de
calcaire, de grès, d'argile schisteuse et de
houille, se dirigent, tantôt presque de l'Est à
l'Ouest, parallèlement au grand cercle ci-dessus désigné, tantôt presque du N.-E. au S.-O.,
parallèlement à la stratification des terrains

schisteux anciens de l'Eiffel et du Hundsruck. Sur les bords du canal de Bristol, et dans tout le midi du pays de Galles, on voit de même la stratification, souvent très-contournée, du système carbonifère, osciller entre deux directions, l'une courant de l'E. un peu N. à l'O. un peu S., parallèlement à ce même grand cercle désigné ci-dessus; l'autre courant de l'E. 10° S. à l'O. 10° N., parallèlement à la direction des couches de schistes et de grauwacke du nord du Devonshire, qui probablement s'élevaient déjà en montagnes avant le dépôt de la série carbonifère. On les voit aussi en approchant du pied des montagnes schisteuses anciennes qui couvrent le nord du pays de Galles, participer à la direction N. E.-S. O., qui domine dans ces montagnes. Un phénomène du même genre se reproduit dans le bassin houiller de Quimper. Malgré la grande étendue de terrains récents qui séparent les terrains carbonifères de la Belgique de ceux des bords du canal de Bristol, et qui rend leur continuité problématique, on peut remarquer que, de part et d'autre, les contorsions qui affectent les couches, présentent des caractères communs, dont l'un, par exemple, consiste en ce que les contournements sont beaucoup plus forts dans la partie méridionale de la bande disloquée, que dans la partie septentrionale. On peut remarquer aussi qu'indépendamment de leur complication, les dislocations dont ce système se compose, se distinguent de celles qui forment le système précédent, dont quelques géologues les rapprochent chronologiquement, en ce que très-rarement, nulle part peut-être, elles n'ont donné passage à ces roches trappéennes *dépourvues de quartz (toadstone, whinstone)*, qui forment presque constamment le cortége des failles nord-sud du système du nord de l'Angleterre.

Les traits de ressemblance que présentent toutes les dislocations que je viens d'indiquer, depuis le pays de Mansfeld jusqu'à l'extrémité occidentale du Pembrockshire, me portent à les considérer comme résultant d'un même phénomène, à moins que quelque observation positive ne prouve qu'elles ont été produites à des époques distinctes. Ce phénomène serait nécessairement postérieur au dépôt du zechstein, et antérieur au dépôt du poudingue de Malmédy, et des conglomérats magnésiens des Mendip-Hills et des environs de Bristol, qui s'étendent horizontalement sur les tranches des couches carbonifères disloquées. M. le professeur Sedgwick regarde le conglomérat magnésien de Bristol comme plus récent que le calcaire magnésien du nord de l'Angleterre, qui est parallèle au zechstein; et rien ne s'oppose jusqu'ici à ce qu'on assigne une date semblable au poudingue de Malmédy; mais comme cependant le conglomérat magnésien de Bristol doit nécessairement rester parmi les assises les plus anciennes du nouveau grès rouge des Anglais, on voit que si toutes les dislocations que je viens d'énumérer sont le résultat d'une seule catastrophe, cette catastrophe doit avoir eu lieu immédiatement après le dépôt du zechstein.

Je suis encore porté à rapporter à cette même catastrophe les dérangements multipliés qu'ont subis les couches houillères de Sarrebruck, avant le dépôt du grès des Vosges, qui s'est étendu horizontalement sur leurs tranches, et les mouvements moins considérables que paraît avoir éprouvé le sol des Vosges, entre le dépôt du grès rouge qui n'y a rempli que le fond de quelques dépressions, et celui du grès des Vosges qui s'y est élevé beaucoup plus haut, et y a recouvert des espaces beaucoup plus considérables.

V. *Système du Rhin.*

Les montagnes des Vosges, de la Hardt, de la Forêt-Noire et de l'Odenwald, forment deux groupes en quelque sorte symétriques, qui se terminent l'un vis-à-vis de l'autre par deux longues falaises légèrement sinueuses, dont les directions générales sont parallèles l'une à l'autre et au cours du Rhin qui coule entre elles depuis Bâle jusqu'à Mayence. Ces deux falaises sont principalement composées d'éléments rectilignes orientés presque exac-

tement du N. 21° E. au S. 21° O.; et les montagnes qui viennent d'être mentionnées présentent, dans beaucoup de points de leur pour-
tour ou de leur intérieur, d'autres lignes d'escarpements parallèles aux précédents. Ces lignes, qui sont les traits caractéristiques de
celui des quatre systèmes de montagnes de
l'Allemagne, que M. Léopold de Buch a nommé système du Rhin, se dessinent très-nette-
ment sur une carte géologique de ces contrées,
aussitôt qu'on y distingue par des couleurs
différentes les deux formations, si souvent con-
fondues ensemble, du grès des Vosges et du grès
bigarré. Les escarpements dont il s'agit sont
tous composés, en tout ou en partie, de grès des
Vosges. Ils forment, en général, la tranche
des plateaux plus ou moins étendus dont les
couches de cette formation constituent la surface. Ils paraissent dus à de grandes fractures,
à une série de failles parallèles qui ont rompu
et diversement élevé ou abaissé les différents
compartiments ou lanières dans lesquels elles
ont divisé la formation du grès des Vosges, à
une époque où cette formation n'était encore
recouverte par aucune autre. L'époque de
bouleversement dans laquelle elles se sont
produites, est par conséquent antérieure au
dépôt du système de grès bigarré, du muschelkalk et des marnes irisées, qui, tout autour des
montagnes des deux bords du Rhin, s'étend
jusqu'au pied des falaises dirigées du N. 21° E.

au S. 21° O. Ces formations semblent s'être déposées dans une mer dans laquelle les montagnes qui constituent le système du Rhin formaient des îles et des presqu'îles. Elles dessinent encore aujourd'hui les contours de ces anciennes terres. Le dépôt du plus ancien de ces trois groupes de couches, le grès bigarré, paraît avoir suivi sans interruption celui du grès des Vosges; car, dans les points où les deux formations sont superposées, il y a passage de l'une à l'autre. Le mouvement qui a élevé le grès des Vosges en plateaux, dont le grès bigarré est venu ceindre la base, doit, par conséquent, avoir été brusque et de peu de durée.

La production des fractures qui caractérisent le système du Rhin ne paraît pas avoir été circonscrite dans les contrées rhénanes. On observe des traces de fractures analogues et semblablement dirigées, dans les montagnes comprises entre la Saône et la Loire, dans celles du centre et du midi de la France et jusque dans les parties littorales du département du Var. Partout ces fractures sont antérieures au dépôt du système du grès bigarré, du muschelkalk et des marnes irisées; partout aussi on peut reconnaître qu'elles sont postérieures au dépôt du terrain houiller. Il est vrai que l'absence, dans ces mêmes contrées, des formations comprises entre le terrain houiller et le grès bigarré, empêche qu'on ne puisse déterminer d'une manière complète l'époque relative de leur formation; mais on peut dire du moins que rien ne contredit jusqu'ici l'induction que fournit leur direction, pour les rapprocher de celles qui caractérisent le système du Rhin.

VI. *Système du Thuringerwald, du Böhmerwald-Gebirge, du Morvan.*

Le terrain jurassique, déposé par couches presque horizontales dans un ensemble de mers et de golfes, a dessiné les contours des divers systèmes de montagnes dont nous avons déjà parlé, et en même temps ceux d'un système particulier qui se distingue par la direction O. 40° N. — E. 40° S., que présentent la plupart des lignes de faîte et des vallées qu'il détermine, et par la circonstance que les couches du grès bigarré, du muschelkalk et des marnes irisées s'y trouvent dérangées de leur position originaire, aussi bien que toutes les couches plus anciennes. Les couches jurassiques, au contraire, s'étendent horizontalement jusqu'au pied des pentes et sur les tranches des couches redressées de ce système; d'où il résulte que le mouvement qui lui a donné naissance a dû avoir lieu entre la période du dépôt des marnes irisées et celle du grès inférieur du lias. Ce mouvement doit avoir été brusque et de peu de durée, puisque, dans beaucoup de parties de l'Europe, il y a liaison entre les dernières couches des marnes irisées et les premières couches du grès du lias ; ce qui montre que la nature et la distribution des sédiments a changé à cette époque géologique, sans que la continuité de leur dépôt ait été interrompue.

Lorsqu'on promène un œil attentif sur la carte géologique de l'Allemagne par M. Léopold de Buch, ou sur celle plus détaillée encore du nord de l'Allemagne par M. Hoffmann, on y reconnaît aisément l'existence d'un système de dérangements de stratification qui court à peu près de l'O. 40° N. à l'E. 40° S., en affectant indistinctement toutes les couches d'une date plus ancienne que le keuper (marnes irisées, red marl) et le keuper lui-même, et qui ont concouru à déterminer les contours sinueux des golfes dans lesquels se sont ensuite déposées les couches jurassiques du nord et du midi de l'Allemagne. Ces accidents comprennent la plus grande partie de ceux que M. Léopold de Buch a groupés sous le nom de système du N.-E. de l'Allemagne. Le Thuringerwald, et la partie du Böhmerwald-Gebirge comprise entre la Bavière et la Bohème, qui en forme presque exactement le prolongement, sont le chaînon le plus proéminent de cet ensemble d'accidents, plus étendu que prononcé, et peuvent servir à donner un nom à tout le système.

En France, comme en Allemagne, on peut reconnaître les traces d'un ridement général

du sol, dans la direction du N. 50° O. au S. 50° E.;
mais ce ridement n'a produit, en France
comme en Allemagne, que des accidents d'une
faible saillie, qu'il est impossible de désigner
tous dans un extrait aussi abrégé que celui-ci,
et dont il serait même difficile de bien expri-
mer la disposition sans le secours d'une carte
sur laquelle seraient figurés les contours de
la *mer jurassique*. Au centre de la France,
près d'Avallon et d'Autun, on voit les premières
couches jurassiques, le lias et l'arkose qui en
dépend, venir embrasser des protubérances
alongées dans la direction N. 50° O. — S. 50° E.,
et composées à la fois de roches granitiques
et de couches dérangées du terrain houiller
et d'un arkose particulier, contemporain des
marnes irisées. La même direction, et des circonstances géologiques analogues, se retrouvent dans une série de montagnes et de collines serpentineuses, porphyritiques, granitiques et schisteuses, qui, depuis les environs
de Firmy, dans le département de l'Aveyron,
se dirige vers l'île d'Ouessant, en déterminant
la direction générale des côtes de la Vendée
et des côtes S.-O. de la Bretagne. Vers l'extrémité S.-E. de ce système, notamment aux environs de Brives et de Terrasson, le grès bigarré se présente en couches inclinées formant des lignes anticlinales et des crêtes dirigées assez exactement dans la direction dont
nous parlons; tandis que, partout où les cou-

ches jurassiques s'approchent de cette suite de proéminences, elles conservent leur horizontalité, sauf des cas peu nombreux où des accidents dirigés dans des sens différents la leur ont fait perdre accidentellement.

M. de Buch avait déjà remarqué que la direction du système du N.-E. de l'Allemagne se retrouve dans celle d'une partie des accidents du sol de la Grèce. En effet, si on imagine un arc de grand cercle qui passe par le Thuringerwald, en faisant avec le méridien un angle de $50°$ du côté de l'O., ou en se dirigeant de l'O. $40°$ N. à l'E. $40°$ S., cet arc de grand cercle prolongé traversera la Grèce parallèlement aux crêtes des chaînes en partie sous-marines qui constituent l'île de Négrepont, l'Attique et une partie des îles de l'Archipel. Ce système de crêtes que MM. Boblaye et Virlet ont nommé système Olympique, est composé de roches de la classe des primitives, dont les couches affectent en général la même direction que les crêtes elles-mêmes. Il résulte des observations de MM. Boblaye et Virlet, que la formation de ces crêtes est antérieure au dépôt des assises inférieures du terrain crétacé; ainsi, le peu qu'on sait sur l'époque de leur apparition se trouve conforme à l'idée de M. de Buch, qui les rapprochait du Thuringerwald, d'après la considération de leur direction.

VII. *Système du Mont Pilas, de la Côte-d'Or et de l'Erzgebirge.*

Une foule d'indices se réunissent pour attester que dans l'intervalle des deux périodes auxquelles correspondent le dépôt jurassique et le système des terrains crétacés (*Wealden formation, green sand and chalk*), il y a eu une variation brusque et importante dans la manière dont les sédiments se disposaient sur la surface de l'Europe. Cette variation a été considérable; car si on essaie de rétablir sur une carte les contours de la nappe d'eau dans laquelle s'est déposée la partie inférieure du terrain crétacé, on les trouve extrêmement différents de ceux de la nappe d'eau dans laquelle s'est formé le terrain jurassique. Elle a été brusque; car en beaucoup de points il y a passage de l'un des systèmes de couches à l'autre, ce qui annonce que, dans ces points, la nature du dépôt et celle des habitants de la surface ont varié sans que le dépôt des sédiments ait été suspendu.

Cette variation subite paraît avoir coïncidé avec la formation d'un ensemble de chaînons de montagnes parmi lesquelles on peut citer la Côte-d'Or (en Bourgogne), le Mont Pilas (en Forez), les Cévennes et les plateaux du Larzac (dans le midi de la France), et même l'Erzgebirge (en Saxe).

L'Erzgebirge, la Côte-d'Or, le Pilas, les Cévennes, font partie d'une série presque continue d'accidents du sol, qui se dirigent à peu près du N.-E. au S.-O., ou de l'E. 40° N. à l'O. 40° S. depuis les bords de l'Elbe jusqu'à ceux du canal de Languedoc et de la Dordogne, et dont la communauté de direction et la liaison de proche en proche, conduisent à penser que l'origine a été contemporaine, que la formation s'est opérée dans une seule et même convulsion. Dans les départements de la Dordogne et de la Charente, en Nivernais, en Bourgogne, en Lorraine, en Alsace et dans plusieurs autres parties de la France, les dérangements de stratification dirigés dans le sens des chaînons de montagnes dont nous parlons, embrassent les couches jurassiques, tandis qu'ils n'affectent pas les couches inférieures du terrain crétacé à la rencontre desquelles ils se terminent près des rives de la Dordogne et en Saxe, où les couches de grès vert qui forment les escarpements pittoresques de ce qu'on appelle la Suisse saxonne, s'étendent horizontalement sur la base de l'Erzgebirge. La Côte-d'Or, située au milieu de l'espace dont il s'agit, fait partie d'une série d'ondulations des couches jurassiques qui, après avoir donné naissance aux accidents les mieux dessinés du sol du département de la Haute-Saône, se reproduit encore dans les hautes vallées longitudinales des montagnes du Jura,

par dessous lesquelles toutes les couches du
terrain jurassique viennent passer pour se
relever dans leurs intervalles, et former les
croupes arrondies qui les séparent. Dans le
fond de plusieurs de ces vallées on trouve des
couches évidemment contemporaines du grès
vert d'après les fossiles qu'elles contiennent;
et comme ces couches ne s'élèvent pas sur
les crêtes intermédiaires qui semblent avoir
formé autant d'îles et de presqu'îles, elles
sont évidemment d'une date plus récente
que le reploiement des couches jurassiques
qui a donné naissance à ces crêtes, aux
vallées longitudinales, et à tout le système
dont elles font partie, et qui comprend la
Côte-d'Or.

Il suit naturellement de là, qu'indépendamment des accidents plus anciens, qui ont déterminé l'inclinaison de diverses couches et
notamment des couches schisteuses anciennes
qui composent en partie le sol des parties de
l'Allemagne et de la France comprises entre
les plaines de la Prusse et celles de la Gascogne, ce sol a éprouvé un nouveau mouvement
de dislocation, entre la période du dépôt du
terrain jurassique et celle du dépôt du système
crétacé; mouvement qui a, pour ainsi dire,
marqué le moment du passage de l'une des
périodes à l'autre. La direction suivant laquelle cette dislocation s'est opérée, est indiquée par la direction générale des crêtes dont

le terrain jurassique fait partie, et dont le terrain crétacé entoure la base. Cette direction, ainsi que je l'ai dit plus haut, court en général à peu près du N.-E. ou S.-O. Cependant il y a quelquefois des déviations suivant la direction de fractures plus anciennes; ainsi, dans la Haute-Saône, dans le midi de la Côte-d'Or et dans le département de Saône-et-Loire, on voit un grand nombre de fractures de l'époque qui nous occupe suivre la direction propre au système du Rhin.

Comme on devait naturellement s'y attendre, la direction des chaînes du Mont Pilas, de la Côte-d'Or, de l'Erzgebirge et des autres chaînes, qui ont pris leur relief actuel immédiatement avant le dépôt du grès vert et de la craie, a eu une grande influence sur la distribution de ce terrain dans la partie occidentale de l'Europe. On conçoit, en effet, qu'elle a dû avoir une influence très-marquée sur la disposition des parties adjacentes de la surface du globe, qui, pendant la période du dépôt de ce terrain, se trouvaient à sec ou submergés. Parallèlement aux directions des chaînes que je viens de citer, s'étend, des bords de l'Elbe et de la Saale, à ceux de la Vienne, de la Charente et de la Dordogne, une masse de terrain qui formait évidemment, dans la mer qui déposait le terrain crétacé inférieur, une presqu'île, liée, vers Poitiers, aux contrées montueuses, déjà façonnées à cette époque, de la Vendée, de la Bretagne, et par elles à celles du Cornouailles, du pays de Galles, de l'Irlande et de l'Écosse. La mer ne venait plus battre jusqu'au pied des Vosges; un rivage s'étendait des environs de Ratisbonne vers Alais; et le long de cette ligne on reconnaît beaucoup de dépôts littoraux de l'âge du grès vert, tels que ceux de la Perte du Rhône, et des hautes vallées longitudinales du Jura. Plus au S.-E., on voit le même dépôt prendre une épaisseur et souvent des caractères qui prouvent qu'il s'est déposé sous une grande profondeur d'eau. Il est à remarquer, que le dépôt du grès vert et de la craie a pris des caractères différents sur les diverses côtes de la presqu'île que je viens de nommer, et ce n'est peut-être que dans le large golfe qui continua long-temps à s'étendre entre la même presqu'île et les montagnes du pays de Galles, du Derbyshire, de l'Écosse et de la Scandinavie, qu'il s'est déposé avec cette consistance crayeuse de laquelle est dérivé son nom général, quoiqu'elle tienne, selon toute apparence, à une circonstance exceptionnelle.

VIII. *Système du Mont Viso.*

On est dans l'habitude de réunir en un seul groupe toutes les couches de sédiment comprises entre la partie supérieure du calcaire

du Jura et la partie inférieure des dépôts
tertiaires. Parmi ces couches sont comprises
la craie, avec les sables et argiles qui lui servent de support; couches que les géologues
anglais désignent par les noms de *wealden
formation, greensand and chalk*. M. d'Omalius
d'Halloy a proposé de nommer terrain crétacé ce groupe de couches, de même qu'on
nomme terrain jurassique le groupe de couches dont le calcaire du Jura fait partie. Ces
mêmes couches, que le besoin d'un nombre
limité de coupures a fait réunir, forment un
assemblage beaucoup plus hétérogène et
beaucoup moins continu que celles dont on
compose le groupe jurassique. Il me paraît
bien probable que, pendant la durée de leur
dépôt, il s'est opéré plus d'un bouleversement,
soit dans nos contrées mêmes, soit dans les
parties de la surface du globe qui en sont peu
éloignées. Il me semble même qu'on peut, dès
à présent, signaler un groupe, assez étendu et
assez fortement dessiné, d'accidents de stratification et de crêtes de montagnes, comme
correspondant à la plus tranchée des lignes
de partage que nous offrent les couches comprises dans le groupe crétacé.

L'ensemble des couches du terrain crétacé
peut, en effet, se diviser en deux assises très-
distinctes par leurs caractères zoologiques et
par leur distribution sur la surface de l'Europe; l'une, que je propose de désigner sous

le nom de terrain crétacé inférieur, comprendrait les diverses couches de l'époque de la formation wealdienne, et celle du grès vert jusques et compris le *reigate firestone* des Anglais, ou jusques et compris notre craie chloritée et notre craie tuffeau; l'autre, que je propose de désigner sous le nom de terrain crétacé supérieur, comprendrait seulement une partie de la craie marneuse et la craie blanche: le terrain crétacé supérieur se distinguerait zoologiquement de l'inférieur, par l'absence peut-être complète des céphalopodes à cloisons persillées, tels que les ammonites, les hamites, les turrilites, les scaphites, qui abondent dans certaines couches du terrain crétacé inférieur.

La ligne de partage de ces deux systèmes de couches me paraît correspondre à l'apparition d'un système d'accidents du sol que je propose de nommer *système du Mont Viso,* d'après une seule cime des Alpes françaises qui, comme presque toutes les cimes alpines, doit sa hauteur absolue actuelle à plusieurs soulèvements successifs, mais dans laquelle les accidents de stratification propres à l'époque qui nous occupe se montrent d'une manière très-prononcée.

Les Alpes françaises et l'extrémité sud-ouest du Jura, depuis les environs d'Antibes et de Nice jusqu'aux environs de Pont-d'Ain et de Lons-le-Saulnier, présentent une série de crêtes et de dislocations, dirigées à peu près vers le Nord-Nord-Ouest, et dans lesquelles les couches du terrain crétacé inférieur se trouvent redressées aussi bien que les couches jurassiques. La pyramide de roches primitives du Mont Viso est traversée par d'énormes failles qui, d'après leur direction, appartiennent à ce système de fractures. Au pied des crêtes orientales du Devoluy, formées par les couches du terrain crétacé inférieur redressées dans la direction dont il s'agit, sont déposées horizontalement près du col de Bayard, celles des couches du terrain crétacé supérieur qui se distinguent par la présence d'un grand nombre de nummulites, de cérites, d'ampullaires et d'autres coquilles appartenant à des genres et même souvent à des espèces, qu'on avait cru pendant long-temps exclusivement propres aux terrains tertiaires. C'est donc entre les périodes de dépôt de ces deux parties du système du grès vert et de la craie, que les couches du système du Mont Viso ont été redressées.

Plus à l'Ouest, de nombreuses lignes de fractures, d'assez nombreuses crêtes, formées en partie par les couches redressées du terrain crétacé inférieur, se montrent depuis l'île de Noirmoutiers, où M. Bertrand Geslin vient d'en indiquer un exemple, jusque dans la partie méridionale du royaume de Valence. A Orthès (Basses-Pyrénées), et dans les gorges de Pancorbo (entre Miranda et Burgos), on trouve les couches du terrain crétacé inférieur redressées dans la direction dont il s'agit.

MM. Boblaye et Virlet ont signalé, dans la Grèce, un système de crêtes très-élevées qu'ils ont nommé système Pindique, dont la direction est sensiblement parallèle à celle d'un arc de grand cercle qui passerait par le Mont Viso en se dirigeant du N.-N.-O. au S.-S.-E., et dont les couches les plus récentes leur paraissent se rapporter au terrain crétacé inférieur.

Lorsqu'on cherche à restaurer sur une carte les contours de la mer dans laquelle s'est déposé le terrain crétacé supérieur, on reconnaît aisément que la direction des crêtes dont se compose le système du Mont Viso a exercé sur ces contours une influence très-marquée.

IX. *Système des Pyrénées.*

Le défaut de continuité qui existe dans la série des dépôts de sédiment entre la craie et les formations tertiaires, et la conséquence qu'à cette époque de la chronologie géologique il y a eu renouvellement dans la manière d'agir des causes qui produisent les dépôts de sédiment, sont au nombre des points les mieux avérés de la géologie.

Ce défaut de continuité n'est nulle part plus manifeste qu'au pied des Pyrénées. D'après les observations de plusieurs géologues, les formations tertiaires, parmi lesquelles se trouve compris le calcaire grossier de Bordeaux et de Dax, s'étendent horizontalement jusqu'au pied de ces montagnes, sans entrer, comme la craie, dans la composition d'une partie de leur masse; d'où il suit que les Pyrénées ont pris, relativement aux parties adjacentes de la surface du globe, les traits principaux du relief qu'elles nous présentent aujourd'hui, après la période du dépôt des terrains crétacés, dont les couches redressées s'élèvent indistinctement sur leurs flancs, quelques-unes même jusqu'à leur crête, comme l'a prouvé M. Dufrénoy, et avant la période du dépôt des couches tertiaires de divers âges, qui s'étendent indistinctement jusqu'à leur pied, et qui souvent, dans le bassin de la Gascogne, semblent se confondre les unes avec les autres, ce qui tend à prouver que, pendant une grande partie des périodes tertiaires, cette partie de l'écorce du globe est restée à peu près immobile.

Si l'on jette les yeux sur des cartes suffisamment détaillées de la France et de l'Espagne, on voit que les Pyrénées y forment un système isolé presque de toutes parts; la direction qui y domine le détache également des systèmes de montagnes de l'intérieur de la

France et de ceux qui traversent l'Espagne et le Portugal. Cette chaîne, considérée en grand, s'étend depuis le cap Ortégal en Galice, jusqu'au cap de Creuss en Catalogne; mais elle paraît composée de la réunion de plusieurs chaînons parallèles entre eux, qui courent de l'O. 18° N. à l'E. 18° S., dans une direction oblique par rapport à la ligne qui joint les deux points les plus éloignés de la masse totale.

Cette direction des chaînons partiels, dont la réunion constitue les Pyrénées, se retrouve dans une partie des accidents du sol de la Provence, qui ont en même temps cela de commun avec eux, que toutes celles des couches du système crétacé qui y existent y sont redressées; tandis que toutes les couches tertiaires qu'on y rencontre s'étendent transgressivement sur les tranches des premières.

La réunion des mêmes circonstances caractérise les chaînons les plus considérables des Apennins. Les principaux accidents du sol de l'Italie centrale et méridionale, et de la Sicile, se coordonnent à quatre directions principales, dont l'une, qui est celle des accidents les plus étendus, est parallèle à la direction des chaînons des Pyrénées. On la reconnaît dans les montagnes situées entre Modène et Florence, dans les Morges entre Bari et Tarente, dans un grand nombre d'autres crêtes intermédiaires et même dans deux rangées de masses volcaniques qui courent, l'une à travers la Terre de Labour, des environs de Rome à ceux de Bénévent, et l'autre, dans les îles Ponces, de Palmarola à Ischia. Ces dernières masses, bien que d'une date probablement plus moderne, semblent marquer comme des jalons les lignes de fractures du sol qu'elles ont traversé.

Les montagnes qui appartiennent à cette série d'accidents du sol sont en partie composées de couches redressées du système du grès vert et de la craie, tandis qu'elles sont enveloppées de couches tertiaires, dont l'horizontalité générale ne se dément qu'à l'approche des accidents d'un âge différent, auxquels sont dues les autres lignes de direction.

Les mêmes caractères de composition et de direction se retrouvent dans la falaise qui, malgré des dislocations plus récentes, termine encore la masse des Alpes au nord de Bergame et de Vérone, et au pied de laquelle se sont déposés les terrains calcaréo-trappéens du Vicentin, contemporains du calcaire grossier de Paris (Castel-Gomberto, Montecchio maggiore, Val Ronca). Ils se retrouvent aussi dans les Alpes Juliennes, entre le pays de Venise et la Hongrie, dans une partie des montagnes de la Croatie, de la Dalmatie, de la Bosnie, et même dans celles de la Grèce, où MM. Boblaye et Virlet les ont observés dans les chaînons qu'ils ont désignés sous le nom de système Achaïque.

On les retrouve de même dans une partie des monts Carpathes, entre la Hongrie et la Gallicie, ainsi que dans quelques accidents du sol du nord de l'Allemagne, parmi lesquels on remarque principalement les lignes de dislocation, le long desquelles les couches du terrain crétacé se redressent au pied de l'escarpement nord-nord-est du Hartz.

Enfin, dans le nord de la France et le sud de l'Angleterre, la dénudation du pays de Bray et celle des Wealds, du Surrey, du Sussex et du Kent, et du Bas-Boulonais, paraissent avoir pris la place de protubérances du terrain crétacé dues à des soulèvements opérés immédiatement avant le dépôt des premières couches tertiaires, suivant des directions générales parallèles à celles des Pyrénées, mais avec des accidents partiels, parallèles aux directions d'autres soulèvements plus anciens. Le midi du département de Maine et Loire présente une petite crête qui s'étend de Montreuil-Bellay à Concourson. Cette crête, composée de couches de transition, de couches jurassiques et même de craie tuffeau, est évidemment très-moderne. Tout annonce cependant qu'elle est antérieure au dépôt des faluns coquilliers de Doué et même à celui du calcaire grossier de Machecoul.

La convulsion qui accompagna la naissance des Pyrénées, fut évidemment une des plus fortes que le sol de l'Europe ait jusqu'alors éprouvées : ce ne fut qu'à l'apparition des Alpes qu'il en éprouva de plus fortes encore; mais pendant l'intervalle qui s'écoula entre l'élévation des Pyrénées et la formation du système des Alpes occidentales, intervalle pendant lequel se déposèrent la plus grande partie des couches qu'on nomme tertiaires, l'Europe ne fut le théâtre d'aucun autre événement aussi important; les soulèvements qui, pendant cet intervalle, changèrent peut-être à plusieurs reprises la forme des bassins tertiaires, ne s'y firent pas sentir avec la même intensité; et le système des Pyrénées forma, pendant tout cet intervalle, le trait dominant de la partie de la surface de notre planète, qui est devenue l'Europe; aussi le cachet pyrénéen se découvre-t-il presque aussi bien sur la carte où M. Lyell a figuré indistinctement toutes les mers des diverses périodes tertiaires, que sur celle où j'ai cherché à restaurer séparément la forme d'une partie des mers où se déposèrent les terrains tertiaires inférieurs. (Planche VIII.)

On peut en effet remarquer qu'une ligne un peu sinueuse, tirée des environs de Londres à l'embouchure du Danube, forme la lisière méridionale d'une vaste étendue de terrain plat, couverte presque partout par des formations récentes. Cette ligne, qui est sensiblement parallèle à la direction Pyrénéo-Apennine, semble donc avoir été le rivage méridional d'une vaste mer qui, à l'époque des dépôts tertiaires, couvrait une grande partie du sol de l'Europe, et qui se trouvait limitée vers le Sud par un espace continental traversé par plusieurs bras de mer, et dont les montagnes du système des Pyrénées formaient les traits les plus saillants.

Les lambeaux de terrain tertiaire qui se sont formés dans les dépressions de ce même espace y sont souvent disposés suivant des lignes parallèles à la direction générale du système des Pyrénées : on conçoit toutefois que, comme ce grand espace présentait aussi des irrégularités résultant de dislocations plus anciennes et dirigées autrement, il a dû s'y former aussi des lambeaux tertiaires co-ordonnés à ces anciennes directions. C'est par cette raison que la direction dont il s'agit ne se manifeste que dans une partie des traits généraux primitifs du bassin tertiaire de Paris, de l'île de Wight et de Londres. L'enceinte extérieure qui environne l'ensemble de ces dépôts, se trouve en effet en rapport avec des accidents de la surface du sol tout-à-fait étrangers au système des Pyrénées, auquel semblent au contraire se rattacher les protubérances crayeuses qui, s'interposant entre eux, les ont empêchés de former un tout continu.

De nouvelles montagnes s'étant ensuite élevées pendant la durée de la période tertiaire,
les plus récentes des couches comprises sous
cette dénomination, sont venues s'étendre le
long des nouveaux rivages que ces montagnes
ont déterminés, mais sans que la forme générale des nappes d'eau cessât de présenter de
nombreuses traces de l'influence prédominante du système pyrénéen.

X. *Système des îles de Corse et de Sardaigne.*

Les couches qu'on nomme tertiaires sont
loin de former un tout continu. On y remarque plusieurs interruptions dont chacune
pourrait avoir correspondu à un soulèvement
de montagnes opéré dans des contrées plus
ou moins voisines des nôtres. Un examen attentif de la nature et de la disposition géométrique des terrains tertiaires du nord et du
midi de la France, m'a conduit à les diviser
en trois séries, dont l'inférieure, composée
de l'argile plastique, du calcaire grossier et
de toute la formation gypseuse, y compris les
marnes marines supérieures, ne s'avance guères
au sud et au sud-ouest des environs de Paris.
La suivante, qui est la plus complexe, est représentée dans le Nord par le grès de Fontainebleau, le terrain d'eau douce supérieur
et les faluns de la Touraine; elle comprend,

à peu d'exceptions près, tous les dépôts tertiaires du midi de la France et de la Suisse, et notamment les dépôts de lignite de Fuveau, Kœpfnach et autres semblables. Le grès de Fontainebleau, superposé aux marnes de la formation gypseuse, est la première assise de ce système, de même que le grès du lias, superposé aux marnes irisées, est la première assise du terrain jurassique. Le premier peut être considéré comme étant, par rapport aux arkoses tertiaires de l'Auvergne, ce qu'est le second par rapport aux arkoses jurassiques d'Avallon. Ces deux séries tertiaires ne sont pas moins distinctes par les débris de grands animaux qu'elles renferment, que par leur gisement. Certaines espèces d'anoplothérium et de paléothérium, trouvées à Montmartre, caractérisent la première, tandis que d'autres espèces de paléothérium, presque toutes les espèces du genre lophiodon, tout le genre anthracothérium, et les espèces les plus anciennes des genres mastodonte, rhinocéros, hippopotame, castor, etc., particularisent la seconde. Les dépôts marins des collines subapennines, et les dépôts lacustres d'OEningen et de La Bresse, représenteraient la 3.ᵉ période tertiaire, caractérisée par la présence des éléphants, de l'ours et de l'hyène des cavernes, etc.

C'est à la ligne de démarcation qui existe entre la première et la seconde de ces deux

séries tertiaires, que parait avoir correspondu
le soulèvement du système de montagnes dont
il s'agit ici, et dont la direction dominante
est du Nord au Sud : les couches de cette seconde série sont en effet les seules qui soient
venues en dessiner les contours.

Au nombre de ces accidents, dirigés du
Nord au Sud, se trouvent les chaînes qui,
comme M. Dufrénoy l'a remarqué, bordent
les hautes vallées de la Loire et de l'Allier, et
dans le sens desquelles se sont alignées plus
tard, près de Clermont, les masses volcaniques des monts Dômes : c'est dans les larges
sillons dirigés du Nord au Sud, qui séparent
ces chaînes, que se sont déposés les terrains
d'eau douce de la Limagne d'Auvergne, et de
la haute vallée de la Loire.

La vallée du Rhône qui, à partir de Lyon,
se dirige aussi du Nord au Sud, a de même
été comblée jusqu'à un certain niveau par
un dépôt tertiaire dont les couches inférieures,
très-analogues à celles de l'Auvergne, sont
également d'eau douce, mais dont les couches
supérieures sont marines. Ici la régularité des
couches tertiaires a été fortement altérée,
dans les révolutions liées aux soulèvements
très-récents des Alpes occidentales et de la
chaîne principale des Alpes.

La même direction se retrouve dans le
groupe des îles de Corse et de Sardaigne, dont
les côtes présentent des dépôts tertiaires ré-

cents en couches horizontales. La ligne de direction des îles de Corse et de Sardaigne, prolongée vers le Nord, traverse la partie nord-ouest de l'Allemagne, en passant à peu de distance de la masse basaltique du Meissner qui, ainsi que plusieurs autres masses de même nature situées dans les contrées voisines, se co-ordonne à des accidents qui courent du Nord au Sud, en affectant toutes les couches secondaires, ainsi qu'on peut le vérifier sur les belles cartes de M. le professeur Hoffmann.

Il est assez curieux de remarquer que les directions du système du Pilas et de la Côte-d'Or, de celui des Pyrénées, et de celui des îles de Corse et de Sardaigne, sont respectivement presque parallèles à celles du système du Westmoreland et du Hundsruck, du système des ballons et des collines du Bocage, et du système du nord de l'Angleterre. Les directions correspondantes ne diffèrent que d'un petit nombre de degrés, et les systèmes correspondants des deux séries se sont succédé dans le même ordre, ce qui conduit à l'idée d'une sorte de récurrence périodique des mêmes directions de soulèvement ou de directions très-voisines.

M. Conybeare, dans un article inséré dans la *Philosophical magazine and journal of science,* troisième série, deuxième cahier, Août 1832, p. 118, place immédiatement après la période du dépôt de l'argile de Londres, l'époque du redressement des couches de l'île de Wight et du district de Weimouth, dont il rapproche plusieurs autres lignes de dislocation, de même peu éloignées de la direction E.-O. qui s'observent en Angleterre. Rien ne prouve cependant que le redressement des couches de l'argile de Londres, dans l'île de Wight, soit aussi ancien que M. Conybeare l'a supposé ; car on ne voit nulle part les couches tertiaires subséquentes reposer sur les tranches de celles de l'argile de Londres ; les faits parlent même contre la supposition de M. Conybeare ; les couches alternativement marines et fluviatiles d'Headen-Hill, présentant des traces de dérangement, soit dans leur disposition, soit dans leur hauteur absolue comparée à celle des couches correspondantes de la côte opposée du Hampshire. Toutefois il ne serait pas impossible qu'une partie des dislocations que M. Conybeare a rapprochées, eussent été produites pendant la période tertiaire ; qu'elles correspondissent, par exemple, à la ligne de démarcation qui existe entre le grès de Fontainebleau et le calcaire d'eau douce supérieur des environs de Paris, ou à celle qui s'observe entre ce dernier calcaire et les faluns de la Touraine. Or, s'il en était ainsi, la direction des dislocations de l'île de Wight étant sensiblement parallèle à celle du système des Pays-Bas et du sud du pays de Galles, on aurait un quatrième exemple du retour à de longs intervalles des mêmes directions de dislocations dans le même ordre.

Le système des Alpes occidentales comparé au système du Rhin, dont il partage la direction à quelques degrés près, pourrait fournir un cinquième terme à la série de rapprochements qui indique cette singulière périodicité des directions des dislocations.

XI. *Système des Alpes Occidentales.*

On est généralement habitué à considérer comme un tout unique, la réunion de montagnes qu'on désigne sous le nom unique d'*Alpes*; mais on peut aisément reconnaître que cette vaste agglomération résulte du croisement de plusieurs systèmes indépendants les uns des autres, distincts à la fois par leur direction et par leur âge, et dont l'apparition successive a chaque fois considérablement modifié le relief antérieur. Il résulte de là qu'au premier abord leur structure paraît très-embrouillée lorsqu'on la compare à celle de telle chaîne où, comme dans les Pyrénées par exemple, un seul soulèvement a produit les grands traits du tableau, et dont le relief actuel est pour ainsi dire d'un seul jet.

Dans une grande partie de leur étendue, et surtout dans leurs parties orientale et méridionale, on reconnaît encore des traces de nombreuses chaînes de montagnes, dirigées dans le même sens que les crêtes neigeuses des Pyrénées, et soulevées de même avant le dépôt des terrains tertiaires inférieurs (*Castel-Gomberto, Montecchio maggiore*, *Val Ronca*). Dans les Alpes de la Provence et du Dauphiné, on voit se dessiner fortement les chaînons du système du Mont Viso, soulevés avant le dépôt du terrain crétacé supérieur. Dans les montagnes qui lient les Alpes au Jura, on reconnaît des traces du système des îles de Corse et de Sardaigne, soulevé avant le dépôt des molasses; mais presque partout ces traces de dislocation, comparativement anciennes, sont sujettes à être masquées par des dislocations d'une date plus récente. Le relief des parties les plus hautes et les plus compliquées des Alpes, de celles qui avoisinent le Mont-Blanc, le Mont-Rose, le Finster-Aar-horn, résulte principalement du croisement de deux de ces systèmes récents, qui se rencontrent sous un angle de 45 à 50°, et qui se distinguent du système Pyrénéo-Apennin par leur direction comme par leur âge. Par suite de la disposition croisée de ces deux systèmes, les Alpes forment un coude à la hauteur du Mont-Blanc, et après s'être dirigées depuis l'Autriche jusqu'en Valais, suivant une direction peu éloignée de l'Est ¼ Nord-Est, à l'Ouest ¼ Sud-Ouest, elles tournent brusquement pour se rapprocher de la ligne Nord-Nord-Est, Sud-Sud-Ouest. S'il n'y avait là qu'une inflexion pure et simple dans une chaîne de montagnes d'un seul jet, qui vient simplement à s'arquer, on verrait peu à peu la direction des couches et des crêtes s'infléchir pour passer de la direction de l'un des systèmes à celle de l'autre; tandis qu'on voit au contraire, le plus souvent, les directions des couches et des crêtes se rattacher assez distinctement tantôt à l'un, tantôt à l'autre, et les deux systèmes se pénétrer comme on conçoit qu'ils doivent le faire, s'ils sont le résultat de deux phénomènes entièrement distincts.

Le croisement de ces grands accidents de la croûte terrestre présente souvent une circonstance qui mérite que nous nous y arrêtions un instant.

On a vu dans les premières parties de ce volume, que, d'après les observations de M. le professeur Hoffmann, les vallées de soulèvement plus ou moins exactement circulaires, dans lesquelles sourdent les sources acidules du nord de l'Allemagne, sont placées aux points de rencontre de dislocations de directions diverses. Quelque chose d'analogue à ces vallées circulaires s'observe aussi dans les Alpes, aux points où se croisent les grandes lignes de dislocation. Je citerai, comme exemple de ce fait, le cirque de Louëche, dont font partie les escarpements célèbres de la Gemmi; celui de Derbarens couronné par les cimes neigeuses des Diable-

rets, et surtout la grande vallée circulaire
dans laquelle s'élève le Mont-Blanc, à la rencontre de deux des crêtes les plus saillantes
des Alpes, celle qui sépare le Valais de la
vallée d'Aoste, et celle qui s'étend de la montagne de Taillefer dans l'Oisans, à la pointe
d'Ornex, au-dessus de Martigny.

Les escarpements du Buet, des rochers des
Fis, du Cramont, forment des parties détachées d'un vaste cirque, au milieu duquel
s'élève la masse pyramidale du Mont-Blanc,
qui rappelle ainsi, par la disposition du cortége qui l'accompagne, la cime trachytique
de l'Elbrouz (le Mont-Blanc du Caucase), et
même jusqu'à un certain point le cône du pic
de Ténériffe. (1)

Le peu d'ancienneté relative de la forme
actuelle des Alpes est certainement au nombre
des vérités les plus incontestables que les géologues aient constatées. Le point de vue
d'après lequel M. Jurine avait donné le nom

---

(1) Les hauteurs des trois pyramides sont :
   Mont-Blanc . . . . 4,811 mètres.
   Elbrouz 5,009
   Pic de Teyde 3,776
 Les hauteurs des bords des cirques qui les entourent en partie sont :
Le Buet . . . . 3,109 mètres.
Inal, Kinjal, Beurmaueue (environ 10,000 pieds) . . . 3,248
Los Adulejos 2,865
 La comparaison de ces diverses hauteurs donne lieu aux rapports sui-
vants, dont la ressemblance est remarquable :
   Mont-Blanc : Buet   :: 1 : 0,646
   Elbrouz : Inal   :: 1 : 0,648
   Pic de Teyde : Los Adulejos :: 1 : 0,758

de *protogine* à la roche granitoïde qui domine dans le massif du Mont-Blanc, a été *tacitement* abandonné aussitôt qu'on a reconnu que les couches les plus tourmentées des Alpes, celles mêmes qui couronnent les escarpements qui regardent le Mont-Blanc, appartiennent à des formations de sédiment très-récentes. Lorsqu'on observe d'un œil attentif l'ensemble des montagnes dont le Mont-Blanc forme l'axe ; lorsqu'on suit, par exemple, la couche mince, remplie de fossiles, du terrain crétacé inférieur et d'une constance de caractères si remarquable, qui, de Thonne et de la vallée du Reposoir, s'élève à la crête des Fis (2,700 mètres), on ne peut s'empêcher d'y reconnaître, sur une échelle gigantesque, des traces de soulèvement encore plus certaines peut-être, que celles que Saussure a signalées plus près de la base du Mont-Blanc, dans les couches presque verticales du poudingue de Valorsine. MM. Brongniart et Buckland ont regardé comme l'effet d'un soulèvement, la position à la hauteur des neiges perpétuelles des fossiles récents des Diablerets. MM. Bakewell, Boué, Keferstein, Lil de Lilienbach et plusieurs autres géologues, ont signalé des phénomènes du même genre dans beaucoup d'autres points des Alpes. Le nagelflue qui fait partie du 2.ᵉ étage tertiaire s'élève au Rigi à la hauteur de 1875 mètres au-dessus du niveau de la mer.

Ce genre de phénomènes distingue les Alpes d'une grande partie des montagnes qui les entourent. Près de Lyon, les couches de la molasse coquillière s'étendent horizontalement sur les roches primitives du Forez, tandis que ces mêmes couches s'élèvent et se redressent de toutes parts en approchant des Alpes. MM. Sedgwick et Murchison, ont de même observé que les couches crayeuses et tertiaires qui s'étendent horizontalement au pied du Böhmerwald-Gebirge, se relèvent sur la rive opposée du Danube en entrant dans les Alpes. MM. Murchison et Lyell ont indiqué une disposition analogue dans les terrains tertiaires de l'Italie.

On ne s'est pas occupé aussi fréquemment, ni depuis aussi long-temps, de passer de ces aperçus généraux aux recherches nécessaires pour fixer l'âge relatif des différents systèmes de dislocation, dont la superposition a donné naissance à la masse en apparence si informe des Alpes.

Dans les Alpes occidentales, c'est-à-dire à l'ouest du Tyrol, et particulièrement dans les montagnes de la Savoie et du Dauphiné, la plupart des grands accidents du sol se rattachent à celui de ces deux grands systèmes d'accidents mentionnés ci-dessus, dont la direction moyenne est du Nord-Nord-Est au Sud-Sud-Ouest, ou plus exactement du Nord 26° Est, au Sud 26° Ouest. La prédominance

d'une direction constante, dans ces monta-
gues, a été remarquée depuis long-temps par
de Saussure, et plus récemment par M. Brochant, et ils en ont conclu avec raison que,
dans toutes les parties où cette direction domine, le redressement des couches (ou du
moins la partie aujourd'hui la plus influente
de ce redressement) doit être attribué à une
seule opération de la nature.

La date géologique de cet événement est
facile à déterminer : il suffit, pour y parvenir,
d'examiner quelles sont les formations dont
les couches en sont affectées, et quels sont au
contraire les dépôts qui se sont étendus horizontalement sur les tranches des dépôts qui
avaient subi la dislocation.

Dans l'intérieur du système de rides dont
se composent principalement les Alpes occidentales, on n'aperçoit pas de couches plus
récentes que la craie, parce que ces rides se
sont formées sur un sol qui, déjà devenu mon-
tueux, au moment du soulèvement du système
du mont Viso, avait été tout-à-fait élevé au-
dessus des mers, au moment du soulèvement
du système des Pyrénées. Mais sur les bords,
ainsi qu'aux deux extrémités de l'espace occupé
par les rides auxquelles les Alpes occidentales
doivent leur principal caractère, on voit les dislocations qui déterminent la forme et la saillie
de ces rides, se transmettre aux couches tertiaires de l'étage moyen (à la molasse coquil-

lière), aussi bien qu'aux couches secondaires qui les supportent; d'où il suit que le redressement de couches propre au système des Alpes occidentales, a eu lieu après le dépôt des couches de l'étage tertiaire moyen.

Ainsi les couches de la molasse coquillière se trouvent également redressées, à la colline de Supergue, près de Turin, et au pied occidental des montagnes de la Grande-Chartreuse près de Grenoble. Ce dernier exemple est surtout très-frappant, parce que les couches de molasse qu'on voit se redresser jusqu'à la verticale, à l'approche des escarpements Alpins, s'étendent horizontalement jusqu'au pied des montagnes granitiques du Forez, qui viennent border le Rhône de Lyon à Saint-Vallier. Il résulte de cette circonstance une opposition non moins frappante entre les âges qu'entre les formes des montagnes arrondies du Forez, et des crêtes Alpines qui terminent si majestueusement vers l'Est-Sud-Est l'horizon des rives du Rhône.

Aux deux extrémités du groupe des grosses rides Alpines, la molasse coquillière se trouve aussi redressée dans leur direction, notamment, d'une part, au milieu de la Suisse, dans l'Entlibuch, et de l'autre, au milieu de la Provence, dans la vallée de la Durance, près de Manosque, entre Volonne et le Pertuis de Mirabeau. Il est même digne de remarque, quoique sans doute le hasard y entre pour

quelque chose, que les directions moyennes
de ces deux groupes de couches redressées,
sont presque dans le prolongement mathématique l'une de l'autre, et que la même ligne
de direction va rencontrer, d'une part, la
butte volcanique de Hohentwiel au nord-
ouest de Constance, et de l'autre, la petite
île de Riou, qui s'avance dans la Méditerranée, en avant de l'angle saillant que forme
la côte du département des Bouches-du-
Rhône, entre Marseille et Cassis. Cette même
ligne traverse les Alpes, en passant entre le
Mont-Blanc et le Mont-Rose, parallèlement
aux énormes escarpements que ces deux masses
colossales présentent l'une et l'autre du côté
de l'Est-Sud-Est, et elle sert en même temps,
pour ainsi dire, de limite occidentale à la
région des roches de serpentine. Les deux
accidents du sol auxquels elle se termine, l'île
de Riou et la butte volcanique de Hohentwiel, présentent l'une et l'autre des traces
de dislocations antérieures auxquelles la nouvelle ligne de fracture semble s'être arrêtée.
L'île de Riou, mal figurée par Cassini, est
alongée dans le sens des Pyrénées; la butte
de Hohentwiel s'aligne avec les autres buttes
volcaniques du Hegau suivant la direction
du système du mont Viso.

Les Alpes ne sont pas la seule partie de
l'Europe méridionale dans laquelle les terrains tertiaires de l'étage moyen aient été af-

fectés par des dislocations dirigées à peu près
du N.-N.-E. au S.-S.-O., ou plus exactement parallèlement à un arc de grand cercle passant
par Marseille et Zurich. Aux environs de Narbonne, commence une série de dislocations
qui affectent les mêmes terrains et qui, courant
sensiblement dans le même sens, déterminent
la direction générale de la côte d'Espagne jusqu'au cap de Gates. Le chaînon de montagnes
qui, dans l'empire de Maroc, commence au
cap Trés-Forcas, paraît en être le prolongement. La Calabre, la Sicile et la régence de
Tunis, présentent un grand nombre de dislocations et de crêtes dirigées de la même manière, et M. Christie, que le climat meurtrier
de l'Inde a enlevé depuis aux sciences d'une
manière si prématurée, a jugé qu'en Sicile
ces dislocations sont contemporaines de celles
des Alpes occidentales.

A partir de la convulsion qui a donné au
système des Alpes occidentales son relief actuel, l'Europe semble avoir présenté un grand
espace continental; pendant la période de
tranquillité qui a suivi le redressement des
couches de ce système, il ne s'est plus formé
de dépôts marins que sur des côtes et dans
des golfes éloignés de la partie centrale, comme dans les collines subapennines, dans quelques parties de la Sicile, et en Angleterre, dans
les comtés de Suffolk et d'Essex. Il ne s'est plus
formé de dépôts de sédiment dans l'intérieur

du continent que dans les vallées des rivières alors existantes, et dans quelques lacs d'eau douce qu'une révolution plus récente a fait disparaître, et qui étaient distribués au pied des montagnes, comme le sont les lacs actuels de la Suisse et de la Lombardie, mais dont quelques-uns étaient beaucoup plus étendus. Un lac de cette espèce couvrait la partie nord-ouest et la moins montueuse du département de l'Isère, ainsi que la plaine de la Bresse, depuis Tullins et Voiron jusqu'à Dijon; un autre couvrait la partie du département des Basses-Alpes comprise entre Digne, Manosque et Barjols; d'autres couvraient en partie la plaine de l'Alsace et les contrées basses qui avoisinent le lac de Constance. Les dépôts très-épais qui se sont formés dans ces lacs, et dont les couches horizontales s'étendent sur les tranches des couches de molasse coquillière marine antérieurement redressées, se composent en grande partie d'assises alternatives de sable mêlé de cailloux roulés et de marne; ils présentent tant de ressemblance avec ceux qui se forment sous nos yeux dans l'intérieur des continents, qu'on en a généralement compris une grande partie dans la classe des terrains qu'on appelle d'attérissement, de transport ou d'alluvion, quoiqu'ils appartiennent évidemment à la troisième période tertiaire.

Dans les dépôts du premier de ces lacs (dans l'Isère, la Bresse, etc.) on trouve de nombreux amas de bois fossile qui paraissent provenir d'espèces d'arbres déjà assez peu différentes de celles de nos contrées; ils sont accompagnés de nombreuses coquilles d'eau douce. Les débris fossiles de plantes, de poissons, d'animaux terrestres, découverts en si grand nombre à Œningen, dans le bassin du lac de Constance, appartiennent probablement à cette période.

Sur la surface des terres alors découvertes, vivaient l'hyène et l'ours des cavernes, l'éléphant velu, des mastodontes, des rhinocéros, des hippopotames, animaux dont les espèces, aujourd'hui perdues, paraissent avoir été détruites dans la révolution qui, en changeant en partie la face du système des Alpes occidentales, a donné à la masse des Alpes la forme qu'elle nous présente aujourd'hui, et a achevé de façonner le continent européen.

XII. *Système de la chaîne principale des Alpes (depuis le Valais jusqu'en Autriche.)*

Les vallées de l'Isère, du Rhône, de la Saône et de la Durance, présentent deux terrains d'attérissement ou de transport très-distincts l'un de l'autre, entre lesquels on observe un défaut de continuité et une variation brusque de caractères qui constituent une nouvelle interruption dans la série des dépôts de sédiment.

Les eaux qui ont transporté les matériaux du premier de ces deux terrains, lequel appartient, ainsi que je viens de le dire, à la troisième période tertiaire, paraissent avoir été reçues dans les lacs d'eau douce dont j'ai parlé précédemment, tandis que les matériaux du second terrain semblent avoir été entraînés violemment par des courants d'eau passagers qui se sont écoulés vers la Méditerranée. Ces derniers courants sont généralement désignés sous le nom de courants diluviens, quoiqu'ils n'aient rien de commun avec le déluge de l'histoire, et que leur passage ait eu lieu avant le séjour du genre humain sur notre continent, où ils n'ont détruit que ces animaux aujourd'hui inconnus, que j'ai mentionnés ci-dessus. On discutera peut-être long-temps encore sur leur origine, qui pourrait bien avoir résulté tout simplement de la fusion des neiges des Alpes occidentales, opérée instantanément au moment du soulèvement de la chaîne principale des Alpes, et du déversement des eaux des lacs dont il vient d'être question ; mais on s'accorde généralement à admettre que le passage de ces courants a suivi immédiatement la dernière dislocation des couches Alpines.

En portant un coup d'œil général sur les Alpes et sur les contrées qui les avoisinent, on peut reconnaître que les crêtes de la Sainte-Baume, de Sainte-Victoire, du Leberon, du Ventoux et de la montagne du Poet, dans le midi de la France; la crête principale des Alpes, qui court du Valais vers l'Autriche; la crête moins haute et moins étendue, qui comprend en Suisse le mont Pilate et les deux Myten, etc., sont différents chaînons de montagnes, qui, malgré leur inégalité, sont comparables entre eux, à cause de leur parallélisme et des rapports analogues qu'ils présentent avec les accidents des Alpes occidentales. Le parallélisme, l'analogie de rapports dont je viens de parler, présentent à eux seuls de fortes raisons de croire que tous ces chaînons de montagnes ont pris naissance en même temps, et ne sont que différentes parties d'un même tout, d'un système de fracture unique, opéré en un moment. On pourrait tout au plus concevoir l'idée de les diviser en deux groupes, celui de la Provence et celui des Alpes; mais on en est immédiatement détourné par les rapports analogues qu'on reconnaît entre ces diverses fractures des couches et un mouvement général, que le sol d'une partie de la France a éprouvé en contractant une double pente ascendante, d'une part, de Dijon et de Bourges vers le Forez et l'Auvergne, et de l'autre, des bords de la Méditerranée vers les mêmes contrées. Ces deux pentes opposées donnent lieu par leur rencontre à une espèce de ligne de faîte qui est située précisément dans le prolongement de la ligne de soulèvement de la chaîne principale des Alpes.

Cette ligne, qu'on voit se suivre ainsi d'une manière plus ou moins marquée depuis les confins de la Hongrie jusqu'en Auvergne, semble être en rapport avec les principales anomalies que les mesures géodésiques et les observations du pendule nous ont dévoilées dans la structure intérieure de notre continent. Il est probable que sa formation a donné, pour ainsi dire, le signal de l'élévation des cratères de soulèvement du Cantal, du Mont-Dore et du Mézenc, autour desquels se sont groupés depuis les cônes volcaniques de l'Auvergne.

Les deux pentes opposées dont nous venons de parler, ne se sont produites qu'après l'existence des lacs dans lesquels s'est accumulé le terrain de transport ancien; car on peut vérifier que le fond de celui de ces deux lacs qui couvrait la Bresse et le nord-ouest du département de l'Isère, a subi un relèvement considérable du Nord vers le Midi, et que le fond du lac qui s'étendait entre Digne, Manosque et Barjols, a subi un relèvement plus considérable encore du Midi vers le Nord.

Les dépôts de transports anciens, formés en couches horizontales, au fond du second de ces deux lacs, sur la tranche des dépôts tertiaires déjà disloqués lors de la production du système de fractures des Alpes occidentales, ont même été disloqués à leur tour près de Mézel (Basses-Alpes), dans une direction conforme à celle des petites chaînes qui sillon-

nent la Provence, comme le Ventoux, le Leberon, la Sainte-Baume, parallèlement à la
chaîne principale des Alpes.

Le dépôt de transport diluvien n'est nulle
part affecté par les dislocations du sol; partout il s'étend sur les tranches des couches
disloquées, sans présenter d'autre pente que
celle que le courant qui le déposait a dû lui
faire prendre à son origine : ainsi le redressement de couches dont il s'agit a eu lieu nécessairement entre le dépôt du terrain de
transport ancien et le passage des courants
diluviens, qui ont rayonné autour des Alpes.

Les environs de Paris et une partie du nord
de la France, présentent des traces du passage de puissants courants d'eau venant du
Sud-Est, dont le déversement des eaux du
lac de la Bresse, par suite de l'élévation inégale de son fond, fournit l'explication la plus
simple et dont il est de même évident que les
dépôts n'ont subi aucun dérangement depuis
leur origine; circonstance qui, à elle seule,
les distinguerait des dépôts tertiaires dans lesquels sont creusées les vallées qui les renferment. La ville de Paris est bâtie en grande partie sur ce dépôt de transport, dont l'origine
violente est attestée par la grosseur des blocs
qu'il renferme et dont l'ancienneté est prouvée par la découverte qu'on y a faite, près
de la gare, d'un squelette d'éléphant.

En examinant avec soin la disposition des

terrains secondaires et tertiaires, depuis la Baltique jusqu'à Gibraltar et en Sicile, celle même des blocs diluviens répandus autour de la Scandinavie et dont le transport est probablement antérieur à celui du diluvium Alpin, on y reconnaît de nombreuses traces du mouvement du sol dont j'ai indiqué plus haut les effets dans les Alpes et autour de leur base; mais, dans un résumé aussi bref que doit l'être celui-ci, je puis à peine les indiquer.

La surface des terrains tertiaires de l'intérieur de la France qui, dans l'origine, devait être sensiblement horizontale, va en se relevant (ainsi que l'a remarqué depuis long-temps M. d'Omalius d'Halloy), depuis les bords de la Loire jusqu'à une ligne qui, passant par Compiègne et Laon, et dirigée à peu près parallèlement à la chaîne principale des Alpes, irait traverser la contrée volcanique des bords du Rhin. Dans le voisinage de cette ligne on voit en plusieurs points, comme à Compiègne, à Chambly, à Vigny, à Beyne, à Meudon même, la craie relever autour d'elle les dépôts tertiaires et former au pied de leurs escarpements le fond de vallées d'élévation, dans lesquelles le seul dépôt diluvien venu du S.-E. présente une position en rapport avec les lignes de niveau actuelles.

Depuis l'extrémité du Cornouailles jusqu'à Memel, en Prusse, la direction dominante des rivages dont les falaises sont formées indiffé-

remment pour toutes les couches de sédiment,
est sensiblement parallèle à la direction de
la chaîne principale des Alpes, et la grande
hauteur à laquelle le dépôt du crag a été récemment observé sur les falaises au sud de
l'embouchure de la Tamise, prouve qu'à l'époque dont je m'occupe en ce moment, le sol
du midi de l'Angleterre a subi, comme celui
du nord de la France, des mouvements considérables.

Le S.-O. de la France et l'Espagne ont éprouvé,
à la même époque, des mouvements beaucoup
plus considérables encore. Des masses d'ophite
sans nombre, perçant le sol de toutes parts,
y ont relevé autour d'elles tous les dépôts de
sédiment, y compris même le sable des landes,
qui appartient, comme le crag et le limon
caillouteux de la Bresse, à la troisième période tertiaire. Ces ophites, dont M. Dufrénoy
a montré depuis long-temps que le soulèvement est indépendant de celui de la masse
des Pyrénées, se sont souvent alignées par
files qui suivent les directions de toutes les
anciennes fractures, de tous les clivages plus ou
moins oblitérés que présentait le sol qu'elles
avaient à percer; mais, considérées dans leur
ensemble, ces masses d'ophites, les masses de
dolomie, de gypse et de sel gemme, les sources
salées ou thermales qui forment en quelque
sorte leur cortége, sont disposées par bandes
qui, prenant naissance au milieu des corbières

et des plaines ondulées de la Gascogne, s'enfoncent en Espagne parallèlement à la direction prolongée des lignes de fractures récentes qui traversent la Provence. Les dépôts tertiaires qui forment en partie la surface de la Vieille Castille et peut-être celle de la Nouvelle (d'après les observations de M. le Play), attestent l'élévation récente du sol de l'Espagne; et la direction générale des lignes de faîte et des grands cours d'eau, tels que le Douro, le Tage, la Guadiana, le Guadalquivir, étend à la péninsule entière l'empreinte de l'époque des ophites.

Le sud de l'Italie, la Sicile et les îles qui l'entourent présentent de même un grand nombre d'accidents topographiques parallèles à la direction de la chaîne principale des Alpes; et M. Christie a constaté que la grande chaîne qui borde la côte septentrionale de la Sicile et qui est le plus important de ces accidents, doit son relief actuel à un soulèvement opéré, comme celui de la chaîne principale des Alpes, à la fin de la période pendant laquelle les éléphants, les hippopotames et les autres animaux caractéristiques de la troisième période tertiaire, habitaient le sol de l'Europe. (Voyez *Annales des sciences naturelles*, t. XXV, p. 164.)

Remarques générales. Si l'on considère avec soin, sur un globe terrestre d'une dimension

suffisante et d'une exécution soignée, chacun
des systèmes de montagnes les plus proéminents et les plus récents qui sillonnent la surface de l'Europe, on peut remarquer que chacun d'eux fait partie d'un vaste système de
chaînes parallèles, qui s'étend bien au-delà
des contrées dont la structure géologique nous
est connue. Mais comme, dans toutes les portions de chacun de ces systèmes qui sont situées dans les parties bien observées de l'Europe, on a reconnu, de proche en proche,
que les chaînons parallèles sont en général
contemporains, on n'a aucune raison pour
supposer que cette loi, vérifiée sur de si nombreux exemples, dût s'interrompre brusquement, si on en poussait la vérification plus
loin encore. Il est donc naturel de croire,
jusqu'à ce que des observations directes aient
montré le contraire, que chacun de ces vastes
systèmes, dont les systèmes européens sont
respectivement des portions, doit son origine
à une seule époque de dislocation.

D'après cette considération, on serait conduit à supposer, par exemple, que les crêtes
du système des Pyrénées que j'ai signalées
plus haut sur la surface de l'Europe, font partie
d'un système plus étendu, dont les Alleghanys
et peut-être les Gates du Malabar formeraient
les deux anneaux les plus éloignés. Ces deux
termes extrêmes de la série se trouvent, à la
vérité, considérablement détachés du reste;

mais, depuis le cap Ortégal en Espagne jusqu'à l'entrée du golfe Persique, sur une longueur de seize cents lieues, on peut suivre
une série d'aspérités alongées, toutes parallèles à un même grand cercle de la sphère
terrestre, et dont le parallélisme et la proximité s'accordent avec l'idée qu'elles auraient
été produites en même temps et pour ainsi
dire du même coup.

Ainsi, les directions des petites chaînes de
montagnes, que les cartes les plus récentes
indiquent dans la partie septentrionale du
grand désert de Sahara, au sud de Tripoli et
de l'Atlas, et dont quelques-unes se poursuivent même à travers l'Atlas jusqu'à la mer,
ainsi que la direction de la côte septentrionale de l'Afrique, entre la grande et la petite
Syrte, sont exactement parallèles à la direction des Pyrénées et à celle des accidents du
sol que j'ai indiqués en Provence, en Italie,
en Morée. Les observations de M. Rozet prouvent en même temps qu'il existait déjà des
montagnes près d'Alger lors du dépôt des couches tertiaires. La direction du système Pyrénéo-Apennin que nous avons déjà suivi jusqu'en Grèce et dont certains chaînons paraissent se poursuivre jusqu'à la mer de Marmara,
pour reparaître au-delà dans l'Anatolie, se retrouvent exactement dans la direction de la
grande vallée de la Mésopotamie et du golfe
Persique, et dans celle des chaînes qui s'élè-

vent immédiatement au N.-E. de cette grande vallée et qui vont se rattacher au Caucase. La direction de beaucoup de cours d'eau qui descendent du Caucase, et celle de plusieurs des principaux chaînons de ce système, notamment celle du chaînon qui borde la mer Noire au N.-E. de l'Abasie et de la Mingrélie, est encore exactement celle du système Pyrénéo-Apennin. Cette direction du chaînon le plus occidental du Caucase est en quelque sorte continuée à travers les plaines de la Russie, de la Pologne, de la Prusse, jusqu'à l'île de Rugen, par les dislocations que M. Dubois de Montperreux y a signalées dans le terrain crétacé. Elle se rattache ainsi de proche en proche aux dislocations Pyrénéennes des Carpathes et du pied N.-N.-E. du Harz.

La direction du système des Ballons et des collines du Bocage étant sensiblement la même que celle du système des Pyrénées, la considération des directions permettrait de rapporter une partie des chaînons de montagnes dont je viens de parler au système des Ballons aussi bien qu'à celui des Pyrénées; mais dans l'état actuel de la surface du globe terrestre, tous les systèmes de montagnes d'une date ancienne, sont trop morcelés, trop usés, trop peu saillants pour qu'on puisse leur rapporter des systèmes de crêtes aussi proéminents que ceux que je viens de mentionner. Il est toutefois naturel de penser que, si réellement le système dont les Pyrénées font partie se prolonge depuis les États-Unis jusque dans l'Inde, en traversant l'Europe, il doit en être de même du système des Ballons, auquel il me paraît même bien probable que les Alleghanys doivent une partie de leur configuration; et la circonstance que les bouleversements qui, en Europe, ont marqué le commencement et la fin de la période secondaire, se seraient étendus jusqu'aux États-Unis et dans l'Inde, expliquerait pourquoi ces grandes coupures des terrains de sédiment semblent se retrouver dans trois contrées aussi distantes.

Si maintenant nous passons au système des Alpes occidentales, nous pouvons remarquer que le prolongement mathématique de la ligne tirée de Marseille à Zurich, se trouve être parallèle à des accidents très-remarquables de la surface du globe, que l'induction de contemporanéité, tirée de la direction des chaînons de montagnes, conduirait à considérer comme de la même date, quoique l'état des connaissances géologiques ne donne pas encore le moyen de vérifier complétement cette conjecture.

Ainsi, en tendant sur la surface d'un globe terrestre un fil qui passe par Marseille et par Zurich, on peut remarquer que ce fil, qui passe aussi vers le Nord par l'embouchure de l'Obi, et vers le Midi par l'Archipel des nouvelles Shetland du Sud, se trouve à peu près parallèle à la chaîne du Kiöl, rameau le plus étendu des Alpes scandinaves, aux chaînons principaux et aux vallées les plus remarquables de l'empire de Maroc, et même à la Cordillère littorale du Brésil qui borde le rivage de l'océan Atlantique, depuis le cap Roque jusqu'à Monte-Video.

Cette même direction est parallèle, non-seulement à la ligne générale des côtes orientales de l'Espagne, depuis le cap de Gates jusqu'aux environs de Narbonne, mais encore à la ligne générale du littoral de l'ancien continent, depuis le Cap-Nord de la Laponie jusqu'au Cap-Blanc d'Afrique. Le Mont-Blanc, situé à peu près à égale distance de ces deux points extrêmes, forme comme le pivot de la charpente de la partie de l'ancien continent qui est comprise entre eux, et dont il est en même temps le point le plus élevé.

Au sud du Cap Blanc, la côte de l'océan Atlantique est basse et sablonneuse sur une grande étendue, et à l'est du Nord-Kyn, voisin du Cap-Nord de la Laponie, la côte est de même assez peu élevée. Dans l'intervalle de ces deux points, au contraire, les côtes qui regardent la haute mer, sont généralement formées par des terres élevées, qui, lorsqu'elles ne sont pas composées de roches primitives, opposent du moins à l'Océan une barrière de couches redressées; disposition qui semble indiquer que le long de cette ligne tous les terrains plats et peu élevés ont été surmergés.

Passant ensuite au système de la chaîne principale des Alpes, on peut remarquer que les crêtes du Mont-Pilate (en Suisse), de la chaîne principale des Alpes, du Ventoux, du Leberon, de la Sainte-Baume, etc., font partie d'un vaste ensemble de chaînons de montagnes qui, répandus à l'entour de la Méditerranée, et se prolongeant à travers le continent asiatique, semblent se lier à la fois les uns aux autres, par leur parallélisme et par la similitude de leurs rapports avec les grandes dépressions du sol, remplies par les eaux des mers, ou peu élevées au-dessus de leur surface. Outre les chaînes déjà mentionnées, ce système comprend l'Atlas, la chaîne centrale du Caucase, couronnée par le pic de l'Elbrouz, ainsi que la longue série de montagnes qui, sous les noms de Paropamissus, d'Indoukosh, d'Himàlaya, borde, au Nord, les plaines de la Perse et du Bengale, et renferme les cimes les plus élevées de la terre. Toutes ces chaînes courent parallèlement à un grand cercle, qu'on représenterait sur un globe terrestre par un fil tendu du milieu de l'empire de Maroc, au nord de l'empire des Birmans.

Il existe un rapport de disposition difficile à méconnaître, entre la situation de l'Himâlaya, au nord des plaines du Gange, et celle de la chaîne principale des Alpes, au nord des plaines du Pô ; les cours d'eau qui s'échappent de l'une ou de l'autre chaîne de montagnes s'infléchissent de la même manière dans la contrée basse qui la borde, pour tomber les unes dans le Gange, comme les autres dans le Pô ; ce qui semble indiquer que la première plaine doit être, comme la seconde, formée par une vaste alluvion descendue des montagnes voisines. Le système géologique de la presqu'île occidentale de l'Inde s'élève, au midi des plaines du Bengale, à peu près comme celui des Apennins, au midi des plaines de la Lombardie ; et on pourrait, par suite de cet ensemble de rapports, remarquer des analogies de situation géographique et commerciale entre Milan et Debly, entre Venise et Calcutta, entre Ancône et Madras, entre Gênes et Bombay. Les rapports que je signale deviendraient plus frappants encore, si, le cours de l'Indus étant barré par des montagnes comparables en position à celles qui vont de Gênes au col de Tende, les eaux de ce fleuve et celles de la rivière Setledje et de ses autres affluents, étaient obligées de franchir le seuil peu élevé qui les sépare de la grande vallée du Gange.

Les systèmes de montagnes qui viennent d'être mentionnés sont bien loin de comprendre toutes les chaînes qui sillonnent la surface du globe ; mais les chaînes qui n'y sont pas comprises jouissent aussi de la propriété de pouvoir être groupées par systèmes, dans

3. 24

chacun desquels tous les chaînons partiels
sont parallèles à un certain grand cercle de
la sphère terrestre, et embrassent de part et
d'autre de ce grand cercle une zone plus ou
moins large et presque toujours d'une grande
longueur. Ainsi par exemple la chaîne qui
forme l'axe de l'île de Madagascar, et celle
beaucoup plus étendue, mais semblablement
orientée, qui borde, au S.-E., le continent
Africain, forment deux anneaux d'un système
qu'on peut suivre à travers l'Asie jusqu'aux
bords du lac Baïkal et de la Léna. Je pourrais
citer beaucoup d'autres exemples du même
genre que j'ai eu plusieurs fois l'occasion d'indiquer dans mes leçons, si cet extrait ne dé-
passait déjà de beaucoup les bornes dans lesquelles il aurait dû être renfermé.

L'apparition d'une chaîne de montagnes
qui, à en juger par quelques-uns des résultats
des observations géologiques, a produit, dans
les contrées voisines, des effets si violents, a pu,
au contraire, n'influer sur des contrées très-
lointaines que par l'agitation qu'elle a causée
dans les eaux de la mer, et par un dérangement plus ou moins grand dans leur niveau;
événements comparables à l'inondation subite
et passagère, dont on retrouve l'indication à
une date presque uniforme dans les archives
de tous les peuples. Si cet événement historique n'était autre chose que la dernière des
révolutions de la surface du globe, on serait

naturellement conduit à demander quelle est la chaîne de montagnes dont l'apparition remonte à la même date, et peut-être serait-ce le cas de remarquer que le système des Andes, dont les soupiraux volcaniques sont encore généralement en activité, forme le trait le plus étendu, le plus tranché, et pour ainsi dire le moins effacé de la configuration extérieure actuelle du globe terrestre. En donnant le nom de système des Andes à ce système, que je suppose être le plus récent de tous, je prends la partie pour le tout, comme je l'ai fait dans le cas des Pyrénées et des Alpes. Je veux, en effet, parler ici de cet énorme bourrelet montagneux qui court entre l'océan Pacifique d'une part, et les continents des deux Amériques et de l'Asie de l'autre, en suivant, depuis le Chili jusqu'à l'empire des Birmans, la direction d'un demi-grand cercle de la terre, et en servant comme d'axe central à cette ligne volcanique en zig-zag, qui, suivant çà et là des fractures plus anciennes, sans s'écarter de la zone littorale, forme, ainsi que l'a remarqué M. de Buch, la limite la plus naturelle du continent de l'Asie, et peut même être considérée comme séparant la partie aujourd'hui la plus continentale du globe terrestre de sa partie la plus maritime.

Des crises violentes, accompagnées de l'élévation de chaînes de montagnes, et suivies de mouvements impétueux des mers, capables de désoler de vastes étendues de la surface du globe, paraissant avoir, pendant un laps de temps probablement immense, fait partie du mécanisme de la nature, il n'y a rien d'absurde à admettre que ce qui est arrivé à un grand nombre de reprises, depuis les périodes les plus anciennes, jusqu'aux périodes les plus modernes de l'histoire de la terre, soit arrivé une fois depuis que l'homme vit sur sa surface. Ainsi, comme le remarque avec justesse M. le professeur Sedgwick, nous nous trouvons avoir écarté tout ce que présentait d'incroyable la tradition d'un déluge récent.

On peut en outre remarquer, relativement à l'avenir de notre planète, que si le nombre des révolutions de la surface du globe et des systèmes des montagnes réellement distincts, est encore indéterminé, si la série formée par ces termes successifs n'est encore que très-imparfaitement connue, les observations déjà faites circonscrivent pourtant déjà entre certaines limites la loi qui, lorsqu'ils seront tous complétement connus, pourra se manifester dans leur succession. Par cela seul que la hauteur actuelle du Mont-Blanc et du Mont-Rose ne date que des dernières révolutions de la surface du globe, il est visible que, quelle que soit la place définitive que pourront occuper, dans la même série, d'autres montagnes plus hautes encore, cette série ne prendra jamais cette forme longuement et régulièrement décroissante qui conduirait directement à conclure que la limite est atteinte. Rien n'indiquera que des phénomènes, dont les derniers paroxysmes ont été si violents, ne se renouvelleront plus. Quelque provisoire que soit la succession de termes qui résulte de l'état actuel des observations, il est difficile d'y prévoir une modification qui change son aspect au point de porter à supposer que l'écorce minérale du globe terrestre ait perdu la propriété de se rider successivement en différents sens ; il est difficile d'y prévoir un changement qui permette d'assurer, que la période de tranquillité dans laquelle nous vivons ne sera pas troublée à son tour par l'apparition d'un nouveau système de montagnes, effet d'une nouvelle dislocation du sol que nous habitons, dont les tremblements de terre nous avertissent assez que les fondements ne sont pas inébranlables.

Tout nous conduit donc à supposer que les causes qui ont produit les phénomènes géologiques, subsistent encore, et que la tranquillité dont nous jouissons aujourd'hui est due à leur sommeil bien plutôt qu'à leur anéantissement.

On a essayé d'expliquer, par la répétition prolongée des effets lents et continus que nous voyons se produire sur la surface du globe, l'ensemble des phénomènes qui s'observent dans les pays de montagnes ; mais on n'est parvenu de cette manière à aucun résultat général complétement satisfaisant. Tout annonce, en effet, que le redressement des couches d'une chaîne de montagnes est un événement d'un ordre différent de ceux dont nous sommes journellement les témoins.

Le nombre, la périodicité, la similitude des grands événements que nous présente l'histoire du globe, fourniraient, s'il en était besoin aujourd'hui, de puissants arguments contre la plupart des causes cosmologiques, telles qu'un déplacement de l'axe de la terre ou le choc d'une comète, auxquels on a souvent eu l'idée d'avoir recours pour les expliquer. Le choc d'un corps en mouvement serait beaucoup plus propre à produire, dans la croûte solide extérieure du globe, des inégalités disposées plus ou moins symétriquement autour d'un point, que des rides courant parallèlement les unes aux autres sur une grande étendue.

L'absence de tout rapport direct entre la direction des chaînes de montagnes et la position des pôles et de l'équateur, indique assez à elle seule qu'elles ne doivent pas leur origine à des phénomènes astronomiques. Les chaînes de montagnes ne présentent de relations évidentes que les unes avec les autres, par leur répartition en groupes rectilignes, et avec les dimensions du globe terrestre, par la propriété que paraît avoir chaque système d'embrasser plus ou moins exactement une demi-circonférence de la terre ; et on peut remarquer, à l'appui de l'hypothèse dans laquelle chacun de ces systèmes de montagnes, quelle que soit son étendue, serait considéré comme le résultat d'un seul mouvement de dislocation de la croûte terrestre, qu'il est plus aisé de se représenter géométriquement le déplacement relatif de parties, nécessaire pour que l'écorce solide de la terre se ride suivant une portion considérable de l'un de ses grands cercles, que celui qui devrait avoir lieu si elle venait à se rider seulement dans un espace plus circonscrit.

L'idée d'assimiler, à l'époque de tranquillité actuelle, chacune des périodes de tranquillité relative dont l'étude des dépôts de sédiment nous atteste l'ancienne existence, est complétement en harmonie avec l'idée, très-philosophique en elle-même, de chercher dans les causes qui agissent encore actuellement sous nos yeux à la surface du globe, l'explication des phénomènes dont les géologues observent les effets. Mais il y a loin de l'idée que tous les phénomènes géologiques ont dû être produits par des causes encore en action, à la *supposition gratuite* que ces causes n'ont jamais déployé une énergie supérieure à celle avec laquelle elles ont agi depuis l'établissement définitif des sociétés actuelles. Cette supposition ne peut s'accorder avec le fait de l'indépendance des formations de sédiment successives, qui est le résultat le plus important, et en quelque sorte le résumé de l'étude des couches superficielles de notre globe; il y a, au contraire, une harmonie remarquable entre la forme générale que tous les géologues ont attribuée, depuis Werner, et même depuis Buffon, à la série des sédiments qu'ils ont constamment divisée en un nombre limité de formations, et l'idée d'une série de catastrophes, susceptibles chacune de changer, sur de grands espaces, la forme des mers et le cours des rivières, et séparées les unes des autres, dans chaque contrée, par des périodes d'une tranquillité relative.

Mais, plus il sera solidement établi, par les faits dont l'ensemble constitue la géologie positive, que l'histoire de la terre se compose d'une série de périodes de tranquillité, dont chacune a été séparée de la suivante par une convulsion subite et violente, dans laquelle une portion de la croûte du globe à été disloquée, plus en même temps il paraîtra raisonnable de ne chercher que dans l'action des causes dont l'observation de la nature nous a démontré l'existence, l'explication de ses ouvrages même les plus anciens; plus sera grande la curiosité, on pourrait même dire l'anxiété avec laquelle on se trouvera porté à rechercher, parmi les causes actuellement en action, quel est l'élément qui peut être propre à produire de temps à autres, des crises si différentes de la marche ordinaire des événements qui se passent sous nos yeux.

Les volcans se présentent naturellement à l'esprit, lorsqu'on cherche dans l'état présent des choses quelques termes de comparaison avec ces phénomènes gigantesques qui apparaissent clair-semés dans l'histoire de la terre. Mais la volcanicité ne serait une cause comparable aux effets qu'il s'agit d'expliquer, qu'autant qu'on élargirait l'acception habituelle de cette expression; en la définissant avec M. de Humboldt, *l'influence qu'exerce l'intérieur d'une planète sur son enveloppe extérieure dans les différents stades de son refroidissement.*

Déjà on était obligé de modifier le sens primitif de l'expression *action volcanique*, lorsqu'on voulait continuer à y comprendre, ainsi que le faisait Dolomieu, les éruptions de trachytes et de basaltes, puisqu'il est prouvé aujourd'hui que ces roches, au lieu d'avoir coulé d'un cratère situé à la cime d'un cône, se sont élevées sous forme de cloches, ou se sont épanchées en grandes nappes par des crevasses souvent longues et étroites (dykes). Les différences si bien établies par M. de Buch, entre les laves des volcans, et les mélaphyres qui, dans le soulèvement des chaines de montagnes, sont arrivés au jour dans un état pâteux, et n'ont jamais coulé sur la surface, montrent la nécessité d'élargir encore plus le sens attribué le plus souvent à cette même expression d'action volcanique, si on veut que le phénomène du soulèvement d'une chaîne de montagnes puisse être compris.

Les volcans se sont souvent alignés suivant des fractures parallèles à des chaînes de montagnes, et qui devaient probablement à l'élévation de ces chaînes leur première origine; mais cela ne conduit nullement à considérer les chaînes elles-mêmes comme étant dues à ce jeu prolongé des évents volcaniques, auquel s'applique proprement le sens de l'expression d'action volcanique. Si on conçoit comment un centre d'éruptions volcaniques, agissant avec une énergie extraordinaire, aurait pu produire des accidents disposés circulairement, ou en forme de rayons, autour d'un point central, on ne peut imaginer comment même plusieurs volcans réunis auraient produit de ces rides, en partie composées de couches repliées, qui se poursuivent avec une direction constante dans l'espace d'un grand nombre de degrés.

L'action volcanique, dans le sens propre de ce mot, ne saurait donc être la cause première des grands phénomènes qui nous occupent; mais les éruptions volcaniques paraissent avoir elles-mêmes des rapports avec la haute température que présentent encore aujourd'hui les parties intérieures du globe, et les analogies qui au premier aperçu nous feraient chercher dans l'action volcanique proprement dite la cause des révolutions de la surface du globe, doivent nous conduire finalement à chercher cette même cause dans le phénomène beaucoup plus large de la haute température intérieure de la terre.

Le refroidissement séculaire, c'est-à-dire la diffusion lente de cette chaleur primitive à laquelle les planètes doivent leur forme sphéroïdale, et la disposition généralement régulière de leurs couches du centre à la circonférence, par ordre de pesanteur spécifique, présente en effet un élément auquel il me semble depuis long-temps, ainsi qu'à M. Fénéon (qui m'a dit avoir eu aussi, de son côté, la même idée), que ces effets extraordinaires pourraient être rattachés. Cet élément est le rapport qu'un refroidissement aussi avancé que celui des corps planétaires établit sans cesse entre la capacité de leur enveloppe solide et le volume de leur masse interne. Dans un temps donné, la température de l'intérieur des planètes s'abaisse d'une quantité beaucoup plus grande que celle de leur surface, dont le refroidissement est aujourd'hui presque insensible. Nous ignorons sans doute quelles sont les propriétés physiques des matières dont l'intérieur de ces corps est composé; mais les analogies les plus naturelles portent à penser que l'inégalité de refroidissement, dont on vient de parler, doit mettre leurs enveloppes dans la nécessité de diminuer sans cesse de capacité, malgré la constance presque rigoureuse de leur température, pour ne pas cesser d'embrasser exactement leurs masses internes, dont la température décroît sensiblement. Elles doivent par suite s'écarter légèrement et d'une manière progressive de la figure sphéroïdale qui leur convient, et qui correspond à un maximum de capacité; et la tendance graduellement croissante à revenir à une figure à peu près de cette nature, soit qu'elle agisse seule, ou qu'elle se combine avec les autres causes intérieures de changement que les planètes peuvent renfermer, pourrait peut-être rendre complètement raison de la formation subite des rides et des diverses tubérosités qui se sont produites par intervalles dans la croûte extérieure de la terre, et probablement aussi de tous les autres corps planétaires.

L'application la plus directe et la plus positive de la géognosie est la connaissance des gisements des matières utiles. La forme, la composition et la répartition de ces gisements, sont assujettis à des lois qu'il faut nécessairement connaître pour les rechercher et les exploiter. Malheureusement cette importante partie de la géognosie a été jusqu'ici un peu négligée, et comme il est temps de ramener la science au point de vue des applications utiles, dont elle n'aurait jamais dû s'éloigner, le lecteur me saura gré de céder ici la plume à M. Fournet, que ses travaux d'exploitation et ses études toutes spéciales ont mis à même de découvrir des faits nouveaux et d'apprécier, mieux que tout autre, ceux qui avaient été déjà observés.

ÉTUDES

SUR

LES DÉPOTS MÉTALLIFÈRES,

PAR M. J. FOURNET,

DOCTEUR ÈS-SCIENCES.

INTRODUCTION.

Les métaux étant devenus pour l'homme des objets de première nécessité, il dut attacher dans tous les temps et dans tous les lieux, une grande importance à la possession de leurs réceptacles. C'est à l'étude de leurs gisements, de leur liaison avec les substances voisines et de leurs rapports avec certains accidents du sol encaissant, que la géologie doit sa naissance.

D'un autre côté, comme les métaux ne se trouvent que très-rarement à l'état de pureté, il fallut, pour les rendre applicables à nos besoins, examiner les mélanges par lesquels leurs propriétés étaient masquées, inventer les moyens de les débarrasser de leurs superfluités, les enchaîner à de nouveaux corps, en tirer des combinaisons douées de propriétés particulières, et, en un mot, poser les bases des branches les plus essentielles de la chimie.

Non content de ces déductions directes,

l'esprit humain, jetant un regard sur le passé, voulut encore remonter aux causes de formation, et émit des théories géogéniques en s'appuyant sur les deux sciences précédentes, créées par l'art des mines; elles éprouvèrent toutes les vicissitudes que leurs bases ont subies. Leur nombre ne doit donc pas nous étonner; mais, loin de s'effrayer de ces revers, il faut observer d'un autre côté que pendant ces mouvements alternatifs qui ont effacé bien des idées, il s'est aussi accumulé une quantité considérable de faits positifs, qui eussent passé inaperçus sans le jour que les théories ont jeté sur eux et que, ballottés de part et d'autre, ils parviennent, en vertu de cette vibration prolongée, à se grouper peu à peu, suivant des lignes régulières, qui donnent enfin prise au calcul; c'est alors que, possédant les lois qui lui permettent de prévoir les faits, la science marche avec hardiesse.

La géologie arrive à ce degré de perfection quant à sa partie mécanique; mais il est malheureusement loin d'en être de même pour sa partie chimique. Les phénomènes de réaction moléculaire qui ont accompagné les grandes perturbations du sol, sont d'un ordre tellement élevé, l'influence du temps et l'action toute-puissante des masses y jouent un rôle si immense, qu'il dépasse tout ce que nos ateliers les plus considérables ont pu nous faire concevoir, et ce qui augmente encore l'embarras dans ce genre de recherches, c'est la difficulté qu'il y a de bien observer dans les travaux souterrains : cet obstacle a été souvent nuisible aux observateurs, et la nature, qui paraît tout faire pour attirer les regards du géologue sur la surface de la terre, semble au contraire s'attacher à le repousser du moment qu'il cherche à en sonder la profondeur. En cela les dangers qui accompagnent les travaux de l'exploitation ne sont que le moindre des inconvénients ; il faut en outre s'habituer à discerner les substances diverses au travers d'une atmosphère que la clarté de la lampe traverse à peine, et ce qui est bien plus difficile encore, se munir d'une infatigable persévérance pour suivre pas à pas le mineur, qui, par son travail, efface les faits à mesure qu'il les met en évidence.

Nous avons dû entrer dans ces développements parce qu'ayant à parcourir une carrière féconde en hypothèses, il fallait indiquer nettement notre position et faire voir que d'ailleurs nous ne sommes pas sous l'influence absolue d'illusions systématiques qui nous porteraient à considérer comme des faits positifs ce qui n'est encore que dans le vague des conjectures. En un mot, nous le disons d'avance avec Valmont de Bomare : « L'étude des secrets de la nature dans les entrailles de la terre est sans doute la plus hardie, mais aussi la plus belle et la plus élevée. La matière y est vaste ; le travail s'y fait en grand ; l'ouvrage frappe les yeux, ravit d'admiration ; *mais la main de l'ouvrier est invisible.*"

Cependant aussi, comme les théories qui ont un objet raisonnable sont des approximations de la vérité et des pas faits vers la science positive, nous nous trouvons en quelque sorte encouragé dans notre tâche, et puissent les illustres géologues, qui de nos jours ont fait faire à celle-ci de si rapides progrès en signalant l'immense influence que les actions chimiques ont exercée dans les grands phénomènes de la nature, reconnaître qu'au moins nous nous sommes toujours tenu dans les bornes de la vraisemblance.

De toutes les parties de la géologie, aucune, sans contredit, n'a occasioné plus de divergence dans les opinions que la formation des dépôts métallifères, et tandis que nous voyons les théories sur l'ensemble de structure du globe osciller entre un petit nombre de systèmes généraux, la voie aqueuse et la voie ignée, et entre les hypothèses basées sur les actions prolongées des causes que nous voyons agir journellement en opposition avec les convulsions subites et périodiques qui en ont modifié la surface, la constitution des filons, au contraire, en a produit une multitude ; c'est qu'aussi les phénomènes se compliquent à mesure que l'on descend aux détails, et qu'alors, tout en rentrant dans les grandes hypothèses géogéniques, les idées ont dû nécessairement se subdiviser en autant de branches que la cause primitive pouvait se prêter à des applications diverses. Ainsi, pour ceux qui admettaient la formation ignée de la terre, il leur était tout aussi facile de concevoir les filons comme étant des produits de fusion que de vaporisation ou de liquation. Si, au contraire, la formation aqueuse dominait dans l'esprit des observateurs, alors ce furent tantôt des eaux superficielles, tantôt des eaux intérieures qui produisirent les dépôts, soit mécaniquement, soit par cristallisation, soit par précipitation chimique. Suivant d'autres, ces mêmes eaux, s'infiltrant dans les roches voisines, s'y chargeaient de particules minérales, qu'elles déposaient dans les filons par transsudation.

Ajoutons à cela les phénomènes électro-chimiques résultant du contact d'une multitude de roches variées, et l'on aura un aperçu des diverses ressources que le génie humain a appelées à son aide pour appuyer ses théories.

Nous examinerons successivement ces diverses hypothèses, et nous en prendrons ce qu'il y aura de réel ou au moins de plus rationnel; car il faut le remarquer dès à présent, ces théories ont toujours été basées sur des observations positives, qui ont été tout simplement trop généralisées par une application de faits locaux, étendue d'une manière

outrée à tout l'ensemble de l'étonnante variété
des phénomènes que présentent les gîtes métallifères.

Aux opinions établies sur des réalités, s'est
réunie une autre classe d'idées presque totalement effacée de nos jours; mais qui domina
puissamment dans son temps; nous voulons
dire celles qui faisaient la base de l'alchimie.
Suivant les adeptes de cette science, la transmutation des terres en métaux, leur matura-
tion par les influences sidérales et astrologi-
ques, leur épuration successive par des
fermentations et des coctions prolongées, l'in-
tervention d'un principe mercuriel, de terres
subtiles, de parties arsénicales, sulfureuses et
bitumineuses, de matières salines, etc., jouent
un grand rôle dans le phénomène de la production des métaux dans le sein de la terre.

Les principaux auteurs qui ont écrit dans
ce sens, furent Utmann d'Elterlein, Mayer,
Löhneiss, Barba, et plus récemment encore
le célèbre Trébra, en 1785, tellement les idées
des adeptes s'étaient profondément enraci-
nées; voici, au reste, ses propres expressions:
« La fermentation peut changer encore les
pierres quartzeuses en pierres argileuses; les
substances calcaires en quartz; la masse des
rochers en matières combustibles, sels, et
même les disposer à devenir les minérais des
métaux et demi-métaux. Je lui attribue encore la propriété de pouvoir produire, en-

tretenir et continuer à former ces gîtes et couches de minéraux dans les montagnes primitives et même secondaires. J'ajoute enfin que le choc que les eaux exercent en se frayant un chemin du haut vers le bas des rochers, et que tant de causes modifient de plusieurs manières, me paraît être la cause d'une plus grande activité de la fermentation dans certains points particuliers de la montagne. »

On conçoit combien il serait inutile de s'attacher actuellement à réfuter de pareilles hypothèses, soutenues non-seulement sans aucune preuve, mais encore sans autre probabilité que celles très-incertaines sur lesquelles l'alchimie était basée.

Il faut mettre au même rang la nécessité d'une matrice incluse dans le sein des roches, laquelle, après avoir subi diverses actions préparatoires, devient propre à engendrer les minérais.

Ces matrices, comme on doit le concevoir d'après les idées de leurs inventeurs, ne pouvaient pas occuper des positions quelconques, ni se multiplier indifféremment ; autrement nous verrions des montagnes entières se transformer spontanément en minérais : cela n'avait lieu que dans les parties assujetties à certaines directions, et dont la nature différait déjà du reste de la roche, avant leur transformation en minérais ; elles consistent ordinairement en pierres décomposées et friables, passant à l'état terreux, préliminaire de la transformation en métal.

Ces détails, dans lesquels on entrevoit quelque chose de relatif aux filons argileux, connus des mineurs assez généralement sous le nom de *filons pourris*, qui accompagnent assez ordinairement les filons productifs, ont été développés principalement par Hoffmann et Zimmermann, en 1725 et 1741.

Patrin est aussi porté à admettre une sorte d'organisation dans l'écorce de la terre; et d'après cette idée il considère les filons métalliques comme une sorte de *carie* qu'éprouvent les couches de la terre, et il pense que les plus puissants filons ont commencé d'une manière insensible, et que leur accroissement s'est opéré progressivement de même que la carie des os des animaux et du tissu ligneux des arbres.

Dans les uns comme dans les autres, une fois que le foyer de décomposition s'est établi, tous les fluides qui viennent y aboutir par l'effet de la circulation, y contractent, par assimilation, les propriétés de ce premier ferment. Ces fluides, destinés à la nutrition de la partie malade, changent totalement de nature et acquièrent un degré prodigieux d'exaltation; et pour qu'on ne soit pas révolté de le voir considérer ces métaux, ces idoles si révérées par la cupidité des hommes, comme le produit d'une maladie de la terre, il rappelle le caractère corrosif et délétère qu'ils manifestent dès qu'ils sont dans un grand état de division; ce qui ne justifie que trop à ses yeux la triste origine qu'il leur attribue.

Nous rangerons ici une opinion tout aussi singulière, qui a été travaillée surtout par Lehmann, en 1735; elle mérite d'autant mieux d'être rapportée ici, qu'elle n'est pas sans importance, encore de nos jours, aux yeux de certaines personnes.

Cet auteur considère les filons comme étant les branches et les rejetons d'un énorme tronc placé dans le sein de la terre et vraisemblablement à une profondeur telle que nous n'avons pas encore pu y atteindre. Les filons puissants en sont les branches principales; les veinules et les filets en sont les rameaux.

«Ce que je dis, ajoute-t-il, ne doit pas paraitre incroyable, si l'on vient à réfléchir que, d'après toutes les observations, la nature tient dans le sein du globe un atelier et sa fabrique de métaux; que de temps immémorial elle y en travaille et élabore les parties primitives; que ces parties s'élèvent ensuite sous forme de vapeurs et d'exhalaisons jusqu'à la surface du globe par le moyen des fentes, à peu près comme la séve s'élève et circule dans les végétaux, à l'aide des vaisseaux et des fibres qui les composent. »

Toute dénuée de réalité que soit cette explication, elle se trouve néanmoins, et par une coïncidence vraiment remarquable, assez répandue parmi une certaine classe d'exploitants, malgré les connaissances positives que leur genre de travail aurait dû leur faire acquérir; elle paraît leur être venue naturellement, et la cause doit en être, selon toute apparence, rapportée aux dénominations dont se servent les mineurs qui, dans leur langage habituel, désignent d'une manière figurative les filons latéraux et les croiseurs par les mots de *branches latérales*, d'*embranchements*, de *ramifications* d'un filon, et ces mots, pris dans leur expression vulgaire par les spéculateurs, leur font supposer naturellement l'existence d'un tronc branchu, auquel il faut arriver pour trouver la masse principale, l'amas de toutes les richesses qu'ils supposent ordinairement inclus au milieu des montagnes; mais de quoi s'étonner quand on voit que l'art du tourneur de la baguette divinatoire et la propriété que possède cet instrument de faire découvrir les filons et les sources cachées, ont encore leurs croyants.

Laissant enfin de côté ces rêves de l'esprit humain, nous passerons directement aux faits qui peuvent offrir prise à l'étude, et nous allons poser les notions préliminaires qui nous seront nécessaires par la suite.

CHAPITRE Ier

Notions préliminaires.

SECTION Ire

Généralités sur les divers modes de structure des masses minérales.

Les naturalistes qui ont observé les diverses masses minérales dont l'ensemble constitue l'écorce du globe, ont pu se convaincre qu'elles se groupaient suivant deux modes de disposition ou de structure générale.

Dans le premier mode, elles sont divisées en assises plus ou moins nombreuses, superposées les unes aux autres d'une manière régulière pendant un certain espace, qui peut être suivi d'une nouvelle série, dont les divers termes, quoique concordants entre eux, sont néanmoins discordants avec la précédente, quant à l'inclinaison et à la direction. Ces assises sont très-souvent homogènes entre elles et portent au moins l'empreinte d'une formation analogue en ce qu'elle s'est toujours constituée par voie de dépôt, soit mécanique, soit chimique.

Dans le second mode, au contraire, nous ne trouvons aucune trace de ces circonstances de sédimentation. La force de cristallisation en a façonné le plus souvent la texture, et les

roches de cet ordre sont ordinairement interposées dans des ouvertures formées parmi
les strates précédents, auxquels rien ne les
rattache directement. En un mot, tout fait
naître en elles l'idée d'une masse étrangère,
produite par des causes différentes de celles
qui ont agi lors de la formation des masses
stratifiées environnantes.

De là l'importante distinction établie de
nos jours dans la géologie entre les terrains
stratifiés et les terrains non stratifiés. Certaines
couches des premiers sont métallifères, et les
filons et amas rentrent dans la dernière catégorie.

Or, les limites dans les dimensions et la
forme des deux sortes de terrains n'ont rien
de déterminé en général. Dans ceux stratifiés
on passe insensiblement des formations plus
ou moins contournées qui couvrent des régions entières, à celles qui ne font que remplir
des bassins largement limités et de ceux-ci aux
dépôts purement locaux, dont l'œil embrasse
du premier coup toute l'étendue superficielle.
De même dans ceux non stratifiés nous avons
en dimension rectiligne des chaînes entières
de montagnes, des remparts énormes, des
murailles, puis de simples filets, ou bien,
quand ces masses affectent à peu près autant
de largeur que de longueur, on voit des plateaux, des cônes, des amas, et enfin de simples
rognons, nœuds ou nodules.

Dans ce passage insensible du grand au petit, on éprouve un premier embarras pour fixer les dénominations : il s'accroît encore quand on vient à observer que des masses étrangères, pareilles à celles qu'on observe dans les terrains stratifiés, se sont établies à leur tour dans les terrains non stratifiés et ont joué, par rapport à ces derniers, le même rôle qu'ils ont eux-mêmes joué par rapport aux terrains stratifiés.

Enfin, le comble de la confusion résulte de la présence de masses qui, par leur nature, se rattachent évidemment aux terrains non stratifiés, et qui, par anomalie ou par accident, viennent s'intercaler par épanchement entre les bancs d'un terrain stratifié, en s'astreignant à en suivre d'ailleurs presque toute l'allure.

Cependant, comme il est nécessaire d'arrêter les idées sur quelque chose de fixe, nous nous contenterons d'avoir fait sentir les difficultés qui résultent de la généralisation complète des faits, et nous distinguerons, quant aux formes essentielles, sous les noms de *bancs* et d'*amas transversaux*, les masses qui sont en rapport intime avec les terrains stratifiés, et en *filons, dykes*, ou en *amas, culots, Stockwerks*, celles qui rentrent dans la classe des terrains non stratifiés; enfin, sous les noms de *veines, veinules, rognons, nœuds* et *nodules*, les dépôts communs aux deux modes de formation et dont le rôle est comparativement peu important.

Précisons actuellement ces dénominations:

Le nom de *bancs* a été réservé plus spécialement, par M. de Bonnard, aux couches métallifères qui sont contemporaines au terrain encaissant et parallèles à ses autres assises (fig. I) : c'est en cela qu'ils diffèrent des filons, qui coupent ordinairement la stratification au lieu de lui être parallèles; ils en diffèrent encore en ce qu'ils présentent ordinairement une masse homogène, qui ne renferme pas cette grande variété de minéraux que l'on rencontre dans les filons. On y rencontre rarement des druses et autres vacuoles qui sont tapissés de cristaux; ils ne sont pas divisés, comme un grand nombre de filons, en deux moitiés symétriquement composées; ils ne présentent point ces ramifications, ces croisements et ces rencontres, qu'on observe si fréquemment dans les autres, et, enfin, ils n'ont en général d'autres limites que celles mêmes de la formation encaissante.

Ces caractères, tout négatifs qu'ils soient pour la plupart, sont cependant importants, en ce qu'ils dérivent essentiellement du mode même de formation.

L'*amas transversal* de M. de Bonnard, ou le *Stehenderstock* de Werner (fig. II), serait une couche considérablement renflée, qui formerait ainsi un amas souvent lenticulaire et parallèle, jusqu'à un certain point, avec la stratification des roches encaissantes;

mais cette sorte de gîte est fort rare, son existence n'est pas même bien positivement prouvée, et elle semble d'ailleurs en désaccord avec les idées les plus naturelles que nous pouvons nous former sur le mode de structure des dépôts par sédimentation.

Les *filons* sont des masses minérales non stratifiées, de forme à peu près tabulaire, c'est-à-dire, dont l'étendue, en hauteur et en longueur, est beaucoup plus grande que celle en épaisseur. Ils *coupent* presque toujours un terrain ou une masse quelconque de roches, au moins dans une partie de leur cours, et ils sont d'une nature ou d'une structure différente de celle des terrains qu'ils traversent.

Quand ils coupent les terrains stratifiés sous des angles prononcés (fig. III), on les reconnaît aisément; mais quand ils en suivent la stratification (fig. IV), il n'est plus possible de les distinguer autrement que par la différence de composition, leur analogie avec celle de filons bien reconnus, et quelquefois encore parce qu'au bout d'une certaine durée de direction commune, on aperçoit, soit en hauteur, soit en longueur, des déviations ou des anomalies de la part du filon. C'est ainsi, par exemple, que, quand les strates d'une formation qui étaient accompagnées d'un pareil filon, viennent à s'interrompre contre les strates d'une autre formation, le filon continue sa marche au travers de celles-ci (fig. V), ou bien il s'infléchit à leur rencontre pour en suivre la direction nouvelle (fig. VI). Dans d'autres cas, enfin (fig. VII), après avoir quelque temps suivi la direction des strates, il s'en écarte brusquement, pour en affecter une totalement différente. Ces sortes de filons ont été spécialement désignés sous le nom de *filons couches*.

La distinction est loin d'être toujours aussi facile, quand on passe aux filons qui sont inclus dans les terrains non stratifiés, surtout s'ils sont de même nature que la roche encaissante, comme c'est souvent le cas. Ainsi les granites renferment fréquemment des filons granitiques. La texture seule devient quelquefois dans ce cas le caractère distinctif.

Quelquefois un filon ne coupe aucun terrain, mais ne fait que suivre les contours de deux formations différentes, et les sépare ainsi l'une de l'autre; telle serait par exemple la masse *A B* (fig. VIII), qui est interposée entre un granite *G* et un schiste *P*. Ce cas fausse la définition que nous avons posée, puisqu'il n'y a pas d'intersection, ni dans l'une ni dans l'autre formation; et comme aussi d'un autre côté ces filons constituent une classe à part extrêmement importante, puisque les gîtes les plus puissants rentrent en général dans cette cathégorie, nous croyons devoir en faire un ordre spécial sous le nom de *filons de contact*.

Les *dykes* sont des filons de matières volcaniques, qui sont quelquefois saillants à la surface du sol, en forme de murs, sur des étendues plus ou moins grandes.

Les *amas* sont aussi, comme les filons, de grandes masses minérales non stratifiées, mais de figure irrégulière, ordinairement arrondie ou ovale; ils forment quelquefois une saillie sur la surface du sol et constituent souvent dans ce cas de véritables montagnes à cause de leur puissante extension (fig. IX).

Les *culots* sont spécialement des amas de matières volcaniques, qui affectent assez généralement des formes coniques plus ou moins abruptes, et privés d'ailleurs des pouzzolanes, des cendres, des coulées de laves, qui accompagnent les buttes volcaniques ordinaires.

On désigne plus particulièrement sous le nom de *Stockwerck*, un amas d'une roche quelconque, dans lequel de nombreuses veinules métalliques sont séparées par des parties interposées de la roche encaissante : ce sont des amas pénétrés et traversés dans toutes les directions par une quantité de petits filons (fig. IX).

On a quelquefois confondu avec les amas les *mines en sac*, qui ne sont autre chose que ces grottes ou cavités profondes, si communes dans les pays calcaires, et qui ont été remplies, par infiltration ou par d'autres causes, d'un dépôt minéral, qui consiste presque toujours en fer hydraté (fig. X).

Les terrains stratifiés, comme ceux non stratifiés, sont encore entrecoupés de *veines* ou *petits filons*, qui semblent être un diminutif des filons, en ce qu'ils sont, comme ceux-ci, des masses minérales minces et alongées; mais ils se bornent à suivre l'étendue d'un fort petit nombre d'assises des formations qu'ils traversent. Souvent même ils sont limités par une seule d'entre elles, et ne dépassent pas le bloc où ils ont pris naissance.

Les *veinules* sont encore plus petites et plus irrégulières que les veines; elles serpentent souvent dans divers sens : c'est ce caractère qui avait porté Werner à les désigner sous le nom de *Schwärmer* ou *serpenteaux*. On en a de fréquents exemples dans les marbres colorés. Un filon principal peut être lui-même composé de veines et de veinules.

Les *rognons* sont des amas très-petits, qui se trouvent disséminés dans les masses de roches; ils jouent quelquefois, par rapport à un filon, le rôle que les veines jouent dans un Stockwerk. Un filon qui se compose ainsi en quelque sorte d'une série de rognons, prend le nom de *filon en chapelet ou à rognons*.

Enfin les *nœuds* ou *nodules* sont des masses sphéroïdales encore plus petites que les rognons. On a de fréquents exemples dans la plupart des roches bulleuses; ils sont rarement le produit d'une grande action chimique, à moins d'être contemporains à la roche encaissante. Un filon peut en être composé en majeure partie.

SECTION II.

Nomenclature des diverses parties des filons et des couches.

Les notions générales que nous avons données des filons, nous les font concevoir comme de grandes plaques diversement infléchies et ayant des inclinaisons et directions quelconques. La plupart des exploitations roulant sur ces sortes de gîtes, les mineurs ont dû attacher une certaine importance à attribuer à leurs diverses parties des dénominations qui leur permissent de s'entendre. Malheureusement quelques-unes d'entre elles varient, assez, suivant les localités. Cependant voici celles qui ont été le plus généralement adoptées :

Les deux parois de la roche qui encaissent un filon, sont ce qu'on nomme ses *épontes*, et les deux parois du filon lui-même, ou les deux surfaces qui en limitent l'épaisseur, en sont les *salbandes*.

Quelquefois les salbandes s'unissent intimement aux épontes : dans ce cas *le filon est contigu ou adhérent au rocher;* mais si elle s'en sépare facilement, à cause de l'interposition d'une fissure plus ou moins large, on appelle la fente de séparation, la *lisière du filon*, et quelquefois encore, par extension, sa *salbande*. Cette lisière ou salbande est ordinairement remplie d'une matière qui n'est ni celle métallifère ni celle de la roche encaissante; elle se poursuit d'ailleurs fréquemment avec assez de constance pour se maintenir quand même les parties métallifères sont totalement effacées; on lui donne alors le nom de *trace du filon*. Comme elle se réduit quelquefois à une épaisseur presque insignifiante, le mineur doit être très-attentif à ne pas la perdre de vue, autrement il s'égare dans ses travaux.

Chacune des deux épontes qui encaissent le filon a reçu un nom particulier : ainsi, quand le filon est incliné, ce qui est le cas le plus général, celle sur laquelle il repose, se nomme le *mur du filon*, et celle qui le recouvre, en est le *toit*. On voit d'après cette définition qu'un filon parfaitement vertical n'aurait, à proprement parler, ni toit, ni mur; on se règle alors d'après les points cardinaux, et l'on dit par exemple l'éponte du Midi ou du Nord.

Si d'ailleurs dans le voisinage il existe des filons *inclinés* ou *obliques*, on prendra pour toit du filon vertical, l'éponte correspondante au toit des filons obliques; on évite par ce moyen d'établir des dénominations différentes pour les filons d'une même localité.

La distance perpendiculaire du toit au mur se nomme la *puissance du filon*; celle-ci est sujette à de fréquentes variations; quelquefois elle devient fort petite et le filon est *étranglé*; plus loin elle peut devenir considérable et le filon forme *un ventre* ou *un renflement*.

On conçoit du reste ce qu'il faut entendre par la *longueur* et la *profondeur* des filons. Nous avons déjà fait pressentir qu'ils éprouvent de fortes variations en grandeur, et en général leur étendue paraît dépendre assez de leur puissance. Si celle-ci n'a que quelques millimètres, l'étendue ne dépassera qu'un petit nombre de mètres, et le filon pourra rentrer dans la classe des veines et veinules; mais si elle est de un ou deux mètres, alors le filon se prolongera jusqu'à de grandes distances.

Un filon pouvant être envisagé théoriquement comme une simple surface plus ou moins plane qui passerait par son milieu, on en détermine la position comme celle d'un plan par deux lignes tracées sur sa surface. L'une d'elles, horizontale, est la *ligne de direction*; l'autre, perpendiculaire à la précédente, est la ligne de plus grande pente ou *d'inclinaison* du filon.

La direction se détermine d'après l'angle que fait la ligne de direction avec le méridien. Comme ces angles sont extrêmement variables, on aurait en quelque sorte autant de directions qu'il y a de degrés dans la boussole. Cependant, pour abréger, on n'admet que quatre subdivisions principales, et l'on appelle *filons du nord*, ceux qui ont leur direction après le midi et le nord, depuis vingt-quatre heures jusqu'à trois heures et depuis douze heures jusqu'à quinze heures; *filons du midi*, ceux compris entre neuf et douze heures, et vingt-une jusqu'à vingt-quatre heures; *filons du levant*, ceux compris depuis trois jusqu'à six heures, et depuis quinze à dix-huit heures; enfin, les *filons du couchant* sont ceux dont la direction est entre les six et neuf heures et de dix-huit jusqu'à vingt-une heures.

Quant aux filons qui ont exactement leur direction sur douze heures de la boussole, il est indifférent de dire qu'ils ont leur direction vers le midi ou le nord; il en est de même des filons du levant et du couchant.

Il faut bien distinguer la direction générale d'un filon d'avec celle de ses diverses parties : celles-ci éprouvent des déviations, qui ne sont ordinairement que peu considérables. On en peut faire abstraction, comme dans la direction d'un chemin ou d'une rivière on omet les sinuosités, tandis que la direction générale est assez souvent rectiligne. Cependant quelques-uns forment des arcs de cercle; d'autres des coudes, presqu'à angle droit; on dit alors le *filon a fait un crochet*.

L'inclinaison du filon se détermine d'après le nombre de degrés, par rapport au plan horizontal; elle se mesure ordinairement avec un demi-cercle gradué, de construction spéciale, dont le zéro coïncide avec l'horizontale, et le 90° avec la verticale, en sorte que, plus la ligne de pente d'un filon a de degrés, plus il se rapproche de la verticale. L'inclinaison est variable comme la direction, et peut même dans la profondeur, devenir inverse de ce qu'elle était dans la hauteur.

Dans plusieurs localités on désigne encore les filons sous les noms de *filons à pente recte* et à *pente inverse*. Ces dénominations sont employées dans des sens très-variés. Ainsi, dans quelques pays on a désigné tous les filons *productifs* sous le nom de *filons à pente recte*, et ceux *stériles*, sous le nom de *filons à pente inverse*. Dans d'autres cas on a pris pour les *filons à pente recte* tous ceux qui inclinent dans le même sens que la pente de la montagne, et ceux qui ont leur inclinaison vers l'intérieur de la montagne, sont les *filons à pente inverse*. Quelquefois dans une localité donnée on nomme filons à *pente recte* tous ceux qui s'inclinent vers un des points cardinaux, et filons à *pente inverse*, tous ceux qui se dirigent vers un autre. Enfin on a appliqué encore le nom de *pente recte* à tous les filons dont le mur peut être éclairé par le soleil avant midi, et ceux au contraire dont c'est le toit qui pourrait être éclairé, ont reçu le nom de *filons à pente inverse*.

Toutes ces dénominations, relatives aux directions et inclinaisons, n'ont au reste d'autre valeur que celle qui peut leur être attribuée quant à certaines localités spéciales, où il s'agit de donner des désignations sommaires à certains systèmes de filons; mais dans la levée des plans souterrains, destinés aux travaux des mines, la précision la plus rigoureuse devient indispensable, et l'on ne peut plus se borner aux indications générales, dont celles-ci ne font que donner une idée grossière.

L'ensemble des caractères fournis par la puissance, la direction et l'inclinaison d'un filon, constitue ce qu'on appelle plus particulièrement son *allure*. Ainsi, un filon a une *allure réglée*, quand ces trois quantités sont invariables.

Outre ses deux terminaisons latérales qui forment le toit et le mur, un filon a encore son *affleurement*, sa *crête* ou sa *tête*, qui sont, en général, les noms que l'on donne à sa partie supérieure, suivant qu'elle arrive à la surface du sol, y est saillante ou se trouve masquée par des couches superposées.

Les autres limites sont *les extrémités d'un filon*. Il est rare qu'on connaisse celles-ci positivement, soit que l'appauvrissement en métal ou les difficultés de l'exploitation défendent d'y arriver, soit que la terminaison soit incertaine. Quelquefois cependant ils paraissent se limiter en forme de *coin*, ou bien encore ils

se *ramifient* et s'éparpillent en une multitude
de petits filets, qui se perdent également dans le
rocher. Si dans les vrais filons on a de la peine
à reconnaître les extrémités en longueur, l'embarras est encore plus grand pour celle en profondeur. Bien rarement on peut assurer y être
arrivé. La théorie basée sur les faits géologiques, semble indiquer un éloignement tel que
nos machines seraient de beaucoup trop insuffisantes pour y atteindre, et que d'ailleurs
l'homme ne pourrait supporter la température excessive qui y règne.

La masse d'un filon est, comme nous l'avons
dit, distincte de celle qui constitue la roche
environnante; elle renferme en elle-même
aussi souvent des parties très-diverses. Dans
les filons métallifères on distingue les parties
qui ne sont que pierreuses; telles que les
quartz, les spaths, etc., sous le nom spécial
de *gangues* et quelquefois *matrices*. Les parties
métallifères, telles que les galènes, les pyrites,
etc., sont, à proprement parler, les *minérais*.
Cependant, dans la pratique, on réserve le
nom de minérai plus particulièrement encore aux seules parties qui font l'objet de
l'exploitation; ainsi, dans un filon de galène
et pyrites cuivreuses, entremêlé de pyrites de
fer et blende, on désignera ces dernières sous
le nom de gangue, parce qu'elles sont rejetées
avec les pierres comme parties inutiles. Un
filon qui ne contient que des gangues, est dit

filon stérile; si c'est l'inverse qui a lieu, le filon est *productif*, *riche* ou *noble*; si la gangue est tenace et cohérente, le *filon est solide*; quand elle est éminemment argileuse ou incohérente et perméable à l'eau, il est dit *filon pourri*, *savonneux* ou *aqueux*. Quelquefois ces derniers sont stériles; mais dans d'autres cas ils sont aussi très-riches.

Les *druses*, *fours*, *craques*, *poches à cristaux*, sont des cavités ordinairement tapissées de cristaux, qui se trouvent encore dans la masse du filon; c'est de là qu'on extrait presque toujours les beaux échantillons qui ornent nos collections.

On n'a que peu de choses à modifier aux dénominations usitées pour les filons, quand on veut parler des couches; celles-ci, en effet, présentent, abstraction faite de la stratification, les mêmes éléments relatifs.

Cependant, comme les bancs métallifères sont assez généralement couchés à peu près horizontalement, on désigne de préférence l'assise sur laquelle ils reposent sous le nom de *sole* ou de *lit*. La couverture conserve, comme dans les filons, le nom de *toit*.

On conçoit du reste assez ce qu'il faut entendre par les expressions suivantes : la couche fait *une chaudière*, *une bosse*, *un saut*, est en *forme de selle*, est *plissée*, *contournée*, *brouillée*, etc.

SECTION III.

Notions générales sur la formation des filons.

Les mineurs eurent bientôt conçu que les filons n'étaient que des fentes produites dans les roches et remplies ensuite par des matières étrangères. Aussi trouvons-nous des traces de cette idée dans les plus anciens écrits qui nous restent sur l'art des mines. Agricola avance déjà positivement que les fentes et fissures dans lesquelles nous trouvons les filons, se sont formées en partie en même temps que les montagnes, en partie après, par le moyen de l'eau qui y a pénétré, et qui, en ramollissant le rocher, l'a déterminé à s'ouvrir.

Balthasar Rœsler regardait aussi les fentes et les filons comme ayant la même origine, avec la seule distinction que les premières ne sont que des espaces restés ouverts et vides, et les seconds sont ces mêmes espaces entièrement ou presque entièrement remplis.

Ces premiers aperçus ont été ensuite développés successivement par MM. d'Oppel, Delius, et surtout par Werner, qui a démontré la proposition en question aussi rigoureusement que possible, par la série suivante de faits et de raisonnements.

1.° Les filons, quant à leur forme, leur as-

siette et leur position, ressemblent parfaitement aux fentes et aux crevasses qui se forment dans la terre et dans les roches, c'est-
à-dire, que les unes et les autres ont une figure
plate et que les déviations qu'ils éprouvent
dans leur cours sont en petit nombre et peu
considérables.

2.° Les filons, comme les fentes, se rétrécis-
sent vers leurs extrémités; ils finissent par se
terminer en forme de coins et se perdent en
petites fissures suivant la ténacité ou le mode
de texture de la roche encaissante.

3.° Presque tous les filons d'un district de
mines qui paraissent être d'une même formation, ont la même direction; ce qui indique
qu'ils ont été produits par une même force,
qui a disloqué le sol, suivant un sens déterminé.

4.° Personne ne doute que les fissures connues des mineurs sous le nom de failles, croiseurs, rejets, suivant leur importance, ne
soient réellement des crevasses; or il existe
entre les plus étroites de celles-ci et les filons
les plus puissants, une série continue, dans
laquelle il n'est pas possible d'entrevoir de
démarcation. D'ailleurs, les unes comme les
autres sont remplis de mines ou vides, preuve
de la similitude de leur origine.

5.° Les druses, les poches, les fours, les cavités qui sont contenus dans les filons, ne peuvent être autre chose que les restes du vide

dans lequel le filon s'est formé. Ils en suivent souvent la direction. Plusieurs ont une grande hauteur. Il en existe de nombreux exemples. Pour notre part nous avons vu dans les mines de fer de Schlettenbach, près Erlenbach en Bavière rhénane, une pareille cavité lenticulaire, remarquable par sa dimension; car elle avait une trentaine de pieds de diamètre dans le sens de la direction du filon : il en sortit considérablement d'eau, lorsqu'on en fit le percement.

6.° Ce qui prouve encore bien que les filons ont été de véritables fentes, entièrement vides à leur origine, c'est qu'on y rencontre des galets ou cailloux roulés. On en a des exemples à Joachimsthal, où l'on a rencontré dans le Danielisstollen, à une profondeur de cent quatre-vingts toises, des galets de gneiss. Dans la Hesse, auprès de Riegelsdorf, on a vu pareillement un filon de cobalt traversé par un autre filon, rempli de sable et de galets. A Chalanches, dans le Dauphiné, M. Schreiber a encore observé de pareils faits. Werner cite encore, en faveur de son opinion, l'argile et le sable qui constituent la matière de certains filons, et qui peuvent y avoir été introduites par les eaux.

7.° De plus, on a rencontré, mais rarement, des pétrifications dans ces gîtes. Baumer a le premier appelé l'attention sur ce fait. Depuis, M. de Born a cité des madrépores au milieu du cinabre compacte du filon de l'Hôpital en Hongrie. Ajoutons à l'appui le fait de la présence des gryphites du terrain jurassique dans les filons de plomb sulfuré de Frémoy et de Corcelles, près de Sémur. Ces filons sont inclus dans le terrain de gneiss et de schistes anciens, et leur gangue se compose de baryte sulfatée et de quartz. La connaissance de cette observation importante est due à M. Virlet.

Les fragments de roche adjacente que l'on trouve si souvent au milieu des filons, sont encore une preuve très-puissante du même ordre.

8.º La manière dont les filons se croisent, se rejettent, se dérangent mutuellement, ne peut s'expliquer que par l'action d'une fente plus nouvelle sur une fente plus ancienne. Nous verrons plus loin, quand nous traiterons des grandes dislocations du sol, quelles sont les diverses circonstances qui accompagnent ces croisements et rejets; elles se lient trop intimement à ce sujet pour qu'il ne soit pas prématuré d'en parler ici.

9.º La manière d'être des filons à l'égard de la roche encaissante, notamment quand elle est stratifiée, prouve encore évidemment qu'ils ont été des fentes. En effet, lorsqu'un filon traverse les couches de la roche, il arrive presque toujours que la partie d'une couche qui est dans la roche adjacente au toit, se trouve plus basse que la partie de la même couche, incluse dans le mur, et cette différence de niveau, qui ne peut provenir que d'une fracture et d'un glissement, est d'autant plus puissante, que le filon est plus puissant. Nous ne pouvons mieux faire que de renvoyer, pour apprécier ce fait, à la planche IV du second volume, où l'on voit une coupe des couches du zechstein et du schiste cuivreux de Bilstein accidentées par une série de failles et de filons, et conservant néanmoins leurs relations de position réciproque.

10.° Enfin, en considérant attentivement la structure intérieure des filons, qui sont composés de plusieurs espèces de minérais, on voit que les filons sont fréquemment formés de couches parallèles aux parois, appliquées successivement les unes aux autres, et que celles qui sont immédiatement sur les salbandes, ont été formées les premières. Quelquefois les bandes successives n'ayant pas pu se joindre au milieu du filon, il en est résulté des vides qui constituent les druses, etc.

Tels sont les faits principaux que Werner cite à l'appui de la formation des filons par des fentes qui se sont faites dans les terrains; il achève de corroborer cette série d'inductions par de nouveaux détails; c'est ainsi qu'il a observé que certaines fentes qui ont constitué les filons, étaient originairement plus larges et se sont ensuite rétrécies; d'autres, au contraire, sont devenues de plus en plus larges. Des affaissements au toit ont dû produire des fentes collatérales, ce qui a pu rétrécir la fente principale. Les grandes largeurs de certains filons, en quelques points seulement de leurs cours, proviennent de pareils affaissements purement locaux ou plutôt d'éboulements de quartiers du toit ou du mur, qui ont dû glisser plus bas, etc.

L'origine de la plupart des filons étant ainsi positivement démontrée, il nous reste à rechercher quelles peuvent être les diverses causes qui ont pu produire de pareilles fentes dans la masse des rochers. Jusqu'à présent les recherches des géologues nous conduisent à les considérer comme pouvant provenir, 1.° du retrait des roches lors de leur consolidation, soit par voie de dessiccation, soit par voie de contraction en se refroidissant suivant leur origine aqueuse ou ignée; 2.° dans chacune d'elles il s'est encore opéré des cassures par les glissements de quelques couches les unes sur les autres, en vertu de quelque ébranlement du sol, ou de leur pesanteur qui les a portées à se fracturer; 3.° enfin, elles ont encore pu se trouver disloquées par des mouvements violents, tels que les soulèvements et affaissements qui ont produit sur une grande échelle les protubérances actuelles du globe.

Mais en étudiant partiellement chacun de

ces systèmes de fentes, on est bientôt convaincu que celles qui résultent du retrait d'une masse de roche ont rarement produit autre chose que des veinules ou petits filons plus ou moins régulièrement distribués, et ne pénétrant jamais au-delà de l'assise où elles ont pris naissance; elles sont quelquefois remplies de dépôts mécaniques, mais bien plus souvent de matières à peu près identiques à celles de la roche encaissante, ou bien qui en dérivent directement.

Les dislocations qui proviennent des glissements locaux de quelques couches ou masses déjà solidifiées, sont encore moins comblées que les précédentes de dépôts chimiques, ou bien ceux-ci sont de l'ordre de ceux que nous voyons se former journellement, telles que les incrustations spathiques, etc.

Enfin, les cassures qui résultent de phénomènes dont la cause doit être cherchée dans l'intérieur du globe et qui s'est manifestée par une action d'une grande intensité, telle que la formation d'une chaîne de montagnes, sont comblées de produits le plus souvent chimiques et contrastant fortement par leur nature avec les roches en contact.

La majeure partie des filons exploitables se range dans cette dernière catégorie, et comme les causes de dislocation et d'intercalation de masses étrangères ont pu agir aussi bien en un point limité que suivant une ligne étendue, on conçoit que, la distinction entre le filon et l'amas proprement dit ne roulant que sur l'espace d'application de l'effort, l'étude du dernier rentrera naturellement dans celle du premier.

D'après ces aperçus préliminaires nous rangerons donc les filons en trois groupes, relatifs aux diverses causes de formation que nous avons reconnues précédemment, et cet ordre, tout en nous conduisant du petit au grand, nous offrira de plus l'avantage d'être jusqu'à un certain point historique; car, avant d'embrasser les faits dans leur ensemble, les observateurs ont dû nécessairement s'attacher à étudier de petits accidents de détail, aisés à suivre dans leur allure, et ce n'est que munis des faits dont ils leur donnaient la connaissance, qu'ils ont pu aborder l'étude des véritables filons, qui sont, sans contredit, l'un des produits les plus complexes de chacune des révolutions du globe.

CHAPITRE II.

Des petits filons *ou* veines, *formés, par un retrait résultant de la solidification de la roche, ou par une dislocation peu intense et à peu près contemporaine à sa formation.*

SECTION I.ʳᵉ

Remplissage du filon pendant la formation de la roche encaissante par des substances dérivées directement de celle-ci.

Afin d'éviter toute fausse interprétation, nous croyons devoir avertir, que dans ce qui va suivre, nous ne bornerons pas l'expression de *formation d'une roche* à la désignation du seul instant de son apparition; mais que nous l'étendrons souvent à la série des actions qui eurent lieu dans sa masse avant qu'elle soit parvenue à posséder une certaine stabilité. Ainsi une lave, immédiatement après sa sortie du volcan, renferme déjà tous les éléments qui composent la roche; mais celle-ci n'est pas encore définitivement constituée; car de l'état vitreux qu'elle a pu avoir dans le principe, elle passe à l'aspect pierreux ou cristallin par une dévitrification successive; ses

vacuoles se tapissent de cristaux contemporains; puis elle se divise en tables ou en prismes,
et ce n'est que quand tout ce mouvement intestin est suspendu par un état stationnaire,
que l'on peut réellement envisager la roche
comme formée.

De pareils mouvements ont dû avoir lieu
dans certains terrains d'origine aqueuse, pour
lesquels le fendillement peut être attribué à
la dessiccation. Ainsi, par exemple, sans nous
arrêter à discuter si les marnes gypseuses du
terrain keuprique doivent être envisagées, en
vertu de leur position souvent anomale,
comme étant le résultat de réactions chimiques, opérées par des dégagements de gaz,
sur des roches déjà existantes, il n'en sera pas
moins évident que les eaux ont aussi exercé,
dans l'ensemble de la formation, une telle
action, qu'on peut, sans crainte d'erreur, leur
attribuer une grande partie de son état actuel.

Or, nous voyons dans ces amas, indépendamment des zones alternantes de gypse et
d'argile, des fissures assez bien suivies, qui en
coupent l'ensemble sous divers angles. On
peut les rapporter à des retraits, ou petits
affaissements locaux, provenant de la dessiccation, en les considérant comme contemporaines à la formation de la roche. Cette opinion est d'autant plus probable, qu'elles sont
elles-mêmes remplies de gypse; mais ce dernier
diffère essentiellement de celui contenu dans

les strates de la roche, en ce qu'au lieu d'être comme lui lamellaire ou granulaire et plus ou moins impur, il est soyeux et d'une grande blancheur. Les fibres de ce gypse sont en général assez perpendiculaires aux parois du filon; mais ce qu'elles présentent en outre de remarquable, c'est qu'elles offrent souvent une inflexion simultanée à leur rencontre au milieu de la fissure (fig. XI), sans qu'elles se soudent ensemble, en sorte que la masse totale du filon peut se séparer en deux parties, suivant le plan de jonction. Celui-ci contient aussi ordinairement des plaques minces et lenticulaires d'argile $a\ a'\ a''$, qui proviennent des épontes.

Ce mode de cristallisation, en désaccord avec celui du reste de la masse, donne lieu à une explication d'autant plus facile, que des faits analogues, qui se rencontrent à chaque instant dans la formation de la glace, semblent de nature à résoudre complétement tous les doutes que l'on pourrait concevoir.

Ainsi, dans les terres argileuses humides, comme celles qui proviennent de la décomposition des schistes micacés ou argileux, on voit dans le commencement des gelées un soulèvement de quelques lambeaux de terre, et si l'on en cherche la cause, on trouve au-dessous de ceux-ci de longues baguettes de glace, fortement striées dans le sens de leur axe. Examinées de près, elles offrent une ten-

dance à prendre la forme d'un prisme hexaè-
dre, ordinairement incomplet et presque
toujours creux, puisqu'il n'est que le résultat
d'un simple accolement de fibres. Ces prismes
atteignent jusqu'à un pied et plus de longueur,
quelquefois ils sont disposés en étages successifs
et alternants de glace et de terre, qui indiquent
des intermittences dans l'intensité de la gelée
et produisent un soulèvement total, dont la
hauteur va quelquefois jusqu'à trois pieds.
Cette espèce de cristallisation est comparée
par les cultivateurs à une végétation, et ils la
désignent en Auvergne et dans plusieurs autres contrées sous le nom d'*herbe de glace*.
On sait d'ailleurs qu'elle est très-nuisible à
l'agriculture, en ce qu'elle déchausse les blés,
et déchire leurs racines; et les terres qui sont
sujettes par leur composition à la présenter,
prennent dans certaines localités les noms
d'*arbue*, de *chandeleuses* : expressions dont
l'étymologie est facile à saisir.

Dans les forêts humides et pendant une
gelée graduelle, nous observons un autre fait
identique, mais qui présente encore plus de
ressemblance avec celui que nous offre le
gypse.

En effet, dans cette circonstance, les bois,
et surtout les branches pourries, munies de
leur épiderme, se recouvrent de fibres de
glace de la plus grande ténuité, flexibles sans
élasticité, d'une blancheur éclatante, ayant

jusqu'à dix-huit lignes de longueur, tellement
serrées, qu'elles paraissent en contact les unes
avec les autres, et disposées perpendiculairement à l'écorce, à moins qu'un obstacle ne
les ait fait dévier. Ici les productions de la
glace et du gypse fibreux sont exactement
comparables quant à la forme essentielle, et
la théorie de formation sera donc la même :
or, dans le bois pourri, l'eau d'imbibition,
augmentant de volume quand elle approche
du point de congélation et se trouvant trop
à l'étroit, tend à sortir des cellules du ligneux décomposé. L'écorce lui présente par
ses pores une série presque infinie de petites
ouvertures, par chacune desquelles une première gouttelette passe comme par l'orifice
d'une filière. En arrivant au contact de l'air,
elle subit la solidification; une seconde suit
immédiatement, déplace la première en l'éloignant de l'écorce et se fige à son tour; puis
une troisième, et ainsi de suite, jusqu'à ce que
l'eau intérieure ait cessé de se dilater ou que
le froid soit devenu assez intense pour que la
gelée ait pénétré jusqu'au cœur de la branche,
après quoi cette espèce d'étirage s'arrête.

Il en est indubitablement de même du gypse
fibreux qui a rempli les fentes en question.
Les molécules de ce sel, qui ont cherché à
cristalliser, ont passé au travers des pores
de l'argile et ont pris la forme fibreuse
comme l'eau du bois ou des terres argileuses.

Dans quelques cas ces fibres ont déplacé quelques feuillets superficiels de l'argile des épontes qui leur faisaient obstacle, et les ont transportés vers le milieu du filon, où nous les retrouvons tout comme nous avons vu que l'herbe de glace soulevait les lambeaux de terre végétale; et ils sont restés dans cette position, parce qu'en vertu de la simultanéité de formation, les fibres qui s'avançaient à peu près d'une quantité égale hors de chacune des parois, venant à se rencontrer au milieu de l'ouverture, les ont emprisonnés entre elles. La force de cristallisation continuant toujours à produire son effet énergique, les fibres, après être parvenues de part et d'autre au contact réciproque, ont dû ensuite s'infléchir, pour obéir à la force qui les poussait constamment en avant.

Il n'y a dans cette explication du phénomène qu'une seule circonstance douteuse. Rien ne nous autorise encore à admettre que le gypse augmente de volume comme l'eau, pendant l'acte de la cristallisation; mais dans tous les cas cette difficulté ne mérite pas d'être prise en considération; car on peut concevoir que c'est au contraire l'argile gypseuse qui s'est contractée, en perdant son eau d'imbibition par dessiccation, et la cause de la structure fibreuse sera toujours la même.

Nous rappellerons cependant ici, à l'appui de la première de ces hypothèses, que c'est en se basant sur cette augmentation de volume qu'éprouvent la plupart des sels en se cristallisant, que M. Brard a trouvé le moyen aussi simple qu'ingénieux qu'il a proposé pour reconnaître les pierres de construction sujettes à la gélivure.

L'exemple précédent est donc un premier fait positif de la formation contemporaine d'un filon par l'action d'un dissolvant qui imbibait la roche encaissante.

On peut observer fréquemment dans les granites ou autres roches de structure homogène, non-seulement des veinules irrégulières, mais encore plus souvent des bandes rectilignes, bien suivies, d'environ un à deux pouces de largeur, contenant ordinairement, sous une forme cristalline plus régulière que dans la masse de la roche, du feldspath lamellaire, du quartz cristallin ou laiteux, du mica en grandes lames, des tourmalines et d'autres silicates anhydres, que l'on rencontre aussi disséminés çà et là dans la roche encaissante. Ces mêmes substances se disposent encore sous forme de rognons plus ou moins volumineux, qui se suivent quelquefois d'une manière intermittente et en forme de chapelet sur une étendue assez considérable. Cette triple disposition de certaines matières en roche, en veine ou en rognons, annonce évidemment une formation par voie de cristallisation, contemporaine à l'époque où la roche était encore dans un état de mollesse quelconque, et l'on peut concevoir ici quelque chose d'analogue jusqu'à un certain point, à ce que nous avons vu se passer dans les amas de gypse; mais au lieu de fissures produites par dessiccation, et d'une cristallisation par concentration de liqueurs salines, nous pourrons admettre des contractions par refroidissement et une sorte de transport moléculaire d'autant plus aisé à se représenter, que ces fentes contiennent assez généralement les matières les plus fusibles que l'on rencontre dans les roches. D'ailleurs la métallurgie offre de nombreux exemples de ces sortes de séparations. C'est ainsi que pendant le refroidissement des lingots de plomb argentifère ou cuprifère, l'argent et le cuivre se portent principalement vers les parties extérieures, malgré les affinités qui devraient contrebalancer cette tendance à la cristallisation. Le cuivre surtout manifeste cette propriété à un haut degré, et on peut le séparer sous forme de lamelles frisées, plus ou moins pures, qui viennent surnager, quand on gratte les parois du vase avant la solidification du métal.

La forme de rognons, disposés en chapelet, que nous avons observés pour les tourmalines dans quelques granites d'Auvergne, et que MM. Élie de Beaumont et Dufrénoy ont remarqués aussi dans certains *floors de Schorl-Rock* du Cornouailles, ne seraient dans cette hypothèse que des parties d'une même fissure, dilatée en divers points par la force expansive de la cristallisation des minéraux liquatés en quelque sorte par le refroidissement.

C'est sans doute sur des faits et raisonnements analogues à ceux que nous venons d'énoncer, que Stahl, Juncker et autres minéralogistes cherchaient à appuyer la supposition que les filons étaient contemporains à la création du globe.

M. H. de Villeneuve vient de reproduire une théorie à peu près semblable dans divers mémoires lus à l'académie de Marseille en 1830, 1831 et 1832; il admet que la cristallisation a pu modifier les roches lors même qu'elles étaient déjà solidifiées, convertir par exemple un granite en porphyre; il suppose qu'il n'existe que très-peu de filons métallifères qui ayent été formés par précipitation supérieure ou par injection de bas en haut; mais que la plupart ont été engendrés aux dépens de la roche encaissante par l'effet des forces qui ont présidé à la cristallisation. Les amas, les rognons ou nids métalliques, les noyaux des roches amygdaloïdes, ont, suivant lui, le même mode de formation, et l'auteur parvient même à appliquer sa théorie des transports moléculaires aux circonstances les plus minutieuses de l'allure des filons, telles que leurs étranglements, leurs élargissements, leurs enrichissements, etc. Ne connaissant ces travaux que par extrait, et n'ayant aucune connaissance des observations que l'auteur peut invoquer à son appui, nous nous contenterons de rappeler ici, et le fait sera, nous l'espérons, clairement démontré par la suite, que la formation des filons, en général, est un des phénomènes les plus compliqués que présente la géologie, par la variété des causes qui y ont concouru, et qu'il nous paraît bien difficile de concevoir, par exemple, un filon basaltique produit par la même action qu'un filon de galène. Cependant l'un peut être intercalé dans l'autre; tous deux suivront une allure commune, et ils éprouveront les mêmes accidents dans leur marche. Nous en verrons plusieurs exemples.

Renonçons donc à ces théories générales, quelque séduisantes qu'elles soient au premier aperçu par leur simplicité, et contentons-nous de trouver, autant qu'il nous sera possible, des solutions pour les différents cas particuliers qui laisseront quelque prise à nos conjectures.

Les petits filons dont il a été question précédemment sont généralement très-adhérents à leurs épontes. Quelques géologues, partant de ce fait, en ont conclu par similitude que les filons métallifères qui sont aussi quelquefois soudés avec la roche encaissante, en étaient contemporains; mais cette conséquence est au moins excessivement forcée, sinon absurde: de ce qu'il y a pénétration de la matière du filon dans la paroi adjacente, il ne s'ensuit

pas plus qu'il y ait nécessairement simultanéité de formation, qu'entre deux morceaux
de bois et la colle-forte interposée qui leur
sert de lien. L'agglutination se conçoit par
une certaine porosité, aussi bien que par un
mode de formation pendant une même période, et de plus l'observation suivie d'un seul
et même filon métallifère nous apprend qu'il
est rarement adhérent au rocher dans toute
son étendue.

SECTION II.

*Remplissage du filon par des dissolutions
qui ont déposé dans la fissure des parties
enlevées à la roche encaissante après sa
formation.*

La difficulté d'envisager les filons en général
comme contemporains à la roche encaissante,
avait frappé les observateurs les plus judicieux.
Aussi Agricola, qui, le premier, a écrit quelque
chose de rationnel sur les filons, trouvait déjà
cette supposition tellement contraire aux faits
qu'il l'appelait *l'opinion de l'homme du peuple.*
Il fallut donc chercher d'autres causes de remplissage et de formation que celles que nous
avons exposées précédemment. Il conçut que
les fentes pouvaient être le résultat de tasse-
ments inégaux ou d'érosions par les cours
d'eau, et que le remplissage en était opéré par
les eaux pluviales ou autres, qui, en filtrant

constamment au travers de la roche voisine, s'y chargeaient de certaines parties qu'elles laissaient ensuite précipiter dans les ouvertures. Cette opinion a été adoptée, à quelques variantes près, par Henkel, Gerhard, et surtout par le célèbre Délius, auteur de l'art des mines; elle touche du reste de près à la précédente, puisque la matière provient toujours de la roche encaissante; seulement on s'accordait une plus grande latitude sous le rapport de la quantité du dissolvant; c'est ce qui nous détermine à la traiter dans le même chapitre.

Lasius, en 1789, a donné à nos yeux un caractère encore plus positif à cette théorie; car il admet d'abord que les fentes ont été produites par des révolutions du globe, et il suppose ensuite que les fentes ont été remplies par les eaux qui, s'étant imprégnées avec le temps d'acide carbonique ou d'autres agents, devinrent par conséquent propres à dissoudre les particules terreuses et métalliques qui se trouvaient dans la masse du rocher. Elles s'y insinuèrent, en séparèrent les particules que la nature des dissolvants permettait d'attaquer, et les déposèrent à l'aide de quelques précipitants, dans les espaces qu'occupent les filons.

L'action de l'acide carbonique sur les minérais, reconnue à cette époque, est une circonstance remarquable de la part de cet auteur, et prouve en lui un observateur attentif. Nous verrons, en effet, plus tard, combien le rôle qu'il joue dans l'altération des filons est important; mais sa présence est insuffisante encore pour tout expliquer, et comment concevoir que cet agent ou tout autre y introduise des sulfures de plomb, d'antimoine, de cuivre, dont il n'existe aucune trace dans les roches, voisines? comment se rendre compte, par ces filtrations et dissolutions, du remplissage de deux filons qui se croisent dans la même roche, par des matières complétement différentes les unes des autres, dont l'un, par exemple, contient de l'étain; l'autre, de l'argent, comme on le voit à Ehrenfriedersdorff?

Les partisans de cette théorie s'appuient encore sur l'altération fréquente de la roche dans le voisinage du filon; ils en concluent qu'elle a fourni les matériaux du filon. Cette idée est très-juste en elle-même jusqu'à un certain point. Quand on voit dans une roche serpentineuse, fortement altérée, des petits filons de brucite (hydrate de magnésie), dont les lamelles sont perpendiculaires aux parois, et qui, s'avançant de part et d'autre, finissent par se joindre au milieu de la fente, absolument comme le gypse fibreux, il n'y a point de doute qu'on ne doive naturellement en rapporter la production à l'altération de la serpentine et considérer sa formation comme résultant d'une dissolution aqueuse.

Quand des basaltes, en se décomposant, forment d'une part des opales, des fiorites, qui se concrétionnent dans des fissures, et de l'autre des hydrosilicates d'alumine, plus ou moins ferrugineux, qui restent, en conservant grossièrement la forme du rocher primitif, il n'y a pas de doute non plus que l'eau, favorisée ou non d'un dissolvant, n'ait été un agent de dissolution et d'entraînement.

Nous concevons ainsi l'origine d'une multitude de produits du règne minéral, que nous voyons toujours cristalliser dans les vacuoles des roches; tels sont les stilbites, les scolézites, les laumonites, les chabasies, etc., dont la formation récente pourrait être d'autant moins contestée que nous avons en Auvergne des exemples de dépôts calcaires de sources d'eaux minérales, entremêlés de mésotypes bacillaires.

La densité de la roche qui empâte ces géodes ou nodules de formation postérieure, n'est même pas un obstacle à ces infiltrations. Nous avons vu, auprès de Pontgibaud, des blocs de basalte qui avaient séjourné sous l'eau et qui étaient tellement durs et tenaces, qu'il fallait les faire sauter à la poudre. Cependant leurs cavités étaient pleines de liquide et commençaient à se tapisser d'aiguilles soyeuses de mésotype, qu'on ne retrouvait pas dans les parties de la même roche restées à sec. Il n'y a donc aucune incertitude pour la formation d'un certain nombre d'hydrosilicates aux dépens de la roche encaissante.

De même dans les roches calcaires nous concevons que les eaux de filtration finissent par former des stalactites, en se chargeant constamment par voie de dissolution d'une certaine quantité de carbonate de chaux, qu'elles laissent déposer au contact de l'air. Mais aussi jusqu'à présent nous trouvons toujours une certaine relation entre les produits et les principes. La serpentine, roche éminemment magnésienne, a fourni l'hydrate de magnésie. Les basaltes, roches siliceuses, alumineuses et alkalines, ont fourni de la silice et des hydrosilicates alumineux et alkalins. La chaux carbonatée a fourni du calcaire spathique ; tandis que dans les filons métallifères, encaissés dans des roches qui ne renferment pas la moindre trace de plomb, cuivre, argent et soufre, nous trouvons des sulfures de ces divers métaux. Il faut donc en chercher l'origine ailleurs, à moins qu'on ne veuille recourir à la *transmutation* des terres en métaux : transmutation que rien ne prouve encore.

Quoi qu'il en soit, les mineurs, toujours poussés par le besoin de découvrir les gites métallifères, et appuyés d'ailleurs par certaines observations locales, dùrent supposer naturellement qu'il existait des roches plus propices les unes que les autres à la création des métaux. Ainsi généralement dans la Haute-Hongrie, on trouve les plus nobles filons de cuivre dans les schistes ardoisiers ; en Saxe,

le minérai argentifère se rencontre dans le
gneiss; dans le Hartz, certains minérais affectent une liaison intime avec les grauwackes;
en Amérique, les minérais d'or sont en relation avec les porphyres et les grünsteins.

A ces données générales pour un pays en-
tier, ajoutons encore des faits particuliers à
un seul et même filon; on observe, en effet,
qu'ils varient quelquefois dans leur composition, suivant la nature de la roche qu'ils traversent : les filons de Kongsberg en Norwège
sont stériles dans le schiste micacé, et deviennent très-productifs dans les bancs de roche
connus sous le nom de *Faalbænder;* dans le
Hartz à Andréasberg, les filons qui passent du
schiste argileux dans le schiste siliceux, perdent de leur richesse dans cette dernière
roche; dans le Cornouailles, d'après MM. Élie
de Beaumont et Dufrénoy, la mine de cuivre
de Huel-Alfred à Pillack présenta la circonstance remarquable, que le filon sur lequel
elle était établie, produisait très-peu de minérai, tant qu'il se trouvait dans le Killas (roche
schisteuse), et s'enrichit dès qu'il vint en contact avec l'Elvan (roche porphyrique); à la
profondeur de deux cent quarante mètres,
il rentra dans le Killas, et sa richesse déclina
à tel point, qu'on fut obligé d'abandonner
l'exploitation.

Le filon d'étain de Huel-Vor était productif dans le Killas, et il s'enrichit encore en

pénétrant dans l'Elvan, et même s'y ramifia de manière à imprégner toute la masse de l'Elvan de minérai d'étain, ce qui détermina une exploitation sur la largeur d'environ vingt pieds.

Dans le Derbyshire, les filons de plomb qui passent du calcaire métallifère aux couches amygdaloïdes (basaltiques ou amphiboliques) connues sous le nom de *toadstone*, éprouvent non-seulement un changement en puissance, mais encore en richesse. Ainsi dans la mine de Sevenrakes, au lieu d'un seul filon bien réglé que l'on possédait dans le calcaire, on n'a trouvé dans le toadstone qu'un assemblage de petits filons assez parallèles, très-rapprochés, dans lesquels on trouve peu de galène, quoique la gangue y soit la même que dans le calcaire; du reste, il ne paraît nullement vrai que les filons soient interrompus totalement à la rencontre du toadstone, comme on l'a avancé dans presque tous les ouvrages de géologie.

Dans le Cumberland, les mines de plomb sont constamment plus riches, même proportionnellement à leur puissance, dans les parties qui traversent les roches calcaires, que dans celles qui correspondent à des couches de grès, et surtout à des roches schisteuses; il est rare que dans les couches de *plate* (argile schisteuse solide) le filon contienne du minérai : il est alors rempli d'une espèce de glaise.

A Pontgibaud nous avons observé que la

3.   28

blende paraissait infiniment plus rare dans les formations de granite schistoïde des environs de Rosiers et de Roure, que dans les schistes talqueux et micacés de Pranal et Barbecot, quoique le système des filons soit toujours le même.

Mais aucun de ces exemples n'est plus curieux que le suivant, qui nous a été communiqué par M. Voltz, ingénieur en chef des mines, à Strasbourg.

Dans le Furstenberg le filon de Wenzel court à peu près verticalement du nord au sud au travers de plusieurs bancs de gneiss de dix toises environ de puissance, et inclinant de trente environ vers l'est. Chacun de ces bancs forme une variété de roche très-distincte : le premier est très-micacé; le deuxième passe au schiste argileux; le troisième est amphibolique, et dans le quatrième on n'aperçoit presque pas de mica.

Le filon est rejeté dans la profondeur vers l'ouest par plusieurs croiseurs stériles, et c'est entre deux de ces croiseurs distants l'un de l'autre de quarante toises, que le filon a montré la grande richesse qui l'a rendu si célèbre.

Dans la première couche de gneiss il ne formait qu'un filet argileux presque imperceptible; dans la seconde il a pris subitement une puissance de douze à dix-huit pouces, et était composé de baryte sulfatée, d'argent antimonial, d'argent rouge, de cuivre gris argentifère;

l'argent antimonial y formait toujours de grandes masses; on en a trouvé pesant jusqu'à un quintal; dans la troisième couche la puissance du filon et la baryte sulfatée se sont soutenues, mais il n'y avait plus de minérai d'argent; on y voyait seulement quelque peu de galène; dans la quatrième le minérai d'argent est revenu presque aussi abondant que dans la deuxième; mais à une certaine profondeur il a disparu peu à peu, et a été remplacé par de la sélénite, un peu de galène, et quelques traces de soufre natif.

De pareils exemples sur l'influence locale des roches étaient, il faut l'avouer, bien propres à confirmer les mineurs praticiens et sédentaires dans la croyance de l'existence de roches plus métallifères les unes que les autres, et pour appuyer à leurs yeux l'opinion qu'elles concouraient par leur propre substance au remplissage des filons; mais d'un autre côté, si l'on veut se rappeler que les exemples que nous venons d'accumuler sont en quelque sorte, par leur rareté même, des anomalies au milieu des exemples excessivement multipliés de l'indépendance absolue que les filons de même nature affectent dans des roches diverses, nous n'y attacherons plus qu'une importance relative, et nous n'y verrons autre chose qu'une de ces attractions de cristallisation, produites par des forces électro-chymiques vers la détermination desquelles les travaux de **M.** Becquerel nous mènent à grands pas.

Pour citer des exemples de l'influence des roches dans ces sortes d'actions, il nous suffira de signaler les observations qui viennent d'être faites relativement aux eaux faiblement acidules, ferrugineuses et calcaires, employées aux fontaines de la ville de Grenoble. On a trouvé qu'elles n'avaient incrusté, après plusieurs siècles, les tuyaux de plomb que d'un dépôt calcaire très-faible; tandis qu'en passant dans des corps en fonte, elles déposent rapidement des masses ferrugineuses, concrétionnées en forme de tubercules: fait remarquable, qui nous montre à quel point la nature de la matière encaissante a pu agir dans les cas que nous avons cités, en faisant un triage des matières contenues dans une seule et même dissolution.

D'autres géognostes ont cru trouver un appui plus ferme à la théorie d'infiltration venant des parties latérales, dans le fait réel que souvent les parties de la roche adjacentes aux filons sont imprégnées de minérais. Ainsi, dans les mines de Altgrünzweig et de Himmelfürst à Freiberg, on voit de la mine d'argent rouge, de l'argent natif et de l'argent vitreux dans le gneiss décomposé, qui forme les épontes de ces filons. Pareil fait s'est répété dans d'autres filons, et il est très-facile à expliquer dans toute autre théorie. En effet, il a presque toujours lieu dans des roches décomposées, poreuses, fendillées et schisteuses, et qui, par conséquent, ont pu aussi bien se prêter à une infiltration venant de matières qui auraient d'abord rempli un filon, qu'à celle venant de la roche voisine, et ce qui achève de donner du poids à la première présomption, c'est que rarement l'infiltration s'étend au-delà d'une à deux toises du filon; elle est donc plutôt en relation intime avec celui-ci qu'avec la roche adjacente; enfin le fait est très-rare, et cette circonstance achève de lui ôter son importance.

La texture fibreuse par transsudation contemporaine ou postérieure à la formation de la roche que certains minérais prennent immédiatement, ainsi que nous l'avons vu pour les cas particuliers de la glace, du gypse, et que présente encore le vitriol capillaire qui soulève dans les anciennes galeries de mines les feuillets des schistes pyriteux, a paru suffisante à quelques géologues pour expliquer, par cette voie, le fait général de la texture fibreuse qui se rencontre dans un si grand nombre de variétés minérales, et pour appuyer encore la théorie que nous discutons : mais ceci est encore une de ces généralisations hâtives dont nous verrons d'ailleurs tant d'exemples; car d'abord la transsudation peut aussi bien produire des formes laminaires que fibreuses. La brucite (hydrate de magnésie) nous en a déjà offert un exemple. En second lieu, cette structure ne se présente-t-elle pas à un haut degré dans des produits formés par toute autre voie? Ainsi le muriate d'ammoniaque, qui, en cristallisant lentement au milieu d'une dissolution, affecte la forme cubique ou octaèdre, se condense au contraire sous forme fibreuse quand il a été vaporisé dans nos fabriques. La nature nous offre des exemples précis qui s'opposent d'ailleurs radicalement à cette hypothèse. Dans quelques marbres on voit des bélemnites et autres corps marins enveloppés par divers systèmes de filons en serpentaux; l'un de ceux-ci, par exemple, se compose de calcaire blanc; l'autre d'asbeste soyeux : ce dernier minérai ne peut être considéré comme le résultat d'une transsudation, puisqu'il est postérieur aux fossiles qu'il enveloppe et qui paraissent d'autant moins en avoir fourni les éléments qu'ils sont peu déformés, et cependant ses fibres sont perpendiculaires aux parois des veinules.

Concluons que la structure asbestoïde ne peut fournir aucun argument en faveur de la formation des filons par filtration d'un liquide au travers des pores d'une roche; elle résulte simplement d'une disposition des particules cristallines suivant un axe, comme la structure laminaire ou micacée provient d'un arrangement suivant deux axes, et enfin le cristal régulier d'un groupement suivant les trois axes qui constituent le solide géométrique; variations indépendantes de l'espèce et déterminées par des causes de nature très-diverse.

En résumé, la théorie dont Agricola a jeté les bases, explique très-bien le remplissage de certaines veinules et nodules; elle rend compte d'une foule d'accidents de détail; mais elle ne se prête au remplissage général des filons qu'à l'aide d'extensions forcées, telles que la transformation des terres en métaux et autres idées alchimiques, qui ne sont plus admises de nos jours.

CHAPITRE III.

Des filons, *envisagés comme des* fentes *produites par des bouleversements locaux d'une certaine intensité, ouvertes par le haut et remplies uniquement par le haut.*

Les géologues ne tardèrent pas à sentir l'insuffisance des théories précédentes; aussi Stahl, d'Oppel, Baumer, émirent dans leurs écrits sur les mines, celle que nous allons examiner; mais ce qui lui donne surtout une très-grande importance, c'est qu'elle a été appuyée par le célèbre Werner, qui a accumulé en sa faveur toutes les preuves que sa longue expérience et son génie observateur ont pu lui fournir; nous donnerons donc à son exposé tous les détails qu'elle mérite.

Stahl, le premier, dans son *Specimen Becherianum*, admit d'abord que, dès les premiers temps de l'existence du globe, il s'était formé des fentes, qui furent ensuite remplies d'en haut par les alluvions du déluge universel. Les exhalaisons qui se sont élevées du milieu du globe, modifièrent ce premier dépôt, et le convertirent en minérai. Il rejeta ensuite ce premier aperçu, pour en revenir à la théorie de la contemporanéité des filons et des roches.

Baumer conclut positivement que les filons étaient postérieurs à la formation des montagnes, et qu'ils ont été formés sous l'ancienne mer; car, dit-il, « ils sont souvent recouverts « dans la Hesse par des dépôts stratifiés et « schisteux, qui en rendent la découverte dif- « ficile, et l'on trouve d'ailleurs dans leur in- « térieur des corps marins pétrifiés. »

Mais ces premiers aperçus ne pouvaient se soutenir devant les faits mieux étudiés, et par conséquent aussi généralisés, lesquels démontrent que la masse complète des filons a été formée peu à peu; qu'elle est très-variable dans sa composition, et formée évidemment à des époques différentes et très-éloignées les unes des autres; qu'enfin dans les montagnes primitives il existe une grande quantité de filons remplis de morceaux de roches qui constituent ailleurs des formations bien plus ré-

centes : d'où il suit naturellement que la durée
d'un déluge tel que celui de Moïse, serait infiniment trop courte pour expliquer un pareil
défaut d'uniformité et de structure.

Ces objections positives ont été faites par
Werner lui-même, aussi allons-nous passer
directement à la théorie de ce dernier.

Suivant ce célèbre géologue, tous les filons
proprement dits ont été d'abord, et de toute
nécessité, de véritables fentes *ouvertes par leur
partie supérieure,* et qui presque toutes se sont
ensuite *remplies uniquement par le haut.* Cette
théorie est donc basée, comme on voit, sur
deux faits distincts : le premier est la formation des fentes; le second consiste dans leur
remplissage.

Quant à la formation des fentes, il suppose
qu'elle peut résulter des causes suivantes :

1.° Les montagnes étant formées d'assises
accumulées les unes sur les autres, ont dû
subir l'action de leur poids, et par conséquent s'affaisser et se fendre. On voit encore
de temps à autre de pareils événements dans
les Alpes en Suisse, en Savoie, et dans le
Tyrol.

2.° Les eaux dans lesquelles les strates se sont
déposées s'étant retirées, des masses considérables de montagnes se trouvèrent privées de
cet appui, et cédèrent encore en se jetant
du côté qui se trouvait libre ou le moins soutenu.

3.º Le retrait de la masse des montagnes, opéré par le desséchement, a été une nouvelle cause de rupture.

4.º Des tremblements de terre, tels que ceux qui eurent lieu en Calabre en 1783, ont encore formé des crevasses accompagnées d'écroulements ; quelques-unes atteignirent jusqu'à un quart de lieue de longueur dans ce dernier événement.

5.º Enfin, des pluies intenses, en délayant certaines couches, peuvent donner lieu à des glissements de quelques strates d'une montagne, et par suite à des dislocations du sol : c'est ainsi que dans la Haute-Lusace, près de Wehrau et de Tiefenfurth, il a observé en 1767, année éminemment pluvieuse, des déplacements qui donnèrent lieu à des crevasses étroites, dont l'une avait plus de deux cents pieds de long, et l'autre près d'un quart de lieue, sur trois à quatre pouces de large.

Werner admet que ces événements, fréquents dans le principe, doivent devenir de plus en plus rares, et qu'il est même difficile qu'il s'en forme actuellement dans les montagnes anciennes, qui ont pu prendre en quelque sorte leur état d'équilibre stable.

Pour démontrer la seconde partie de sa théorie : savoir, que la substance des filons résulte d'une suite de précipités qui sont entrés par le haut dans l'espace qu'occupent les filons, il observe d'abord que les fentes ont pu s'opérer en différents temps, et cela pendant qu'elles étaient couvertes par les dissolutions qui ont formé les couches; et comme la nature des liqueurs a varié, ou bien comme dans une seule et même liqueur des précipités divers peuvent s'obtenir successivement, le dépôt des filons a été variable suivant le précipitant, sans cependant différer bien notablement de celui des couches. Les différences résultent:

1.º De la plus grande tranquillité avec laquelle s'est opérée la précipitation dans les filons que dans les couches;

2.º D'une moindre proportion de mélange mécanique qui est venu troubler le précipité des filons, ce qui est prouvé par la netteté des cristaux, etc.;

3.º De ce que les fentes ont conservé et retenu plus long-temps une dissolution, ou ont pu en recevoir une nouvelle; aussi les filons renferment-ils souvent des minérais de diverse formation, tandis que les couches ne contiennent chacune qu'un fossile de même formation, et que leur masse est beaucoup plus uniforme que celle des filons.

Il confirme ces aperçus par l'identité qu'il trouve entre les sédiments qui constituent les montagnes, et ceux qui forment les filons; ainsi il cite des filons de porphyre, de granite, de houille, de sel gemme, de basalte, de quartz, de calcaire et d'argile; substances qui toutes se retrouvent en couches, ou au moins en masses puissantes. Il cite encore les couches de galène de la Silésie, et celles de cuivre du Mansfeld; enfin il expose que les pyrites arsénicales, la blende, le cinabre, le cobalt et plusieurs autres minérais se trouvent indifféremment en couches ou en filons.

La seconde preuve du remplissage des filons par le haut, est celle déduite des galets et des pétrifications, qui ne peuvent pas y avoir pénétré autrement.

Enfin, en observant la constitution même de quelques filons, on voit qu'ils sont formés par un assemblage de couches parallèles aux salbandes, rangées symétriquement de part et d'autre; de plus, les couches les plus voisines des salbandes sont plus minces vers le haut; elles deviennent plus épaisses à mesure qu'elles s'enfoncent, et plus bas encore elles finissent par se joindre et se confondre. Est-il possible d'expliquer cette régularité et cet ordre autrement, qu'en supposant que les espaces dans lesquels se sont formés les filons, ont été remplis de dissolutions chimiques de nature différente, suivant les époques, lesquelles se sont condensées contre les parois, et ont gagné en puissance vers le bas en vertu de la pesanteur.

Tels sont les faits principaux sur lesquels Werner a basé sa théorie; ils sont pour ainsi dire extraits littéralement de son ouvrage. Nous ne pouvons mieux faire que de conseiller d'y recourir encore, pour se pénétrer de ses vues sur les filons et y puiser des notions nombreuses et positives. Plusieurs géologues plus modernes, qui ont cherché à établir de nouvelles théories, sont loin d'avoir montré ce degré de sagacité, et ce coup d'œil observateur qui se manifeste à chaque page dans son traité. Sans aucun doute, si la géologie, qu'il a pour ainsi dire créée, eût été développée dans son temps comme elle l'a été depuis par les travaux nombreux qu'il a suscités; s'il eût reconnu que les diverses chaînes de montagnes résultent non pas de cristallisations locales, mais bien de grands plissements de la surface du globe; s'il eût vu que ces rides affectent un parallélisme remarquable malgré les distances; s'il eût pu prévoir que ce parallélisme est en rapport direct avec l'âge des chaînes; alors, loin de rechercher comme l'une des principales preuves à l'appui de son système, les glissements locaux de quelques strates d'une montagne; au lieu de se baser sur quelques crevasses sans continuité, ni en longueur, ni en profondeur, il se fût, sans aucun doute, servi de ces grandes actions dynamiques; il eût reconnu plus positivement que les filons sont en relation directe avec elles; fait qui n'avait toutefois pas échappé entièrement à sa pénétration : il eût admis alors que les filons devaient avoir une profondeur pour ainsi dire centrale; et à

quelles amples et intéressantes découvertes son
génie ne l'eût-il pas conduit. Placé comme il
l'était dans un pays de mines, mineur lui-même,
nul doute que les lois générales qu'il eût établies n'eussent enfin affranchi l'industrie d'une
grande partie de ces tâtonnements perpétuels
qui font la ruine des exploitants et qui dis-
créditent dans l'opinion des gens prudents
presque toutes les spéculations qui ont pour
but l'extraction des métaux : aussi, que les
géologues réunissent enfin leurs efforts, qu'ils
achèvent la tâche qu'il a commencée, qu'ils
aient sans cesse devant les yeux, que le but
utile de la science qu'ils cultivent, est en
dernier résultat, la connaissance approfondie
des gîtes métallifères, et bientôt, il n'en faut
pas douter, celle-ci aura acquis, comme la
chimie et la mécanique, le double mérite de
l'utilité combinée avec les charmes qui em-
bellissent les questions purement théoriques.

Werner, disons-nous, à son époque, n'étant
pas encore muni des faits positifs qui démontrent les grandes actions souterraines, devait
nécessairement rechercher à la surface du
globe ce que l'intérieur lui voilait encore;
il a donc été conduit à supposer que les mêmes
eaux superficielles qui pouvaient avoir déposé
de vastes couches métallifères, telles que les
schistes cuivreux du Mansfeld, de la Thu-
ringe; les calcaires et les grès plombifères de
la Silésie et de Bleiberg; les dépôts stratifiés

de mercure du Palatinat, de la Hongrie, de la Bohème, de la Saxe et de l'Amérique; les lits nombreux des minérais de fer; les bancs de galets, de houille, de sel gemme; les masses de pyrites ferrugineuses, disséminées si abondamment dans les assises les plus diverses; les couches quartzeuses des terrains tertiaires, devaient aussi avoir rempli les crevasses du sol qui pénétraient jusqu'au jour, et constitué ainsi les filons métallifères par une série de précipitations successives.

Il s'appuyait, comme on voit, sur des faits aussi nombreux que positifs; mais rien ne s'opposait à ce que l'inverse eût lieu, c'est-à-dire, à ce qu'on admît que ce fussent au contraire des eaux qui, en sortant de la profondeur par les fentes, avaient déposé dans le trajet la matière des filons et ensuite aussi celle des couches en se répandant à la surface. Cette explication rendait même mieux compte de la distribution peu générale des couches métallifères. Aussi M. d'Aubuisson, qui sentit toute la valeur de leur exiguité comparative, combattit, le premier, cette théorie d'une manière péremptoire :

« Lorsque, dit-il, dans une contrée de cent lieues d'étendue, composée uniquement de roches de texture grossière, grès et phyllade, par exemple, je vois de nombreux filons de galène et de quarz bien cristallins; lorsque, dans des montagnes de gneiss d'une étendue aussi grande, je trouve une multitude de filons d'argent et de spath, et que je ne vois pas le moindre indice de ces substances dans la masse de ces montagnes, il m'est bien difficile de concevoir que ces filons soient le produit d'une dissolution qui, couvrant la contrée, pénétrait dans les fentes et y déposait les matières dont elle était chargée. N'aurait-elle donc déposé ses précipités que dans ces fentes? Ou bien aurait-elle déposé des masses de gneiss à la superficie du sol et des masses de spath et d'argent dans les fentes de ce même sol? On conçoit bien qu'un précipité fait dans un lieu avec plus de tranquillité, puisse donner un produit plus cristallin, mais non qu'il puisse former des corps entièrement différents, par exemple, du feldspath et du mica dans un lieu, du plomb sulfuré et du spath calcaire dans un autre. Ce serait admettre la transmutabilité de la matière, celle de principes regardés comme simples, et que tout nous indique être tels. »

A ces objections on en joignit d'autres, sur l'immense quantité du dissolvant et sur sa nature qui devait réunir à la fois les propriétés des acides et des alcalis, puisqu'il tenait en dissolution en même temps les métaux et le soufre, le calcaire et le quartz, etc.; enfin ce n'était pas tout de dissoudre les matières; mais il fallait encore séparer le dissolvant de sa solution, et ensuite s'en débarrasser sans qu'il réagît sur les roches déjà formées : action dont le résultat devait être en définitive énorme, puisque cet océan était tel qu'il a dû dominer les plus grandes hauteurs du globe sur lesquelles nous retrouvons des filons métallifères. Il suffit à cette occasion de rappeler que la mine de mercure de Guanca-Velica au Pérou, est à 2337 toises au-dessus du niveau de la mer actuelle, et qu'il existe des filons encore plus élevés.

Aussi Kirwan, qui était en garde contre cette difficulté, a cherché à la prévenir d'une manière singulière, en admettant l'existence d'un fluide chaotique, dans lequel toutes les substances étaient tenues en dissolution en vertu d'une excessive division, et il supposa qu'il était d'ailleurs lui-même en quantité très-insuffisante, en sorte que la précipitation avait eu lieu très-promptement.

De pareilles hypothèses sont trop hasardées pour que nous puissions y attacher la moindre importance. D'ailleurs les progrès de la chimie et de la physique ont tellement développé nos connaissances, qu'un grand nombre de substances regardées naguère encore comme insolubles, se forment maintenant avec facilité dans nos laboratoires; il nous sera donc complétement inutile de recourir à des moyens aussi extraordinaires, pour expliquer la production des matières minérales, quand la suite des faits nous aura amené à discuter cette question.

La théorie de Werner est donc en dernier résultat loin de satisfaire à toutes les conditions du problème. Cependant nous ne devons pas passer sous silence la description de divers gîtes, dont on a prétendu qu'elle rendait parfaitement raison.

Un des plus remarquables, sans contredit, serait le Putzenwerk de Joachimsthal en Bohème (planche 3); il consiste en une grande masse cunéiforme de wake, intercalée dans le phyllade, dont il coupe les strates en même temps qu'il traverse plusieurs filons, sans en changer la direction; il atteint une profondeur de plus de 400 mètres, et sa largeur qui, à la surface du terrain, excédait 100 mètres, ne se trouve plus que de 20 mètres à 300 mètres plus bas; il renferme des pierres de diverses espèces et des débris d'êtres organisés, parmi lesquels on trouve des arbres entiers avec leurs branches et leurs feuilles, à demi bituminisés, que les habitants du pays appellent *bois du déluge*, comme s'ils y eussent été portés et enfouis par le déluge universel.

Mais cette masse alongée ne diffère essentiellement en rien des autres filons basaltiques de même âge qui accompagnent les filons métallifères de la contrée et paraît même se lier à celui de Segen-Gottes, dont nous aurons occasion de parler quand nous traiterons des gîtes de ce district. Cet exemple a donc été mal choisi et ne peut nullement se rapporter aux

mines en sac proprement dites, dont la profondeur doit être limitée à une petite distance
du jour, d'après leur définition et la théorie
qu'elles doivent appuyer.

L'exemple du gîte de Maria-Loretta près
de Fatzebay en Transylvanie, pourrait être
plus concluant. Il consisterait, d'après de
Born, en une fente cunéiforme remplie de
grès en couches horizontales et contenant une
quantité d'or assez considérable pour être l'objet d'une exploitation importante. La présence
de l'or dans cette crevasse serait difficile à expliquer, si l'on ne se rappelait que presque
toutes les plaines de la Transylvanie et du
Bannat contiennent des particules de ce métal.

Sans vouloir donc rejeter entièrement l'authenticité de cette preuve de la théorie Wer-
nerienne, nous ne pouvons cependant nous
dispenser de faire la remarque que ces grès
et minérais d'or pourraient bien être de simples
dépôts d'alluvion et rentrer par conséquent
dans la classe des failles remblayées de cailloux
roulés, d'argile plastique, de sable, de terre
végétale, de calcaire concrétionné et quelquefois farineux, de silex liés par un ciment
siliceux, qui sont si communs dans le calcaire
grossier des environs de Paris.

On rapporte à des formations analogues les
fentes remplies de brèches osseuses, que l'on
trouve aux environs de Nice et de Gibraltar
(fig. *y*), et M. Al. Brongniart a cherché à établir

dans divers mémoires insérés dans les Annales des sciences naturelles (Août 1828 et Janvier 1829), que les dépôts de minérais de fer pisiforme du calcaire jurassique, et les brèches osseuses, dont nous venons de parler, montraient une concordance parfaite dans leurs relations géologiques.

En effet, ce minérai est très-souvent superficiel, et il ne se trouve guère recouvert que par la terre végétale ou les alluvions modernes (fig. *x*); cependant dans les environs de Candern, à Aarau et à Baden, il forme une couche qui est recouverte par les formations des grès et molasse de la Suisse, qui sont bien plus récentes : dans d'autres cas il occupe des dépressions et des cavités du calcaire jurassique, configurées en forme de bassins, d'entonnoirs, de fissures, de cavités sinueuses aboutissant toutes à la surface du sol et dont les parois présentent tout-à-fait l'aspect d'une pierre de densité inégale, sur laquelle aurait coulé un *acide* ou *tout autre liquide dissolvant*. Ces érosions sont quelquefois accompagnées de circonstances singulières, dont une des plus remarquables est celle que nous offre la mine de Poissons dans la Basse-Champagne. D'après la description qui en a été faite par M. Baillet, ancien professeur d'exploitation à l'École des mines, elle présente au milieu du minérai un pilier isolé de forme arrondie, composé de couches calcaires, semblables à celles du reste de la montagne. L'exploitation l'avait mise à découvert sur une hauteur de près de quarante mètres, et son diamètre, qui avait deux mètres au sommet, allait en croissant par le bas, où il prenait jusqu'à quatre mètres. Ce pilier paraît avoir été détaché des couches collatérales lors de la dislocation qui a produit les fissures, et les remous du liquide dissolvant qui se sont établis à l'entour, semblent l'avoir tourné peu à peu, en lui enlevant toutes ses parties saillantes, et lui ont donné la forme cylindrique qu'il possède maintenant.

Les minérais pisiformes sont toujours accompagnés d'une argile ocreuse rougeâtre, qui enchâsse les globules ferrugineux, et l'on rencontre fréquemment parmi eux des ossements d'animaux, notamment de l'*ursus spelæus*, quelquefois de rhinocéros, de mastodontes, de lophiodon, de cerf, de cheval, etc.; mais ces débris sont principalement situés à la partie supérieure des gîtes : on n'y trouve du reste ni coquilles marines, ni fluviatiles; cependant ces ossements ne se retrouvent pas dans les parties des environs de Candern, sur lesquelles se sont superposées les molasses et les grès de la Suisse.

Tels sont les caractères généraux qu'offrent les gîtes du Liesberg, près de Delémont, du Mettemberg, des environs de Lucelles, de Châtenois, de Winkel, etc., dans les départemens du Haut-Rhin et du Doubs; on peut y rapporter les gîtes des minérais de Bruniquel, département de l'Aveyron, que M. Dufrénoy a signalés comme inclus dans les étages inférieurs de la formation jurassique; enfin ceux de la Carniole et de l'Alpe en Wurtemberg, etc.

M. Brongniart a donné une théorie de la formation de ces minérais que nous croyons devoir extraire pour ainsi dire textuellement de ses importants mémoires, craignant d'affaiblir la portée des expressions de cet illustre géologue.

« On peut les regarder, dit-il, comme un précipité d'oxide de fer fourni par les eaux minérales qui sortaient par les fissures ouvertes dans les calcaires compactes, jurassiques ou autres, avec l'abondance, l'impétuosité, la saturation, et avec toute la puissance d'action qui était l'attribut des phénomènes géologiques de cette époque.

« Cet hydroxide de fer pouvait être roulé en sphéroïdes par la double action du précipité et de l'émission de l'eau : il pouvait se répandre en partie à la surface du sol, avec l'eau qui s'épanchait des nombreuses sources dont on voit partout les traces; il pouvait aussi rester en partie dans les cavernes et fissures, mêlé avec les débris de la roche calcaire; il était uni par un ciment ferrugineux et calcaire, produit par les mêmes eaux.

« Cette théorie n'est guère que l'application

de ce que nous montre la nature dans quelques circonstances.

« On sait ce qui se passe à la sortie des sources d'eaux thermales de Carlsbad ; il s'y forme des pisolithes calcaires en abondance. Si la source, qui dépose aussi un peu d'hydrate de fer, était plus ferrugineuse, on aurait des pisolithes d'hydrate de fer.

« Ainsi, le minérai de fer pisiforme, tout-à-fait étranger aux eaux et aux animaux marins par son origine, son mode de formation et la nature du liquide qui le transportait, ne devait pas renfermer de coquilles marines.

« La grande catastrophe aqueuse qui est venue balayer la surface du globe, qui paraît avoir mis en mouvement les blocs erratiques et entraîné dans les cavernes et les fentes les débris d'animaux et de roches répandus dans leur voisinage, a de même rejeté dans les fissures et les cavernes jurassiques le minérai pisiforme qui en sortait, et en a rempli les vides que ces cavités pouvaient encore présenter. »

Cette théorie, qui, comme on le voit, consiste essentiellement à admettre le remplissage et en partie l'extension des cavités jurassiques, comme étant le résultat de l'action des eaux minérales, ne nous oblige pas cependant à considérer ces cavités comme n'ayant qu'une profondeur très-peu limitée, en un mot, comme étant de véritables *sacs*. Bien au contraire, nous voyons qu'elles doivent avoir par

leur origine même une très-grande étendue
verticale, puisqu'il est bien reconnu maintenant en géologie que les sources minérales tirent en partie leur origine des parties intérieures du globe, et elles ont naturellement dû
trouver un chemin frayé depuis là jusqu'au
jour. Ainsi donc l'opinion que ces sortes de gites
sont de simples trous superficiels, plus ou moins
contournés et limités, doit être abandonnée,
et nous sommes conduits à ranger ces sortes
de dépôts parmi les véritables filons, en leur
attribuant seulement une forme particulière.
Les dépôts diluviens qui s'y rencontrent quelquefois, s'expliquent du reste si facilement
qu'il est inutile de s'y arrêter.

Malheureusement nous manquons de faits
positifs qui soient de nature à appuyer la
grande profondeur que nous attribuons à ces
cavités; car le peu de valeur du minérai empêche de s'attacher à atteindre de grandes profondeurs; cependant dans la Carniole on a déjà
foré des puits de près de 250 mètres sur ces gîtes,
sans qu'il soit dit qu'on en ait atteint le fond.

Pour achever de prouver que la forme
orbiculaire de ce minérai n'est pas due à
un simple roulis par un transport prolongé,
et qu'il a réellement pris sa forme sur place,
il suffit d'observer qu'il a une structure souvent fibreuse ou bien même testacée; d'ailleurs on observe dans les mêmes relations
géologiques et dans le voisinage des mines en

grains, d'autres structures accidentelles, qui ne peuvent plus présenter le moindre doute sur leur position en quelque sorte toute originelle. Ainsi, M. Brongniart a observé qu'à la mine dite du Ziegelkopf, voisine des précédentes, le minérai de fer hydraté est en masses qui ont pris la forme de véritables hématites brunes, compactes, à structure presque cellulaire; il forme avec les fragments de calcaire jurassique, qu'il enveloppe de toutes parts, une véritable brèche à ciment ferrugineux, et dans certaines parties de la mine, les cavités sont remplies de l'argile ocreuse qui accompagne les minérais pisolithiques; enfin, le tout est entremêlé de veines de calcaire spathique et cristallin, en sorte qu'il paraîtrait que cette régularité locale n'est due qu'à une précipitation moins troublée par le bouillonnement des eaux, et l'on retomberait ainsi dans les faits ordinaires aux filons métallifères.

On se rappelle d'ailleurs que c'est dans ces sortes de minérais pisolithiques en général que M. Berthier a reconnu de l'alumino-silicate de fer, ainsi que de petits octaèdres de fer titané : substances qui rendent ces minérais quelquefois attirables.

La défectuosité des exemples que l'on a recueillis en faveur de la théorie de Werner, nous prouve donc qu'elle n'est applicable tout au plus qu'à une partie du phénomène complexe qui a amené le remplissage des filons. Nous avons vu que les eaux de la surface ont pu charier dans ces fentes ouvertes des sables, des argiles, des blocs, des débris organiques, y déposer même quelques produits cristallins; mais tout cela est loin d'expliquer l'introduction des sulfures métalliques, qu'elles ne tenaient évidemment pas en dissolution, et comme nous avons aussi démontré d'un autre côté que les infiltrations au travers des roches latérales étaient tout aussi insuffisantes, il ne nous reste plus qu'à rechercher les résultats d'une troisième direction dans les transports, qui est celle de bas en haut.

Celle-ci a été pressentie vaguement par plusieurs anciens géologues; mais ce n'est que par suite des progrès les plus modernes de la géologie, qu'elle a pu être développée convenablement. En effet, il fallait être à même d'établir clairement que les filons offraient des points de contact nombreux avec les grands phénomènes d'injection, d'épanchement, de sublimation, de fusion, qui ont modifié si fortement l'ancienne croûte du globe; qu'ils se trouvaient fréquemment en relation avec les faits que présentent les sources minérales, dont l'origine est si incontestablement centrale, puisqu'elles-mêmes sont toujours en rapport avec de profondes cassures, et enfin il fallait retrouver parmi toutes ces actions

si nombreuses une série de faits palpables ou
visibles, qui pussent nous expliquer clairement, par la similitude de leurs produits, comment la nature avait pu opérer à chaque
grande commotion qui a troublé momentanément son instable équilibre : c'est ce qui
nous reste à développer, autant du moins
que les connaissances acquises nous le per-
mettront.

CHAPITRE IV.
Des filons formés par les grandes dislocations du sol.

SECTION Ire

*Relation des filons avec les diverses per-
turbations du sol encaissant et avec les
causes qui les ont occasionées.*

Les mineurs durent chercher de bonne
heure s'il n'existait pas quelques relations
entre la configuration extérieure du sol et
la partie intérieure qu'ils exploitaient; ils se
créèrent d'abord quelques règles, bonnes
peut-être pour des localités spéciales, mais
qui ne se vérifiaient plus quand il s'agissait
de les appliquer à des pays différents. C'est
ainsi que Délius déclare, que quand les montagnes présentent près de leurs sommités

culminantes des petits vallons à pente douce, on rencontre dans leur fond des veines nobles, puissantes et riches; et cette règle s'est trouvée vérifiée pour plusieurs des filons des environs de Schemnitz. Il dit encore que l'on trouve communément dans les montagnes une direction fixe vers un des points cardinaux, et que les filons nobles suivent cette direction. Ceux de Chemnitz sont encore dans ce cas. « On sait même par expérience, ajoute-t-il, que s'il se trouve dans une chaîne de montagnes minérales des veines et des filons qui ont une direction contraire, la plus grande partie se trouve stérile. »

Il avait donc déjà entrevu la loi que nous nous proposons de développer dans cette section.

Duhamel, dans son Traité de géométrie souterraine, cite comme une observation importante, le parallélisme des principaux filons et du cours des rivières ou des collines voisines; ce qui peut faire juger suivant lui si un filon que l'on découvre peut être regardé comme le principal : mais il faut faire abstraction en cela des coudes et des sinuosités de la rivière que le filon ne suit pas d'ordinaire. Cette relation, que l'auteur a entrevue pour Freiberg, se trouvera encore pleinement confirmée par la suite. Le même auteur avait aussi entrevu la constance qui existe dans la direction de certains systèmes de filons pour une localité donnée et la variation qu'elle éprouve d'une région à une autre; il cite pour exemple les filons de plomb de la Bretagne.

Werner, développant ces indications encore vagues, a tracé, le premier, dans sa Description du district des mines de Freiberg, l'allure de deux systèmes de filons très-différents, dont l'un court depuis neuf heures jusqu'à trois heures, et l'autre entre six et neuf heures, et croise par conséquent le précédent; il les a ensuite subdivisés en huit dépôts principaux, d'après la nature des minérais et d'après quelques intersections moins générales.

Le district des mines d'Ehrenfriedersdorff renferme aussi, suivant lui, des filons d'étain, courant entre six et neuf heures, et des filons d'argent, dont la direction est entre trois et neuf heures. Les premiers sont toujours coupés par les seconds.

C'est donc aux mineurs que l'on doit la première découverte de cette relation de parallélisme des grands accidents du sol dont le développement, poursuivi avec une si admirable sagacité par M. Élie de Beaumont, a ouvert pour ainsi dire une nouvelle carrière à la géologie. Les progrès de celle-ci sont d'ailleurs si intimement liés à l'art des mines, qu'il est permis dès ce moment d'entrevoir les immenses avantages qui en rejailliront sur cette branche, malheureusement encore trop conjecturale. Donnons donc quelques détails qui puissent achever de confirmer ces aperçus généraux, et tirons-en toutes les conséquences permises dans l'état actuel de la science.

A l'époque où nous étions chargé de la direction des mines du Katzenthal, près de Wissembourg, département du Bas-Rhin, nous avons pu suivre en détail dans la formation du grès vosgien, qui constitue tout l'ensemble de la partie environnante des Vosges, les nombreuses exploitations de fer hydraté, soit fibreux, soit compacte, qui forment la principale richesse de cette localité. A ces gîtes d'hématite sont associés des dépôts subordonnés de plomb phosphaté et de calamine. Les plus importants de ces filons sont situés autour d'une ligne droite, partant du Windstein près Jægerthal, qui passe ensuite par Trutbrunnen, Katzenthal, Frenschbourg, Rörenthal, Fleckenstein, Homberg, Schlettenbach, Erlenbach, et se termine, d'après de nombreux indices, auprès de Weidenthal, après une course d'environ cinq lieues. Sa direction, sur environ trois heures, est aussi celle qu'affecte cette partie de la chaîne des Vosges, et sur toute son étendue on peut suivre, soit les exploitations elles-mêmes, soit les indices de minérais répandus à la surface.

Le filon plombifère d'Erlenbach, si connu pour la beauté et la richesse de ses minérais de plomb phosphaté, et qu'il ne faut pas d'ailleurs confondre avec ceux de la ligne précédente sur laquelle les minérais de fer paraissent s'être principalement concentrés, offre néanmoins une relation de parallélisme qui, jointe à tous les caractères minéralogiques en général, dénote déjà une certaine contemporanéité de formation.

Dans les Vosges les vallées principales sont assez généralement perpendiculaires à la direction de la chaine; cependant le fertile bassin de Lembach présente ici une anomalie remarquable. Encaissé entre deux chaînons, il obéit à la même loi que les filons, et suit comme eux la direction de la chaine des Vosges. Il présente d'ailleurs une disposition d'autant plus singulière, que le cours principal des eaux y est en contrepente par rapport à tous les autres, dont la tendance est vers le nord; tandis qu'ici il se dirige au contraire presque directement vers le sud.

Nous n'hésitons donc pas à attribuer la formation des filons et celle de cette vallée, à un système de cassures formé par le soulèvement de cette partie de la chaine des Vosges avant l'époque du grès bigarré; car celui-ci s'est déposé dans cette dernière avec le muschelkalk.

La puissance des principaux filons de cette localité présente encore un fait bien remarquable; car au Fleckenstein une galerie poussée du toit au mur, a donné une étendue de cent trois mètres de puissance, dont une faible portion, distribuée au mur et au toit seulement, est réellement métallifère; mais toute la masse du grès intercalé trahit, par sa teinte variable, ses nombreuses veinules ferrugineuses et les dislocations qu'elle a éprouvées, la double action chimique et mécanique, à laquelle elle a été soumise. Une pareille dimension est certes bien capable de rendre raison de la formation de la vallée de Lembach par une faille.

Cette multiplicité et grande étendue des fractures m'a paru, dans cette partie des Vosges, se trouver en relation directe avec une apparition de roches primitives qui ont percé ici de nouveau au jour après une longue interruption. Ainsi on voit les granites amphiboliques et les porphyres rouges quartzifères reparaître pour la première fois au sud sous le Windstein et près des forges du Jægerthal, tandis qu'au nord, dans la vallée de la Lauter, auprès de Wissembourg, on trouve diverses roches schisteuses compactes, et des espèces d'aphanites plus ou moins glanduleux.

L'Auvergne nous offre dans les environs de Pontgibaud un second exemple frappant de cette corrélation. Le plateau primitif qui en constitue la masse dans les environs de Pontgibaud se compose d'une série de chaînons, dirigés sur environ deux à trois heures de la boussole.

Le premier est compris entre l'Allier et la Sioule, le second entre celle-ci et le Sioulet, le troisième prend sa naissance au Sioulet, et s'étend davantage vers l'ouest; chacun d'eux présente une pente des plus abruptes vers l'est; il résulte de cette disposition un premier parallélisme entre les principaux cours d'eaux et les arêtes culminantes : mais les relations se poursuivent plus loin; car les principales chaînes volcaniques du Puy-de-Dôme et de l'ouest de Pontgibaud, implantées toutes deux sur les arêtes précédentes, en suivent naturellement les directions. En outre la grande bande houillère, qui prend naissance aux environs de Mont-Marault, s'avance aussi parallèlement, en passant par Saint-Éloy, Saint-Priest, Pont-au-mur, Saint-Gulmier, et atteint auprès de Messeix les dépôts analogues qui longent ensuite les bords de la Dordogne.

Enfin, la principale formation métallifère en filons de ce pays est encore assujettie à cette loi; car elle s'étend en ligne à peu près droite, depuis les mines d'antimoine d'Angles, situées à son extrémité connue vers le sud, jusqu'aux environs de Nades et de la Lizolle, dans le département de l'Allier, où l'on retrouve encore des exploitations d'antimoine et de plomb. Cette étendue est d'environ six à sept lieues.

Nous sommes loin de prétendre que cette bande soit un seul et même filon; car en plu-

sieurs points il paraît y avoir des intermittences, pour lesquelles nous sommes dans une
ignorance complète sur la suite de la formation, et d'ailleurs plusieurs d'entre eux, tels
que ceux de Barbecot, Pranal, des Combres,
etc., sont évidemment en relation de simple
parallélisme et non de continuité. Cependant,
en admettant même un morcellement, il n'en
est pas moins vrai que la constance des gisements métallifères sur cette ligne est un fait
très-frappant.

D'ailleurs, de grandes étendues ont été observées avec toute la rigueur possible, notamment celle comprise entre Angles, au sud
de Pontgibaud, jusqu'à Pranal, au nord de
la même ville ; car immédiatement après
Angles, on trouve sur la même direction
des filons de cuivre bien marqués au pied de
la montagne de Banson ; puis on arrive à Say,
où le terrain, devenu moins accidenté, permet
d'en suivre constamment la trace, qui passe par
Roure, Rosiers, Mioche. Elle est masquée
à Laudine par un lambeau basaltique, après
lequel on retrouve des fragments détachés de
plomb vert, disséminés dans les champs des
environs de Labrousse et de Bromont : stations très-rapprochées des mines de Pranal.

Au-delà de cette partie bien connue, on
peut suivre de fréquentes traces de gangues,
telles que la baryte sulfatée, jusqu'auprès de
Chapdes, où les données positives commen-

cent à manquer; mais on sait qu'il existait d'anciennes exploitations auprès de Blot-l'Église, où l'on retrouve encore des déblais, et dans ce moment on travaille à des recherches auprès de Nades, sur des filons qui ont déjà fourni d'assez beaux échantillons de sulfure d'antimoine.

A cette ébauche déjà si frappante, ajoutons quelques détails locaux, qui achèveront de démontrer l'intimité de ces relations.

L'ensemble du terrain primitif de l'Auvergne se compose de micaschiste, gneiss et stéaschiste, qui paraissent y être les roches les plus anciennes, car elles sont traversées par toutes les autres : elles se brouillent assez fréquemment entre elles ; cependant il règne dans l'ensemble une certaine disposition générale, qui peut faire supposer que le micaschiste est plus abondant sur les hauteurs, et le stéaschiste, au contraire, dans les vallées. Le gneiss prend surtout de l'extension aux approches des grandes masses de granite, quoiqu'il se retrouve dans la confusion des schistes micacés et stéaschistes, cependant avec des caractères différents.

Une autre roche dominante, qui est un granite à petits grains, a jeté de nombreux filons dans les masses précédentes, et a percé au jour en grandes masses, en sorte qu'il paraît avoir exhaussé une première fois le plateau de l'Auvergne; il occupe quelquefois une situation intermédiaire entre les grandes hauteurs primitives et les vallées, en dessinant ainsi un étage distinct. Un second granite a encore paru en plus grandes masses; il a percé au travers de toutes les formations schisteuses: c'est le granite à gros grains ou porphyroïde, qui constitue en général les grandes hauteurs sur lesquelles sont implantées les formations volcaniques.

Enfin une dernière formation, celle des porphyres quartzifères, qui se présente uniquement en filons plus ou moins puissants, a traversé indistinctement toutes les formations précédentes sans les déranger très-notablement, parce qu'elle ne se montre que rarement en grandes masses; mais ce qu'il y a de remarquable, c'est que cette roche est associée en quelque sorte aux filons métallifères; elle se retrouve au moins constamment sur la bande que nous avons établie précédemment. Ainsi elle est abondamment répandue à Saint-Pardoux et auprès de Blot-l'Église; elle reparaît auprès de Pranal, où elle forme l'une des éponts du filon vertical de galène du *Jour-de-l'an*, dont l'autre éponte est du micaschiste; elle marche ensuite constamment avec les filons, en s'en écartant faiblement à droite ou à gauche, et les croisant ou plutôt étant croisée par eux, et ils parviennent ainsi dans leur route commune à Mont-la-Côte, au-dessus de Say, où le porphyre forme des murs saillants par suite de la destruction qu'a éprouvée le granite à gros grains qui l'encaisse dans cette localité.

Cette relation entre les filons métallifères et le porphyre est donc un fait très-frappant par sa généralité et par sa constance, qui vient ajouter un dernier trait au parallélisme que nous venons de signaler entre les vallées, les arêtes culminantes, les lignes volcaniques et les dépôts houillers.

Ce porphyre est encore bien remarquable à un autre titre; car il ne diffère en rien de celui qui a été signalé ailleurs sous le nom de *porphyre métallifère*, comme étant la roche productive par excellence. Les échantillons que nous avons été à même de comparer avec ceux de l'Amérique, rapportés par M. Boussingault, nous ont convaincu de leur identité parfaite et nous ont porté à rechercher s'il ne se retrouverait pas en d'autres pays de mines. Effectivement, il existe abondamment en Bretagne, notamment auprès de Poullaouen, dans tous les points métallifères des Vosges, tels que Sainte-Marie-aux-Mines, Giromagny, les vallées de Saint-Amarin, de Massevaux et de la Brusche; il paraît aussi en Saxe, à Joachimsthal en Bohème, et l'Elvan du Cornouailles s'y rapporte encore.

Il est formé d'une pâte généralement peu colorée ou rougeâtre, ou brune, qui renferme des cristaux de feldspath, quelquefois très-

volumineux et un peu vitreux, du quartz prismé
ou en globules plus ou moins clair-semé, du
mica en petites lamelles noires ou bronzées, et
comme fondu avec la pâte; enfin, comme
minérais accidentels, on y trouve des pinites,
des tourmalines, des épidotes vertes, de l'amphibole, etc. Il est encore quelquefois accompagné de salbandes d'une matière micacée, à laquelle il peut passer graduellement;
souvent même, le porphyre disparaissant, on
ne retrouve que ces salbandes.

La pâte de ces porphyres, en se surchar-
geant d'une matière verte amphibolique, les
fait passer aux grünsteins porphyriques et
aux aphanites, avec lesquels ils s'associent
quelquefois, mais qui dominent aussi exclusivement dans d'autres contrées, telles que la
Hongrie, où ils conservent leur propriété
métallifère.

Nous avons cru devoir entrer dans ces détails, parce que, ces roches jouant, à ce qu'il
paraît, un certain rôle dans la production des
filons métallifères, il est essentiel d'être pré-
venu de ces relations, qui peuvent conduire
à la découverte des métaux; c'est même à
un porphyre analogue, désigné par M. Léopold de Buch sous le nom de porphyre rouge,
que ce célèbre géologue a attribué le soulèvement des continents. Il deviendrait donc
facile de concevoir que son rôle a été de dis-
loquer le sol et de le préparer ainsi en quel-

que sorte à recevoir les infiltrations métalliques : phénomènes qui ont pu être produits pareillement dans d'autres localités par d'autres roches ignées, en sorte que le porphyre perd un peu de son importance sous ce rapport. M. de Humboldt, dans son Essai géognostique sur le gisement des roches, a même cru devoir faire justice du titre qu'on lui avait décerné, d'après des données trop peu généralisées, en observant à son sujet que plus on avance dans l'étude de la constitution du globe sous les différents climats, plus on reconnaît qu'il existe à peine une roche qui, dans certaines contrées, n'ait été trouvée très-argentifère.

Outre les relations que nous avons déjà signalées pour les filons des environs de Pontgibaud, il existe encore dans ceux-ci quelques traits frappants, que nous ne devons pas passer sous silence.

Tous ces filons, qui, comme nous l'avons observé, ont traversé indistinctement toutes les formations de schistes, de granites à petits grains et de porphyre quartzifère, depuis Pranal jusqu'à Rosiers, éprouvent une modification sensible dans leur allure, vers la rencontre de l'immense amas de granite à gros grains qui constitue le plateau de Gièle et de Tracros. Ce granite, en perçant le sol schisteux pour se faire jour, l'a fracturé violemment, en sorte que les filons se multiplient pour ainsi dire sous les pas dans la vallée de Rosiers. Une partie d'entre eux se trouve ensuite arrêtée brusquement dans les escarpements abruptes de la vallée transversale qui descend de l'étang d'Augère à la vallée de Roure : escarpements formés par la tranche d'un gneiss granitoïde, redressé par le granite à gros grains, qui occupe le côté droit de la vallée ; mais celui de ces filons qui passe le plus près du village de Roure, subit une déviation très-marquée vers l'est en contournant la masse de granite à gros grains et glissant ensuite entre celui-ci et le granite à petits grains. Après ce dérangement momentané il reprend la direction primitive pour continuer ainsi sa route sans la moindre interruption, jusqu'à Say et au-delà.

Nous avons dû insister sur tous ces faits, parce qu'ils nous offrent des exemples frappants des relations des filons avec les accidents résultant des grandes perturbations du sol. En effet, tantôt ils ont traversé indistinctement les roches antérieures, tantôt ils ont été déviés par elles, puis ils ont glissé entre les surfaces de jonction des diverses masses, comme nous l'avons vu entre le porphyre quartzifère et le schiste micacé au Jour-de-l'an, et entre le granite à gros grains et celui à petits grains au-delà de Roure jusqu'à Say.

Jusqu'à présent nous avons insisté sur le parallélisme qui existe le plus généralement

entre les grandes lignes métallifères; il tient
à ce qu'en général le soulèvement des montagnes s'est fait suivant des lignes droites; mais
si l'action, au lieu d'être linéaire, s'était effectuée en un point en quelque sorte central,
alors il devrait y avoir convergence dans les
cassures, qui se disposeront sous une forme
étoilée. Les exemples de filons métallifères
ainsi disposés nous manquent encore; mais
aussi l'étude de ces sortes de dislocations du
sol est si neuve qu'il ne faut pas être étonné
de ce défaut d'observations.

On conçoit encore que ces relations peuvent
se compliquer singulièrement dans des régions fortement accidentées. Des systèmes
nombreux et peu prolongés s'interceptent réciproquement, et il n'est plus permis de compter sur les lois ordinaires; ainsi M. Fénéon,
professeur de géologie à l'école des mineurs
de Saint-Étienne, a reconnu qu'il existait une
liaison intime dans les Alpes entre les porphyres noirs, les variolites du Drac, les
roches serpentineuses et diallagiques, les
filons de plomb, les nids de cuivre de Barles;
les amas de fer oxidulé de Traverselle et de
Cogne, le filon de titane de Moutiers; les
schistes noirs verdis, rougis et calcinés,
l'anthracite convertie en coke et même en
graphite, les amas de gypse et de dolomie,
et les masses de grès qui prennent les caractères de quartz compacte et de micaschiste,

etc.; faits qui prouvent évidemment que tous ces phénomènes se sont faits à peu près au même instant que la grande faille de Draguignan à Nice, après le dépôt des terrains tertiaires, et durant le soulèvement principal de cette immense chaîne de montagnes; mais qui sont certainement loin de présenter des relations d'association aussi nettes que celles que nous avons exposées pour l'Auvergne et les Vosges.

Cette constance de rapports entre les roches non stratifiées et les filons métallifères avait, d'un autre côté, encore frappé une multitude d'observateurs et de géologues. M. le docteur Boué fut le premier à l'indiquer d'une manière générale.

M. Necker, frappé par des rapprochements analogues à ceux que nous venons d'établir, a été conduit à embrasser la question dans toute sa généralité, et il a examiné s'il n'y avait pas auprès de chaque gisement métallique connu des roches non stratifiées, ou dans le cas contraire, s'il n'y aurait pas des faits tirés de la constitution géologique de la contrée qui mèneraient à conclure que des roches non stratifiées peuvent s'étendre sous le district métallifère et à peu de distance de la contrée.

Pour le premier point, il a montré par de nombreux exemples, tirés de l'Angleterre, de l'Écosse, de l'Irlande, de la Norwége, de la France, de l'Allemagne, de la Hongrie, des

Alpes, du sud de la Russie et des rives du
nord de la mer Noire, que les grands districts
de mines de tous ces pays sont liés immédiatement aux roches non stratifiées, et de plus
il cite à l'appui de cette solution, les porphyres
métallifères de Mexico et les granites aurifères.

A l'égard de la seconde question, il donne
une coupe du pays entre Valorsine et Servoz,
et démontre l'extension probable du granite
de Valorsine, sous les Aiguilles rouges et le
Brévent.

Il cite encore les dépôts métallifères de
Vanlockhead et de Lead-Hills, ceux de Huelgoët et Poullaouen en Bretagne, ceux de
Macugnana et d'Allagna au pied du Mont-
Rose, de la Sardaigne, de Corse et de l'île
d'Elbe. Il renvoie aux filons métalliques des
Vosges, de la Brescina dans les Alpes et de la
chaîne des Altaï : toutes mines qui se trouvent dans les districts où l'on sait qu'il existe
des roches non stratifiées.

Il donne même une esquisse des contrées
entre les Alpes et l'extrémité sud-ouest de l'Angleterre, et il montre que les roches ignées
et les dépôts métalliques manquent à la fois
dans la totalité des districts qui s'étendent du
pied des Alpes à travers la vallée du lac Lé-
man, le Jura, les plaines de la Franche-Comté
et de la Bourgogne, et dans les formations du
calcaire oolithique, du sable vert, de la craie

et dans les couches tertiaires du nord-ouest de la France, dans les formations secondaires et tertiaires de l'Angleterre jusqu'au Devonshire, mais qu'au contraire, aussitôt que les couches non stratifiées reparaissent, il en est de même des filons métalliques.

Quant à la loi de relation des masses ignées avec les gisements métallifères, il établit que les mines sont plus abondantes au voisinage du granite, de certains porphyres, des syénites, des amygdaloïdes et des trapps, qu'il appelle couches sous-jacentes non stratifiées, que dans les plus nouveaux porphyres, les dolérites et les terrains volcaniques, qu'il distingue sous le nom de couches sus-jacentes non stratifiées.

Tous ces faits le conduisent donc à recommander au mineur de se laisser guider par le principe de la connexion des roches non stratifiées et des gisements métalliques : c'est en cela que ce géologue a rendu à la science un véritable service ; car il a complétement démontré que ce n'était plus à la composition même des roches qu'il fallait s'en rapporter pour chercher les gîtes métallifères, mais seulement à leur état de dislocation par l'injection d'une roche plutonique ; vérité que nous apprécierons de plus en plus à mesure que nous approfondirons notre sujet.

SECTION II.

Relation réciproque des divers systèmes de filons qui occupent un même district.

Dans la section précédente nous n'avons considéré que les dislocations les plus marquées que peut présenter une contrée, pour bien faire ressortir leur liaison avec les filons. En même temps nous avons fait sentir que souvent il y avait complication dans les phénomènes quand la localité a été plus ou moins tourmentée. Il importe donc d'examiner maintenant si cette complication ne serait pas assujettie dans la plupart des cas à de certaines lois, à l'aide desquelles on pût, non-seulement retrouver un filon interrompu et rejeté dans sa marche à des distances variables, mais encore en découvrir de nouveaux et même constater d'une manière précise leur âge relatif.

La première loi qui dut, sous ce rapport, frapper les mineurs, fut, sans contredit, celle du parallélisme des filons entre eux : c'est ainsi qu'au nord de Pontgibaud la grande bande métallifère dont nous avons parlé précédemment, se compose, non pas d'un seul filon isolé, mais de plusieurs veines qui affectent une direction commune; tel est le cas pour celles de Barbecot, de Pranal, des Combres et plusieurs autres intermédiaires, dont il est inutile de parler. Au sud de la même localité, la même constance se remarque dans les nombreux filons qui croisent la petite vallée de Rosiers.

Cette relation s'observe d'ailleurs dans la plupart des pays de mines, et il est inutile de s'appesantir sur des exemples à ce sujet, qui n'ajouteraient rien à ce que nous avons déjà pu faire sentir à cet égard. On conçoit, du reste, assez combien cette donnée doit être prise en considération, quand il s'agit de choisir l'emplacement des grandes galeries de communication, de roulage, d'aérage ou d'écoulement; elles devront toujours, autant que possible, être poussées perpendiculairement à la direction du filon pour lequel elles sont destinées, et de cette manière elles offriront le double avantage de servir au but essentiel, à l'exploitation, en même temps qu'elles procurent la chance de faire découvrir de nouveaux gîtes, qui seraient peut-être restés éternellement masqués à leur affleurement par la végétation ou par d'autres causes superficielles.

Mais un même district de mines peut encore avoir été affecté par d'autres causes qui ont contribué à lui imprimer son relief en agissant avec des intensités différentes et à des époques diverses, d'où résultera un second ou un troisième, ou plusieurs autres systèmes de filons qui croiseront le premier sous des angles relatifs à la direction de chacune des forces perturbatrices. Les travaux de M. Élie de Beaumont nous fournissent de nombreux exemples de l'influence de ces actions successives sur la configuration des montagnes, et l'on verra par la suite combien leur étude géologique, considérée sous un point de vue général et élevé, devient nécessaire, et qu'un directeur d'exploitation qui la négligerait pour ne s'attacher qu'aux menus détails, s'exposerait ainsi à se perdre au milieu des rejets nombreux qu'un pays fortement accidenté peut lui présenter.

Avant de présenter les exemples compliqués que la nature nous offre sous ce rapport, prenons les faits isolés, et voyons ce qui s'est passé dans divers cas particuliers où il y a eu influence réciproque de divers filons, pris un à un, et cherchons à en déduire la connaissance de leur âge relatif.

Les phénomènes qui résultent de cette corrélation proviennent, soit de leur parallélisme, soit de leur rencontre sous des angles divers.

Relativement au parallélisme, on peut poser comme axiome fondamental suffisamment justifié d'ailleurs par tout ce que nous avons déjà exposé, que deux filons voisins et parallèles, remplis exactement des mêmes matières et dont la structure est semblable, sont contemporains. Cette concordance, parfaite en tous points, n'a pas toujours lieu dans la nature, même dans les filons les plus rapprochés. Souvent ils diffèrent en ce que quelques minérais abondants dans l'un manquent dans l'autre; on peut en conclure quelquefois que l'un est postérieur à l'autre; mais ici la conséquence, pour être complétement rigoureuse, a besoin d'être appuyée sur des considérations très-détaillées, déduites de l'ensemble des filons du district; car l'un d'eux peut contenir en abondance certains minérais qui manquent dans le filon voisin, et cependant les fentes peuvent être exactement contemporaines; mais le remplissage de l'une a pu être influencé, soit par la dimension de la fente, qui a pu permettre une plus ou moins grande affluence de matière minérale, soit par la nature des parois, dont nous avons déjà précédemment fait apprécier l'action sur les dépôts effectués, soit, enfin, parce que le remplissage s'étant effectué par périodes, les produits propres aux unes ont pu se manifester dans l'un des filons et non dans l'autre.

Les mineurs désignent la marche parallèle et très-voisine de deux filons, qui ne se confondent pas, en disant qu'ils se *traînent réciproquement*, et l'un prend le nom de *filon du toit*, l'autre celui de *filon du mur*, suivant leur position relative. Ce cas se présente assez fréquemment dans les mines pour que l'on puisse poser en règle générale la nécessité de chercher ce filon voisin à l'aide de traverses poussées dans le mur ou le toit d'un filon que l'on exploite; il est même à remarquer que ces filons sont souvent si intimement associés

que quand le minérai vient à manquer dans
l'un d'eux, il abonde alors dans la partie correspondante du voisin. Cette observation est
cependant sujette à de nombreuses exceptions.

Quand le parallélisme n'est pas complet,
et que les filons, après avoir marché ensemble
quelque temps, finissent par se confondre,
on dit qu'ils se *joignent* ou qu'il y a *ramification* et *embranchement*, et quelquefois on
ne voit plus aucune séparation entre eux.
D'autres fois cependant, après quelque temps
d'une allure commune, il y a de nouveau
séparation, et c'est ordinairement dans la
partie où l'allure a été commune, que l'on
rencontre un renflement et que se trouvent
les plus grandes richesses métallifères; aussi
les mineurs disent proverbialement que les
filons se fécondent en s'accouplant.

Il n'est pas difficile de se rendre compte du
fait, si l'on réfléchit que sur cette étendue la
matière de deux filons se trouve non-seulement
réunie, mais encore qu'il y a ordinairement
là une plus grande dilatation, puisqu'elle est
un des points principaux d'application de la
cause de rupture. On peut la considérer en
un mot comme un point central où les actions dynamiques et chimiques ont concouru
à la fois pour amener une plus grande quantité de matière métallique.

A Pontgibaud, les filons de Barbecot et de
Pranal sont ainsi en relation directe, chacun

avec un autre filon, qui croise le filon principal sous un très-petit angle. Ceux de Barbecot, après s'être coupés en forme d'un X peu ouvert, paraissent avoir une tendance à revenir l'un vers l'autre; mais après avoir marché quelque temps suivant un angle qui semble devoir les réunir une seconde fois, l'un d'eux, que l'on a suivi avec plus de constance, est rejeté tout à coup d'une petite quantité; puis il semble revenir et éprouve un nouveau rejet de quelques pieds, sans fissure transversale visible, et ainsi de suite, en sorte que son allure, dans la partie où ce phénomène s'est présenté, ne ressemble pas mal à une série de marches curvilignes, posées verticalement. Malheureusement il a fallu, pour la régularité de l'exploitation, détruire tous ces escalons, dont l'ensemble eût été vraiment remarquable.

A Pranal on a remarqué encore un fait bien plus singulier et difficile à expliquer au premier coup d'œil : il consiste en ce que les filons ne se sont pas montrés avec leur maximum de richesse pendant leur allure commune; mais le filon principal s'est trouvé d'une richesse extraordinaire et avec une puissance d'environ quatre à cinq mètres, immédiatement avant la jonction avec le voisin, tandis que sa dimension ordinaire ne dépasse guère un mètre. Il est facile d'expliquer cette anomalie, en la considérant comme étant le résultat de l'éboulement d'un coin triangulaire et alongé, qui s'est détaché du toit de la roche encaissante sur une certaine étendue en longueur et en hauteur, par suite de la forte dislocation qui a dû avoir lieu vers ce point; il s'est formé ainsi un vide local, qui s'est comblé de minérai, d'autant plus facilement que les deux filons sont à peu près contemporains. Cette explication acquiert même un certain degré de probabilité si l'on ajoute qu'à une profondeur d'environ dix mètres le filon n'offrait déjà plus cette puissance qu'il avait à l'affleurement.

Ces filons voisins ont encore offert une autre loi, qui souffre cependant aussi des exceptions : l'un d'eux a généralement une inclinaison beaucoup plus forte que l'autre, en sorte que leur réunion doit avoir lieu dans la profondeur.

Il résulte de ces divers faits qu'un filon principal peut présenter des ramifications verticales aussi bien qu'horizontales. Une corrélation pareille paraît avoir eu lieu entre les diverses branches verticales que l'on exploitait autrefois à Poullaouen, avant ou en même temps que le filon principal, et qui se sont toutes réunies à lui dans la profondeur.

Des filons voisins qui courent ensemble sous un petit angle, paraissent quelquefois vouloir se joindre; mais au moment où ils devraient se réunir, l'un d'eux s'écarte de sa direction primitive, de manière à former comme un K. Le fait s'est présenté pour un des filons de Sainte-Marie-aux-mines, qui tendait d'abord à couper celui de Surlatte, et s'en est éloigné ensuite sans le toucher.

Il n'est pas toujours facile de distinguer si deux filons parallèles et très-rapprochés, comme ceux que nous venons de décrire, sont réellement distincts, ou bien s'ils ne sont que des embranchements d'un filon principal, occasionés par une extension que les fractures ont pu prendre dans le sol encaissant, ou, enfin, s'ils ne sont que le résultat d'une seule fracture dans laquelle se sont interposées des masses stériles. Cependant on peut admettre qu'ils rentreront dans la première catégorie, s'ils se soutiennent sur de grandes étendues et avec tous les caractères de vrais filons; car les ramifications produites par les simples extensions de fractures, sont sujettes à dégénérer promptement en petites fissures à peine sensibles ou à se perdre complétement. D'un autre côté, enfin, les filons, divisés par des blocs de roches stériles, analogues à celles encaissantes, seront aisés à reconnaître parce qu'ils offrent ordinairement ces roches intercalées dans un grand état d'altération et de dislocation, provenant des actions dynamiques et chimiques, qui ont eu lieu lors du remplissage et de la formation des fractures : c'est ainsi que dans le vaste filon de Fleckenstein, près de Lembach, dont nous avons déjà parlé, la zone intermédiaire de grès vosgien qui sépare le filon du toit de celui du mur, est tellement altérée dans sa couleur, si disloquée, et présente tant de veinules de fer hydraté, analogue à celui qui se trouve en abondance au toit et au mur, qu'il est impossible de ne pas considérer le tout comme ne formant qu'un seul et même groupe. Quoi qu'il en soit de ces considérations souvent purement théoriques, le fait de l'association de ces filons n'en est pas moins constant.

Passons actuellement aux circonstances que présente le croisement des filons qui a lieu sous un angle très-ouvert. Il résulte encore de ces intersections et de ces rencontres des accidents nombreux qui méritent des dénominations particulières pour le mineur, auquel les faits les plus minutieux ne sont pas indifférents, et qui d'ailleurs conduisent aussi à des conséquences générales en géologie.

De même que pour le cas du parallélisme, on peut encore poser comme axiome que deux filons sont contemporains quand ils se croisent en un point et qu'ils sont d'ailleurs remplis tous deux de matières homogènes. Ce cas, très-rare pour les grands filons, a lieu fréquemment dans les petites dislocations des roches produites par le tressaillement, le retrait ou autres accidents, et l'on trouve souvent des fragments isolés, des cailloux roulés, traversés en forme de croix par des veinules d'une matière quelconque, identique dans les diverses branches. On ne peut émettre d'autre hypothèse à leur égard que celle de la contemporanéité absolue; mais ordinairement, quand deux filons hétérogènes se rencontrent, l'un des deux traverse l'autre sans interruption, et le divise en deux parties. Le filon coupant prend le nom de *croiseur*, quand il est métallifère, et celui de *faille* ou de *fente* s'il est stérile. *Le filon coupé et traversé par l'autre, est nécessairement le plus ancien des deux.*

Cette loi fondamentale si simple avait passé inaperçue jusqu'à Werner, et elle est, sans contredit, une de celles qui ont rendu le plus de services à la géologie, en permettant de préciser l'ordre des formations non stratifiées avec la même exactitude que la loi de superposition, sur laquelle les géologues s'appuient pour conclure l'âge des dépôts sédimentaires.

Cette *intersection* de deux filons a quelquefois lieu sans autre dérangement qu'un simple écartement des parties coupées; mais le plus souvent il y a en même temps déplacement dans un sens ou dans l'autre, et l'on dit alors qu'il y a *rejet* ou que le nouveau filon a *dérangé* le premier, ou qu'il l'a *jeté hors de sa direction.*

Ces rejets des filons doivent fixer d'autant plus vivement l'attention du mineur, qu'ils peuvent lui faire perdre subitement tout le fruit de ses travaux. Il suffit, pour s'en convaincre, de considérer que non-seulement le déplacement peut avoir lieu à des distances considérables, comme nous en verrons des exemples, mais encore qu'il n'existe pas de loi absolument rigoureuse, indiquant dans quel sens il faut marcher pour retrouver la partie perdue. Cependant une longue expérience, appuyée sur des faits nombreux, a démontré que le plus ordinairement il suffisait de diriger ses recherches *du côté de l'angle obtus, formé par l'intersection des deux filons.* On a remarqué en outre que *plus l'angle est obtus, plus le rejet était considérable.* Les anomalies que cette règle peut souffrir sont un nouvel exemple de la nécessité de l'étude générale des dislocations du sol encaissant, sur laquelle nous avons déjà plusieurs fois insisté. En effet, ces filons croiseurs résultent ordinairement d'un second système de fractures qui a pu affecter la contrée, et se lient euxmêmes à certains accidents du sol comme les autres filons : c'est ainsi que, d'après les observations de M. Fénéon, les gîtes de fer d'Allevard sont souvent dérangés par des failles remplies d'argile, et la cassure du torrent qui coule de ce côté paraît faire partie de leur système; elle leur est parallèle et s'enfonce à une profondeur considérable. M. Chaper, en creusant les fondations du haut-fourneau de Puisot, a reconnu qu'elle était comblée à une grande hauteur par des cailloux roulés.

Ces croiseurs, failles ou fentes, peuvent donc, comme les filons eux-mêmes, être excessivement nombreux et affecter ceux-ci d'une manière très-complexe. A Holzapfel ils courent tous parallèlement sur six à sept heures et rejettent constamment le filon du côté du mur, ordinairement de quelques décimètres seulement et quelquefois jusqu'à quarante-huit mètres. Comme ils sont d'un âge différent du filon principal, ils ne contiennent pas les mêmes matières, mais seulement du schiste argileux décomposé, de la pyrite, du calcaire spathique et du quartz friable, tandis que le filon est riche en galène, en fer spathique, en blende et en pyrites cuivreuses enveloppant des fragments de schiste.

Quelques-unes des failles de cette dernière localité ont jusqu'à quarante mètres d'épaisseur et paraissent dans ce cas provenir de la réunion d'une multitude de petites fentes parallèles. Leur inclinaison est de 5o à 6o° vers le sud-ouest. Leur action ne se borne pas toujours à rejeter le filon dans le sens horizontal, mais elles produisent aussi une véritable chute dans certaines parties. Ainsi, une partie très-riche avant la fente ne se retrouve plus au même niveau au-delà, mais bien à un étage différent. Si donc l'on s'en tenait à la première apparence, on serait porté à en conclure que le croiseur a dans ce cas appauvri le filon; erreur grossière, qui nous démontre combien l'on doit être constamment en garde, relativement aux apparences qui se manifestent à chaque instant dans les mines.

Quelquefois ces croiseurs, en rencontrant un filon principal très-solide, n'ont pas pu le traverser; mais ils s'arrêtent brusquement à sa rencontre. On désigne cette circonstance en disant que l'un d'eux *intercepte* ou *arrête* l'autre.

Ce fait s'est présenté plusieurs fois à Pontgibaud, où l'on a vu, par exemple à Pranal, plusieurs croiseurs, venant du mur, s'arrêter net au filon. A Barbecot, au contraire, ces fentes venaient le plus fréquemment du côté du toit, et dans ce cas elles occasionaient de grands éboulements, parce que des blocs énormes de rochers, détachés de toutes parts et suspendus en vertu de l'inclinaison du toit, finissaient par céder à l'action de la pesanteur.

Il est probable, quoique nous n'ayons pas bien pu éclaircir encore la corrélation, que ces fractures tenaient à un second système de soulèvement qui croise l'axe principal des montagnes de l'Auvergne en se dirigeant du nord-ouest au sud-est. Au moins existe-t-il quelques relèvements dirigés dans ce sens, duquel paraissent dépendre divers filons de quartz et de chaux fluatée, disséminés dans la contrée.

Le filon coupant ne traverse pas non plus toujours en ligne droite et en masse le filon coupé; mais il se ramifie et s'éparpille quelquefois en petites veines à sa rencontre, qui se rejoignent après l'intersection et continuent leur allure après un dérangement plus ou moins grand.

Ces intersections de filons, tout comme les jonctions, sont ordinairement des points riches en minérais quand le filon coupant est lui-même métallifère; car on conçoit du reste que si le croiseur date d'une époque à laquelle il n'y a pas eu de production de minérai, il ne peut qu'appauvrir le point d'intersection.

Ce fait se lie d'ailleurs étroitement à l'observation faite par les mineurs, que toutes les veines qui rencontrent un filon sous une certaine direction, l'enrichissent et qu'il est appauvri par celles qui le joignent dans une autre. Cela résulte tout simplement de ce que les veines de la direction enrichissante sont d'une époque productive, tandis que le contraire a eu lieu pour les autres. Ces circonstances seront encore beaucoup mieux comprises, quand nous aurons démontré que le remplissage des filons d'une même contrée a eu lieu à des époques diverses, et que chacune d'elles a fourni des produits très-distincts les uns des autres.

Pour compléter ces aperçus et leur donner toute la force que les faits acquièrent en se généralisant, il nous reste à exposer quelques exemples pris sur des contrées métallifères où les travaux développés sur une grande échelle ont permis de suivre la nature, pour ainsi dire, pas à pas. Nous ne pouvons mieux faire à cet égard, que de commencer par citer les belles observations que MM. Élie de Beaumont et Dufrénoy ont été à même de faire dans le Cornouailles.

Ce pays contient à la fois deux systèmes de filons d'étain, un système de porphyre, trois systèmes de cuivre, un système quartzeux et deux systèmes d'argile, qu'ils classent dans l'ordre suivant :

1.º Premier système de filons d'étain : tel est celui de Polgooth, qui est encaissé dans le schiste argileux et qui se dirige de l'est à l'ouest, en plongeant vers le nord, avec une inclinaison de 85º.

2.º Filons d'Elvan ou de porphyre quartzifère, dirigés, comme les précédents, de l'est à l'ouest et plongeant de même vers le nord, mais sous un angle de 45º environ, en sorte qu'ils les coupent dans la profondeur. Ils croisent aussi ces filons, quand ils convergent avec eux sous des angles assez faibles, comme cela paraît avoir eu lieu pour le filon de Polgooth. Les filons d'Elvan ont d'ailleurs une puissance variable de 2^m à 120^m, et plusieurs ont une étendue de plus de cinq milles.

3.º Second système de filons d'étain, dirigé aussi de l'est à l'ouest, mais plongeant vers le sud : il est d'ailleurs plus moderne que le premier système; car, quand il vient à en rencontrer les filons dans la profondeur en vertu de son inclinaison en sens inverse, il les coupe et les rejette à une certaine distance. Cette disposition est manifeste aux mines de Seal-Hole et Trevannance; ils coupent, en outre, les filons d'Elvan en se ramifiant, comme on l'a observé aux mines de Trewidden-Ball et de Wherry : ils sont donc évidemment plus récents.

Cependant, si l'on considère que ces trois systèmes de filons ont une direction commune, qu'ils sont croisés par l'Elvan et le croisent réciproquement dans les légères déviations qu'ils éprouvent, on sera naturellement porté à penser qu'ils ne constituent essentiellement qu'un seul système principal, et que l'Elvan a pour ainsi dire accompagné l'apparition du minérai d'étain. D'autres faits analogues, pris dans d'autres localités, achèveront de confirmer cette conclusion.

Le minérai d'étain est du reste accompagné de quartz, de chlorite, de tourmaline, de mica, de chaux fluatée, de wolfram, de nikel sulfuré, de bismuth, d'urane et en outre de quelques arséniates et phosphates, dont la formation doit être envisagée comme récente, ainsi que nous le démontrerons quand nous traiterons des modifications que les substances métallifères ont éprouvées dans le sein de la terre.

4.º Premier système des filons de cuivre,

dirigés aussi de l'est à l'ouest, plongeant le plus souvent vers le nord, sous un angle variable de 35 à 70°, et avec une puissance qui n'excède guère 2 mètres. Leur gangue est encore quartzeuse et chloriteuse, quelquefois de chaux fluatée; on y rencontre en outre des pyrites de fer et de la blende.

La similitude des gangues avec celles de l'étain, l'allure commune des filons, et le fait remarquable que quelquefois la pyrite cuivreuse abonde tellement dans les filons d'étain que ceux-ci peuvent être considérés comme des mines de cuivre, permettent encore de supposer que le cuivre a suivi de près la formation de l'étain; mais comme d'un autre côté une longue expérience a appris que les filons de cuivre sont généralement peu productifs dans le voisinage des mines d'étain, et que d'ailleurs les filons de ce dernier métal sont toujours coupés par les précédents, il y a une distinction réelle d'âge à établir entre eux, et l'on est fondé à regarder le cuivre comme ayant suivi l'étain, et à admettre qu'il s'est quelquefois simplement intercalé *à posteriori*, soit dans les vides des filons qui n'avaient pas été remplis par l'étain, ou bien dans de nouvelles ouvertures qui se sont faites dans les filons de ce métal : dilatations dont nous verrons plusieurs exemples par la suite.

5.° Le second système des filons de cuivre est dirigé du sud-est au nord-ouest. Leur inclinaison est d'environ 70° avec l'horizon ; leur composition est à peu près la même que celle des précédents ; seulement ils présentent plus de parties argileuses.

6.° Système des filons croiseurs : ceux-ci sont ainsi nommés parce que leur direction, largement variable du nord-ouest au nord-est et du sud-est au sud-ouest, leur permet de couper la plupart des filons précédents. Leur inclinaison est aussi inconstante que leur allure, les uns plongeant vers le nord-est, les autres vers le nord-ouest. Ils offrent de plus une grande puissance, puisqu'elle atteint quelquefois jusqu'à douze mètres, et leur constance en longueur est aussi très-remarquable. On en a reconnu un qui s'étend depuis le canal de Bristol jusque sur la côte de la Manche ; il rejette dans sa course tous les filons métallifères, quelquefois jusqu'à cent mètres de distance. Cette sorte de failles est donc la source de nombreuses dépenses.

Ils sont généralement quartzeux et argileux. On y rencontre cependant çà et là du fer oligiste, de l'hématite, quelquefois encore de l'étain et du cuivre ; le plus souvent du plomb, que l'on exploite près de Truro et de Tavistock ; enfin, ils renferment rarement des minérais de cobalt, du sulfure d'antimoine, de la bournonite, de l'argent natif et sulfuré.

7.° Le troisième système de filons de cuivre se confond par sa direction, tantôt avec les

filons est et ouest, tantôt avec les filons croiseurs; on les reconnaît seulement parce qu'ils
coupent ces deux systèmes de filons. Leur
composition est analogue à celle des autres;
seulement l'argile y domine encore davantage.
On peut probablement rapporter à la même
formation quelques filons de plomb, découverts dans la paroisse de Newlyn.

8.° Premier système des filons argileux
(Cross-Fluckans). Leur puissance varie depuis
quelques millimètres jusqu'à trois ou quatre
mètres, et leur direction est généralement
nord-sud, en plongeant vers l'est: ils coupent et
rejettent tous les filons, excepté les suivants:

9.° Second système des filons argileux (Slides),
qui forment probablement la dernière classe
des véritables filons de la contrée; car ils
les coupent tous, quoiqu'ils soient presque
parallèles aux filons d'étain et de cuivre. Ces
filons fort minces, puisqu'ils atteignent rarement plus de trois décimètres d'épaisseur, sont
peu inclinés à l'horizon et composés d'une
argile plus terreuse que dans les autres filons.
Leur verticalité leur a fait donner le nom de
slides, qui veut dire *glissement*.

Les habiles ingénieurs auxquels nous devons
ces premiers détails déjà si remarquables, les
ont appuyés encore par des exemples particuliers que nous devons citer ici à cause de
leur intérêt. Nous les extrayons de leur ouvrage tels qu'ils les ont exposés.

Le grand filon de Carharak dans la paroisse
de Gwenap (fig. *m*), a une puissance de huit
pieds; il se dirige presque est et ouest, et plonge
vers le nord sous une inclinaison de deux pieds
par toise. Sa partie supérieure est dans le
schiste argileux (Killas), et sa partie inférieure
dans le granite. Il a subi deux intersections :
la première résulte de la rencontre d'un filon
appelé *Stevens-Fluckan*, qui se dirige du nord-
est au sud-ouest, et qui le rejette de plusieurs
mètres. La seconde a été causée par un autre
filon qui est presque à angle droit avec le
premier, et qui fait éprouver un second rejet
de quarante mètres du côté droit. La chute du
filon se trouve donc dans un cas à droite et
dans l'autre à gauche; mais dans l'un et l'autre
cas elle est du côté de l'angle obtus. Cette
disposition est très-singulière; car une partie
du filon paraît être remontée, tandis que
l'autre est descendue.

La mine de cuivre et étain de *Huel-Peever*
nous présente un exemple analogue (fig. *n*).
Cette mine, ouverte dans le Killas, est exploitée
dans deux filons, dont la direction est Est et
Ouest, mais qui plongent l'un vers l'autre sous
des inclinaisons opposées; celui qui plonge
au nord est un filon d'étain; l'autre, un filon
de cuivre qui coupe le premier et lui fait
éprouver un rejet.

Postérieurement à cette intersection, il
s'est fait une seconde dislocation dans les cou-

ches. Les deux filons d'étain et de cuivre ont
été coupés par un filon argileux : la force qui
a agi à cette époque, a causé un déplacement
en sens opposé ; de sorte que, dans un très-petit
espace, le filon présente deux intersections,
dans l'une desquelles une partie du filon paraît être descendue, tandis que l'autre serait
montée.

Le segment du milieu présente un désordre
plus grand que les deux autres : il est plus
large ; la masse est très-dérangée ; on y trouve
des fragments de la partie supérieure du filon.
On observe également ce trouble à la partie
du segment inférieur. Le grand désordre qui
règne dans le segment du milieu doit être attribué à son élargissement, qui est dû lui-même
à la chute du mur.

Nous devons au conseiller des mines, F.
Mayer, des observations aussi intéressantes que
les précédentes, relativement à la formation
des filons d'argent et de cobalt de Joachimsthal dans l'Erzgebirge. (Planche 3.)

Suivant ce géologue, les filons de Joachimsthal appartiennent à la formation métallifère
qui se rencontre encore à Annaberg, Schnée-
berg, Johann-Georgenstadt, Scheibenberg et
Marienberg. Elle s'étend sur le versant de
l'Erzgebirge saxon, aussi loin que les indices
du terrain basaltique, et du côté de la Bohême elle se trouve au milieu de celui-ci. Elle
est encaissée par un schiste micacé qui,

d'après les observations de M. de Bonnard,
passe insensiblement au phyllade et au schiste
ardoise. Celui-ci est tellement chargé de silice,
qu'il en a acquis une dureté et une finesse de
grain remarquables; il passe à son tour à l'amphibole schistoïde et au jaspe conchoïde. Les
montagnes de Joachimsthal sont particulièrement constituées par le mélange de toutes ces
roches.

Ce terrain schisteux est traversé par deux
systèmes de filons métallifères; l'un dirigé du
nord au sud, et l'autre de l'est à l'ouest. Ils
sont en relation avec des filons porphyriques,
dirigés le plus souvent comme les premiers,
du nord au sud, et avec des filons basaltiques
qui affectent, comme les seconds, une direction orientale. De nombreuses fissures, toutes
dirigées vers le nord, se trouvent encore dans
ce terrain, notamment aux environs du
filon de Junghauerzecher, et encore plus à
l'ouest.

Les porphyres qui offrent l'un des phénomènes géologiques les plus remarquables de
la localité, ne diffèrent en rien des porphyres
quartzifères que nous avons déjà décrits. Quelquefois, et notamment à la jonction du granite
et du micaschiste, ils forment des filons en
couches ou qui suivent en apparence la stratification du schiste et se replient autour du
granite en perdant leur direction primitive;
mais ils n'en sont pas moins de véritables filons,

parce qu'ils coupent quelquefois le schiste dans leur inclinaison, et qu'ils s'écartent, d'ailleurs, aussi très-souvent de l'allure de ses strates.

Ces filons de porphyre en couche, ou peut-être aussi le granite voisin, ont occasioné dans leur contact avec le schiste une modification remarquable, en ce que celui-ci s'est surchargé de feldspath et de quartz, qui lui donnent une grande dureté. Dans ce cas, cette roche est même devenue peu métallifère et ne contient aucun minérai dans la profondeur. Ces porphyres, en filons ou en couches, ont encore quelquefois converti la roche schisteuse en un mélange grenu de feldspath et de mica, semblable à une wake; accident semblable à celui que nous avons déjà cité pour les porphyres quartzifères des environs de Pranal et de Rosiers. On en a des exemples dans le district de l'Éliaszecher et dans les galeries de Kuh, de Dorothée et du Neuhoffnung.

Le filon vertical de porphyre qui a été coupé par la galerie de Daniel, est encore remarquable en ce que les couches du micaschiste se redressent à sa rencontre et plongent de part et d'autre dans deux directions opposées.

Les filons métallifères, dirigés du nord au sud, sont fréquemment adhérents à leurs épontes; sans que cependant, leur masse s'unisse intimement par pénétration au quartz

de la roche encaissante. Les parties consti-
tutives principales de leur gangue sont le
quartz néopètre, le quartz ordinaire, le jaspe,
la lithomarge, l'argile, et dans les parties de
leur cours, où ils atteignent une couche calcaire intercalée dans le massif schisteux, elle
consiste essentiellement en spath brunissant.

Les minérais métalliques qu'ils contiennent
sont l'argent natif et sulfuré, l'argent rouge,
la sternbergite, l'arsénic natif, le cobalt sulfuré et arsénical, le bismuth natif et sulfuré,
le nikel arsénical, la pyrite ordinaire et magnétique, l'urane, et rarement de la galène
et du fer oligiste.

Ils ont été influencés d'une manière frappante par le voisinage ou le contact du porphyre quartzifère. Ainsi, le Rothe-Gang court
assez exactement vers le nord, avec un filon
de porphyre; mais, comme tous deux éprouvent quelques sinuosités, il en résulte que
le filon métallifère coupe tantôt le schiste,
tantôt le porphyre. Tant qu'il est dans le schiste
micacé, il ne montre comme gangue d'autre
matière terreuse que l'argile; mais quand il
pénètre dans le porphyre, ou bien quand il file
entre celui-ci et le schiste, la gangue devient
un quartz néopètre rouge et caverneux, qui
va en se perdant dans la pâte du porphyre.
Il faut donc en conclure que ce quartz a
été extrait de la masse porphyrique par un
agent de dissolution, qui est sorti par la fente,

ou bien que le porphyre lui-même a été surchargé en quartz par l'action qui a formé le filon.

Indépendamment de cette influence du porphyre sur les gangues, celle qu'il a exercée sur les parties métallifères n'est pas moins remarquable; car dans les points où le Rothe-Gang s'éloigne beaucoup du porphyre, comme cela arrive surtout dans son extension vers le nord, il ne renferme d'autre minérai que l'urane, tandis que dans le voisinage ou dans le contact immédiat du porphyre, il renferme des quantités remarquables d'argent natif, de sulfure d'argent, de sprödglaserz, de cobalt arsénical, de nikel arsénical, de bismuth, d'urane, peu d'arsénic natif, de la pyrite et de la galène; en un mot, tous les minérais qui paraissent à Joachimsthal, à la seule exception de l'argent rouge, que l'on peut d'ailleurs considérer comme le minérai le plus commun de la contrée.

Le porphyre lui-même, qui est fendillé en longueur et en travers, renferme aussi du minérai, mais seulement dans les fissures longitudinales et nullement dans celles transversales, comme on aurait pu le croire d'après les idées d'une imprégnation ordinaire; même le minérai des fentes longitudinales a été un peu rejeté par les fissures transversales. On est donc porté à en tirer la conclusion que le minérai a pénétré dans le porphyre

avant que celui-ci n'eût éprouvé une solidification complète.

Dans le schiste micacé, les veinules métallifères ne s'écartent qu'à une faible distance
du porphyre, et contiennent beaucoup plus
de cobalt, d'argent natif et sulfuré que dans
le porphyre.

A en juger d'après les déblais des Haldes,
de pareilles relations auraient eu lieu aux
anciennes exploitations du Geister et du
Schweitzergang, et l'on se souvient encore
de phénomènes analogues qui s'offrirent dans
les filons de Jean l'Évangéliste et de la Rose
de Jéricho.

La gangue de ce dernier consistait en calcaire spathique dans son contact avec la couche calcaire, et plus loin en matières siliceuses.
C'est en rapport avec le jaspe et le quartz
ferrugineux que l'on y a trouvé l'apparition
remarquable du fer oligiste à la sole de la
cinquième galerie; mais dans ses points de contact avec le porphyre on a vu reparaître le
quartz néopètre caverneux, pénétrant dans
le porphyre, et avec lui de puissants dépôts
de minérais, sans traces d'argent rouge : phénomène absolument identique à celui qu'avait
présenté le Rothe-Gang.

Cette influence du porphyre sur le minérai
est encore très-problématique. Nous avons
d'ailleurs déjà cité des exemples analogues de
l'influence des roches sur la nature des dépôts

métallifères, et ceux-ci en sont en quelque sorte une nouvelle confirmation.

Si l'on combine toutes ces données, on sera porté à en conclure que les filons du porphyre quartzifère sont à peu près contemporains aux filons métallifères avec lesquels ils ont une direction commune; fait sur lequel nous avons déjà insisté en citant les exemples que nous offre le Cornouailles, quand nous avons appuyé sur la liaison intime qui existait entre les deux premiers systèmes d'étain et celui d'un porphyre analogue.

Les filons orientaux renferment principalement de l'argent rouge et sulfuré, souvent du cobalt arsénical, rarement de l'arsénic natif, de la pyrite, peu de galène et de blende. L'argile n'y manque jamais auprès des minérais, et il n'y a donc pas d'adhérence aux épontes, comme c'est fréquemment le cas pour les filons septentrionaux. Cette argile présente d'ailleurs une texture un peu schisteuse; en combinant cette indication avec celle que fournissent les glissements du toit, il est permis de supposer qu'elle est le résultat du frottement et de la pression occasionés par ces mouvements. Indépendamment de cette argile on y rencontre encore en petite quantité des veinules de quartz et de spath calcaire.

Il se manifeste donc dans l'ensemble des filons orientaux ou septentrionaux un type commun, quoique les derniers soient ordinairement coupés par les premiers. Ce fait n'est cependant pas général ; car on possède quelques exemples isolés de filons septentrionaux qui traversent les filons orientaux ; tels sont les filons de Goldene-Rose qui croise celui de Maurizi, et de Fundgrubner qui coupe tous les autres. Ces caractères amènent à la conclusion que l'âge relatif des deux systèmes n'est pas très-différent.

Les relations de ces derniers filons avec les dykes basaltiques ne sont pas moins intéressantes que celles que nous avons observées pour le porphyre.

Ainsi, le filon métallifère oriental, dit Kuhgang, est accompagné par un filon basaltique sur plusieurs toises de son extension en profondeur. Aussi loin que cette association s'est manifestée, les vides étaient remplis de sulfate de magnésie fibreux, et la roche encaissante était imprégnée de pyrites. En outre, on y a trouvé un très-beau gîte métallifère, composé principalement d'argent natif et vitreux, déposé au toit et au mur du filon, tandis que son milieu était rempli par le basalte en question sur une épaisseur de deux pieds. On a avancé plusieurs fois que le sulfure d'argent avait pénétré dans les fissures de ce basalte, et cela est d'autant moins improbable que M. Mayer a trouvé de cette même roche contenant de la galène et de la blende brune, qui se rencontrent d'ailleurs aussi dans les autres parties de ce filon.

On connaît un autre exemple de cette postériorité du minérai, relativement au basalte. Il a été signalé par M. Burckhardt, dans sa Description du filon de Heinitzflachen à Annaberg, en Saxe, et il est impossible de tirer de la description et du dessin de cet auteur d'autre conclusion, sinon que ce filon, qui croise le basalte, lui est postérieur. Ces faits, pris sur des localités différentes, se confirment donc réciproquement.

Le filon oriental de Segen-Gottes, qui est rempli de basalte sur presque toute sa longueur, fournit un autre exemple de ces rapports. Le basalte y est en partie décomposé et entremêlé d'une terre verte, ou bien intact, et contient alors beaucoup d'augite et d'olivine; il est croisé perpendiculairement et même rejeté par le filon de Jean l'Évangéliste. Que l'on explique comme on voudra cette circonstance, il n'en restera pas moins évident qu'ici encore le filon métallifère est plus moderne que le filon basaltique.

Un second phénomène remarquable s'est manifesté de la part de ce même filon basaltique, contenu dans celui de Segen-Gottes, à sa rencontre avec le filon septentrional de Hildebrandt. Ce filon basaltique formait à ce nouveau point deux branches qui ont été coupées toutes deux par le filon de Hildebrandt; mais celui-ci a été à son tour rejeté par celui de Segen-Gottes. Il en résulte que le filon de Hildebrandt est plus moderne que le filon basaltique, mais plus ancien que le Segen-Gottes. La masse basaltique ne s'est donc pas simplement intercalée dans la fente du Segen-Gottes; mais sa formation a précédé celle du filon métallifère, et lui a, pour ainsi dire, préparé la place.

Il y a aussi des filons basaltiques qui traversent les filons métallifères; tels sont celui H, qui coupe le Rothe-Gang, et le Wolfottinger-Wackengang, qui coupe tous ceux qu'il rencontre. Il faut donc conclure de l'ensemble des faits, que les filons métallifères de Joachimsthal se sont formés successivement pendant la période de la grande formation basaltique de la contrée.

Quel est actuellement l'âge de ce basalte? On sait, à la vérité, qu'il existe dans le nord de l'Angleterre une formation de ce genre, qui traverse les couches houillères, et qui s'arrête au zechstein superposé; mais ce basalte, très-ancien, ne renferme pas d'olivine, comme celui de Joachimsthal; ce qui tend déjà à établir une distinction entre eux: d'ailleurs l'âge moderne de ce dernier est confirmé par la présence des végétaux dicotylédones (bois du déluge), que l'on a trouvé dans le Putzenwacke, dont nous avons déjà parlé (page 45o). En outre de nombreux culots basaltiques avec olivine percent au jour directement au-dessus des dépôts métallifères; tels

sont le Spitzhubel et le Jugelstein, et ceux-ci
se lient d'ailleurs intimement à la grande formation basaltique, qui s'étend sur les sables
verts et les marnes crayeuses auprès d'Ellbogen
et de Saaz, et sur les lignites aux environs de
Binow.

Toutes ces circonstances rendent très-vrai-
semblable l'opinion que les filons basaltiques
de Joachimsthal, quand même ils différeraient
un peu entre eux sous le rapport de l'âge,
n'en appartiennent pas moins à la grande
formation du basalte tertiaire, qui est si abondamment répandue au nord de la Bohème,
et que, par conséquent, aussi les filons de
Joachimsthal ont été formés seulement pendant cette grande révolution du globe.

Mais il a été établi d'un autre côté qu'une
partie des filons métallifères devait être à peu
près contemporaine au porphyre quartzifère.
Pour appuyer l'âge récent de celui-ci, il nous
suffira de citer les observations que MM. Naumann et Pusch ont été à même de faire sur
cette roche près de Töplitz. Le porphyre y est
tout-à-fait semblable à celui de Joachimsthal;
mais à son contact avec la marne crayeuse de
la contrée, il est traversé par de nombreuses
veinules entrelacées d'un quartz néopètre,
qui se prolongent jusqu'à une distance de six à
huit pieds dans la marne voisine. On trouve
souvent dans ce quartz des fragments porphyriques, de la grandeur d'un pois à celle du

poing, et réciproquement des fragments du
même quartz se trouvent dans le porphyre.
Les deux substances se distinguent tantôt l'une
de l'autre d'une manière tranchée, tantôt se
fondent imperceptiblement ensemble, et ces
veinules de quartz et de calcaire siliceux
contiennent les pétrifications qui caractérisent
la marne. M. Pusch y indique des *térébratules*,
le *plagiostoma spinosa*, des empreintes de
pointes d'oursin, des *pectinites*, des *planulites*,
des *mytulites* et des *vénulites*.

Il résulte de cet ensemble de faits que la
marne crayeuse a été modifiée par des émanations quartzeuses provenant du porphyre,
et comme d'ailleurs la diffusion réciproque
du porphyre et du quartz ne peuvent s'expliquer que par la contemporanéité des deux
substances, il faut encore en conclure que
l'apparition au jour de la masse porphyrique
doit être rapportée à l'époque de la formation
de la craie; ce qui confirme complétement
les idées que les filons de Joachimsthal nous
avaient fait concevoir relativement à leur âge.

Quelque minutieux que soient les détails
dans lesquels nous sommes entrés dans cette
section, nous n'avons pas cru devoir en passer
une partie sous silence, afin de mettre les observateurs à même de bien apprécier les lois
générales, qui se manifestent d'une manière
d'autant plus nette et tranchée, que les formations successives sont plus distantes les unes

des autres dans la série géognostique, et les anomalies ou exceptions qu'elles éprouvent par le rapprochement ou la contemporanéité dans l'âge des filons de deux ordres différents. Sous ce dernier rapport il était impossible de trouver des exemples plus frappants que ceux qui nous ont été fournis par les filons de Joachimsthal. Pour faire sentir la valeur de ces relations, nous ne pouvons mieux faire que de les comparer à celles qu'on observe dans les terrains stratifiés.

Si l'on examine ceux-ci dans des points où il se présente à la fois des couches inférieures redressées et des dépôts supérieurs horizontaux, où, en un mot, il y a discordance complète dans la stratification, on ne voit aucune liaison entre les deux formations, et l'on peut admettre qu'il y a eu un intervalle quelconque de temps entre les dépôts de l'une et de l'autre; mais si la formation la plus récente des deux est placée sur la plus ancienne en stratification parfaitement concordante, on observe sur une certaine épaisseur au contact une liaison indiquée par un passage graduel, par des alternances et des retours répétés de l'ancienne formation dans les premières assises de la nouvelle; phénomènes identiques à ceux que présentent les filons d'un certain système qui croisent ceux d'un autre système à peu près contemporain, et sont réciproquement croisés par eux. Dans ce cas, il faut, pour bien s'assurer de leur âge relatif, ne pas se borner à l'examen de faits particuliers, mais recourir à l'étude générale du système, et la poursuivre largement sur de grands espaces, afin de bien se rendre compte des premières et des dernières causes agissantes, en faisant abstraction des époques intermédiaires et nécessairement anomales, comme tout état de transition.

SECTION III.

Relation réciproque des diverses parties d'un même filon.

Jusqu'à présent dans les deux sections précédentes nous n'avons considéré que les faits généraux qui résultent de l'étude de tout un ensemble, comparé soit avec le relief du sol, soit avec ses diverses parties. Examinons maintenant les faits particuliers, pris dans un seul et même filon. Cette étude est d'autant plus utile que ce n'est qu'en la poursuivant avec opiniâtreté, que l'on peut acquérir des notions relatives à une localité donnée, à l'aide desquelles il est possible d'asseoir un jugement sur le succès des travaux de poursuite, d'avancement ou de foncement nécessaires pour agrandir le champ d'une exploitation.

En effet, un grand nombre des filons qui nous occupent en ce moment, abstraction faite des filons de roches, diffèrent des fissures produites par retrait ou par des dislocations purement locales, en ce que celles-ci n'offrent qu'une extrême simplicité dans leur composition. Quelques débris transportés, des produits cristallins peu nombreux, une faible somme d'espèces minérales, ont, pour ainsi dire, caractérisé chacune d'elles, prise isolément, et il y a loin de là, à la variété qu'affectent ces nobles et puissantes veines, dont le mineur montre avec tant d'orgueil l'éclat et la bigarrure; mais son travail aura peut-être bientôt fait disparaître ces richesses, et quelles sont les chances qu'il a en sa faveur pour en découvrir un nouveau dépôt dans le même filon?

Cette variété même produit des alternatives de succès et de revers, et il est excessivement rare qu'on puisse établir avec certitude la proportion : *si telle étendue de filon a donné tant de minérai, combien doit en fournir une autre quelconque.* Les exemples que nous exposerons dans cette section nous prouveront combien sont trompeurs ces sortes de calculs auxquels se livrent quelquefois d'ignorants spéculateurs.

Il est sans doute impossible de détailler tous les signes d'une variation prochaine qu'une extrême habitude a fait connaître à cet égard au praticien; les leçons de l'expérience personnelle se communiquent diffi-

cilement. Un simple plissement particulier
des gangues, des fissures à peine visibles, un
facies spécial de la roche, quelques suintements
d'eau, suffisent quelquefois à un homme con-
sommé dans son art, pour lui faire présager
l'avenir avec assez de certitude là où tout autre
resterait dans l'aberration. Il en est en quelque
sorte de ceci comme de ces indices météoro-
logiques qui échappent aux yeux du commun
et qui pourtant avertissent le marin de la
tempête future, sans qu'il ait besoin de recourir au baromètre. Cependant, les citations
pouvant servir de guide au commençant et lui
montrer sur quels objets il doit porter son
attention, nous ne devons pas négliger d'exposer ce qui a été observé dans diverses localités ; mais sous la mention expresse que ces
faits sont purement locaux et que rien n'autorise à en tirer des conséquences générales.

Les modifications qui peuvent survenir dans
un filon, résultent, soit de la forme particulière de la fente, soit du mode de distribution des matières minérales dans son intérieur.

Nous allons d'abord nous occuper des formes
de la cassure. Nous avons déjà indiqué sommairement et dès le début, les accidents les
plus ordinaires ; tels que l'allure rectiligne ou
courbe, ou sinueuse, et la terminaison brusque ou en forme de coin, ou en ramification.
On conçoit d'ailleurs, de prime abord, que

les cassures n'ont pu que bien rarement affecter une allure parfaitement rectiligne, vu la variabilité de cohésion des roches qu'elles traversent. On conçoit aussi qu'elles ont pu s'opérer dans une série de roches diverses et alternantes, avec plus de facilité dans les unes que dans les autres; même, dans les roches schisteuses, la fracture se borne quelquefois à une simple exfoliation, et le filon, au lieu de conserver sa largeur primitive, se dissémine dans une multitude de petites branches, sans toit ni mur bien distinct. On en a eu quelques exemples dans les roches stéaschisteuses de Barbecot, près de Pontgibaud. Quelquefois une plus grande homogénéité dans la roche encaissante détermine la formation de quelques grosses branches, qui y pénètrent en s'y perdant, ou bien même reviennent au filon principal.

Le plus ordinairement les deux épontes d'un filon sont grossièrement parallèles sur une grande étendue. On en voit un bel exemple dans le fameux filon d'Andreasberg au Hartz. Il s'étend dans la profondeur à plus de 500 mètres perpendiculaires, sur une étendue horizontale de 200 mètres, et nulle part il n'a plus de $1^m,30$, ni moins de $0^m,30$ d'épaisseur; variations accidentelles qui n'ôtent rien au parallélisme général de ses deux immenses parois.

M. Brochant de Villiers, auquel nous de-

vons un grand nombre d'observations intéressantes sur les filons de plomb du Cumberland et du Derbyshire, a remarqué que plusieurs d'entre eux présentaient dans leur ensemble des espèces de marches ou de zigzags.
Les parties qui sont verticales ou du moins
perpendiculaires aux couches, sont encaissées
dans le grès ou le calcaire, et elles sont unies
entre elles par des parties horizontales, quand
elles viennent à couper des argiles schisteuses.

Werner avait déjà observé cet accident
rare dans le filon de Halzbrucknerspath, près
de Freiberg.

La puissance des filons varie aussi dans ces
alternances : c'est ainsi qu'ils sont en général
plus étroits dans les argiles schisteuses ou dans
les grès que dans les roches calcaires, et la différence varie de 1 à 4 pieds. Le riche filon de
Hudgillburn atteint jusqu'à 17 pieds dans le
calcaire dit *great-limestone*; tandis qu'il ne
dépasse pas 3 pieds dans le grès inférieur,
connu sous le nom de *Watersill*.

Pour expliquer cet élargissement d'après
l'opinion que les filons sont des fentes, on a
pensé que le rejet ou la chute d'une des parois
avait dû naturellement produire ces différences de largeur; mais ne serait-il pas aussi
naturel d'admettre que cet élargissement, qui
porte principalement sur les parties calcaires,
provient d'une simple dissolution de cette
roche si attaquable, du reste, par les agents

qui ont amené le minérai. Le fait rentrerait alors dans celui des formes bizarres que présentent les dépôts de minérais de fer pisolithiques, dont nous avons déjà parlé. Ce qui autoriserait encore cette hypothèse, c'est que cette largeur est accompagnée aussi d'une plus grande richesse en plomb; d'où il suivrait qu'à mesure que l'agent de dissolution se saturait de calcaire, il laissait par contre précipiter du minérai; phénomène dont les réactions chimiques de nos laboratoires peuvent nous rendre compte.

Il y a même certaines couches calcaires dans lesquelles les filons sont plus particulièrement métallifères que dans les autres. La couche dite *great-limestone*, est celle qui enrichit le plus les filons, c'est-à-dire, dans laquelle ils sont à la fois les plus larges et les plus riches. Les couches calcaires supérieures sont plus productives que les inférieures. Des analyses de ces diverses roches jetteraient probablement bien du jour sur ces variations et sur la théorie des filons en général, en faisant voir quel est celui d'entre leurs éléments basiques qui a contribué le plus à accélérer le dépôt des matières métallifères.

Du reste, quoique ces filons ne soient généralement pas exploités à des profondeurs plus grandes que 307 mètres, ils paraissent cependant se prolonger encore au-delà.

Les filons de Joachimsthal présentent d'après

Meyer, dont nous avons déjà cité en détail
une partie des belles observations, des faits
non moins remarquables sous le rapport de
la forme de la cassure. Tous les filons orientaux y conservent, depuis la surface jusque
dans la profondeur, une puissance passable-
ment égale; tandis que les filons septentrionaux, surtout ceux qui plongent verticalement, deviennent au contraire de plus en
plus puissants, à mesure qu'ils s'approfondis-
sent.

Ainsi le Geschiebergang ne possède dans les
parties supérieures qu'une puissance de 3 à 12
pouces, et à la profondeur de 170 toises et
au-delà, il a acquis une dimension de 4 pieds,
sans y comprendre les veinules latérales, qui
la porteraient à près de 4 toises.

Le Junghauerzechergang est puissant de 4
pieds sur la sole de la 12.ᵉ galerie de Joachimi.
84 toises plus haut, il n'a plus que 4 pouces;
plus haut encore, il n'en a que deux, et enfin,
dans la galerie de Daniel, il n'existe plus
qu'une simple fissure.

Les filons de Procopi et de Clementi ont
encore présenté des circonstances analogues:
ils possèdent une certaine puissance à 100 et
150 toises du jour; mais se ferment totalement
en forme de coin dans les parties supérieures.

Le filon de galène argentifère de Kuhschacht,
près de Freiberg; les filons de fer sulfuré et
arsénical aurifère de Goldcronacht en Fran-

conie, vont aussi en s'élargissant dans la profondeur.

On pourrait concevoir que l'inverse pût
avoir lieu jusqu'à un certain point. Cependant les exemples bien constatés manquent
absolument. On a bien vu des filons très-larges
à la surface se rétrécir graduellement; mais,
soit que les difficultés de l'exploitation, soit
que la rareté du minérai s'y opposent, on n'a
pas encore rencontré de filon réellement
fermé par le bas. Ce fait serait capital dans la
théorie du remplissage des filons, et combiné
avec le précédent, il tendrait à nous convaincre que la matière métallifère n'a pas pu
provenir d'une infiltration par les parties supérieures.

La largeur des filons métallifères, à parois
parallèles, est sujette à quelques variations
remarquables. Si l'on fait abstraction des
branches et filons accompagnants, elle ne
dépasse en général pas un mètre. Sur plus de
cent filons contenus dans les montagnes de
Freiberg, Werner a pu à peine en observer
quelques-uns qui atteignent 2 mètres. Cependant le Nordlauer, en Franconie, que l'on
cite pour le plus grand de l'Allemagne, a une
puissance de 10 à 12 mètres; le Burgstädter-
gang, dans le Hartz, en a depuis 40 jusqu'à
60; mais il paraît qu'on pourrait le regarder
comme un plexus de plusieurs autres filons.
Le filon principal de Schemnitz, en Hongrie,

qui est le Spitaler, a jusqu'à 36 mètres en quelques points; enfin celui de Guanaxuato, au Mexique, aurait de 40 à 45 mètres, d'après M. de Humboldt.

Ces filons si larges et qui ont généralement aussi une grande étendue, ne sont pas cependant toujours les plus abondants en substances métalliques; les mines d'or et d'argent de Cremnitz, en Hongrie, en sont un exemple : le filon principal de ces mines, qui a jusqu'à 30 mètres de largeur, n'est presque pas exploité, et on s'attache à travailler plusieurs petites branches qui partent de ce filon. Il semble que la matière métallifère ait été trop peu abondante pour subvenir au remplissage d'une si vaste cavité, et qu'elle s'est concentrée de préférence par une sorte d'attraction en quelques rognons que l'on exploite si le hasard y conduit. D'ailleurs, une pareille dilatation n'a pu se faire sans que d'énormes blocs se soient détachés des parties latérales pour tomber dans la fente, et ce ne sont guère que leurs intervalles qui ont pu se combler de minérais.

Ces faits nous amènent naturellement à examiner de quelle manière se sont distribuées les diverses matières qui ont pénétré dans la fissure et quelles sont les rapports qui existent entre elles; cette étude forme le second objet essentiel que nous nous sommes proposé d'examiner dans cette section.

Depuis long-temps les mineurs, sans se rendre compte de la structure complète des filons, avaient cependant remarqué qu'il s'y trouvait des substances qui leur annonçaient, soit l'approximation, soit la disparition future du minérai. Ainsi à Schemnitz, les intervalles stériles des filons du Spitaler et du Pieber-stollen sont composés d'une argile tenace. Tant qu'elle dure, il n'y a point de minérai à es-pérer; mais une fois qu'elle vient à s'étrangler et qu'à sa place il se présente du quartz et du spath, on ne tarde pas à retrouver le mi-nérai.

Dans plusieurs exploitations de la Transyl-vanie, les filons d'or sont stériles tant qu'on se trouve dans un quartz bien blanc et trans-parent; mais aussitôt qu'il prend une couleur foncée et se garnit de druses cristallines, le métal se manifeste de nouveau.

A Joachimsthal, en Bohême, c'est ordinai-rement le cobalt qui annonce l'approche du minérai.

Les terres brunes ochracées et ferrugineuses accompagnent les minérais dans le Bannat, et dès que les argiles bleuâtres se montrent au toit ou au mur, on peut prévoir la dis-parition du métal; car celles-ci deviennent bientôt si puissantes, qu'elles occupent toute la largeur du filon. Les filons de Pontgibaud nous ont offert quelquefois des circonstances analogues.

Le fer spathique était un bon indice dans les filons de cuivre de Baigorri et dans ceux de plomb de Châtelaudren en Bretagne.

Certains minérais se trouvent d'ailleurs fréquemment associés ensemble. Ainsi il est ordinaire de rencontrer la blende avec la galène. Le cobalt, le nikel et le bismuth natif sont ordinairement réunis. L'étain se rencontre presque toujours avec le wolfram, le molybdène et la pyrite arsénicale. L'argent natif est assez fréquent dans les gangues spathiques, et l'or, au contraire, dans celles quartzeuses et ferrugineuses.

D'autres minérais, au contraire, semblent s'exclure mutuellement; aussi voit-on rarement l'étain avec le minérai d'argent. Le cinabre est ordinairement seul ou tout au plus avec quelques pyrites ferrugineuses.

Tous ces faits proviennent en général de l'époque relative à laquelle tel ou tel filon ou ses diverses parties ont été comblées; car, comme nous l'allons démontrer, les filons ont éprouvé en général une série périodique d'intercalations diverses, avant de parvenir à leur état actuel ou avant que leur formation fût complète.

Les premiers faits qui amenèrent à la conclusion que nous venons d'énoncer, durent naturellement être frappants; car, comment concevoir dès l'abord qu'une bande aussi mince qu'un filon pouvait être considérée comme un terrain dont l'ensemble est subdivisible en une série de strates différentes en âge comme en composition; c'est cependant ce qui a lieu dans les cas les plus généraux, et les exemples en sont même plus nombreux qu'ou ne se l'imagine vulgairement.

Werner, qui, le premier encore, appela l'attention sur ce sujet, cita d'abord des exemples évidents de filons formés immédiatement dans des filons plus anciens et qui ne font avec eux qu'un seul et même corps; tel est notamment le Johannisgang à Rothemberg, près de Schwarzenberg, dont une partie bien distincte se nomme la *bande rouge et jaune.*

A Marienberg, dans le Einhornergang, le filon se compose d'une zone de minérais d'étain et d'une autre de minérais d'argent; toutes deux nettement tranchées. Dans la mine de Morgenstern, près Freiberg, le filon Abraham traîne avec lui une masse appelée *Grober Spathgang.*

M. d'Aubuisson a vu à Zinnwald des filons de wake à côté de filons d'étain, sans que leur matière se mélangeât ensemble. Vraisemblablement, ajoute-t-il, l'un des deux était déjà consolidé lorsque l'autre a pris naissance. Ce fait est analogue à celui que nous a déjà offert le filon argentifère de Segen-Gottes à Joachimsthal.

De pareilles observations durent nécessairement se développer entre les mains de Werner:

il mentionna expressément que les filons sont composés de couches parallèles aux salbandes, qui, dans leur cristallisation, se sont appliquées *successivement* les unes sur les autres, et dont les zones qui sont immédiatement sur les salbandes, ont été formées les premières.

Il observa cette régularité de structure dans plusieurs et même dans le plus grand nombre des filons, et il cite à cet égard particulièrement le filon de Segen-Gottes, près Gersdorff en Saxe, dans lequel, à compter du milieu, formé de deux couches de spath calcaire et contenant de petites druses de distance en distance, on trouve placées les unes sur les autres, et dans le même ordre de chaque côté treize couches de fossiles différents; tels que spath fluor, spath calcaire, spath pesant, galène, etc.

Dans le filon septentrional Grégorius, les deux couches attenant aux salbandes, consistent en quartz cristallisé; puis se trouve de chaque côté une couche de blende noire, mêlée de pyrite sulfureuse; par-dessus on voit de la galène et de la mine d'argent grise, de la mine d'argent rouge, du glaserz aigre; la couche du milieu, et par conséquent, la plus nouvelle est en spath calcaire.

C'est en généralisant de pareilles données et en les combinant avec celles qui résultaient du parallélisme, qu'il est parvenu à distinguer les huit sortes de dépôts du district de Freiberg, sans y comprendre quelques autres qu'il a laissés dans le vague, faute d'observations aussi précises.

M. d'Aubuisson mentionne aussi un filon composé de couches de baryte sulfatée et de chaux fluatée diversement colorées et disposées avec une si exacte symétrie de part et d'autre, qu'avec la règle et le compas on n'aurait pu faire mieux. Ce géologue remarque que cette structure est exactement ce qu'elle aurait été si la fente eût été remplie d'un dissolvant ou de diverses dissolutions qui auraient successivement déposé sur les parois différents précipités, et il ajoute que la coupe de certaines géodes et celle de certains tuyaux de conduite dans lesquels les eaux ont fait des dépôts successifs, présentent des faits analogues.

Cette extrême régularité n'a pas toujours lieu : quand par exemple les filons renferment des fragments de roche adjacente, empâtés dans leur masse, le métal s'est porté de préférence autour d'eux, et il les a enveloppés d'une couche plus ou moins épaisse. Ces faits sont fréquents dans les mines du Hartz. Le plomb sulfuré y porte le nom de *ringertz* ou de *minérai en anneau.*

Lorsque la matière qui constitue les dépôts dont nous venons de parler a manifesté une tendance à la cristallisation, on remarque que la pointe des cristaux est toujours tournée vers l'intérieur du filon, ou au moins vers le

côté qui lui présentait le plus d'espace vide
pour son développement. Chaque couche
successive prend en conséquence sur celle de
ses faces tournée vers la plus ancienne, l'empreinte des cristaux adjacents, tandis que les
cristaux qu'elle porte sur l'autre face enfoncent leur pointe dans la suivante. Enfin les cristaux qui ont achevé le remplissage, se présentent leurs sommets et s'engrènent les uns dans
les autres quand ils viennent à se rencontrer.

Quand ces couches successives ne se joignent
pas et qu'elles laissent un vide entre elles, il
en résulte des cavités revêtues de cristaux,
qui forment les *druses*, les *fours* ou les *poches
à cristaux*. Ces cavités sont presque toujours
oblongues, parallèles aux salbandes et se trouvent le plus souvent dans les renflements des
filons, où la matière incrustante paraît, par
conséquent, n'avoir pas abondé suffisamment
pour pouvoir opérer leur remplissage complet : elles sont évidemment les restes de l'ouverture primitive.

L'étude soignée que nous avons été à même
de faire des filons métallifères des environs
de Pontgibaud, nous met à même de rapporter
ici le résultat de nos propres observations,
et comme elles sont de nature à bien développer les faits dont nous nous occupons en
ce moment, nous les exposerons dans tout
leur détail. Les accidents divers qu'ils nous
ont présentés dans une période de cinq

années, pendant lesquelles nous avons été attaché à leur exploitation, généraliseront les aperçus que nous venons de citer, et feront voir combien la régularité générale se maintient avec constance, malgré les anomalies apparentes qui choqueraient un observateur privé du temps nécessaire pour retrouver un chaînon rompu au milieu de cette confusion.

Les premières fissures qui se sont opérées lors de la formation de ces filons, ont été remplies d'un granite à petits grains, dont nous avons déjà eu occasion de parler en traitant de l'ensemble géologique de leur système. Ces granites, qui, du reste, se retrouvent de tous côtés dans la contrée, affectent des directions variées et ont dû posséder une grande fluidité originaire, car on en voit des veinules bien suivies d'un à deux pouces au plus d'épaisseur dans les schistes qui avoisinent Péchadoire. D'un autre côté aussi ils forment des masses puissantes, qui sont saillantes dans les vallées par suite de la dégradation de la roche encaissante.

L'irrégularité de leur allure leur fait souvent rencontrer les filons métallifères en certains points, pendant qu'ils les accompagnent ou les remplissent en d'autres. Le hasard paraît en quelque sorte avoir présidé seul à leur distribution, en sorte que certaines parties des filons métallifères en sont, pour ainsi dire, entièrement remplies, tandis qu'en d'autres places on n'en voit aucune trace apparente.

Les points des filons où ils se sont répandus sont généralement pauvres en métaux. Les veines riches s'y perdent fréquemment en forme de coin, et eux-mêmes affectent réciproquement cette terminaison quand ils pénètrent dans les parties riches, soit qu'ils se rangent contre les salbandes, soit qu'ils restent au centre de la masse.

Ils ont pour la plupart subi dans les filons la décomposition en kaolin; ce qui empêche de les reconnaître au premier coup d'œil; mais ils sont toujours aisés à distinguer de toutes les autres formations par leur quartz, qui est comme sablonneux, et leur mica en très-petites lames; dimension qui est en rapport direct avec la finesse du grain de la masse originaire.

On découvre dans quelques-uns de ces filons, notamment sur la hauteur du chemin de Barbecot à Pranal, des fragments de la roche encaissante, qui sont fondus avec la masse environnante : c'est le plus ancien exemple de l'empâtement de ces débris de roches étrangères dans les filons de la contrée; le fait se répète à plusieurs reprises, et ces fragments, que l'on rencontre ainsi dans tous les points des filons y sont entrés à diverses époques. Ils sont tous de même nature que les roches voisines, c'est-à-dire, schisteux, et en général anguleux : preuve qu'ils n'ont pas subi un long transport; on en retrouve même avec toutes les substances accidentelles qu'elles renferment dans les environs; ainsi il en existe dans le filon de Barbecot qui contiennent des grenats analogues à ceux qui sont inclus dans quelques couches du micaschiste voisin.

Ils paraissent être tombés par les ouvertures supérieures des filons ou détachés des parois par l'effet de la cassure. Leur volume est très-variable : ils sont demeurés incohérents dans les parties des filons où les infiltrations subséquentes ne les ont pas cimentés; ils ne montrent en général qu'un faible degré d'altération, et sont très-reconnaissables, malgré l'action des agents qui ont pu agir sur eux pendant le remplissage de la fente. Les grandes masses sont, comme on le conçoit d'avance, infiniment moins attaquées que les menus fragments. D'ailleurs, ils ne présentent nuls indices de fusion ou de fritte, et se détachent même souvent nettement des substances enveloppantes, à l'exception, cependant, du cas où ils ont été empâtés par le granite. Quelquefois les morceaux schisteux sont infiltrés de petites lamelles de sulfure de plomb et autres parties minérales des filons.

Ce phénomène de la présence des fragments dans les filons de Pontgibaud n'est pas spécial à cette localité : c'est au contraire un de ces faits qui, par leur généralité, rendent inutiles les citations de localités; seulement nous observerons que quelques mines sont remarquables sous ce rapport, en ce qu'elles présentent des points tellement comblés de ces débris incohérents, que l'on serait conduit à supposer un véritable remblai effectué par la main de l'homme, si l'on se trouvait à la proximité d'anciens travaux.

La période granitique précédente a été suivie d'une dislocation du sol assez puissante par laquelle la vraie direction des filons a été déterminée; elle a servi de prélude à l'introduction d'une matière siliceuse, accompagnée de sulfures de fer et de pyrites arsénicales, qui ont rempli, soit les nouvelles fissures du granite, soit les parties du filon qui n'en avaient pas été obstruées.

Ces dépôts siliceux peuvent se distinguer en trois variétés: l'une, noire-grisâtre, qui domine à Pranal; l'autre, brune, qui domine à Rosiers et se retrouve à Barbecot; enfin, la troisième, qui n'est qu'un quartz blanc laiteux, est unie si intimement avec les précédentes, tantôt les traversant sous forme de veinules, tantôt traversée réciproquement par eux, ou bien disséminée en petits nodules dans leur masse, de telle manière qu'il devient impossible de douter de leur contemporanéité.

Les silicates bruns sont extrêmement tenaces; quelquefois leur aspect devient fibreux, et ils ressemblent à des petites tourmalines; ils sont fusibles au creuset brasqué, à la température d'un essai de fer et produisent

des grenailles de fonte avec un laitier blanc,
maculé de vert clair. Exposés à l'air, aux affleurements des filons, ils se suroxident en
prenant une teinte brune claire ou rousse,
et deviennent moins cohérents.

Les silicates noirs de Pranal possèdent à
peu près les mêmes caractères que les précédents; mais ils sont évidemment plus siliceux,
et ce qui est remarquable, les places qu'ils
ont occupées dans le filon se sont aussi très-
fortement chargées postérieurement en minérais de plomb, contrairement à ce que nous
avons vu pour les points granitiques.

Ils empâtent tous beaucoup de fragments
anguleux de roches schisteuses; quelquefois
même de granite à petits grains. On y trouve
des pyrites sulfureuses et arsénicales contemporaines, disséminées comme le quartz blanc
et quelquefois même si intimement, qu'elles
deviennent imperceptibles à la vue; mais le
choc du marteau en décèle la présence par
l'émanation sulfureuse et arsénicale qui en résulte, et d'ailleurs l'exposition à l'air en détermine la vitriolisation et la conversion en arséniates verts pulvérulents ou mamelonnés.

Ces sortes de pyrites sont donc très-anciennes
dans ces filons. Nous verrons d'ailleurs qu'elles
ont accompagné toutes les périodes subséquentes, en sorte qu'elles sont l'un des produits les plus constants de chacune d'elles,
sans être pour cela le plus abondant.

3.   34

Cette époque est encore bien caractérisée par une absence presque complète de traces de cristallisation ; car, à l'exception des apparences rares de tourmalines, que nous avons indiquées, on ne voit rien, même parmi les pyrites, qui puisse offrir l'indice d'un clivage distinct. Ces dernières sont tout au plus granulaires, et le plus ordinairement à cassure inégale. Il semble que la matière, dont elles sont le produit, était tellement saturée que le dépôt se prenait promptement en masse et arrêtait à diverses hauteurs les débris extérieurs qui tombaient dans le filon. On ne pourrait pas supposer que la cristallisation ait été troublée par une agitation continuelle d'un liquide surchargé d'éléments ; cette hypothèse ne rendrait pas aussi bien compte que la précédente, des espèces de marbrures que forment le quartz blanc et les pyrites dans le silicate brun ; circonstance que l'on peut comparer à celle que le sulfure de fer présente dans les savons marbrés, et dont la production exige que le savon ait, au moment où on le coule, une consistance qui ne doit pas dépasser un certain degré ; car on sait que s'il est trop épais, la masse est uniformément colorée, et s'il est trop fluide, le sulfure gagne le fond.

La troisième période a débuté par une nouvelle dilatation du filon. Les dépôts précédents ont été fracturés fortement et en divers sens ; tantôt les lambeaux en sont restés adhérents au mur, tantôt au toit. Quelquefois la fissure les a traversés par le milieu. Cette dislocation n'a pu s'effectuer sans qu'il se produisît de nombreux fragments. Des masses supérieures sont descendues à un étage inférieur; et la portion restée en place se trouve ainsi coupée brusquement.

La nouvelle fracture ne s'est pas bornée dans le filon même; mais elle s'est quelquefois prolongée dans la roche encaissante, et y a formé des branches peu étendues, dans lesquelles on ne trouve que des produits plus modernes que les précédents : preuve irrécusable de la moindre ancienneté relative de ces rameaux.

Peut-être doit-on rapporter à cette même dislocation les filons du toit ou du mur de ces mines qui ne renferment pas de ces silicates bruns que nous venons de mentionner, comme étant le produit de l'époque précédente. On concevrait ainsi très-bien pourquoi ces filons secondaires se chargèrent de minérai dans les points correspondants à ceux où le filon principal est quelquefois resté pauvre, puisque la dilatation totale de celui-ci a dû être diminuée en raison de celle acquise par la branche voisine, la somme des dilatations restant invariable.

Le remplissage de cette période se compose de nouveaux fragments de la roche encaissante, des débris du remplissage précédent, et enfin, des dépôts chimiques. Il est inutile

de nous occuper de nouveau des premiers,
qui n'ajouteraient rien à ce que nous connaissons déjà. Nous ne nous arrêterons pas davantage à la description de divers accidents
qu'ils présentent quand ils sont en grandes
masses; tels que les stries par frottement;
le poli des surfaces qui ont glissé, etc. : choses
que l'on peut se figurer aisément; tandis que
les dépôts chimiques sont du plus haut intérêt,
tant par leur mode d'enchaînement avec la
gangue, que par leur nature variée et leur
structure. Cette étude offre en outre un avantage spécial, en ce qu'elle peut conduire à déterminer des travaux de recherche sur des
données mieux fondées que celles que l'on
établit souvent aveuglément sur les premières
fissures que le hasard fait rencontrer. En effet,
quand bien même les altérations superficielles
auraient enlevé d'un affleurement toutes les
traces de métaux, les gangues pierreuses ont
ordinairement résisté, et si elles se trouvent
douées des caractères propres à une période
métallifère d'un système donné, nul doute
qu'on sera autorisé à faire des fouilles plus
profondes et plus dispendieuses, et dont le
succès est par conséquent plus certain que si
elles ne présentaient que des matières provenant des périodes de stérilité.

Nous distinguerons les produits chimiques
de l'époque en question en deux grandes
classes; savoir : les quartz et les sulfures.

Les quartz se distinguent de tous les autres par leur texture éminemment esquilleuse, et même par une certaine tendance à la cristallisation, qui a acquis, vers les derniers temps de l'époque, assez d'intensité pour produire des pointements cristallins, qui hérissent la surface de quelques druses. On peut en conclure que le dépôt a été de moins en moins précipité, et que l'affluence des produits a été même assez modérée vers la fin. Cependant en somme ces quartz peuvent être considérés comme de véritables hornsteins ou quartz néopétres. Leur couleur est essentiellement blanche; mais ils passent souvent au gris ou au brun par suite d'une interposition de matières étrangères, notamment quand ils se trouvent en contact avec les débris des silicates bruns de la période précédente, dont ils paraissent avoir absorbé une partie du principe colorant.

Quelquefois, mais rarement, ils se sont déposés à l'état granuleux et ressemblent à ces sels pulvérulents que l'on obtient en évaporant rapidement les liqueurs dissolvantes. L'ensemble de la masse prend alors un aspect granulaire et subcristallin, comme celui de certains sucres poreux.

Les plus petits cristaux de quartz des druses de cette époque se trouvent dans la mine de Barbecot, où ils dépassent rarement la grosseur d'une pointe d'aiguille; ils sont plus

développés à Pranal, où leur diamètre atteint
jusqu'à deux ou trois millimètres, et enfin,
aux Combres leur dimension s'est encore
agrandie. Ces trois filons parallèles sont à
l'ouest l'un de l'autre, en sorte qu'il semblerait
que la tendance à la cristallisation à une
époque déterminée a été dans cette localité
de plus en plus développée, à mesure que
l'on s'avance de l'est à l'ouest, perpendiculairement aux filons; nous en verrons d'autres preuves par la suite. Ces quartz ont
encore éprouvé sur place de petites fractures, occasionées par des retraits ou par des
secousses, et ont été agglutinés immédiatement par des infiltrations, soit quartzeuses,
soit de sulfures contemporains. La texture de
ces veinules de jointure est plus cristalline que
celle de la masse qu'ils cimentent; ce qui
confirme encore le fait du développement de
la cristallisation vers les derniers termes de
la période.

Du reste, ces quartz ont accompagné intimement les sulfures; car, tantôt ils les recouvrent,
tantôt ils en sont recouverts, et, enfin, ceux-
ci y sont fréquemment disséminés plus ou
moins uniformément, en sorte que l'ensemble
prend souvent une texture porphyroïde, à
cristaux de grosseur variable, régulièrement
espacés sur de petits fragments; mais dans les
grandes masses cette disposition n'a plus lieu;
souvent les sulfures s'y disséminent si gra-

duellement que le quartz en prend la nuance,
et qu'il devient impossible d'en séparer les
moindres parties par les procédés mécaniques.
Ce cas est fréquent pour les galènes à fines
facettes et pour les blendes.

Les sulfures de cette période sont encore
les pyrites sulfureuses et arsénicales, les galènes, les blendes, les pyrites cuivreuses et
peut-être quelques traces de sulfure d'antimoine, de bournonite et de fahlerz, que l'on
a rencontrés çà et là, mais toujours à la surface des autres matières, en sorte qu'il devient
douteux si l'on ne doit pas les rapporter à
une époque subséquente.

Les premiers de ces sulfures n'affectent
aucun ordre constant, l'un par rapport à
l'autre; tantôt la galène enveloppe la pyrite,
tantôt elle en est enveloppée. La même diffusion se remarque par rapport à la blende;
quelquefois même celle-ci présente entre chacune de ses lamelles des petites couches excessivement minces de galène, qui lui communiquent un éclat métallique très-trompeur.
Cette simultanéité de formation sans combinaison est une forte preuve du peu d'affinité
réciproque de ces deux sulfures, et la même répulsion chimique se manifeste d'ailleurs aussi
d'une manière marquée dans les traitements
métallurgiques.

Nous croyons du reste inutile d'insister en
détail sur les caractères minéralogiques et

les formes cristallines variables de ces divers
minérais, ces accidents n'ayant qu'un intérêt
local et borné. Nous nous contenterons d'observer que généralement la pyrite sulfureuse
est très-efflorescente; que les pyrites arsénicales et cuivreuses sont rares, et ne jouent,
par conséquent, qu'un rôle très-secondaire.
La blende, au contraire, est très-commune;
elle est brune ou noire; ses cristaux suivent
la loi de dimension que nous avons observée
relativement au quartz, en allant d'un filon
à l'autre de l'est à l'ouest; il en est de même
des galènes : celles-ci sont ordinairement à
petits grains ou à grains moyens, antimoniales
et argentifères. On rencontre cependant aussi
des masses de galène à grandes facettes, et ces
sortes de minérais suivent, par rapport à leur
teneur en argent, la loi si fréquemment observée de leur enrichissement, à mesure que leur
texture devient plus fine. Leur forme est l'octaèdre, plus ou moins modifié par des tronca-
tures sur les arêtes, et jamais on n'en a rencontré qui aient eu la forme cubique, commune
qu'elle soit d'ailleurs dans les autres mines.

Après que le dépôt des matières précédentes
se fut effectué en diminuant d'intensité et
en donnant lieu à des cristaux d'autant plus
réguliers par cela même qu'ils étaient plus
superficiels, il est survenu une nouvelle
secousse dans le filon, dont le résultat principal a été d'en détourner les agents qui ame-

naient la blende et la galène, et d'y introduire le sulfate de baryte, ou au moins des sels capables de le produire par leur réaction.

Cette quatrième période a été accompagnée des mêmes accidents que les autres phénomènes du même ordre, c'est-à-dire, de glissements, de fractures dans les dépôts préexistants et d'éboulements des parties disloquées. De nouvelles branches se sont ouvertes, et c'est à cette époque que l'on peut rapporter certaines veinules qui ne contiennent que de la baryte sulfatée, et disposées, soit dans le voisinage, soit même à une assez grande distance des filons principaux.

Assez ordinairement la dilatation s'est effectuée de telle manière que la nouvelle fissure se trouve au milieu même du filon; mais souvent, par le déchirement des masses antérieures, elle s'est tout à coup portée transversalement au toit ou au mur; enfin, elle a été multiple, en sorte que le sulfate de baryte occupe diverses branches parallèles ou obliques dans le filon ancien, et a pénétré ainsi dans les druses qui n'avaient pas encore été comblées.

Il résulte de cette inégalité d'action que non-seulement le dépôt de baryte n'est pas uniforme, mais qu'il occupe plus spécialement certaines colonnes, tout comme nous avons déjà vu quelques dépôts des époques précédentes. Peut-être aussi ce minérai a-t-il éprouvé l'influence de ces actions répulsives ou attractives, développées par les matières du filon lui-même, et dont nous avons déjà cité tant d'exemples; ce qui tendrait à le prouver, c'est que les dépôts siliceux qui ont continué à paraître dans cette même période, affectent jusqu'à un certain point de ne pas se trouver en mélange avec lui ou dans les mêmes parties du filon.

La matière siliceuse a cristallisé cette fois très-régulièrement; elle forme de gros cristaux de quartz prismé, hyalin, quelquefois enfumé, qui ont jusqu'à 0,05 de diamètre; ils sont d'ailleurs toujours en recouvrement sur les sulfures des époques précédentes, ce qui prouve leur âge postérieur.

Quant au sulfate de baryte, il est généralement en grandes lames, d'un blanc pur, opaque, et ne présente que très-rarement des cristaux déterminés; il forme fréquemment des échantillons très-caractéristiques par leur mode de structure; ainsi il n'est pas rare de trouver des morceaux dont le centre est un fragment de roche ancienne, enveloppé par la formation des quartz esquilleux et des sulfures de plomb et de zinc de la précédente époque, sur lesquels il vient se superposer à son tour.

Il est encore à remarquer que quand il enveloppe directement des roches anciennes, il a pris ordinairement une teinte violacée, qui se perd peu à peu, à mesure de l'éloignement du contact; ce fait confirme celui que nous avons déjà avancé à l'occasion de la coloration des quartz esquilleux, savoir que les dissolvants qui l'ont amené ont agi sur les roches préexistantes en leur enlevant quelques matières colorantes solubles; mais le peu d'intensité de cette action prouve aussi à quel point ces dissolvants étaient peu énergiques.

Quelques sulfures ont encore paru au milieu de cette suite de dépôts barytiques et quartzeux; ils sont peu abondants et se composent de pyrites ferrugineuses et de bournonites. Leur contemporanéité ne saurait être douteuse; car souvent ils sont interposés en lamelles ou en petits cristaux déterminables, aplatis et couchés entre les lames mêmes de la baryte sulfatée.

La cinquième période correspond encore à une nouvelle dilatation du filon; elle s'est opérée principalement entre les salbandes et les épontes, sans que cependant la règle soit invariable. Les dépôts chimiques ont cessé de se manifester avec intensité. Le nouveau remplissage a été principalement formé par des argiles que l'on peut considérer comme provenant d'infiltrations venant de la surface; elles forment les *lisières du filon*, en sorte que celui-ci s'est enfin constitué dans son état de perfection, et les époques subséquentes ne nous montreront plus que des traces de dégradation.

Ces argiles sont très-tenaces et onctueuses

quand elles sont pures; mais fréquemment surchargées de détritus, provenant du filon lui-même, tels que des fragments anguleux de galène, de blende, de quartz, de baryte sulfatée. Leur couleur ordinaire est grise, quelquefois rubannée de blanc ou de jaune par des mélanges d'ocre. Leur texture est schistoïde, à feuillets très-lisses, et elles sont dans un état de compression d'autant plus évident, qu'en recevant le contact de l'air et de l'humidité, elles se gonflent avec une force prodigieuse. Les mineurs mettent à profit cette propriété, pour faciliter l'abattage des minérais, en poussant d'abord sur un seul des côtés du filon quelques toises d'avancement. Pendant cette opération, la lisière argileuse de l'autre salbande se dilate et détermine la désagrégation des portions du filon qu'on y avait laissé adhérentes, et qui peuvent alors être détachées sans recourir à la poudre.

Dans d'autres mines, où ces argiles ont acquis plus d'épaisseur, leur force de gonflement est telle que les plus gros bois de soutènement se fendent par cet effort gradué, au bout d'un temps assez court, sans qu'il y ait éboulement de l'argile, qui reste adhérente à elle-même. Les parois des galeries se rapprochent ainsi les unes des autres, et l'on est forcé de recommencer au bout de quelques semaines un nouvel élargissement et un nouveau boisage, aucun n'étant capable d'opposer une résistance à cette poussée continue.

Indépendamment de ces argiles, on trouve à Pontgibaud des lisières qui sont évidemment le produit d'une altération intense des roches encaissantes; il en est résulté divers hydrosilicates, qui quelquefois ne se délaient pas dans l'eau et rentrent dans la classe des argiles prétendues endurcies.

Les produits chimiques de cette époque sont tous inclus dans les argiles précédentes et se composent de quelques quartz laiteux ou cristallins, infiltrés d'un calcaire lamellaire, quelquefois cristallisé en rhomboïdes, combiné avec une forte dose de carbonate de fer, et dont la couleur rose paraît due à une matière organique; car il laisse surnager une quantité assez abondante d'une matière huileuse quand on en opère la dissolution par l'acide muriatique. En même temps l'on obtient des paillettes excessivement fines de sulfure d'argent, qui y étaient disséminées; enfin, quelques bournonites et des pyrites cubiques ou prismatiques ont encore cristallisé au milieu des argiles. Les pyrites cubiques présentent quelquefois ce fait remarquable que l'une de leurs extrémités est formée par une pyrite arsénicale nettement distincte; circonstance qui démontre clairement qu'il n'y a pas de combinaison réelle entre ces deux espèces, comme on a cherché quelquefois à l'établir, et qui explique en même temps pourquoi on obtient

dans certains cas des sublimés de sulfure d'arsénic dans les essais au chalumeau exécutés
sur ces minérais.

Souvent ces pyrites cubiques ont éprouvé
sur place des compressions indiquées par
leurs fragments réagglutinés immédiatement
par des infiltrations quartzeuses, en sorte
que les diverses parties sont en regard les
unes des autres; tandis que les plans ne se
suivent plus. Ces brisements viennent encore
à l'appui de l'état de condensation dans lequel
nous avons dit que se trouvaient les argiles
qui renferment ces pyrites, et prouvent quelques dérangements postérieurs.

La sixième et dernière époque a débuté
encore par des dislocations du filon; mais le
remplissage venant d'en haut, au lieu de se
composer de fragments anguleux, n'est formé
que par des sables et galets provenant d'une
alluvion ancienne, qu'on peut considérer ici,
par rapport au cours de la Sioule, comme
purement locale. Toutes les parties tendres
du filon de Pranal, où ces phénomènes sont
les plus prononcés, ont été excavées jusqu'à
d'assez grandes profondeurs par l'impétuosité
des torrents, qui ont déposé la matière alluviale. Cet effet a été surtout très-marqué au
filon latéral de *Henri.* Il a été interrompu
par un dépôt de galets et de sables qui recouvre ailleurs les affleurements des filons et
tout le sol environnant. Aux environs de Bar-

becot, dans le filon du *Pré*, on rencontre encore un pareil encaissement de galets, élevé de plusieurs mètres au-dessus de la rivière actuelle. Il en est de même aux Combres et sous la coulée de lave pyroxénique qui, venant du volcan de Louchadière, a terminé son cours auprès du pont de Péchadoire.

Il est à remarquer que tous ces gîtes de galets sont disposés uniquement sur la rive gauche de la Sioule, quoique des parties planes de la rive droite aient pu leur prêter un lit convenable. Cette circonstance paraît difficile à expliquer dans toute autre hypothèse que celle d'un soulèvement ou affaissement d'une des rives, tandis que l'autre serait restée stationnaire par suite d'un défaut de liaison intime entre elles, occasioné par la grande faille ou rupture irrégulière dans laquelle la Sioule a pris son cours.

Les alluvions en question sont composées principalement de roches primitives du pays, de quartz et d'une grande quantité de basalte très-péridoteux, et comme d'ailleurs elles sont recouvertes en divers points, soit par la coulée du volcan de Louchadière, soit par celle du volcan de Pranal, on est en droit d'en conclure que cette période a été contemporaine aux éruptions des volcans à laves pyroxénées et basaltiques, dont les convulsions ont été la cause des dernières cassures que manifeste le filon.

Il n'y aurait donc rien d'étonnant si l'on

venait à rencontrer dans le pays des filons
métallifères coupés et embranchés par des
dykes basaltiques. Cela paraît même avoir eu
lieu pour quelques filons des environs de
Courgoul et de Saurier au sud-est des Monts-
Dores, dans lesquels on trouve des bandes de
basalte plus ou moins décomposé.

Les sables qui accompagnent les galets renferment beaucoup de fer titané; ils ont pénétré, en vertu de leur ténuité, dans des fissures du filon de Pranal, trop minces d'ailleurs pour laisser passer les galets. On en a
rencontré de pareilles dans le *premier d'Ar-
cade*, avant son intersection avec le filon
principal. Ces sables contiennent aussi quelquefois des morceaux de bois parfaitement
conservés, encore flexibles et seulement un
peu macérés et filamenteux par suite de leur
longue exposition dans l'humidité.

A partir de cette époque, les dépôts siliceux,
ferrugineux et calcaires, ont continué à paraître jusqu'à nos jours avec les sources minérales; mais avec cette différence essentielle
et difficile à expliquer, que la silice n'est
plus que dans un état gélatineux, ou autrement, à l'état d'acide parasilicique, et ne
paraît plus susceptible de cristalliser. Le fer
est uniquement à l'état d'hydrate de peroxide;
le calcaire seul, en vertu de ses affinités énergiques, a pu conserver l'acide carbonique,
qui, du reste, se dégage continuellement et

avec une excessive abondance, soit libre, soit dissous dans les eaux, non-seulement par les filons, mais encore par les fissures multipliées, dont le sol est traversé.

Les diverses matières qui accompagnent ces sources se mélangent en toute proportion et constituent des dépôts d'ocres à base de silice gélatineuse ou des travertins plus ou moins purs ; mais il n'y a plus de formation de carbonates doubles ou multiples comme dans la période précédente, puisque le fer est peroxidé.

Ces dépôts ferrugineux et calcaires tendent constamment à obstruer les travaux du mineur, en sorte que, si après l'épuisement du filon on laissait les galeries fermées pendant une longue série d'années, et que la masse pût acquérir une certaine compacité par les infiltrations successives, il y aurait lieu à établir des exploitations nouvelles sur des minérais de fer hydratés silicifères et calcifères. Déjà même l'on trouve de ces ocres très-compactes cimentant les remblais, et leur surface mamelonnée est quelquefois dorée comme celle de certains hydrates de fer ordinaires et d'ancienne formation.

Ces comblements périodiques et inégaux, ces dislocations répétées, les morcellements qui en ont été la conséquence, les dilatations variables à chaque secousse, toutes les altérations et autres bouleversements qui ont dû

3.   35

résulter d'actions si diverses, rendront suffisamment raison de l'irrégulière distribution
des minérais dans ces filons, quelque bien
réglée que soit d'ailleurs leur allure générale.

Il peut paraître étonnant que nous ayons
trouvé une série aussi remarquable de dilatations dans un seul et même filon; mais le
fait n'offre en lui-même rien d'incompatible
avec ce que nous connaissons d'ailleurs dans
la nature. Si elle a procédé au soulèvement
des montagnes par une première action d'une
intensité excessive qui a caractérisé l'ensemble
de leur système, on peut concevoir à la suite
de cette première secousse, des agitations d'un
ordre inférieur, par lesquelles a eu lieu l'épuisement plus ou moins complet de la force
primitive, ou qui ont achevé de déterminer
la position d'équilibre entre les parties disloquées.

Qui ne connaît à cet égard le fait de l'ascension graduelle de certaines parties des
côtes de la Suède, dont la somme est d'environ
un pied par vingt-cinq ans. Croit-on que ce
bombement puisse s'effectuer sans que certaines fissures de la contrée se dilatent d'une
certaine quantité. Les oscillations qu'a éprouvées le temple de Sérapis, près de Pouzzoles,
ont dû encore nécessairement amener de
pareils résultats?

Passons actuellement à des faits d'un autre
ordre; ils sont relatifs aux changements que

présentent les minérais par rapport à leur distance de la surface.

On voit des filons qui se trouvent déjà nobles sous la terre végétale; d'autres ne le deviennent qu'à une certaine profondeur; enfin, le minérai peut y changer complétement de nature, et le filon en éprouver un appauvrissement.

En Hongrie, les minérais les plus riches ne se trouvent pas immédiatement à la surface, ni à une grande profondeur; ils occupent une position moyenne entre 80 et 150 toises au-dessous du niveau du sol, quelles qu'en soient les irrégularités. Plus bas, le mélange du minérai avec la gangue devient de plus en plus intime; aussi les opérations de lavage qu'il faut faire subir aux minérais avant la fonte se compliquent à tel point que souvent on est forcé de suspendre l'exploitation sans que les filons se soient montrés plus étroits qu'à leur affleurement. Dans la Transylvanie, beaucoup de veines d'or ont été remplacées dans la profondeur par des minérais de plomb. Dans le Bannat on a vu le fer opérer cette substitution.

MM. Élie de Beaumont et Dufrénoy ont aussi observé en Angleterre, une certaine gradation pour quelques filons de cuivre du Cornouailles; ils deviennent insensiblement plus riches à une plus grande distance du jour, sans que la nature de la gangue change entièrement; mais le quartz, par exemple, au

lieu de former des masses solides, se pénétre
de fissures et de cavités. Dans d'autres cas une
des gangues augmente beaucoup en proportion, relativement à l'autre; ainsi, quand la
masse est formée d'un mélange de quartz et
de chlorite, celle-ci finit par dominer au point
de rester pure.

D'autres filons ont donné du cuivre près
de la surface, tandis qu'on les a trouvés riches
en étain dans la partie inférieure; mais pour
cet exemple, ajoutent ces géologues, il est
probable que le phénomène est dû à la rencontre de deux filons, dont l'un est cuprifère
et l'autre stannifère. Il serait, dans tous les
cas, bien à désirer que les exemples que nous
venons de citer fussent examinés de nouveau
avec tout le soin nécessaire. Nous avons dû
les présenter tels qu'ils ont été signalés;
mais d'un autre côté la nature de la roche
encaissante n'a-t-elle pas changé et produit
par une sorte d'affinité élective des modifications analogues à celles que nous avons déjà
signalées. La différence de température entre
le voisinage de la surface et la profondeur,
peut-être aussi la pression d'une si grande
colonne de matières fluides, ont pu occasioner
des changements dans le mode de cristallisation, et, par conséquent, dans l'enchevêtrement des matières d'un filon. Les expériences
que M. Beudant a faites pour déterminer les
modifications que diverses causes mécaniques

auraient pu amener dans la cristallisation, prouvent suffisamment que cette dernière est capable d'un effet remarquable.

Enfin, le contact de l'air ou au moins le libre débouché que l'atmosphère présente en quelque sorte à des vapeurs ou à des gaz emprisonnés à une plus grande profondeur par les parois du filon, a encore pu jouer un rôle dans ces actions, par suite de la différence de tension qui en est résulté. Quoi qu'il en soit, quelques causes analogues ont dû nécessairement agir à Joachimsthal en Bohême. Nous avons vu combien les rapports entre les minérais, les porphyres et les basaltes y étaient intimes ; ces faits, combinés avec l'élargissement de quelques-uns de ces filons en profondeur et leur terminaison en coin vers le haut, rendent impossible toute autre théorie que celle de leur remplissage par des agents venant de l'intérieur de la terre, et cependant la plus grande partie des minérais s'est concentrée dans les parties supérieures des filons, comme le démontre l'historique de ces mines.

Il résulte en effet des écrits de Mathésius et de la chronique de Joachimsthal, qu'elles prirent dès leur origine, en 1516, une extension étonnante. Les minérais riches qui se trouvaient dès la surface, provoquaient de tous côtés des recherches. Vingt-cinq filons nobles étaient déjà exploités au bout de quatorze ans, à dater de leur découverte. Dans les quarante-quatre premières années, le bénéfice net dépassa plus de quatre millions ; au bout de soixante ans on avait produit 1,291,369 marcs d'argent, et cependant la production avait déjà décliné vers le milieu du même siècle, à tel point qu'en l'année 1589 l'empereur Rodolphe fut dans la nécessité de désigner une commission pour faire une enquête sur la cause de la décadence de ces mines. Elle constata que la profondeur métallifère avait été généralement dépassée. Cependant, beaucoup de ces gîtes montrent du minérai à une grande profondeur ; mais ces exemples sont isolés et inhérents à des relations de contact aisées à démontrer ; ainsi les uns se trouvent en rapport avec la couche calcaire, ou bien avec le porphyre, etc. Les croisements de filons y ont encore occasioné une plus grande profondeur métallifère qu'aux autres points.

Le fait déjà signalé de l'absence du minérai dans les parties supérieures des filons de Procopi et de Junghauerzecher n'est pas contraire aux résultats que nous venons d'énoncer. En effet, si le métal n'a commencé à s'y montrer qu'à la profondeur de 100 toises, cela tient uniquement à ce que le filon est fermé au-dessus de ce niveau ; mais aussi il cesse d'en fournir en quantité exploitable à la profondeur de 40 à 60 toises plus bas, en sorte que l'étendue métallifère ne se distingue en rien de celle qui est générale dans la contrée.

Dans tout ce qui précède sur la disposition des minérais, par rapport à leur distance du jour, nous avons, autant que possible, cherché à éviter de mentionner les faits qui auraient pu provenir des altérations superficielles. Celles-ci ont aussi occasioné des changements très-remarquables à la partie supérieure des filons, et l'on doit ranger parmi leurs produits les fréquents dépôts d'hydrate de fer, connus des mineurs sous le nom de *chapeau de fer des filons*; mais nous insisterons sur ces nouveaux faits quand il sera question des modifications que les espèces minérales éprouvent par les agents atmosphériques et autres.

CHAPITRE V.

Détails sur divers gîtes particuliers, tels que les amas, les filons de contact et les filons-couches.

SECTION Ire

Des amas et des stockwercks.

Nous avons défini les amas comme étant de grandes masses minérales non stratifiées, de figure irrégulière, cependant ordinairement arrondies ou elliptiques; ils sont métallifères ou stériles. Ce dernier cas, qui est le plus commun, se rencontre fréquemment pour

les terrains granitiques, les porphyres, les roches serpentineuses, les ophites, et, en général,
pour tous les terrains plutoniques qui ont
percé à diverses époques au travers de la
croûte du globe, en dérangeant la stratification des couches voisines et en produisant
en même temps des actions chimiques très-
évidentes. Les faits connus sous ce rapport
sont trop nombreux et se multiplient de jour
en jour à tel point qu'il devient inutile d'entrer dans des détails à cet égard.

Les amas métallifères les plus remarquables et les mieux décrits sont ceux qui contiennent de l'étain, du cuivre pyriteux et du
fer oxidulé. Les exploitations séculaires auxquelles ils ont donné lieu ont permis d'en
connaître à fond la structure et toutes les
relations. Le minérai y est rarement disséminé
d'une manière uniforme, mais seulement sous
forme de veinules qui se croisent en divers
sens et dont l'enchevêtrement réciproque a
donné lieu à la dénomination particulière de
stockwerk, qu'on peut traduire en français par
les mots *assemblage de veines*.

Pour se faire une idée approximative de
ces stockwerks, on peut, d'après M. d'Aubuisson, se figurer que la masse, avant son
entière consolidation, a éprouvé un retrait,
qui l'a crevassée en divers sens, et que les parties métalliques se sont concentrées en partie
dans les fentes. Cependant, quelques lois par-

ticulières se manifestent encore dans ces fractures, et nous ne pouvons mieux les faire ressortir qu'en donnant quelques descriptions détaillées de divers gîtes bien connus.

L'amas stannifère de Geyer (fig. R) se compose d'une masse de granite à grains fins peu micacé, en forme de cône circulaire tronqué et encaissé dans le gneiss; mais sans s'y joindre, car il est entouré sur tous ses points d'une ceinture épaisse de quelques pouces à quelques pieds, que l'on désigne sous le nom de *stockscheider*, et qui est formée d'un granite très-différent du premier. Le quartz et le feldspath y forment des morceaux de deux à seize pouces de longueur et de largeur, et d'un quart à deux pouces d'épaisseur. La masse prédominante est un feldspath rougeâtre. Le quartz esquilleux, cristallin ou compacte, y occupe aussi quelquefois de grands espaces, et le mica s'y trouve disséminé par nids ou en morceaux de deux à six pouces de diamètre; il est noirâtre et ressemble assez à une blende. Cette lisière est adhérente aux deux épontes, et on ne peut la supposer plus moderne que les roches voisines.

L'amas, suivant Duhamel, est traversé par des filons de quartz horizontaux et verticaux, chargés d'étain. Certaines parties E ne contiennent pas beaucoup de veines; il y en a d'autres, comme en F, qui en présentent une grande quantité, mais souvent très-étroites.

Les veines qui ont si peu d'épaisseur ne s'étendent pas loin, à moins qu'elles ne deviennent plus puissantes. Ces petites veines sortent aussi rarement de la masse du granite. Les plus larges et les mieux réglées, telles que AG, AH, AI et KL, se prolongent au-delà du granite et passent dans le gneiss; mais ces veines n'y sont plus ni aussi larges, ni aussi abondantes que dans le granite. Il y en a beaucoup qui, au lieu de passer dans le gneiss, s'y arrêtent et sont entièrement coupées; telles sont celles MN et OP; enfin, quelques veines sont presque comprises entre le granite et le gneiss; QR en est une, qui de R en I passe dans la dernière roche.

Les mineurs ont observé que les meilleures veines de ce stockwerk ont leur direction de l'orient à l'occident, et que celles qui prennent une autre route sont très-inférieures et moins constantes. Les différences que nous avons déjà signalées entre les divers systèmes de filon d'une contrée, semblent donc se soutenir dans ce minutieux détail.

Quand plusieurs veines se réunissent, comme en A, ces points sont les plus abondants en minérais.

Le granite lui-même est imprégné de minérai, mais en moindre quantité que les veines, et quoiqu'en E, par exemple, on n'aperçoive aucune veine, la roche n'en est pas moins stannifère.

Ce stockwerck a produit de l'étain dès la surface, et l'on a même assuré à Duhamel qu'il y était plus abondant qu'à la profondeur de 380 pieds, où on l'exploitait en 1757.

L'amas stannifère d'Altenberg (fig. 8), d'après la description de Klipstein, présente une bien plus grande complication. Il est formé par un porphyre gris foncé, rarement gris clair, passant au gris rougeâtre, et dont la structure n'est pas homogène, mais il renferme souvent du quartz. Sa longueur est d'environ 200 toises sur une largeur de 150.

Il est traversé dans toutes les directions par une multitude de petits filons en serpenteaux, qui se croisent fréquemment. Leur puissance varie d'un pied à plusieurs pieds; ceux orientaux et occidentaux sont les plus nobles et les plus puissants, et ceux qui sont verticaux et horizontaux, sont trop remplis d'argile et perdent de leur teneur en métal.

Tout le système est coupé dans son milieu par un filon plus puissant, à peu près vertical, rempli en partie par des débris de la roche encaissante, et en partie par de l'argile ferrugineuse, et il est évidemment plus moderne que les autres, puisqu'il les croise tous.

La roche qui encaisse tous ces filons est toujours plus ou moins imprégnée de particules d'étain, lesquelles s'étendent quelquefois à la distance de plusieurs toises au-delà de leurs salbandes, en sorte que presque toute la masse de l'amas est stannifère et peut être employée comme minérai à trier et à bocarder ; mais la richesse de la roche est constamment plus grande près des intersections des filons. Quelquefois même le minérai s'est concentré principalement autour de ces points.

Plus la roche porphyrique a absorbé d'étain dans sa pâte, plus aussi elle paraît riche en quartz ; elle prend donc un caractère spécial, qui est d'autant plus saillant que les mélanges quartzeux ne se séparent plus nettement de la masse principale, mais y sont toujours plus ou moins imperceptiblement fondus. Cette circonstance a fait désigner la roche sous le nom de hornstein porphyrique.

La richesse en minérai est réellement en rapport avec l'abondance en quartz, et il abonde surtout dans les parties où le quartz est plus marqué. Quelquefois même l'étain s'est montré si abondant dans la roche porphyrique, que sa teneur s'est élevée de 60 à 70 pour 100.

Vers le nord-ouest, l'amas porphyrique passe à un granite porphyrique, par suite de la séparation du feldspath, qui se manifeste en gros cristaux. A cette modification correspond une diminution dans la richesse et dans la puissance des filons stannifères. Ils y poursuivent leur route, mais ne s'y présentent plus qu'en filets minces ou sous forme de simples fissures. La roche encaissante est en même temps bien appauvrie.

Les deux tiers environ de l'amas sont entourés par un porphyre syénitique, qui renferme dans sa pâte feldspathique des cristaux abondants d'amphibole et de feldspath. Sa puissance, connue par les travaux d'exploitation, est au moins de 60 toises, et les filons de l'amas porphyrique s'y perdent aussi, comme dans leur passage dans le granite précédent; mais ils reprennent une puissance remarquable quand le porphyre syénitique a été remplacé de nouveau par le porphyre quartzifère ordinaire. Ici sa couleur est rouge clair ou rouge brunâtre. Le quartz y est mélangé sous forme de petits cristaux ou de grains, qui disparaissent quelquefois complétement.

La gangue de ceux d'entre les filons qui ont repris le plus de puissance dans ce porphyre, se compose d'une argile en partie rouge, en partie blanche; ils contiennent en outre des débris de la roche encaissante et beaucoup d'étain. Ce minérai est aussi disséminé dans le porphyre au toit et au mur, à une distance variable de 1 ¼ pied à 2 toises.

L'exploitation de ces filons a fait reconnaître le contact du gneiss et du porphyre; il est nettement tranché, ou bien on y voit un fendillement des deux roches, duquel résulte une apparence assez semblable à une accumulation de conglomérat, passant insensiblement à des masses plus solides, d'une part dans le gneiss et de l'autre dans le porphyre;

enfin, en d'autres points les deux roches se fondent imperceptiblement l'une avec l'autre. La transition se manifeste d'abord par l'isolement de petites stries feldspathiques; elles deviennent insensiblement plus abondantes; le mica commence à paraître; il prend ensuite une assiette déterminée, et le gneiss est formé.

Ordinairement les filons stannifères s'arrêtent au gneiss; cependant on en voit quelques-uns dans cette roche; mais ils ne sont pas en liaison avec les précédents.

Le contact du gneiss et du porphyre a encore présenté sur l'un de ses points un fait bien remarquable. On y trouve une roche peu puissante, que l'on pourrait prendre au premier coup d'œil pour un schiste argileux, fortement carburé. En effet, l'anthracite y est disséminée, tantôt sous forme schisteuse, tantôt compacte, avec des grains quartzeux noirs, et forme encore des masses pures, disposées en veinules et en rognons. Cette présence de l'anthracite dans des terrains de cette nature est un fait excessivement rare.

Du reste, les filons d'étain de tout ce système contiennent divers minérais remarquables: ce sont principalement des fers oligistes, de la chaux fluatée, du calcaire spathique et fibreux, de l'urane phosphatée, du quartz hyalin et du gypse; enfin, l'amas porphyrique renferme encore un nid de pinite d'une dimension remarquable.

Le gîte de Zinnwald (fig. T) n'est pas moins intéressant que le précédent; il est formé par une masse hémisphérique, aplatie sur le sommet, composée d'un granite à gros grains et porphyroïde, entouré par un porphyre feldspathique. Dans le granite se trouvent des espaces présentant une apparence de stratification, dont les assises ont une puissance d'un pied environ et renferment l'étain.

Ces couches sont coupées et rejetées d'une manière variable par 13 à 14 filons plus modernes, constamment stériles ou remplis de fragments granitiques.

Les phénomènes produits par ces rejets sont très-remarquables. Le déplacement a eu lieu quelquefois jusqu'à une distance de 4 ou 5 toises, et de plus deux couches superposées n'ont pas conservé leurs distances respectives dans les portions disloquées; mais celles du toit ou du mur se sont quelquefois rapprochées ou écartées, en sorte que les épaisseurs intermédiaires ont varié. Ce phénomène est difficile à expliquer. Doit-on donner pour raison de cette irrégularité les ébranlements puissants et les fendillements qui eurent lieu lors de la formation des filons les plus modernes? ou bien doit-on admettre qu'elle est due à l'état pâteux de la roche lorsqu'elle a été fracturée? Dans ce cas, l'étain devrait être contemporain à la roche encaissante.

On a reconnu environ sept couches d'étain,

qui se courbent en quelque sorte parallèlement à la surface extérieure de la masse encaissante, et leur inflexion est à son maximum
près du contact du granite et du porphyre,
contre lequel elles s'arrêtent. Leur toit et leur
sole sont presque généralement accompagnés
de beaux cristaux de quartz, qui pénètrent
dans la roche encaissante, et les druses sont
remplies de wolfram et de plusieurs autres
minérais que l'on rencontre ordinairement
associés à l'étain.

Qu'il nous soit permis d'ajouter ici quelques réflexions sur cette apparente stratification de l'étain. Elle semble, au premier coup
d'œil, contraire à tous les faits que présentent
les terrains non stratifiés, dont la structure est
généralement homogène. Cependant, les anomalies analogues ne sont pas absolument sans
exemples. M. Dufrénoy a déjà signalé, dans
son Mémoire sur le plateau central de la
France, un granite particulier des environs de
Chanteloube, qu'il propose de désigner par le
nom caractéristique de *granite à grandes parties*. Il est formé de masses irrégulières, plus
ou moins puissantes, de quartz hyalin blanc,
gris ou brun, sublamellaire ou compacte; de
feldspath blanc rose ou rougeâtre, laminaire,
et quelquefois en cristaux volumineux; enfin
de mica laminaire ou testacé, dont la couleur
varie du blanc argentin au noir éclatant et
au rouge foncé. Cet isolement de chacun des

éléments du granite, sous forme de gros rognons, adhérents les uns aux autres, est déjà une première preuve de l'énergie que les forces d'attraction de cristallisation sont susceptibles d'acquérir dans certains cas; celles-ci peuvent encore déterminer une certaine régularité dans la distribution de ces mêmes principes. M. Roulin a observé au Castillo, à moitié chemin entre l'embouchure du Méta et de la Conception de Uruana, sur la rive droite de l'Orénoque, dans la tranche d'un rameau d'une des Cordillières, un granite composé essentiellement d'un quartz blanc, d'un feldspath rose et d'un mica noir, dont l'ensemble présentait au premier aperçu une apparence de stratification; mais, vu de près, il était aisé de reconnaître qu'il se composait d'alternances périodiques de zones quartzeuses, épaisses de 2 à 3 pouces, suivies d'une bande de mica épaisse de 8 à 9 lignes, auxquelles succédait la couche feldspathique, dont la puissance surpassait celle du quartz et du mica réunis.

Quelques-unes de ces sortes de couches s'amincissaient peu à peu en forme de coin et se perdaient dans la masse du rocher; d'autres, au contraire, présentaient des renflements de près d'un pied d'épaisseur, qui se remplissaient de cristaux, et anéantissaient dans leur voisinage la série des autres éléments.

Dans quelques couches on voyait la réunion du feldspath et du mica enchevêtrés l'un dans

3.   36

l'autre, ou bien auprès d'une couche de feld-spath bien pur, venait une autre couche qui renfermait les lames du mica; mais jamais ce minéral n'était renfermé dans les bandes quartzeuses; enfin, l'inclinaison générale de ces strates était de 15° environ vers l'E. S.-E.; or, toutes ces irrégularités de détail qui régnent au milieu de la symétrie de l'ensemble, repoussent naturellement toute idée de stratification réelle, et ne peuvent s'expliquer que par une disposition particulière des cristaux que l'on peut comparer à celle de l'amas de Zinnwald.

Si l'on compare entre eux les amas d'Altemberg et de Zinnwald, on voit encore qu'à une aussi petite distance que celle qui les sépare l'un de l'autre, le porphyre et le granite ont cependant montré, sous le rapport de leur teneur en minérais, des relations tout-à-fait opposées; car à Altemberg l'étain disparaît dans le granite, quoique les filons continuent à y avoir leur cours; tandis qu'au contraire, cette roche est stannifère à Zinnwald.

Il est inutile de s'étendre davantage sur la description de gîtes analogues, dont nous pourrions puiser des exemples dans le Cornouailles. Il nous suffira d'observer que le granite et l'elvan porphyrique s'y sont montrés également stannifères et produisent des phénomènes à peu près pareils à ceux que l'on voit dans la Saxe.

Le fer oxidulé présente encore des exemples positifs de cette corrélation intime des métaux avec les roches cristallines en amas dans l'acception que nous donnons à ce mot; mais, au lieu de se rencontrer dans des roches riches en silice et en alumine, comme le sont les précédentes, il se trouve dans les roches éminemment magnésiennes et ferrugineuses ou très-chargées de bases, que M. d'Aubuisson propose de désigner sous le nom de *sidéritiques*, à cause de leur disposition à se surcharger de protoxide de fer.

« Si cet oxide, dit-il, a augmenté au-delà du terme de saturation, il s'est trouvé en excès, et ses molécules, en se réunissant, ont formé les grains, veines et masses de cet oxide ou fer oxidulé des minéralogistes, qu'on voit si fréquemment dans les masses talqueuses, et, par conséquent, dans les serpentines. »

Le même fait se remarque encore dans les basaltes; mais le fer y est plus spécialement titané.

Ce fer se dissémine quelquefois en grains imperceptibles à la vue et il donne à la roche cette propriété magnétique, qui a été observée par M. de Humboldt et Guyton dans des amas de serpentine et des prismes de basalte; mais il se réunit aussi en masses exploitables d'une extrême richesse; c'est ainsi qu'au pied méridional du Mont-Rose, entre les vallées de Gressoney et de la Sesia, on voit une énorme assise de serpentine tellement chargée de ces filets et de ces grains, qu'il suffit d'exploiter pour le service des fonderies de fer les blocs qui s'en détachent et qui tombent dans le vallon d'Olent.

A Traverselle, en Piémont, dans un terrain de schiste micacé, se trouve une énorme masse granitique, contenant un amas de fer oxidulé, granulaire, ayant près de 500 mètres de long, 400 de large et 300 de haut. Il est associé à du talc, de la stéatite, du spath calcaire et quelquefois entremêlé de pyrites. Ces diverses substances sont encore souvent disposées par veines et par bandes.

L'amas serpentineux de Cogne, inclus dans une montagne de schiste micacé calcarifère, forme aussi une masse puissante oblongue, de mille mètres de longueur et de plus de 50 mètres d'épaisseur, dans laquelle le minérai compacte est concentré sur une trentaine de mètres d'épaisseur.

Mais aucun de ces exemples ne surpasse en puissance et en célébrité le mont Taberg en Suède; il forme un monticule de 125 mètres de hauteur et de 5 à 600 mètres de longueur, composé d'une diabase ou roche feldspathique et amphibolique encaissée dans le gneiss.

Il est loin d'être pénétré uniformément de fer; mais ce minérai est concentré spécialement dans des filons étroits et parallèles, ordinairement verticaux et dirigés du nord au sud, à peu près comme la montagne.

Ils sont eux-mêmes remplis de feldspath et d'amphibole, mélangés intimement au minérai de fer, et leur puissance est très-faible.

Sur le penchant occidental de la montagne on trouve encore ce qu'on appelle le *minérai rubanné*, parce qu'il présente dans sa cassure alternativement des raies blanches et noires, provenant d'un mélange de spath et d'oxidule.

On rencontre des masses plus ou moins analogues dans la Sibérie et dans la Laponie, où M. Léopold de Buch cite l'amas de Kirnnavara, qui est reconnu sur une épaisseur de 800 pieds.

Enfin, c'est dans de la serpentine qu'on a trouvé en Provence le fer chromaté; il y est en veinules et en rognons.

Les gîtes de minérais de cuivre en amas paraissent devoir se rapporter à des faits du même ordre; mais leur diffusion dans des roches non stratifiées ne nous a pas paru aussi clairement établie que les exemples de l'étain et du fer. Ils se trouvent, en général, dans des parties de ces mêmes terrains, brisées et morcelées par des agents qui les ont laissés pour traces de leur action.

Un des exemples les plus frappants sous ce rapport est celui de l'île d'Anglesey. D'après la description de M. Frère-Jean, la montagne qui renferme ce gîte est plus vaste que celles environnantes. Sa superficie a au moins 2000 mètres carrés, et c'est sur cette plate-forme, qui n'a aucun contour régulier, que l'on a ouvert l'exploitation comme celle d'une carrière.

Les différentes roches qui composent la masse sont des schistes ardoises, des grauwackes schisteuses, des schistes argileux verdâtres ou rougeâtres, passant au schiste talqueux, et elles sont associées à la serpentine et à l'euphotide. On y trouve encore d'abondantes couches de quartz très-imprégnées de sulfure de fer et de hornstein (quartz néopètre).

Mais la disposition des couches est tellement irrégulière et leur inclinaison réciproque tellement variable, qu'on ne peut douter qu'elles ne soient le résultat d'un grand bouleversement.

Le cuivre pyriteux forme au milieu de ce désordre des systèmes de petits filons entrelacés, ayant pour gangue le quartz, la serpentine et la lydienne; ils n'ont ni direction, ni inclinaison constantes, et quand ils se réunissent, c'est en forme d'étoiles, dont le centre est une agglomération de minérais. On en a rencontré une pareille qui avait jusqu'à 20 mètres d'épaisseur sur son petit axe, et divers filons ayant jusqu'à 2 mètres de puissance, s'en détachaient en divergeant; mais leur puissance ordinaire est d'environ 2 décimètres. Ces filons sont souvent peu homogènes, et la gangue en occupe quelquefois toute la puissance; ils se perdent aussi insensiblement et semblent, pour ainsi dire, faire partie de la roche encaissante. Outre le sulfure de cuivre, la pyrite ordinaire y est encore très-abondante, et l'on y voit un peu de sulfure de zinc.

Le gîte de Fahlun, dans la Dalécarlie, paraît avoir quelque analogie avec le précédent.

La masse se trouve dans un vallon dirigé du nord-ouest au sud-est et borné par un granite rougeâtre, dont le grain s'atténue de plus en plus, à mesure qu'il se rapproche de ce point central; il finit par se changer en une roche talqueuse et amphibolique, à structure rhomboïdale et à texture ondulée, qui contient le dépôt.

L'étendue de celui-ci est d'environ 400 mètres sur 250 de large; sa longueur est dirigée dans le sens de la vallée, et il descend verticalement dans la profondeur.

Son centre est composé de pyrites ferrugineuses. Toute sa longueur est traversée par des veines de la roche; et il est cuprifère à la circonférence. Il projette au sud-est deux grosses branches sinueuses et séparées par un rocher qui contient aussi du minérai, mais dans une direction à angle droit, relativement aux autres. Enfin, du côté occidental de cette grande masse et sur la majeure partie de sa circonférence, se replient en arc de cercle

trois autres filons parallèles, qui pourraient
être considérés comme n'en formant qu'un
seul ; car ils ne sont séparés que par de minces
cloisons de la roche talqueuse.

Les terrains de différents âges sont encore
assez fréquemment sujets à être percés par
des amas quartzeux qui s'élèvent au-dessus du
sol encaissant, en formant des masses coniques
ou oblongues, qu'on prendrait à une certaine
distance pour des buttes volcaniques.

Aux environs de Pontgibaud il en existe un
très-remarquable, qui est connu sous le nom
de roche Cornet. Son élévation est de 811
mètres au-dessus du niveau de la mer et d'environ 60 mètres au-dessus du plateau environnant ; il est alongé du nord-ouest au sud-est,
et il paraît se rattacher à un système de filons
quartzeux et de chaux fluatée qui se rencontrent en divers points des environs et notamment à Martineiche. Peut-être la roche Cornet
occupe-t-elle le point principal d'application
de l'effort qui a produit tous ces filons.

Le quartz s'y présente à divers états depuis
l'opaque et amorphe jusqu'à l'état hyalin et
cristallisé ; il présente de nombreuses zones
entrelacées et concrétionnées, indiquant une
forte et longue infiltration ; enfin, la chaux
fluatée, violette ou verdâtre, y abonde comme
minérai contemporain. Il est à remarquer que
cette espèce a toujours cristallisé en octaèdres
très nets ou curvilignes, quelquefois très-gros ;

cependant cette forme est généralement peu fréquente.

Cette formation d'amas quartzeux, saillants à la surface des micaschistes, s'étend encore très au loin et sur tous les points de la contrée; mais ils sont loin de présenter une dimension aussi colossale.

Les géologues connaissent depuis long-temps la colline de Saint-Priest, qui surmonte le terrain houiller de Saint-Étienne. Les nouveaux détails que M. Dufrénoy a publiés à son sujet, sont trop intéressants et rentrent d'ailleurs trop naturellement dans notre sujet, pour que nous puissions les passer sous silence.

Le bas de la butte est formé par un véritable grès houiller, peu micacé et rarement schisteux, comme celui du reste du bassin. On y voit des empreintes de *calamites*, etc. Vers le milieu de la colline les caractères du grès s'effacent un peu, quoiqu'ils soient encore sensibles.

La roche se surcharge d'un quartz noir et gris clair, tantôt disséminé en fragments, tantôt contemporain à la pâte, qui en est comme imbibée. Le mica reste dans la roche comme témoin de son identité avec le grès houiller inférieur; enfin le tout est caverneux et les vacuoles sont irrégulières et quelquefois tapissées de petits cristaux de quartz et baryte sulfatée.

Vers le sommet de la colline les caractères du grès ont disparu presque entièrement; ils ne se montrent que par places isolées, et l'on y retrouve les empreintes de tiges.

La roche principale est alors un quartz silex qui se casse avec une grande facilité et qui est étonné dans tous les sens. Toutes les fissures sont tapissées de cristallisations quartzeuses et quelquefois barytiques. Ce quartz est généralement gris bleuâtre et ressemble assez à la calcédoine. On y retrouve aussi des empreintes de calamites et de fougères.

Ces diverses gradations ne permettent pas de douter que la butte de Saint-Priest ne soit une modification du terrain houiller, due à une puissante action chimique, analogue à celle que nous avons déjà citée, d'après M. Naumann, pour les environs de Tœplitz, où elle s'est exercée sous l'influence des porphyres sur les calcaires coquilliers. Nous en verrons de nouveaux exemples quand nous traiterons des filons de contact des environs de Badenweiler, en Brisgau, et de ceux de Bergheim, près de Colmar, dans le département du Haut-Rhin.

Les roches quartzeuses du Brésil, que M. d'Eschwege désigne sous les noms d'itacolumite et d'itabirite, et que l'on décrit dans tous les ouvrages comme subordonnées en stratification concordante aux schistes argileux, nous paraissent devoir se rapporter à de grandes actions analogues. A la vérité, le géologue qui

nous en a donné la connaissance, insiste fréquemment sur la concordance de stratification et la contemporanéité des deux formations ; mais d'un autre côté, si l'on consulte
avec attention ses écrits, on verra qu'il les assimile complétement aux roches non stratifiées, quand il dit : « de même que dans la précédente formation *l'amphibole a formé des
trapps* en s'accumulant vers les parties supérieures, de même ici nous voyons des sommets et des dos de montagnes composés de
fer oxidulé et oligiste micacé ; assemblage
que je décrirai sous le nom général d'itabirite. Le talc, la chlorite schisteuse et la
pierre ollaire, sont également accumulés à
la partie supérieure du thonschiefer, où ils
forment des couches et aussi des montagnes
entières. »

Achevons de confirmer ces premières données par l'exposé complet des caractères essentiels de ces roches. L'itacolumite est schisteuse ; elle se compose essentiellement de
quartz blanc, grenu, entremêlé de talc et
de chlorite, et les minéraux accidentels y sont
le fer oxidulé, des pyrites, du fer oligiste micacé, du mica, du fer arsénical, de l'antimoine,
et enfin, du soufre libre. Divers feuillets y sont
aurifères, et tout le système est traversé par
une grande quantité de filons quartzeux, contenant les mêmes substances. Dans l'itabirite
on retrouve les mêmes minérais, seulement

en proportion différente; mais l'ensemble en
est solide ou compacte, et quelquefois d'une
texture grenue, schisteuse.

Ces deux roches se trouvent souvent ados-
sées l'une à l'autre, de manière que l'itabirite
repose sur l'itacolumite, et elles forment des
masses informes, saillantes énormément au-
dessus du sol, puisque entre autres, à la Serra-
da-Piedade, la masse d'itabirite a plus de 1000
pieds de puissance. Enfin, dans leur contact
avec les roches schisteuses, celles-ci sont devenues ferrugineuses, talqueuses, chloriteuses
ou amphiboliques; modifications qui leur ont
valu le nom de schistes ferrugineux. L'or y est
disséminé dans les points qui reposent sur
l'itacolumite; ce qui n'a pas lieu dans les parties en contact avec le schiste argileux.

Il est impossible de ne pas voir dans cette
gradation de la texture schisteuse prononcée
dans les schistes ferrugineux et l'itacolumite, à
celle confuse de l'itabirite, qui lui est superposée, ainsi que dans l'ensemble des modifications opérées sur la roche encaissante, des actions chimiques du même ordre que celles que
nous avons vues pour la butte de Saint-Priest,
près de Saint-Étienne, et si elles ont échappé
au géologue distingué à qui nous devons ces
descriptions, il faut se rappeler qu'à l'époque
de ses observations la partie chimique de la
géologie n'avait pas encore pris le développement qu'elle a acquis depuis. Il nous suffit, au

reste, que les descriptions locales soient assez exactes pour qu'on puisse les entrevoir, et la science saura toujours en tirer parti à mesure que ses progrès en auront besoin.

Nous passerons sous silence un grand nombre d'autres gîtes, considérés comme des amas; mais outre que leur détail n'ajouterait rien aux descriptions précédentes, la plupart paraissent devoir rentrer dans les catégories suivantes, en vertu de leur structure et de leurs relations toutes spéciales.

SECTION II.

Des filons de contact.

Les nombreuses modifications que les roches sédimentaires ont subies sous l'influence des roches cristallines, telles que leur conversion en dolomies, en sulfates de chaux, en quartz; l'intercalation des masses de sel gemme entre leurs strates et une foule d'autres actions analogues, devaient naturellement nous amener à penser que l'apparition des métaux pouvait se rattacher dans bien des cas à des phénomènes chimiques du même ordre.

D'un autre côté l'association constante qui existe entre les roches non stratifiées et les dépôts métallifères, sur laquelle nous avons déjà tant de fois fixé l'attention, nous conduisait encore à les unir plus intimement les

uns aux autres, en cherchant si des exemples
d'un contact immédiat ne nous fourniraient
pas des preuves plus palpables d'une corrélation intime que celles qui résultent d'une
dissémination simultanée dans une même
contrée.

Les premiers faits que nous pûmes réunir,
à cet égard, furent naturellement ceux qui
se trouvent consignés dans la plupart des
écrits sur les filons. Ils y sont cités comme
exemples de circonstances anomales, comme
de simples exceptions à la règle générale, qui
fait envisager les filons comme des fentes qui
traversent les roches stratifiées en les croisant
dans des directions différentes des lignes de
stratification, sans que, du reste, on ait paru
y attacher d'autre importance.

Ainsi, Werner cite brièvement les filons de
Platten en Bohême et celui de fer oxidé brun
et rouge de Rothemberg, près de Schwartzen-
berg en Saxe, comme étant situés entre le gneiss
et le granite, et il observe de plus qu'une partie
de celui-ci pénètre dans cette dernière roche.
Il parle encore des roches porphyriques altérées du *Grund*, entre Freiberg et Dresde,
qui sont adjacentes à des filons de galène;
mais c'est dans le seul but de citer des exemples de la décomposition des roches siliceuses
au voisinage des filons.

D'autres géologues observèrent qu'à Johann-Georgenstadt les filons d'étain coupent

ceux de granite, tandis que les filons de fer se trouvent toujours à la jonction de cette dernière roche avec le gneiss.

On connaissait d'ailleurs l'exemple du filon de Lacroix-aux-Mines dans les Vosges, qui court parallèlement à la ligne de jonction du gneiss et d'un granite porphyroïde, passant à la syénite et au porphyre; mais ce n'était pas sur cette circonstance essentielle que l'on attirait l'attention; c'était tout simplement sur sa grande puissance et sur l'étendue de 1300 mètres sur lesquelles il était connu.

On savait encore que les principaux filons de Vialas et Villefort se trouvent placés à la jonction du granite et du micaschiste, que d'ailleurs leur allure était très-irrégulière et le minérai très-disséminé. Duhamel indique aussi le filon de Huelgoët en Bretagne comme adossé au granite. Dolomieu décrit le gîte de Romanèche comme ne constituant ni une couche ni un filon, mais une sorte d'amas en forme de bande, qui repose immédiatement sur le granite, sur la surface irrégulière duquel il a dû se modeler en s'y étendant.

Enfin, M. Baillet a fait connaître dans le Journal des Mines, n.° XIX, le filon de fer de Laferrière, près de Domfront en Normandie, qui, d'après sa description, est couché sur le flanc d'une cornéenne et se trouve recouvert par une roche schisteuse. Ce qu'il offre encore de remarquable, c'est qu'il renferme

dans sa puissance d'environ 8 à 10 pieds, trois
zones contiguës, mais nettement distinguées
par leur couleur, la plus voisine du mur étant
rouge, celle du milieu brune, et celle qui
touche au toit, noire : circonstances qu'il
serait important d'examiner de nouveau pour
déterminer au juste quels sont les divers
états du fer dans chacune de ces bandes.

Plus récemment, en 1822, M. Élie de Beaumont nous a donné une description des mines
de Framont, dans laquelle il a été conduit
à des remarques importantes, sur lesquelles
nous reviendrons plus tard; mais le fait spécial
de la connexion des filons avec les roches non
stratifiées de la localité ne pouvait pas encore
fixer son attention; car alors la distinction de
ces roches n'était pas encore faite en France;
celle-ci n'ayant été formulée nettement qu'en
1828 par M. Voltz, dans son Aperçu de topo-
graphie minéralogique de l'Alsace.

A peu près à l'époque à laquelle M. Élie
de Beaumont faisait ses premières observations, nous eûmes occasion de notre côté
d'observer aux environs de Colmar et de Sé-
lestat, entre le granite porphyroïde et les
oolithes jurassiques, un filon métallifère qui
s'étend depuis Orschwiller jusque vers Ri-
beauvillé, sur la lisière orientale des Vosges;
mais le mémoire dans lequel ce fait a été
consigné, qui renfermait encore entre autres
divers faits non connus sur l'existence d'un

groupe de molasse tertiaire et de nagelflue dans ces mêmes environs, n'a pas été publié.

M. Voltz a généralisé nos observations en démontrant dans son ouvrage cité précédemment, que ce filon était identique avec celui de Badenweiler, situé de l'autre côté du Rhin, tant sous le rapport de sa position, que sous celui de sa composition. En effet, l'un et l'autre se trouvent à la limite du granite, et renferment de la chaux fluatée cubique, de la baryte sulfatée, de la chaux carbonatée, de la galène, etc., contenus dans un quartz néopétre caverneux.

M. Voltz nous a encore communiqué depuis à ce sujet de nouvelles observations du plus haut intérêt. Il envisage ce filon comme étant un des bancs du muschelkalk qui aurait été silicifié. En effet, on y trouve une variété de silex qui renferme des entroques et des *encrinites liliiformis*, qui ont éprouvé la même action chimique : modification semblable à celle que nous avons déjà mentionnée plusieurs fois, et nous ajouterons, comme venant à l'appui des actions chimiques qui se manifestèrent de ce côté, l'association du filon avec les marnes irisées du keuper, qui le recouvrent immédiatement sur une certaine hauteur, ainsi qu'on peut le voir dans les dénudations qui se trouvent derrière Oberbergheim.

En 1823, M. de Bonnard fit faire un nouveau pas marquant à la question, en signalant dans une notice spéciale, une nouvelle formation métallifère, qu'il venait d'observer dans l'ouest de la France.

Elle se compose principalement de galène argentifère, de blende et de pyrites ferrugineuses, quelquefois de plomb carbonaté et de calamine, accompagnés de spath pesant ou de spath fluor, de quartz et de calcaire, et elle se présente, soit disséminée en amas et en veinules dans des couches calcaires ou siliceuses, immédiatement superposées au sol granitique dans toute cette contrée, soit en rognons épars dans un terrain argileux, qui paraît aussi recouvrir à peu près immédiatement le terrain granitique, et elle pénètre enfin en filons dans le granite même. Ces faits sont très-développés à Confolens, près de Limoges, à Nontron, à Melle; mais il les considéra principalement sous le rapport de leur liaison avec le phénomène des arkoses; cependant on peut les envisager aussi comme un accident particulier des filons, auxquels ils se lient d'ailleurs par les rameaux qu'ils jettent verticalement dans le sol.

MM. Élie de Beaumont et Dufrénoy observèrent ensuite en Angleterre, que l'intérieur des masses de granite et de killas renferme peu de minérais, mais qu'ils sont principalement distribués sur la limite de ces deux roches, et surtout dans les parties qui, par leur modification, annoncent le voisinage de masses d'autre nature.

Les minérais s'y trouvent ainsi en veinules, en amas, en couches subordonnées peu étendues, en petits filons et même en véritables filons. Ces dépôts sont surtout remplis par des quartz, des tourmalines, du wolfram, de l'étain oxidé, des topazes, de la chaux phosphatée, du feldspath, du mica, de la chlorite, de l'actinote, du grenat, de l'axinite, de l'asbeste et d'autres substances qui sont généralement rares dans les autres parties de ces terrains; mais qui se retrouvent pour la plupart dans les filons ordinaires du reste de la contrée.

Depuis, nos connaissances, sous ce rapport, ont été augmentées par une nouvelle description soignée des gîtes de manganèse de la Romanèche, que nous devons encore à M. de Bonnard, et par un travail non moins remarquable de M. Dufrénoy sur le gisement des mines de fer de Rancié et des Pyrénées.

De plus, M. Élie de Beaumont, dans sa Description des montagnes de l'Oisans, cite encore la circonstance essentielle qui s'observe dans les environs de Champoléon. L'intervalle entre les roches secondaires et granitiques y est toujours métallifère, quelle que soit d'ailleurs l'inclinaison des surfaces de contact, et elles renferment en nids et en petits filons, de la galène, de la blende, des pyrites de fer et de cuivre, de la baryte sulfatée, de

la chaux carbonatée ferro-manganésifère, etc.
« D'après la manière, dit-il, dont ces substances sont disposées, il paraît qu'elles se sont
insinuées dans une solution de continuité qui
aurait existé entre le granite et les roches stra-
tiformes, et sont venues en souder ensemble
les deux parois, ainsi que celles de toutes les
fentes qui y aboutissaient. »

Enfin, nous avons déjà insisté dans les cha-
pitres précédents sur les relations de contact
qui existent entre les roches porphyriques,
basaltiques, et les filons argentifères de Joachimsthal en Bohême, et le passage des vrais
filons-fentes de Pontgibaud à des filons de
contact dans l'intervalle entre Roure et Say,
et au Jour-de-l'an, près de Pranal.

Un pareil ensemble de faits nous fit donc
persévérer dans nos recherches, et nous fûmes
assez heureux pour découvrir que la question
avait déjà été débattue anciennement par
Délius, qui, dans une dissertation sur la nature des filons, était arrivé à établir comme
une règle générale, que les filons se trouvaient
entre les roches granitiques et calcaires; il
s'appuyait principalement sur les dépôts qu'il
avait observés en Hongrie et en Transylvanie,
et de Born confirma ses observations.

Il est fortement à regretter que les géologues
aient perdu de vue cette indication précieuse
et importante, en ce qu'elle les conduisait
immédiatement à reconnaître à quel point le

phénomène de la production des filons était dépendant de celui de l'injection des roches non
stratifiées; rapprochement auquel nous voilà
tout récemment revenus après d'immenses
détours et après avoir épuisé, pour ainsi dire,
la somme de toutes les observations possibles.

On ne peut même se rendre compte de
l'oubli dans lequel sont tombés les gîtes en
question, qu'en considérant les anomalies qu'ils
présentent ordinairement. Comme ils ca-
draient mal avec les lois générales que présentent les filons-fentes ordinaires, on trouva
plus simple de n'en pas parler, plutôt que de
jeter une prétendue confusion dans les idées de
symétrie et de régularité que ceux-ci ne manquent pas de réveiller dans l'esprit d'après les
descriptions ordinaires; mais comme ces considérations sont d'un bien mince intérêt pour
la vraie philosophie de la science, qui ne doit
pas prendre pour guide les prétendues règles
de nos grands-maîtres, mais se baser sur
l'appréciation exacte des faits, laquelle seule
conduit immanquablement, et tôt ou tard, à la
connaissance de la vérité, et que d'un autre
côté elles peuvent induire les exploitants dans
de fausses dépenses, s'ils calculent sur l'allure
des gîtes, sans égard à leur structure et à leurs
rapports de position, nous croyons rendre
quelque service en entrant dans tous les
détails de la question.

Reprenons donc les faits essentiels un à un,

en commençant par les observations les plus anciennes de Délius.

Suivant ce célèbre mineur, ces filons de contact se trouvent particulièrement dans les Bannats de Saska et de Moldava, et parmi les divers exemples qu'il cite à ce sujet, nous appuyerons principalement sur le suivant :

« La montagne dont il s'agit, dit-il, est très-épaisse, large, haute, et d'une grande circonférence ; elle a des petits vallons peu profonds ; sa masse entière est d'une pierre calcaire pure ; mais dans les petits vallons du sommet il y a une autre espèce de roc par-dessus le calcaire ; elle est en partie ardoisâtre et en partie sablonneuse. (On sait que sous ces dernières désignations les anciens entendaient parler des granites et des gneiss, qu'ils confondaient alors avec les grés, comme on peut encore le voir dans les écrits bien plus récents de Jars et Duhamel.)

« Entre cette espèce de roc et le calcaire il existe des veines et des filons des deux côtés, qui suivent la même obliquité et la même pente que les vallons avec lesquels ils forment un angle obtus dans leur fond, où ils finissent entièrement. On se figure très-bien que leur profondeur n'est pas considérable et qu'elle ne passe pas trente à quarante toises. On ne peut pas dire que ces *veines singulières* soient des couches, puisqu'elles n'ont pas les propriétés que nous décrirons par la suite. Cependant, comme elles ont une direction et une pente réglées, on ne peut se dispenser de les nommer *veines*. La figure *Z*, qui représente la coupe de cette montagne, les vallons et les veines, éclaircit ce fait : *A* désigne la grande masse de pierre calcaire; *B* la seconde espèce de roc; *C* les veines qui se trouvent entre ces deux espèces de roc, qui suivent leur direction et qui se coupent en arrivant sur la pierre calcaire. On se tromperait beaucoup, si l'on voulait chercher ces veines dans les profondeurs par une galerie d'écoulement; car on passerait par-dessous dans la pierre calcaire.

« Qui doutera, ajoute-t-il, que cette grande masse de pierre calcaire ne soit pas une bosse de l'ancien continent, sur lequel s'est déposé dans le temps du bouleversement de notre globe, une autre espèce de terre, qui, en se desséchant par la suite, s'est rétrécie, et fit des crevasses qui formèrent ces veines? »

Quel que soit le mérite de cette dernière hypothèse, que nous ne voulons pas discuter, il n'en est pas moins vrai que l'essentiel du fait a été apprécié par lui avec une perspicacité vraiment remarquable, et l'on y voit déjà une première donnée que toutes les observations subséquentes ne feront que développer et fortifier.

Le dépôt de manganèse de Romanèche (fig. *M*), qui a été décrit avec tant d'exactitude par M. de Bonnard, va nous fournir un second exemple d'une circonstance semblable. Suivant cet excellent observateur, il est appuyé en majeure partie sur un granite, mais non pas immédiatement. Le mur réel du gîte est une roche porphyroïde, dont la structure semble être tantôt demi-cristalline, tantôt arénacée, renfermant des grains de quartz en cristaux et même des noyaux de granite, disséminés dans une pâte rose, ordinairement formée d'une sorte d'argilolite; mais le grain de cette pâte devenant souvent plus fin et plus serré, elle paraît alors passer au feldspath et ressemble quelquefois à certains silicates de manganèse.

Le toit du gîte est une argile fort peu marneuse, ordinairement d'un vert blanchâtre très-clair, quelquefois rougeâtre, mêlée à des débris de la roche du mur, et dans laquelle le manganèse constitue encore de petites veinules ou des rognons irrégulièrement disséminés. Cette argile a une épaisseur considérable, et l'on ne connaît pas ses limites du côté de la vallée. Au-delà se trouvent en général les marnes et calcaires à gryphées, qui relèvent leur tranche escarpée vers l'ouest, en regard des masses granitiques. Ainsi donc, ce gîte est réellement compris entre les formations stratifiées et celles cristallines.

Mais indépendamment de cette première masse, connue sur une étendue d'environ 400 mètres, avec une puissance de 12 à 20 mètres, il en existe une seconde, située latéralement, se poursuivant plus au loin vers le sud, et dont la disposition est toute différente; car elle forme un filon bien caractérisé de 2 mètres d'épaisseur, encaissé presque verticalement dans la roche granitique elle-même. Vers son approche, celle-ci possède bien ses caractères particuliers; mais elle est un peu désagrégée, et immédiatement au contact elle s'altère peu à peu, en perdant ses caractères de roche cristalline et en prenant ceux de la roche qui forme le mur de la première masse, que M. de Bonnard considère comme une véritable arkose. La direction de ces deux gîtes ne diffère que de peu de degrés. La masse granitique ou granitoïde interposée entre eux, est traversée par une multitude de filets de manganèse, et à leur croisement il se présente un grand renflement. Un peu au-delà on a recherché inutilement jusqu'ici les masses dans la même direction. Quelques indices font penser qu'elles se perdent en se ramifiant dans le granite.

Le minérai des deux gîtes est du reste identique; il se compose essentiellement de manganèse peroxidé barytique, ordinairement métalloïde, à structure concrétionnée, présentant souvent dans les cavités de nombreux mamelons tuberculeux, en forme de choux-fleurs et à surface veloutée, ou bien recouverte d'une infinité de petites houppes soyeuses, disposées comme les barbes d'une plume. Les gangues sont la chaux fluatée violette, et le quartz, dont le mélange avec le minérai est quelquefois assez intime pour qu'on ne puisse pas douter de la contemporanéité de leur formation; enfin, on y trouve de nombreux fragments granitoïdes ou de l'arkose du mur, plus ou moins chargés d'infiltrations métalliques, et dont le feldspath a passé à l'état de kaolin. L'abondance de ces fragments est telle que le tout constitue fréquemment une véritable brèche à pâte de minérai de manganèse; circonstance que l'on voit se reproduire dans presque tous les filons.

D'après l'ensemble de ces observations, M. de Bonnard conclut que l'une de ces masses constitue un véritable filon courant dans le granite, et que l'autre, bien plus puissante, forme un véritable amas; qu'elles sont toutes deux contemporaines aux arkoses; roches que l'on peut considérer elles-mêmes comme un résultat de modification toute chimique, amenée par des causes semblables à celles qui ont déposé au jour les masses de minérai; enfin, il observe combien les faits peuvent paraître favorables à l'opinion qui attribuerait la formation totale à un épanchement sortant par la fente que le filon remplit aujourd'hui; mode de formation qui a par conséquent une origine analogue à celle de la masse même du terrain granitique voisin.

Poursuivant le cours des analogies, M. de Bonnard rapporte au même mode de formation le gîte de Saint-Micaud, situé à quelques lieues de la Romanèche, et qui, d'après M. Cordier, occupe une position identique, ainsi que celui du département de la Dordogne, près de Thiviers. M. Dufrénoy a vérifié depuis toute l'exactitude de cette induction, et il a même réuni à ce mode de formation plusieurs gîtes de minérais de fer du département de la Dordogne; tels que ceux d'Excideuil et les gîtes de plomb d'Alloue, de Melle et de Confolens, dont nous avons déjà cité la superposition au granite. Les gangues de ceux-ci présentent encore quelquefois, comme le filon quartzeux des environs de Colmar, les coquillages fossiles; tels que les térébratules, les fragments de peignes, de limes, d'avicules et d'oursins, qui trahissent la modification que le calcaire jurassique a éprouvée par les infiltrations siliceuses et métalliques; tandis que d'un autre côté de nombreux rameaux qui s'en détachent pour plonger dans la profondeur du granite en forme de véritables filons, sur lesquels on a établi des exploitations, nous conduisent directement à la source primitive de tous ces phénomènes chimiques.

Ces géologues ont aussi toujours été portés à réunir les gîtes de Chessy (fig. *L*) au même ordre de faits. En effet, d'après une description récente que nous devons à M. Raby, les travaux de cette mine ont été pratiqués à la jonction des terrains secondaires de grès et de calcaire, et du terrain ancien, en partie dans les premiers et en partie dans le second.

L'ensemble du dépôt se compose principalement auprès des mines d'un schiste micacé et talqueux, accompagné de phyllade et d'une aphanite verdâtre, dure, tenace et à cassure inégale. Cette aphanite paraît ordinairement intercalée entre les couches du terrain; mais auprès des mines de Chessy elle forme une masse considérable, dans laquelle il n'y a pas de stratification distincte; elle supporte le terrain secondaire; le plan de jonction est presque vertical, et toutes les couches du grès superposé viennent s'y appuyer par leurs extrémités; preuve d'une puissante dislocation. Cette inclinaison, qui était primitivement de près de 45°, diminue peu à peu en allant du mur au toit.

Entre l'aphanite et le grès il règne sur une épaisseur moyenne d'environ 20 mètres, une roche d'un blanc grisâtre, feuilletée, mais si irrégulièrement qu'on a droit de douter qu'elle ait jamais été stratifiée. Sa pâte paraît assez semblable à celle de l'aphanite; elle se modifie de plus en plus à mesure qu'on se rapproche du grès, où elle ressemble à de l'argile, tandis que de l'autre côté elle présente quelques passages à l'aphanite; elle est,

du reste, chargée de lamelles micacées, et
tous ses caractères semblent dénoter qu'elle
a éprouvé une altération progressive de l'extérieur à l'intérieur.

Après cette roche se trouve encore une
veine presque verticale, de l'épaisseur de 2 à
4 mètres, composée d'argile rougeâtre, mêlée
de fragments anguleux de quartz et d'aphanite, qui paraît se terminer en coin dans la
profondeur. M. Raby la considère comme
postérieure à ce dernier terrain et à celui
secondaire, et, suivant lui, elle n'a fait que
remplir une fente ouverte par suite d'un affaissement.

Enfin, près des affleurements du grès et
surtout des premières couches calcaires, il
existe des dépôts irréguliers, peu étendus et
noduleux, d'une argile rougeâtre, mêlée de
gros cailloux roulés.

Le minérai s'est trouvé dans chacune de ces
roches; mais les espèces en sont distribuées
de la manière suivante :

Le cuivre pyriteux et le fer sulfuré intact
ne se sont trouvés que dans l'aphanite. Ils y
sont disposés en une masse cunéiforme, qui
s'est terminée en pointe à une profondeur de
200 mètres, sur une puissance de 15 mètres
au plus, et une longueur de 120 mètres.

Le mélange du minérai avec l'aphanite,
possédant les caractères ordinaires, a lieu,
soit en veinules, soit en forme de mouches; ce

qui prouve la contemporanéité de formation.

La mine noire, qui n'est qu'une pyrite sulfureuse altérée à la surface, s'est trouvée dans la roche schisteuse grisâtre, sous forme de rognons, situés principalement près de la surface. Ces rognons ont au plus 3 mètres d'épaisseur, 5 de largeur et 12 de longueur. La mine est aussi unie très-intimement au banc qui la renferme, et paraît avoir subi de son côté une altération graduelle, correspondante à celle de la roche encaissante. L'altération paraît aussi plus intense vers la superficie, où les agents atmosphériques ont davantage fait sentir leur influence.

Le cuivre oxidulé est renfermé dans la couche d'argile rougeâtre; il y est disséminé en petits cristaux et en lamelles brillantes, interposées entre les fissures, qui croisent la masse en tous sens.

Enfin, la mine bleue ne se trouve que dans les couches de grès et les bancs d'argile qui alternent avec elles, sur une épaisseur d'environ 20 mètres, et une longueur de 150.

Il est impossible de ne pas voir dans cette gradation une modification successive des minérais, introduits d'abord en divers points du terrain, par la même cause que l'aphanite: ils étaient dans le principe à l'état pyriteux; ils passèrent graduellement à l'état d'irisation superficielle; puis se convertirent en oxidule, et, enfin, en carbonate de peroxide, à mesure que les agents chimiques avaient plus de prise sur eux par suite de la perméabilité du terrain. Ces actions produisirent naturellement en même temps des transports moléculaires, qui amenèrent la cristallisation de ces boules arrondies de carbonate de cuivre, ainsi que les belles cristallisations que recèle leur intérieur, peut-être encore, comme le suppose M. Raby, que l'action du calcaire a contribué à provoquer la formation des carbonates dans les grès voisins par des échanges de bases, etc.

Dans les Pyrénées orientales on trouve de nombreux dépôts de minérais de fer spathiques, remarquables par leur indépendance absolue des terrains qui les renferment. M. Dufrénoy, qui les a étudiés avec le plus grand soin, ne leur a trouvé de relation qu'avec les roches granitoïdes.

C'est ainsi que les mines des environs d'Olette, de Py, de Fillols, de Saint-Étienne de Pomers, de Vallestavia et de Batère, forment autour des escarpements abruptes qui constituent la crête granitique du Canigou, une espèce de ceinture elliptique, d'environ 8000 toises de diamètre. Ordinairement ils sont intercalés ici dans un calcaire qui est toujours saccharoïde, et ils se présentent sous forme de filons, d'amas et de veines parallèles à la stratification du calcaire. Souvent le calcaire est ferrugineux, à tel point que le minérai paraît se fondre en partie dans cette roche.

Ces gîtes se prolongent aussi quelquefois dans le granite, mais peu profondément.

Sur le revers sud de la montagne de Batère, dépendante du Canigou, le granite est recouvert généralement par une couche mince de calcaire saccharoïde blanc, alternant avec le schiste micacé. Ces deux roches s'intercalent même quelquefois entre les embranchements granitiques et renferment des masses de minérais qui constituent différentes mines, parmi lesquelles celles de la Droguère et de Rocas-Negros ont présenté des circonstances remarquables.

Dans la première (fig. *N*) le minérai constitue deux amas aplatis, compris entre du schiste et du calcaire, dont le plus inférieur, bien réglé sur une assez grande étendue, avait été long-temps regardé comme formant une couche dans le schiste et le calcaire; mais il se termine brusquement d'un côté, et de l'autre il s'amincit de manière à n'être plus exploitable.

La mine de Rocas-Negros (fig. *O*), actuellement abandonnée, présente une vaste excavation, qui indique que le minérai y formait un amas ramifié dans le granite, dont il est séparé par une salbande schisteuse, imprégnée d'oxide de fer disposé en veinules plus ou moins puissantes; il part en outre de l'amas métallifère un grand nombre de filons de fer oligiste, qui se prolongent dans le granite. La gangue se compose de fragments de schiste, de granite et de quartz hyalin, empâtés par le minérai à l'époque de sa formation.

Sur le revers opposé de la montagne le minérai forme aussi de grands amas, disposés dans le sens de la stratification; il est à l'état spathique et d'hématite. Ces amas sont intercalés en partie dans le calcaire saccharoïde et en partie dans le schiste micacé.

A la mine de Balaigt, au contraire, le minérai est placé à la séparation du granite et du calcaire.

Aux environs de Saint-Martin, près de Saint-Paul de Fénouillet, le calcaire crayeux éprouve un redressement brusque auprès des masses granitiques, et les mines de fer sont encore précisément au contact même du calcaire et d'une pointe de granite. Le calcaire y devient de plus en plus cristallin et saccharoïde, et perd, par suite de cette transformation, les traces de fossiles qu'il contenait en abondance un peu auparavant; il devient même dolomitique aux points où il recouvre immédiatement une roche feldspathique, et se charge de nombreuses veinules de fer carbonaté et de quelques taches de fer oligiste. Au-delà de la roche feldspathique, la dolomie ferrifère reparaît et s'arrête à une masse granitique, pareillement chargée de fer; à celle-ci succède un nouveau banc de dolomie, riche en fer oligiste, écailleux, disséminé en rognons, et, enfin, on arrive au granite central, qui est à petits grains et à mica noir.

Ce gisement intéressant fournit un exemple positif du peu d'ancienneté du granite des Pyrénées, et démontre clairement qu'il s'est introduit au milieu des couches du calcaire.

A Rancié, le minérai est concentré dans le lias; celui-ci devient aussi d'autant plus cristallin qu'il se rapproche davantage du granite, et même près de cette roche il se charge de couséranite, de pyrite, de trémolithe et de grenat.

Les parties métallifères s'y trouvent particulièrement dans le voisinage des granites, au milieu de la série des couches qui constituent l'ensemble de cette formation; et elles sont disposées en une série de renflements ou d'amas, placés les uns au-dessus des autres et liés ensemble par des filets de minérai, qui ont constamment guidé les mineurs dans leurs recherches; ils sont terminés nettement par des murs de calcaire.

La disposition parallèle aux couches que ces amas présentent, trompe au premier coup d'œil, et les fait considérer comme stratifiés; mais ils interceptent plusieurs couches du terrain, qui ne s'infléchissent pas à leur rencontre, *en sorte qu'il devient évident que le minérai en remplace sur une certaine longueur un nombre plus ou moins considérable.*

Ce remplacement n'est au reste pas total,

en sorte que le calcaire, qui est resté intact, forme de nombreux rameaux alongés dans le sens des couches. Leur régularité est quelquefois remarquable, et ils séparent plus ou moins complètement les masses minérales. Chaque amas est donc formé par la réunion d'une multitude de veines, qui courent à peu près parallèlement, se rejoignent et se séparent sans cesse.

La séparation du calcaire et du minérai de fer est quelquefois assez nette et même lisse, comme si la roche avait été usée par un frottement réitéré; mais plus généralement il y a un passage insensible comme de cémentation.

L'étendue de la masse métallifère est limitée dans le sens de la longueur ou de la direction des couches, après une course commune d'environ mille mètres. Quant à sa hauteur, elle est connue depuis le sommet de la montagne jusqu'à la base; mais tout semble prouver qu'elle ne descend pas au-delà.

Il résulte de l'ensemble de ces détails que le gîte ne forme pas une couche, mais bien des masses irrégulières, analogues à celles dont nous avons déjà donné tant d'exemples, et qui présentent une analogie remarquable avec les gîtes de fer pisolithique des environs de Belfort, décrits précédemment.

Le minérai est principalement du fer hydraté hématite, entremêlé de quelques rognons de fer spathique et de fer oligiste micacé ; enfin, on y a trouvé du manganèse, du cuivre pyriteux et carbonaté. Ces minérais se montrent, au reste, en association constante dans ces montagnes, et M. Marrot observe à ce sujet que toutes les fois que des couches schisteuses sont interrompues par du granite, elles renferment des filons contenant de la galène argentifère, de la pyrite magnétique, du cuivre pyriteux. Le minérai de cuivre de Canaveilles, près de Prades, se trouve aussi précisément à la séparation du calcaire et du granite.

Tous ces rapprochements conduisent M. Dufrénoy à l'importante conclusion que ces minérais ont été formés à l'époque où le granite des Pyrénées s'est fait jour après le dépôt des terrains crétacés, et qu'ils sont la conséquence du soulèvement de cette chaîne.

A Framont, les gîtes de fer oxidé rouge présentent aussi la plus grande irrégularité dans leur ensemble. D'après les détails que M. Voltz nous a bien voulu donner à leur égard, ils se trouvent placés le long de grandes masses de porphyre, qui sont venues briser les schistes ou les phyllades de transition ; ils les ont en même temps endurcis par leur contact, en les faisant passer à l'état d'eurite schistoïde. Les couches des calcaires subordonnés ont naturellement éprouvé des modifications dans un sens correspondant; ils sont compactes au loin du porphyre; mais auprès de celui-ci ils sont devenus grenus ou même dolomitiques et géodiques. En quelques points ils se sont pénétrés de fer oligiste schisteux et d'octaèdres de fer oxidé rouge dimorphe du fer oligiste; en un autre point leur corrosion a été telle qu'il s'est formé une grande caverne, qui a été remplie de fer hydraté; enfin, dans certains gîtes on a trouvé de gros fragments calcaires, dont les angles émoussés et arrondis démontrent l'action d'un acide d'une manière d'autant plus évidente que les parties schisteuses incluses sont en relief sur la surface lisse des blocs.

Cette action énergique que les fluides qui chariaient le minérai ont exercée sur le calcaire, ne laissent pas de doute qu'ils occasionèrent un élargissement des premiers orifices, dont la conséquence fut de faire acquérir aux gîtes une certaine puissance partout où ils se trouvaient dans cette dernière roche.

Dans les environs on trouve plusieurs autres gîtes de dolomie; mais ils renferment toujours des parties de fer oligiste, quand même ils ne sont pas en contact avec les masses de minérai de fer; ils montrent toujours des preuves évidentes de leur conversion de calcaire ordinaire en dolomie, par l'effet des causes qui ont produit les mines de fer de Framont; c'est ainsi qu'à Schirmeck, dans une grande carrière de calcaire compacte, en strates verticaux, la stratification se perd presque subitement vers le haut; mais on y voit sur une épaisseur de 3 à 4 pouces le passage évident du minérai à la dolomie, en ce qu'il se forme, au milieu du calcaire compacte, des lamelles dolomitiques, qui deviennent de plus en plus abondantes. D'abord elles sont isolées; puis se touchent, et enfin elles forment toute la masse.

Du reste, les gîtes de mine de fer de ces lieux sont de quatre espèces différentes.

1.° Matières géodiques formées par le fer oligiste, avec une gangue dominante de terre verte, passant à la coccolithe. Cette gangue est entremêlée de quartz, de divers spaths calcaires, purs et magnésiens, de spaths brunissant, de spath perlé, de baryte sulfatée et de quelques parties de pyrite, de cuivre sulfuré, et de cuivre gris.

2.° Matières fondues : telles que pyroxènes, grenats, épidotes, spath calcaire, actinote, chlorite et fer oxidulé en petite quantité.

3.° Hydroxide de fer massif, compacte ou hématite, avec des gangues terreuses et hydratées, dites *brand*, qui sont des effets de décomposition et de remaniement postérieurs, et dans lesquels on trouve divers hydrosilicates d'alumine, et parfois de l'allophane cuivreuse. Ces gîtes renferment aussi des grenats altérés et autres substances spongieuses, primitivement cristallines.

4.° Alluvion renfermant en quelques points des lamelles de fer micacé ou des octaèdres et paillettes schisteuses de fer oxidé. Cette alluvion est d'une composition extrêmement inégale; tantôt c'est une argile sableuse, en dépôts irréguliers; d'autres fois c'est une argile brune, bigarrée de raies blanches et bleues, comme les savons colorés. On y trouve des fragments et même des blocs de grès vosgien ou des cailloux quartzeux de ce grès.

A la localité dite *mine noire*, qui se rapporte à l'un des gîtes de cette espèce, les schistes, en contact avec le dépôt, sont tendres et sans solidité. Les porphyres sont souvent stéatiteux et devenus friables; les calcaires, au contraire, sont caverneux, grenus ou dolomitiques et pénétrés de minérai de fer; celui-ci n'est que le détritus ferrugineux de ces calcaires cimentés de fer, et il ne se trouve qu'auprès de ces calcaires et non pas dans l'intérieur du gîte alluvial. Du moins, lorsque l'intérieur renferme du minérai, ce qui est fort rare, ce ne sont plus des octaèdres et fragments schistoïdes de fer oligiste, mais des paillettes micacées de cette substance.

Les masses des gîtes n.ºs 3 et 4 passent les unes aux autres et constituent parfois des dépôts, qui remplissent d'anciennes cheminées plutoniques ou espèces de cratères, par les-

quels sortaient des vapeurs ferreuses et magnésiennes, qui ont cimenté les roches am-
biantes lorsqu'elles n'étaient pas encore remplies d'alluvion.

Les mines de Banwald, de la Minkette, de
Belmont, de Grand-Fontaine, de Metzier, de
l'Évêché et du Bois-de-Vich, rentreraient
principalement dans la première classe.

La *Mine jaune* dans laquelle se trouve le
dépôt d'hydrate, forme un gîte spécial dans le
voisinage de la mine de Metzier; mais elle
se retrouve plus ou moins abondamment
dans quelques-unes des précédentes.

« En résumé, dit M. Élie de Beaumont
dans son mémoire, les mines de fer oxidé
rouge et d'hématite brune de Framont sont
ouvertes dans des masses très-puissantes
de ces minéraux, dont chacune, prise dans
son ensemble, a la forme d'une très-grosse
plaque, placée obliquement dans le terrain
et, considérée dans les détails, paraît informe
et semble n'être soumise dans sa structure à
aucune règle. Ce désordre apparent paraît
être une conséquence de la nature du terrain.
Il ne doit pas empêcher d'avoir égard aux
caractères plus ou moins décisifs que présentent d'ailleurs ces masses minérales; elles ne
sont pas placées parallèlement les unes aux
autres, et aucune d'elles ne paraît l'être aux
faibles indices de stratification que présente
le terrain. Ce ne sont donc ni des couches

ni des veines ; ce ne sont pas non plus des amas contemporains. Les blocs de roches qu'on y trouve et les salbandes qui les accompagnent, ne permettent pas d'en prendre cette idée. Il ne paraît pas non plus que ce soient des systèmes de petits filons, des stockwerks, comme on pourrait le croire d'après la quantité de roches qu'on trouve interposées dans le minérai ; il y a des parties trop étendues sans roche ; enfin, ils sont liés trop intimement avec les dépôts de chaux carbonatée nacrée, pour qu'on ne leur suppose pas une origine analogue à la leur, etc. "

Si nous rapprochons aux corrélations que nous venons de mentionner, celles non moins remarquables que M. Dufrénoy a observées dans les Pyrénées, entre les ophites, les gypses et le sel gemme ; celles que M. Tournal a observées entre les basaltes péridoteux et les dépôts gypseux de Sainte-Eugénie, dans le département de l'Aude, et qui toutes deux sont encore accompagnées de petites quantités de fer oligiste, de quartz cristallisé, etc., nous ne ferons plus de difficulté pour admettre que tous les phénomènes de dolomisation, de silification, de sulfatisation postérieure ; que l'introduction du sel gemme entre les strates soulevés des terrains ; que les remplissages des fentes et ouvertures, quelle que soit d'ailleurs leur forme, par des métaux divers, ne soient le résultat de grandes actions plutoniques. Leur début a été de briser l'écorce du globe à l'aide d'injections de matières fondues, suivies ou accompagnées de dégagements de gaz et de vapeurs, et leur action s'est terminée par cette abondante éruption des sources minérales que nous retrouvons encore de toutes parts dans les régions profondément disloquées. Tous ces phénomènes chimiques sont du même ordre; c'est en les combinant que nous devons chercher la solution des problèmes nombreux que nous offrent les filons, qui tantôt présentent des traces évidentes de l'action du feu et tantôt de celle de l'eau, et c'est faute d'avoir eu égard à ces circonstances diverses, dont la cause primitive est cependant identique, que les géologues, malheureusement trop absolus dans leur manière de voir respective, se sont divisés si long-temps sur des questions bien simples à résoudre, s'ils eussent su faire les parts du feu et de l'eau, et se tenir d'ailleurs dans la réserve pour le petit nombre de problèmes douteux encore pour le moment, que les progrès des sciences chimiques éclairciront bientôt.

Il importe ici de prévenir une erreur qui pourrait résulter du mot même de *filon de contact*, que nous avons employé pour désigner les gîtes les plus immédiatement en relation avec les roches non stratifiées. Quelqu'un qui ne se serait pas bien pénétré des observations qui ont accompagné nos descriptions, pourrait supposer des actions de simple contact, de ces actions de pile galvanique qui, effectivement, jouent un rôle fréquent dans la nature D'un autre côté, on pourrait aussi chercher à établir des rapprochements analogues entre ces formations de filons et les modifications de roches, telles que le changement de la craie en calcaire saccharoïde près de ses points de contact avec les masses de basalte qui la traversent, comme cela a lieu par exemple dans le comté d'Antrim en Irlande. Ces phénomènes et quelques autres non moins célèbres, se présentent toujours à l'esprit lorsque l'on entend parler pour la première fois des actions du genre de celles qui nous occupent. Nous devons donc déclarer que nous les regardons au contraire comme identiques aux circonstances qui ont accompagné la dolomisation en général dans les idées de M. de Buch, et sur lesquelles M. Élie de Beaumont a déjà été dans le cas de donner une explication qui trouve si exactement son application ici, que nous ne pouvons mieux faire que de la rapporter.

« Les personnes, dit-il, qui ont cherché à connaître sur ces objets l'opinion de M. L. de Buch, savent qu'il regarde les dolomies comme produites par des gaz qui se sont dégagés du sein de la terre au moment de la sortie des mélaphyres, en profitant de toutes les frac-

tures que le sol venait d'éprouver; fractures
qui pouvaient leur donner issue, aussi bien
et souvent même mieux à quelque distance
des masses de mélaphyre sorties au jour, que
près de ces masses. S'il pouvait rester quelque
doute sur la pensée de M. L. de Buch, à cet
égard, il suffirait, pour les dissiper, d'examiner
la contrée de Lugano, en se rappelant qu'il
l'a présentée depuis long-temps comme un
des points les plus classiques pour l'étude de
ce genre de phénomènes. Il est rare qu'on les
voie en contact immédiat avec les mélaphyres.
Les calcaires se changent généralement en
dolomies, en approchant de leur terminaison
du côté des masses non stratifiées, dont les
colonnes irrégulières de mélaphyre forment
en quelque sorte les axes.

« Les dolomies touchent rarement à ces colonnes centrales qui, au moment de leur
élévation, ont rejeté de côté les roches primitives; elles se lient donc aux mélaphyres
par suite du rôle essentiel que jouent ces derniers dans la constitution des massifs de roches non stratifiées; mais non dans le plus
grand nombre de cas par un contact immédiat et visible. Au contraire, on peut dire
que les dolomies se trouvent toujours ici dans
le voisinage de la fracture qui a dû se former
entre les roches primitives soulevées et les
roches primitives de même nature restées à
leur ancienne place. »

Les circonstances sont absolument les mêmes pour les filons métallifères : les uns, en petit nombre, sont en contact immédiat avec les roches plutoniques ; les autres se sont distribuées dans leur voisinage ; ils sont généralement très-irréguliers, comme nous avons vu, tandis que les plus réguliers par leur allure sont en général ceux qui se trouvent plus particulièrement dans des parties du terrain qui n'ont pas été fortement disloquées, fracturées et morcelées par une influence trop directe : c'est ainsi que tous les filons se rattachent les uns aux autres dans la nature.

Les exemples que nous avons donnés des filons de contact jettent encore dans l'esprit des idées de troubles et d'anomalies qui n'ont pas toujours lieu. Il importe donc que nous donnions un exemple qui fasse voir clairement qu'ils peuvent aussi posséder tous les caractères que nous avons décrits quand nous avons parlé des filons ordinaires, et qu'ils présentent quelquefois les mêmes phénomènes de remplissage par périodes successives, dont chacune a fourni ses produits propres.

Le célèbre filon de Huelgoët, dans la Bretagne, est dans ce cas, d'après des documents qui nous ont été fournis par M. François, ingénieur des mines, et les échantillons tant du terrain encaissant que du filon que nous avons été à même d'examiner.

Il coupe perpendiculairement dans la di-

rection du nord au sud magnétique les différentes couches du terrain de transition qui
s'appuient contre un îlot granitique, situé
entre Huelgoët, La Feuillée et les montagnes
d'Arrée.

Ces couches de transition, qui se composent
successivement de schiste maclifère, de schiste
à laumonite très-friable, de schiste avec rognons de fer hydraté, de grès coquilliers à
spirifères, se rapportant aux terrains de
transition supérieurs des environs de Brest,
et enfin de schistes et grauwackes alternant
ensemble, sont encore coupées par divers autres filons de roches, parmi lesquels on distingue :

1.° Une roche euritique, qui se décompose
à l'air et donne une bonne pouzzolane.

2.° Une sorte de poudingue, composé des
grès de la montagne d'Arrée, de fragments de
grauwacke et d'eurite, réunis par une pâte
pétro-siliceuse.

3.° Une roche amygdaloïde verdâtre, que
le filon métallifère coupe dans le voisinage
d'un rejet de 28 mètres, dont la cause est encore douteuse. Il est stérile en ce point et rempli d'une roche blanchâtre, qui paraît être
euritique.

Ainsi donc le filon métallifère est, comme
on voit, en association avec plusieurs masses
étrangères, injectées dans le sol ; mais il l'est
surtout avec le granite, sur lequel il est ap-

puyé en arc de cercle, en sorte qu'une de ses épontes est cette dernière roche, et l'autre le schiste. Il a été reconnu sur une étendue d'environ 700 mètres. Sa puissance très-variable n'est quelquefois que de quelques décimètres, et dans d'autres points elle atteint jusqu'à 25 mètres. Vers le nord il s'appauvrit et se divise en trois branches, qui s'amincissent et finissent par se perdre dans les schistes noirs. Vers le sud il s'est aussi appauvri à l'approche du schiste argileux noir, friable, et s'y est même arrêté.

En examinant les matières dont il se compose, on y reconnaît un premier remblai, composé de fragments de schiste argileux, gris-noir très-foncé, tendre ou passant à un schiste qui ressemble au schiste à laumonite, lequel a été d'ailleurs lui-même très-fortement remanié; il est quelquefois infiltré intimement et endurci par un quartz blanc sale, non esquilleux, qui paraît être contemporain aux masses précédentes; car il y est intercalé en petits nœuds, en petites veinules, tantôt enveloppantes, tantôt enveloppées, et il endurcit même quelquefois le schiste noir en pénétrant dans toute sa masse; circonstances qui rendent impossible une distinction précise d'époque entre ces deux matières.

Après ce premier remblai, le filon a éprouvé une première dilatation, qui s'est fait sentir au toit comme au mur, mais plus sensiblement encore de ce dernier côté, où la veine qui a occupé le vide est très-puissante. Cette ouverture a donc constitué les salbandes du filon. Le remplissage correspondant a été effectué par un quartz néopètre, esquilleux, grenu, à cassure très-anguleuse et inégale; il se prolonge dans les parties stériles du filon et sert de guide au mineur.

Immédiatement après sont survenus les sulfures divers qui se composent surtout de galène rarement massive, toujours entourée de blende, dans laquelle elle se perd souvent en parties indiscernables à la loupe. Cette blende est compacte ou cristalline, et sa surface extérieure est recouverte de cristaux octaédriques. Comme contemporain de ces sulfures, on voit encore un quartz blanc laiteux, un peu gras et peu esquilleux. La masse de ces sulfures parait avoir subi un retrait, ou bien l'ensemble du filon une faible dilatation, suivie d'une petite formation de quartz néopètre, d'un blanc sale et assez esquilleux, qui coupe en tous sens la pâte des sulfures, sans se prolonger dans les autres roches.

La quatrième et dernière action d'une certaine intensité que le filon ait éprouvée, est indiquée par une brèche composée de fragments du quartz néopètre et des sulfures précédents. Ces fragments ont conservé quelques-uns de leurs angles, mais ils sont émoussés comme les galets qu'on trouve sur le bord des rivières : on rencontre parmi eux des schistes, des quartz du filon et des débris granitiques ; ils sont agglutinés tantôt par des pyrites de fer, qui d'ailleurs paraissent ici contemporaines de toutes les époques, comme à Pontgibaud ; tantôt par un ciment siliceux blanc laiteux, qui est souvent cristallisé en beaux cristaux bipyramidés et qui doit être assez récent, puisqu'il repose sur des surfaces de galène, portant des traces évidentes d'érosion, produites par les dissolutions salines qui traversent le filon encore de nos jours. Enfin on trouve dans ces brèches de nombreux cristaux de plomb phosphaté et carbonaté ; elles sont très-perméables aux eaux, et c'est par une de ces colonnes qu'elles ont atteint les travaux inférieurs et nécessité l'emploi d'un serrement.

Ces brèches sont disposées au toit et au mur du filon, mais surtout au toit.

Ces diverses révolutions se rattachent évidemment aux mouvements du sol observés en Bretagne ; ils auront agi suivant des lignes plus ou moins obliques sur la direction du filon et ne se sont pas non plus fait sentir sur toute son étendue, mais seulement en divers points, d'où résulte sa configuration en chapelet, composé alternativement de parties riches et stériles, de brèches, etc., mais disposées de telle manière que la principale richesse du filon est vers son milieu.

Dans sa situation actuelle, le filon manifeste encore, comme tous les autres, de nombreuses actions chimiques, dont le résultat est la modification des espèces anciennes et leur transformation en nouveaux produits; il en sera question quand nous traiterons des changements et des altérations qu'éprouvent les filons en général.

Tels sont en résumé les faits essentiels que nous avons pu recueillir sur l'espèce de filons que nous nous sommes proposé d'examiner dans cette section. On voit, en somme, que l'irrégularité est leur caractère dominant; mais ce premier coup d'œil doit nous encourager à persévérer dans leur étude. Les lois qui les régissent ne nous sont encore inconnues que parce que nous débutons dans une carrière nouvelle. Beaucoup de travaux restent sans doute à faire à ce sujet; mais aussi cette perspective n'a jamais rebuté les géologues; il suffit que le chemin leur soit ouvert.

SECTION III.

Des filons-couches.

Le nom de *filons-couches* a été donné par M. Desmarest a des masses minérales qui ont un certain rapport avec la stratification des roches. Cette dénomination expressive,

par rapport à celle des *filons-fentes*, mérite
d'être adoptée, d'autant plus qu'elle dé-
peint parfaitement la manière d'être de ces
masses, qu'on ne peut d'ailleurs confondre
avec les véritables couches métallifères bien
suivies, que l'on rencontre dans les formations
primitives et secondaires; car elles ne suivent
pas, comme celles-ci, constamment l'allure de
l'ensemble des assises encaissantes; c'est ainsi
que dans le vallon de la Mulda, à une lieue
de Freiberg, à l'embouchure du canal par où
s'écoulent les eaux de la mine d'*Alt-Isaac*, le
filon appelé Halzbruckner-Spath, après avoir
coupé les couches de gneiss, devient parallèle à la stratification de cette roche, puis la
coupe de nouveau en s'approfondissant.

Cet exemple nous démontre bien que leur
origine est identique à celle des filons, et que
la fente a simplement trouvé à se dilater avec
plus de facilité entre deux couches sur une
partie de son étendue seulement. En général,
on peut concevoir que ces sortes de filons se
produiront toutes les fois qu'un axe de dislocation sera parallèle à la stratification du terrain encaissant, sur une certaine étendue,
ou au moins ne fera avec elle qu'un fort petit
angle.

C'est à ces sortes de gîtes qu'il faut rapporter
l'amas transversal de M. de Bonnard ou le
Stehender stock de Werner (page 396), en le
considérant toutefois, non comme une masse

renflée et parallèle à la stratification, mais comme une séparation entre deux couches, effectuée après coup et augmentée par leur érosion, en sorte que celles-ci sont plus ou moins détruites, mais ne se courbent pas à l'entour de la masse métallique, en continuant leur allure.

Le Cornouailles, si riche en exemples de dépôts de toute forme, présente encore de nombreux exemples de celui-ci; ils y sont connus sous le nom de *floors*, et quand ils renferment de l'étain, sous celui de *tin-floors*, quoique les Anglais donnent aussi ce nom à de véritables stockwerks.

Il en existe un grand nombre dans la bande étroite de killas, qui, s'appuyant sur le granite et plongeant vers la mer, forme le rivage depuis le cap Cornwall jusqu'à Saint-Yves.

Dans la mine de *Grill's-Bunny*, près de Saint-Just, on voit un tin-floor, formé de la réunion de petites veines qui alternent avec un schiste amphibolique ocreux, sur une hauteur de 20 mètres. Ces veines plongent de 30° vers le nord, et elles ont été exploitées sur 80 mètres de leur pente et à peu près autant suivant leur direction.

Dans la mine de Bottalack il existe encore un de ces tin-floors de 1½ pied d'épaisseur à la profondeur de 72 mètres au-dessous du niveau de la mer; il est situé entre le filon principal et une ramification de ce filon, sans

cependant se lier avec eux en aucune manière.

M. Brochant de Villiers, dans sa description
des mines du Derbyshire et de Cumberland,
décrit encore sous le nom de *flat-veins* ou de
strata-veins, des gîtes que nous considérons
comme analogues à ceux dont il est question
ici. Ils paraissent n'être que le résultat des
épanchements de la matière des filons plombifères voisins, entre les plans des couches du
calcaire métallifère, et ils contiennent les
mêmes minéraux. Ces masses ne sont ordinairement productives que jusqu'à une certaine
distance du filon, à moins qu'elles ne soient
de nouveau enrichies par la rencontre d'un
filon croiseur.

L'exemple le plus remarquable de ces sortes
de filons est, sans contredit, celui de la Véta-
Madre de Guanaxuato dans la Nouvelle-Espagne. D'après les observations de M. de Humboldt, il est inclus dans un schiste argileux,
qui repose sur les granites de Zacatecas et du
Peñon-Blanco. Ce schiste passe à de grandes
profondeurs à un schiste talqueux et à la
chlorite schisteuse. On y rencontre encore
des couches ou plutôt des filons intercalés de
syénite, de schiste amphibolique et de serpentine.

Cet ensemble est encore accompagné par
un porphyre, formant des masses pierreuses
gigantesques, élevées de trois à quatre cents

mètres au-dessus du sol environnant et qui
se présentent de loin comme des ruines de
murs et des bastions. Ce porphyre a généralement une teinte verdâtre. Sa pâte est ordinairement un feldspath compacte et présente
du feldspath vitreux, mais peu d'amphibole,
de quartz et de mica.

Le filon de la Véta-Madre parcourt tout
cet ensemble sur une longueur de plus de
12,000 mètres; cependant la portion la plus
productive s'est trouvée concentrée sur un
espace de 2600 mètres, contenu entre les puits
de l'Esperança et de Santa Anita; c'est dans
cette partie que sont comprises les mines de
Valenciana, Tepeyac, Cata, San Lorenzo,
Animas, Mellado, Fraustros, Rayas et Santa
Anita, qui à différentes époques ont joui d'une
grande célébrité.

Sa puissance varie comme celle de tous les
filons de l'Europe. Lorsqu'il n'est pas ramifié,
il n'a communément que 12 à 15 mètres de
largeur. Quelquefois il est étranglé, même
jusqu'au point de n'avoir plus qu'un demi-
mètre de puissance. Le plus souvent il est partagé en trois masses, qui sont séparées ou par
des bancs de roche, ou par des parties de la
gangue presque dépourvues de métaux. Dans
la mine de Valenciana il a été trouvé sans
ramification, avec une puissance de sept mètres de largeur depuis la surface jusqu'à 170
mètres de profondeur. A ce point il se divise

en trois branches, et sa puissance, en comptant du mur au toit de la masse entière, est de 50 et quelquefois même 60 mètres.

De ces trois branches il n'y en a généralement qu'une qui soit riche en métaux ; nouvel exemple de cette corrélation de richesse des filons, du mur et du toit, dont nous avons déjà parlé (pages 480 et 481). Quelquefois, lorsque les trois branches se rejoignent et se traînent comme à Valenciana, près du puits de San Antonio, à 300 mètres de profondeur, le filon offre d'immenses richesses sur une puissance de plus de vingt-cinq mètres. Dans la *Pertinencia de San Leocadia* on observe quatre branches, et une fente dont l'inclinaison est de 65°, se sépare de la branche inférieure pour couper les feuillets de la roche du mur.

Ces phénomènes et le grand nombre de druses garnis de cristaux d'améthyste, que l'on trouve dans les mines de Rayas, et qui affectent les directions les plus différentes, suffiraient pour prouver que la Véda-Madre est un filon et non une couche.

A Valenciana, les minérais riches ont été les plus abondants entre 100 et 340 mètres de profondeur au-dessous de l'embouchure de la galerie. A Rayas, cette abondance s'est montrée dès la surface du sol ; mais aussi la galerie de Valenciana, d'après les mesures de M. de Humboldt, est percée dans un plan qui

est de 156 mètres plus élevé que l'embouchure
de la galerie d'écoulement de Rayas; ce qui
peut faire croire que le dépôt des grandes richesses de Guanaxuato se trouve dans cette
partie du filon entre 2150 et 1890 mètres de
hauteur absolue au-dessus du niveau de
l'Océan.

Les substances minérales qui constituent la
masse du filon de Guanaxuato, sont le quartz
commun, l'améthyste, le carbonate de chaux,
le spath perlé, le hornstein écailleux, l'argent
sulfuré et natif, ramuleux, l'argent noir prismatique, l'argent rouge, de l'or natif, de la
galène argentifère, de la blende brune, du
fer spathique et des pyrites ferrugineuses et
cuivreuses.

On y trouve encore, mais plus rarement,
du feldspath cristallisé, de la calcédoine, de
petites masses de chaux fluatée, du quartz
filamenteux, du fahlerz et du plomb carbonaté bacillaire.

Pour donner une idée de la richesse métallique incluse dans ce filon, il suffira de
rappeler que la mine de Valenciana, pendant
un espace de quarante ans, n'a jamais cessé
de donner à ses propriétaires moins de deux
à trois millions de francs de profit annuel,
et la somme d'argent extraite s'élevait à plus
de quatorze millions. Cependant cet énorme
produit est dû bien plutôt à la grande facilité de l'exploitation et à l'abondance des mi-

nérais qu'à leur richesse intrinsèque, qui ne dépasse pas celle des masses du même ordre de l'Europe.

Le percement et le muraillement des trois anciens puits de tirage ont coûté près de six millions.

La consommation de la poudre seule a été de 400,000 francs par an; celle de l'acier pour les pointerolles et les fleurets, s'est montée à 150,000 francs, et, enfin, trois mille individus sont employés aux divers travaux.

Après ces exemples il serait sans doute superflu de nous arrêter plus longuement sur ces sortes de gîtes métallifères. Cependant, comme nous envisageons le phénomène des filons sous un coup d'œil général, nous ne pouvons pas nous dispenser d'observer que les roches cristallines non stratifiées offrent très-souvent le même mode d'intercalation entre les strates d'un terrain sédimentaire. Cet épanchement a été la cause d'une foule d'erreurs en géologie et a fait considérer naturellement les masses minérales injectées comme n'étant que le résultat d'une alternance de dépôts, dont la nature était d'ailleurs tout-à-fait incompatible. C'est ainsi que pendant long-temps on a cru que les masses trappéennes (whinsill et toadstone), qui alternent à plusieurs reprises avec les couches horizontales du calcaire carbonifère et du terrain houiller du Cumberland et du Derbyshire, faisaient partie des formations calcaires et houillères, jusqu'à ce que M. le professeur Sedgwick eût émis formellement l'opinion qu'elles n'avaient été injectées que postérieurement entre les couches des terrains encaissants.

Nous avons été à même d'observer de pareils faits à la grande cascade du Mont-Dore. Les assises du conglomérat trachytique y sont traversées horizontalement par trois bancs de trachyte gris, subvitreux, à division prismatique verticale et dont l'âge est infiniment plus récent, puisque partout ailleurs il surgit au travers de toutes les masses de trachyte porphyroïde superposées aux conglomérats. Cependant l'illusion est telle qu'il est difficile de s'en défendre au premier aspect. Ce n'est qu'en étudiant soigneusement leur relation et en suivant les nombreux rameaux qui partent d'une des masses pour rejoindre les autres, qu'il est possible de revenir de l'erreur dans laquelle aurait jeté une observation superficielle.

Ayant, du reste, appuyé dans plusieurs circonstances sur la disposition analogue que présentent quelquefois les porphyres quartzifères, les syénites, les serpentines, et en général toutes les roches non stratifiées, il devient inutile d'entrer dans de plus amples détails sur ce sujet.

OBSERVATION.

Nous avons exposé dans ce qui précède,
toutes les formes, toutes les dispositions principales et tous les caractères connus que les
masses métalliques non stratifiées ont offerts
jusqu'à présent. Il nous resterait encore, pour
compléter ce travail, à entrer dans le détail
de celles qui sont réellement stratifiées; mais
comme elles sont souvent très-bien décrites
dans les traités de géologie, aux articles des
terrains respectifs, nous croyons pouvoir nous
dispenser d'en parler.

Nous nous étions encore proposé d'entrer
dans la discussion des diverses théories chimiques de remplissage des filons par fusion,
par sublimation et par voie aqueuse, en appliquant chacune d'elles, autant que possible,
à son point convenable, et non en les con-
fondant les unes avec les autres par des généralisations, repoussées par les faits, parce
qu'elles sont évidemment déduites de l'examen
de circonstances particulières que l'on a appliquées à un ensemble qui en est absolument
indépendant.

D'un autre côté, l'étude bien plus positive
des modifications qu'un grand nombre d'espèces minérales éprouvent encore chaque
jour, et pour ainsi dire sous nos yeux, devait

appeler notre attention à d'autant plus juste titre, que beaucoup de filons ne se présentent plus avec leurs caractères primitifs, notamment à leurs affleurements, et qu'il en résulte des conséquences essentielles, tant pour l'exploitation que pour les recherches des minérais.

Nous croyons que les faits nombreux que nous avons recueillis à ce sujet dans nos travaux et dans les observations des autres minéralogistes, n'auraient pas été dépourvus de cet intérêt qui s'attache à tous les phénomènes de la nature, quelle que soit d'ailleurs la manière dont on les interprète.

Il suffira, pour en apprécier toute l'importance, d'observer qu'ils proviennent de la complication des actions que l'oxigène, l'eau, l'acide carbonique, tant intérieur qu'extérieur, peuvent exercer sur des corps aussi divers que ceux qui remplissent les filons, et qu'il en résulte l'oxidation, la vitriolisation, la nitrification et la conversion en hydrates, hydrosilicates, en carbonates, arséniates, oxisulfures, etc., d'une multitude de substances originairement toutes différentes. Si l'on y ajoute les réactions produites par les épigénies et quelques autres causes encore obscures pour nous, en ce que la nature nous cache encore le principe modificateur, il devient facile de voir qu'il nous était possible d'embrasser dans cette étude la théorie de la formation de près de la moitié des espèces connues; mais les retards que ce traité a éprouvés dans son impression, nous ont rejeté à une époque où des devoirs d'un autre ordre reclament tous nos instants, et c'est avec regret que nous abandonnons momentanément ce champ si vaste, si fertile, si riche en applications diverses et si digne, en un mot, de fixer l'attention d'un géologue chimiste.

DES PUITS ARTÉSIENS.

L'eau n'existe pas seulement à la surface du
sol, et la recherche de ses gisements souterrains donne lieu à des applications géognostiques à la fois intéressantes et utiles. L'existence de véritables courants d'eau qui se
meuvent soit dans les couches sédimentaires
perméables, soit même dans les fissures d'un
terrain imperméable, est un fait connu de
temps immémorial; pour citer un exemple,
nous pouvons rappeler ces puissantes nappes
qui existent dans le terrain crétacé de la
France septentrionale et de la Belgique, et
rendent l'exploitation du terrain houiller
si difficile ; et même sans creuser des puits,
ne voit-on pas les sources de nos fleuves sortir subitement du sein des masses minérales,
souvent sous des volumes puissants, comme les
sources de Vaucluse, du Loiret, de la Loue,
etc....? Les courants d'eau souterrains ont souvent la faculté de remonter et de prendre un
niveau beaucoup plus élevé que celui de leur
gisement dans l'intérieur des masses minérales

où ils se meuvent, lorsqu'on vient à les atteindre par un puits ou par un trou de sonde. Quelquefois cette force d'ascension est telle qu'ils viennent s'épancher à la surface du sol, et même sont susceptibles d'être élevés à des hauteurs encore plus grandes au moyen de tuyaux : ce phénomène constitue les puits artésiens.

Ce fut en effet dans l'Artois que cette propriété fut, sinon découverte, du moins mise à profit sur la plus grande échelle. Des eaux très-abondantes s'y meuvent à des profondeurs variables dans les fissures de la craie, et elles remontent à la surface dès qu'elles viennent à être mises en communication avec l'extérieur par des trous de sonde d'un ou deux décimètres de diamètre. Quant au fait d'ascension des eaux, il est si fréquent qu'il doit avoir été observé long-temps avant; car il est une foule de contrées dans lesquelles elle se manifeste d'une manière si forte et si subite, lorsque l'on creuse un puits et que l'on vient à atteindre un niveau d'eau, que les ouvriers ont à peine le temps de remonter avant que les eaux les aient gagnés.

Les eaux artésiennes ont généralement une grande supériorité, sous le rapport de la pureté, sur les eaux d'infiltration des puits ordinaires, parce que le plus souvent elles se meuvent dans des terrains d'une composition simple; néanmoins il arrive souvent qu'elles

ont été en contact avec des terres pyri-
teuses, et elles contractent dès-lors une
odeur hydrosulfurique et une saveur ferrugineuse qui rendent leur emploi plus restreint:
il est inutile de dire que ces eaux doivent
d'ailleurs être isolées des eaux d'infiltration
par des tubes qui les conduisent de leur gisement souterrain à la surface du sol, à travers
les alternances des roches superposées. Cette
précaution est souvent même indispensable
pour que les eaux remontent, par exemple
dans les cas où elles auraient à traverser des
couches perméables, susceptibles de les ab-
sorber entièrement, ou de diminuer leur volume. On sait, en effet, que cette possibilité
de perdre les eaux à travers des couches perméables, est souvent mise à profit dans les
pays marécageux; il suffit pour cela de mettre
en communication les eaux extérieures et
les couches perméables inférieures par un
nombre suffisant de trous de sonde.

L'origine des eaux artésiennes a été l'objet
de beaucoup de discussions. Parmi les nombreuses hypothèses qui ont été proposées, il
n'en est que deux qui puissent soutenir un
examen approfondi, et bien qu'elles divergent
en ce sens, qu'elles attribuent la force ascensionnelle des eaux à des causes différentes, il
est probable que l'une et l'autre sont vraies,
et que les divers cas de puits artésiens se partagent entre elles. Dans la plupart des circons-

tances, un puits artésien n'est autre chose que la branche verticale d'un siphon, dont l'autre branche peut être très-peu inclinée, et avoir par conséquent son ouverture à de grandes distances. L'eau monte dans la branche artificielle, c'est-à-dire, dans le trou de sonde, en raison de l'élévation de la branche naturelle. Si cette branche naturelle est plus élevée que la surface sur laquelle on établit le puits artésien, l'eau jaillit par ce puits au-dessus de la surface, sinon, elle lui reste inférieure : il faut, bien entendu, tenir compte, en calculant la force ascensionnelle qui résulte de cette reprise de niveau, des frottements qui la contrarient, lesquels seront en raison de la longueur des branches du siphon.

Ces frottements limitent aussi la quantité d'eau qui peut être déversée, de telle sorte que le pouvoir ascensionnel diminuera généralement à mesure que l'on augmentera le diamètre du trou de sonde, et tel courant d'eau souterrain qui pourrait reprendre un niveau de plusieurs mètres au-dessus du niveau du sol, dans un tube de quelques pouces de diamètre, s'arrêtera au contraire au-dessous, lorsqu'on creusera un puits de plusieurs pieds.

La seconde hypothèse qui paraît devoir s'appliquer à l'explication d'un moins grand nombre de cas, attribue le phénomène des

puits artésiens à l'élasticité des couches minérales, et à la pression que les couches supérieures exercent sur les couches inférieures.
Les eaux infiltrées dans celles-ci, tendent dès-
lors à s'élancer vers la surface du sol, sitôt
qu'un trou de sonde vient à leur ouvrir un
passage. Ces deux explications seront tout à
l'heure discutées par des exemples; mais nous
ferons cependant remarquer que la première
est de beaucoup la plus simple, et celle qui
s'adapte le mieux au régime ordinaire des
eaux. En effet, la continuité du phénomène
des puits artésiens exige nécessairement, pour
leur alimentation, une origine continue, qui
ne peut être que l'infiltration, soit des
eaux pluviales, soit des eaux courantes ou
stagnantes à la surface du sol : or, l'on ne
conçoit pas bien comment la simple action
de la pesanteur suffirait pour engager des eaux
dans des couches où elles se trouveraient
comprimées au point de reprendre un niveau
supérieur à celui de leur point de départ.
Nous penchons donc beaucoup plus pour l'assimilation au phénomène du siphon (1); aussi

(1) Cette explication des puits artésiens n'est pas nouvelle; elle se
présente si naturellement à l'esprit, que dès 1691, Bernardini Ramazzini l'avait appliquée aux fontaines jaillissantes de Modène. Voici
comment il développe cette hypothèse dans son mémoire :

*Nemo tamen ibit inficias quin per arenosa strata longo itinere possit
aqua defluere, ac ubi hiatus aliquis pateat in altum attolli non debeat,
si potissimum ab aliâ ex editiori loco descendente urgeatur. Rem autem
in his nostris fontibus ita se habere posse probabiliter existimo, fluere*

nous n'insisterons pas sur les hypothèses encore moins probables que celle de la compression, telles que celle qui attribue l'ascension des eaux à l'action de la capillarité, ou bien encore celle qui, d'après les observations faites sur le jaillissement de certaines eaux minérales (celles de Carlsbad), fait intervenir la pression de fluides élastiques contenus dans la partie supérieure des réservoirs souterrains.

L'existence de courants d'eau souterrains, et la faculté de ces eaux de reprendre des niveaux plus ou moins élevés, sont des faits dont l'expérience seule peut donner la certitude. Ainsi l'expérience a démontré qu'il existait entre soixante et quatre-vingts mètres au-dessous du niveau général de la plaine de Saint-Denis, des nappes d'eau qui peuvent s'élever jusqu'à quatre et cinq mètres au-dessus de ce niveau ; de telle sorte que le succès peut être regardé comme certain pour ceux qui entreprendraient le forage d'un puits artésien entre des points déterminés, comme par exemple entre Saint-Ouen et

---

nempe ex hydrophylacio aliquo in vicinis montibus posita aquam per subterraneos ductus, donec terra solidam habeat compagem; ubi vero in hanc planitiem devenerit, per sabulosam aream lata expatiari, ac in itinere per terebram aptius patefacto ad eam altitudinem attolli, quam exigant leges hydraulicæ.... Æquum est putare substratum esse aliud planum cretaceum, ita ut, superius et inferius conclusæ, cursum suum veluti per aquæductum teneantur prosequi, nisi quando per hos puteos, data porta, superas ad auras emergant.

Saint-Denis; mais si aucun antécédent ne peut donner des indications, il y a dès-lors incertitude complète sur le succès. Or, c'est ici que les connaissances géologiques peuvent être d'un grand secours; car si dans aucun cas elles ne peuvent suppléer à l'expérience et indiquer d'avance le succès, du moins elles peuvent servir à calculer les chances et fournir des probabilités; tandis que dans d'autres cas elles prononceront nettement qu'il ne peut exister d'espoir, et préviendront ainsi des écoles très-coûteuses.

En effet, les eaux artésiennes, d'après ce que nous avons dit de leur origine, circuleront généralement dans une couche perméable et entre deux couches imperméables. Cette première donnée implique nécessairement des conditions de composition : ainsi l'on sait par exemple que les sables sont les terrains essentiellement perméables, tandis que les argiles sont au contraire imperméables; donc les alternances de sables et d'argiles seront les plus favorables à l'établissement des puits artésiens. Les terrains cristallins, qui sont à la fois imperméables et non stratifiés, devront au contraire être placés à l'autre extrême : un sondage commencé dans une masse de porphyre ou de granite, n'aura pas les moindres chances de réussite, à moins que par le plus grand des hasards il ne rencontre quelque filet d'eau ascensionnelle, qui existait dans les fissures.

Non-seulement la composition du sol doit guider le sondeur artésien ; mais son niveau au-dessus des eaux courantes à la surface, sa forme doivent toujours être l'objet d'un examen attentif. Ainsi l'on doit toujours choisir pour une tentative de ce genre un point peu élevé dans une plaine ou une vallée ; car il est évident que les plateaux isolés, les crêtes qui déterminent les limites des bassins hydrographiques, sont des points où il n'y a aucune chance favorable. Au contraire, l'on devra toujours rechercher les bassins géognostiques, c'est-à-dire, ces espaces plus ou moins encaissés par des saillies dominantes, vers lesquelles les couches de la plaine se relèvent quelquefois de manière à présenter leurs tranches. Il résulte, en effet, de cette disposition, que les eaux extérieures s'infiltrant dans les couches perméables qui affleurent, en venant s'appuyer sur les coteaux de bordure, et suivant avec ces couches les inflexions du fond, sont d'autant plus susceptibles de remonter par les trous de sonde, et de donner naissance à des puits artésiens, que les points d'infiltration sont plus élevés. Cela est si vrai, que la grande majorité des puits artésiens actuellement connus se trouve dans les alternances argilo-sableuses, qui, à partir du commencement de la période tertiaire, se sont déposées dans les dépressions du sol. Il arrive même très-souvent que dans ces bassins il se crée des puits artésiens naturels, c'est-à-dire, que les eaux qui coulent entre les couches alternantes inférieures, remontent par des fissures, de manière à donner naissance à des sources bouillonnantes, qui souvent rejettent les sables et les pierres dont on tenterait de les obstruer. Un grand nombre de marais, de lacs, sont alimentés de cette manière, et lorsque, dans les temps de sécheresse, l'évaporation a baissé leur niveau, on peut souvent distinguer les points de jaillissement à un bouillonnement plus ou moins prononcé qui agite la surface des eaux.

En résumé, bien que l'on ne puisse donner des règles absolues dans la recherche des eaux artésiennes, les principes géognostiques qui résultent de la comparaison des puits artésiens connus, sont assez précis pour guider d'une manière très-utile. Ces principes ressortent d'eux-mêmes de la classification géognostique des puits artésiens que M. Jules Burat a publiée (1); classification qui donne en outre l'exposé de ce que nous connaissons jusqu'à présent de l'hydrographie souterraine.

---

(1) Cette classification fait partie du mémoire intitulé : Notions générales de géologie appliquées à la recherche des eaux souterraines, inséré par mon frère dans le Compte rendu de l'association polytechnique. Nous la reproduisons ici avec quelques modifications faites par l'auteur lui-même.

Des puits artésiens dans les terrains tertiaires.

Les terrains tertiaires sont les mieux constitués pour l'établissement des puits artésiens. La cause en est dans deux circonstances géognostiques également importantes; ce sont : 1.° la fréquence des couches de sables perméables dans les différents termes de la série tertiaire, dans les terrains d'eau douce supérieur et inférieur, dans le calcaire marin, et dans son équivalent, l'argile de Londres; circonstance essentiellement favorable à l'infiltration des eaux atmosphériques et à la formation des nappes souterraines; 2.° la disposition de ces terrains par bassins.

Quelque peu considérable que soit encore le nombre des tentatives faites pour la recherche des eaux souterraines, presque tous les bassins tertiaires importans ont actuellement leurs puits artésiens, mais encore bien rares dans la plupart d'entre eux. Nous citerons successivement les bassins tertiaires de Paris, de l'Allier, de la Provence, de l'Hérault, de l'Angleterre, des Apennins, de la Suisse, de l'Allemagne, de la Russie, des États-Unis et de la côte méditerranéenne de l'Afrique.

Plaine Saint-Denis. — On remarque au nord de Paris, entre la Marne, la Seine et l'Oise, un vaste plateau d'une forme à peu près el-

liptique, dont les deux grands diamètres sont
de Paris à Dammartin et de Nogent-sur-Marne
à Beaumont. Ce plateau montre sur ses bords
et dans son milieu des collines et des buttes
de gypse (Montmartre, Chelles, Sannois, Mont-
morenci, Dammartin, etc.) qui ne lui appartiennent pas, et qui n'en altèrent pas le niveau; car du reste sa constitution géologique
est très-uniforme; le terrain d'eau douce inférieur, représenté par des alternances de
marnes lacustres et de calcaires siliceux, domine sur presque toute son étendue.

C'est sous ce dépôt d'eau douce qu'on trouve
à des profondeurs variables, suivant le niveau
des localités, une grande couche de sables
verts chlorités qui atteint quelquefois jusqu'à
60 et 80 pieds d'épaisseur, immense réservoir
souterrain, d'où la sonde fait jaillir chaque
jour des fontaines intarissables.

Ce serait cependant une erreur de croire
qu'on réussisse également bien partout sur ce
plateau : non que la couche aquifère ne s'é-
tende pas uniformément sous la plus grande
partie de ce dépôt d'eau douce; mais le succès
dépend encore de l'élévation plus ou moins
grande de la localité. On conçoit en effet que
l'eau souterraine ne pouvant reprendre qu'un
maximum de hauteur correspondant à celle
de son point de départ, il faut que la localité
où l'on établit une recherche soit placée à un
niveau inférieur pour qu'on puisse obtenir

une fontaine jaillissante. C'est parce qu'ils ne satisfaisaient pas à ces conditions que des sondages entrepris à Villemomble et à Pierrefite n'ont pas donné lieu à des fontaines jaillissantes, bien que la couche aquifère ait été atteinte, et qu'on ait même obtenu un relèvement d'eau assez considérable. Villemomble et Pierrefite sont à près de 30 mètres au-dessus de la Seine à Saint-Denis.

La partie la plus basse du plateau, celle par conséquent où l'on est toujours sûr du résultat, est la plaine dite Saint-Denis, qui, malheureusement, ne tarde pas à s'élever par une pente insensible. Les divers emplacements où sont établis les puits artésiens de Saint-Ouen, de Saint-Denis, de Stains, etc., c'est-à-dire le niveau général de cette plaine, ne sont guère moyennement que de 10 à 12 mètres au-dessus de la Seine. Mais l'eau est susceptible de reprendre un niveau plus élevé. On a constaté à Saint-Denis et à Stains son ascension dans des tuyaux jusqu'à 6 et 7 mètres au-dessus du sol, c'est-à-dire à 18 ou 20 mètres au-dessus de la Seine. Le relèvement d'eau à Villemomble n'a pas été moindre de 25 mètres au-dessus du même point. A Épinay, où il existe également un puits artésien, l'élévation du sol est de plus de 16 mètres au-dessus du niveau de la Seine ; et cependant Épinay est presque sur la limite du plateau d'eau douce.

En règle générale on n'obtiendra d'eaux jaillissantes sur un point quelconque de la plaine qu'autant que ce point ne sera pas placé à plus de 20 ou 25 mètres au plus au-dessus de la Seine; condition qu'il sera nécessaire de vérifier préalablement avant d'entreprendre aucune recherche.

Ces fontaines ne sont pas toutes également abondantes. Les unes débitent 100 et les autres 300 mètres cubes par 24 heures, quoique cependant plusieurs soient tout-à-fait voisines. Il faut attribuer cette différence à la manière dont le travail a été exécuté. Plusieurs, en effet, ne sont peut-être pas garnies de tuyaux tout-à-fait imperméables, ce qui permettrait aux eaux ascendantes de se perdre en partie dans les terrains traversés; dans d'autres, le forage n'a pas été poussé assez loin dans la couche sableuse; en sorte qu'elles ramènent seulement au jour les eaux qui coulent dans la partie supérieure; car cette couche de sable n'est pas homogène, comme on pourrait le croire; elle présente des alternances de sables fluides et de bancs de sables agglutinés imperméables. Il importe donc, si l'on veut obtenir toute la quantité d'eau possible, de traverser cette couche jusqu'à la formation d'argile plastique, à laquelle elle est superposée.

Que si nous voulons maintenant étudier les causes géognostiques qui ont donné naissance à ces amas d'eaux souterrains, nous les trouverons facilement. On sait, en effet, que les terrains tertiaires qui constituent le sol de Paris et de ses environs, occupent le milieu d'un bassin, autour duquel la craie se montre de tous côtés, en telle sorte qu'elle forme, pour ainsi dire, un vaste entonnoir dans lequel se sont déposées les couches sédimentaires de plus récente formation. Or il est évident que les eaux d'infiltration doivent tendre, en vertu de la pesanteur, à s'accumuler dans la partie où le lac de craie et par suite la couche de sables aquifères, présentent le plus bas enfoncement : c'est précisément ce qui a lieu pour le plateau que nous avons décrit. La craie, en effet, ne se rencontre guère sous ce plateau qu'à une profondeur de 300 à 400 pieds au-dessous d'un plan horizontal qui serait établi tangentiellement au niveau de la Seine.

D'où nous conclurons une autre règle générale pour la plaine Saint-Denis ; c'est que le jaillissement des eaux, et par suite leur abondance, à hauteur égale des points où l'on exécute des sondages, sont proportionnels à l'abaissement de la craie au-dessous de ces points. Ainsi l'ascension et le volume d'eau sont plus considérables à Stains et à Saint-Denis qu'à Saint-Ouen et à Épinay ; ainsi plusieurs sondages faits encore plus près de la limite méridionale de la plaine, à Villiers, par exemple, n'ont pas donné lieu à des fon-

taines jaillissantes, bien que les endroits où
ils étaient pratiqués fussent très-bas. La cause
en est dans le relèvement que subissent la craie
et par suite le banc aquifère, de ce côté et
dans la proximité des orifices d'écoulement
naturels. On rencontre, en effet, la couche
sableuse au jour sur les bords de la Seine, dans
les environs d'Auteuil, de Passy et du Jardin-
des-Plantes, où les eaux trouvent à s'épancher
à un niveau inférieur.

Ces faits expliquent pourquoi l'on trouve
tant de puits artésiens à la porte de Paris, et
pourquoi l'on n'en trouve pas dans Paris
même. La formation de craie est en effet relevée sous la ville. La partie de Paris où l'on
pourrait atteindre par un sondage la couche
de sables verts, et où l'on obtiendrait le relèvement d'eau le plus considérable, sans que
cependant il parvînt jusqu'à la superficie, est
évidemment dans les quartiers bas qui avoisinent les portes Saint-Denis et Saint-Martin et
le château-d'eau : car on trouve dans cette
partie de Paris des terrains d'eau douce qui
sont la continuation des terrains de la plaine
Saint-Denis. Aussi pouvons-nous citer un sondage exécuté en 1780 dans le jardin du Vaux-
hall de la rue de Bondy, qui atteignit la couche
aquifère à 112 pieds, et fit jaillir l'eau au niveau de la cave. C'est là le plus beau succès
obtenu dans la capitale.

Reste à savoir où sont situées à l'extérieur

les sources d'alimentation de ces nappes intérieures. Et d'abord ce n'est pas dans la partie
méridionale; nous avons vu au contraire que
c'était dans cette direction que les eaux venaient reparaître au jour après leur marche
souterraine. Il n'est guère probable non plus
que ce soit à l'ouest ou au nord, c'est-à-dire
à la superposition du terrain d'eau douce sur
les collines de craie qui bordent l'Oise, et qui
limitent le plateau depuis Beaumont jusqu'à
Dammartin : car, en premier lieu, on ne rencontre pas en général, de ce côté, la couche
de sables verts où les eaux souterraines ont
leur gisement; en second lieu, on ne trouve
sur ces limites aucune rivière, aucun cours
d'eau, auxquels on puisse attribuer l'alimentation du réservoir souterrain; il n'y a que
l'Oise, et les endroits où l'on pourrait supposer
que les infiltrations de l'Oise sont moins élevées que les endroits où sont établis les puits
artésiens. C'est donc vers l'est et le sud-est surtout qu'on est amené à chercher l'origine des
eaux d'infiltration; les affluents de la Marne
seraient alors les cours d'eau alimentaires. Il
est à remarquer que c'est précisément du sud-
est qu'est venue cette grande irruption dont
le caractère est si évidemment empreint dans
les formes des caps et dans les directions des
collines principales du bassin de Paris.

La couche de sables verts chlorités existe
également sous le plateau méridional de Paris;

on la trouve sous la grande formation de calcaire marin, et presque toujours annoncée par un banc de calcaire chlorité; mais cette couche de sable, n'étant plus dans les mêmes circonstances de position, est impropre à fournir des puits artésiens sur ce plateau. Elle est cependant encore aquifère, et donne même lieu quelquefois à des ascensions d'eau. C'est elle qui alimente les puits ordinaires si abondants de la barrière de l'Étoile, de la rue du Jardin-du-Roi, de la barrière Blanche et de Bicêtre.

Nous serions entraîné trop loin si nous voulions décrire toutes les couches aquifères qui ont été rencontrées accidentellement dans les calcaires d'eau douce et dans les calcaires marins, et qui ont fourni des eaux ascendantes. On en a souvent rencontré de semblables dans les puits ordinaires de Paris. Les sondages de Saint-Ouen et de Saint-Denis en ont fait reconnaître également plusieurs très-abondantes. L'une de ces nappes, dans un des puits à double nappe de Saint-Ouen, a remonté au-dessus du niveau de la gare, et se déverse par un trou de sonde dans le canal; une autre alimente un puits artésien, d'ailleurs assez peu abondant, dans une partie très-basse de la ville de Saint-Denis.

Petit bassin d'Enghien. — Il convient cependant de citer encore le petit bassin d'Enghien, entouré de tous côtés d'enceintes fermées, au fond duquel les eaux superficielles viennent s'amasser, formant par leur réunion l'étang de Saint-Gratien. Il se passe souterrainement dans ce bassin exactement ce qui se passe à l'extérieur; les eaux pluviales qui s'infiltrent sur les bords du bassin à travers les sables supérieurs de la formation gypseuse tendent également à gagner sous terre un point correspondant au fond de l'étang, en sorte qu'en descendant un sondage sur ses bords, on rencontre à une profondeur de 35 à 50 pieds des petits courants qui reprennent un niveau supérieur d'un pied environ au niveau des eaux stagnantes. C'est le phénomène des puits artésiens réduit à sa plus petite échelle, et présenté en miniature. Il résulte seulement du voisinage des points de départ et de l'insuffisance des eaux d'alimentation que le niveau et l'abondance des puits artésiens de ce petit bassin s'altèrent en général assez facilement.

Autres puits artésiens dans le bassin de Paris. — Nous rappellerons en dernier lieu, pour en finir avec le bassin de Paris, trois puits artésiens à Tracy-le-Mont, près de Compiègne, et trois au château de Monster, près de Clermont (Oise), qui jaillissent des sables de l'argile plastique. Ces puits artésiens proviennent de nappes souterraines rencontrées dans l'argile plastique, et d'ailleurs d'assez peu d'étendue.

Tous les terrains tertiaires du bassin de Paris, ainsi que nous l'avons dit, sont superposés à une vaste formation crayeuse : il se peut donc qu'on trouve également des nappes souterraines sous cette formation. Nous verrons en effet que sur plusieurs points situés aux environs du bassin de Paris, des sondages ont rencontré, dans les couches de sables qui forment la partie intérieure de la formation de craie, des nappes souterraines très-abondantes.

Bassin de l'Allier.

Le terrain d'eau douce de la vallée de l'Allier, composé de marnes et d'argiles alternant avec des couches sableuses perméables; resserré entre deux plateaux primitifs dans la vallée fluviale, dont il occupe le fond presque sans interruption depuis Brioude jusqu'au département de la Nièvre; placé sur un plan granitique continuellement descendant, dont l'inclinaison résulte du soulèvement des masses volcaniques du Cantal; enfin barré à quelques lieues au-dessus de Moulins par une digue de terrains secondaires qui arrête le cours des eaux souterraines en délimitant la formation lacustre; ce terrain, disons-nous, présente toutes les circonstances favorables à l'établissement des puits artésiens. Plusieurs tentatives ont été exécutées dans la partie de la plaine de l'Allier comprise dans le département de ce nom, et les sondages encore peu nombreux qui ont été conduits avec prudence ont tous été suivis d'un plein succès. C'est en effet dans cette partie de la plaine que les eaux d'infiltration de la haute vallée, entraînées par la pente des couches aquifères, doivent former par leur réunion le réservoir le plus abondant. On cite trois fontaines jaillissantes établies à Lacour, canton de Contigny entre Moulins et Saint-Pourçain. Un forage entrepris à Moulins a été abandonné.

Le puits artésien de Marseille s'expliquera aussi facilement, pour peu que l'on étudie la géognosie de cette ville; d'une part la nature du terrain, ses alternances de couches marines et d'eau douce, ses calcaires, ses argiles et ses sables argileux perméables, et, d'autre part, la position de ce petit bassin tertiaire, de deux lieues au plus de diamètre, ouvert au midi sur la Méditerranée, et du reste enfermé dans un demi-cercle de montagnes secondaires. La seule difficulté qui se présente, c'est qu'il n'existe pas dans ce petit bassin tertiaire d'amas d'eau auxquels on puisse attribuer l'origine de cette nappe souterraine. Tout porte à croire en effet que ce sont les eaux pluviales qui, tombant sur les montagnes d'enceinte, descendent naturellement vers ce bassin, et s'infiltrent à travers les couches arénacées du dépôt tertiaire. Cette hypothèse est d'autant plus probable que cette nappe paraît être très-peu abondante. C'est dans les couches de sables argileux qui occupent probablement la partie inférieure du dépôt tertiaire que la sonde a rencontré à Marseille, à une profondeur d'environ 280 à 300 pieds, une nappe aquifère, dont l'eau a remonté jusqu'à la superficie.

Le bassin tertiaire du Roussillon paraît un des plus propres à l'établissement des puits artésiens. Les environs de Bages présentent des sources jaillissantes naturelles, très-profondes. Un premier sondage, fait jusqu'à vingt-six mètres, a procuré une eau jaillissante d'une eau identique par sa pureté et sa température à celle des sources naturelles. Un deuxième sondage fut entrepris à côté du premier et poussé jusqu'à quarante-sept mètres; là il atteignit un cours d'eau souterrain, dont la force ascensionnelle et l'abondance étaient telles qu'on en fut d'abord effrayé. Le diamètre du trou de sonde est de $0^m,10$; il fournit deux mille litres par minute, et donne lieu à un ruisseau assez considérable. A Rivesaltes, un sondage atteignit à cinquante-deux mètres une eau susceptible d'être élevée à plus de quinze pieds à la surface du sol, et qui paraît appartenir à la même nappe que le grand puits de Bages.

Nous pouvons encore citer dans les terrains tertiaires du midi de la France un puits artésien surgissant d'une couche aquifère peu profonde et probablement peu étendue, pratiqué entre Thuis et Perpignan; et quelques sondages exécutés dans les marnes bleues du bassin tertiaire de l'Hérault, qui n'ont pas donné lieu, il est vrai, à des fontaines artificielles, mais qui ont fait reconnaître des nappes ascendantes. Il est probable d'ailleurs que, si l'on perçait complétement ce banc de marnes bleues, on rencontrerait dans sa partie inférieure des nappes abondantes et susceptibles de reprendre un niveau assez élevé.

Le bassin de Londres est environné, comme celui de Paris, d'une ceinture de collines de craie, avec cette différence néanmoins que cette ceinture est ouverte du côté de la mer, et qu'il présente la forme d'un golfe. Le phénomène se passe dans ce bassin comme dans celui de Paris, et c'est sur la bordure d'intersection des terrains tertiaires et crétacés que les infiltrations pénètrent dans les couches souterraines. Le gisement des eaux n'est cependant pas tout-à-fait le même, et les couches aquifères occupent une position inférieure dans l'échelle géognostique. Ainsi l'argile de Londres n'offre en général qu'une masse compacte, ne présente pas de nappes souterraines comme les terrains calcaires à texture fendillée et à bancs perméables, tandis qu'au contraire l'argile plastique du bassin de Londres, coupé par des couches de sables très-fréquentes, présente une grande quantité de gîtes aquifères, qu'on ne rencontre que rarement dans les argiles plastiques,

Bassin de Londres.

compactes et homogènes du bassin de Paris.

C'est principalement des lits de superpositions de l'argile de Londres sur l'argile plastique, et surtout des couches sableuses qui traversent cette dernière formation, que surgissent la plupart des fontaines jaillissantes des environs de Londres. Les plus belles sont en général au sud-ouest de la ville : ce sont celles de Hammersmith, de Tooting, de Merton, de Fulham, de Richmond, de Kingston, de Cheswick, etc., d'une profondeur variable de 250 à 350 pieds. On en cite une beaucoup plus profonde à Cheswick, dans le parc du duc de Northumberland. Il se peut que dans ce sondage, poussé à 620 pieds, on ait atteint les parties supérieures de la craie.

On cite encore en Angleterre plusieurs puits artésiens dans divers bassins tertiaires, entre autres dans un bassin du Yorkshire, sur le bord de la mer, compris entre l'embouchure de la rivière de Humber et le cap Flamborough, composé d'argile plastique et entouré du côté de la terre par des collines de craie. Plusieurs de ces puits établis à Bridlington sont soumis à l'influence des marées.

La ville de Modène, située dans une vaste plaine à dix mille pas environ de hautes collines, entre les rivières de Panaro et de Secchia, possède à quelques pieds sous le sol un vaste réservoir d'où chaque habitant peut faire surgir à peu de frais une source inépuisable.

Les eaux de ce réservoir reprennent partout
le même niveau horizontal : dans les endroits
bas de la ville, du côté du nord, par exemple,
et le long de la voie Æmilia, elles forment
des fontaines jaillissantes; dans les endroits
plus élevés, elles restent un peu au-dessous
de la surface, et on leur procure alors un
écoulement au moyen de conduits souterrains
aboutissant tous à un canal qu'elles alimentent, et qui procure aux bateaux une communication facile de Modène avec la rivière
de Panaro, et par suite avec le Pô, où elle
a son embouchure. Le nombre de ces puits
est très-considérable; presque toutes les maisons en ont un, et il résultait déjà de cette
multiplicité, à l'époque où écrivait Ramazzini
(1681), que le niveau des anciennes fontaines
avait baissé, et que même une partie de celles
qui étaient situées sur les points les plus élevés
avaient cessé de fournir de l'eau à la surface
du sol. La nappe souterraine a été reconnue
sur 6 ou 7 mille pas de large, et sur 4 mille
pas du nord au midi. On la trouve à une profondeur de 65 à 70 pieds, et l'on ne traverse,
pour l'atteindre, que des terrains très-mo-
dernes; ce sont des alternances de couches
composées en grande partie de matières végétales décomposées et de bancs de marne
argileuse.

Où sont les bords de ce vaste bassin? où
ces eaux vont-elles reparaître au jour? car

elles coulent; on a même observé qu'elles
coulaient de l'occident à l'orient. Ramazzini
dit qu'il a parcouru partout à ce sujet la plaine
et les collines environnantes sans pouvoir rien
découvrir; il n'a trouvé que des étangs qui
sèchent en été de manière à présenter des
pâturages : d'où il a conclu que c'était dans
les Apennins que devait être placé le réservoir extérieur. Cette hypothèse est assez improbable, car les terrains tertiaires sous lesquels on trouve la nappe souterraine ne se
prolongent certainement pas jusqu'aux Apennins. Nous attribuerions plus volontiers l'origine de ce lac souterrain aux infiltrations des
rivières de Secchia et de Panaro, bien que
cependant leur niveau baisse d'une hauteur
assez notable pendant les grandes chaleurs
de l'été.

Les puits artésiens de Modène sont d'une
origine fort ancienne; voici en effet ce que
nous lisons dans l'ouvrage déjà cité de Bernardini Ramazzini :

« Je suis loin, dit-il, de donner cette découverte comme nouvelle, car l'origine de
ces fontaines n'est probablement pas moins
vieille que la ville elle-même, qui est très-
vieille. On a trouvé, en effet, en creusant des
fondations parmi les débris de l'ancienne ville,
des conduits de plomb qui paraissaient com-
muniquer avec de vieux puits. Il est à croire
que, les premières eaux d'infiltration étant

mauvaises et insalubres, les habitants firent approfondir les puits, et qu'avertis à 65 pieds par un murmure souterrain, ils se décidèrent à donner un coup de tarière. C'est probablement à cet usage que font allusion les armes de la ville, qui représentent deux tarières avec cette épigraphe : *Avia, pervia.*"

Nous connaissons encore en Italie un puits artésien établi dans le fort Urbain par Dominique Cassini, et qui paraît surgir également du terrain tertiaire subapennin.

C'est probablement des terrains d'alluvion superposés au muschelkalk que jaillissent les beaux puits artésiens de Stuttgard. On peut voir à 4 lieues environ de cette ville, sur la gauche de la route qui conduit à Ulm, dans une vallée assez étroite et composée d'alluvions récentes, un bassin de 60 mètres de côté, alimenté par cinq puits artésiens, qui déversent chacun une masse d'eau de 500 mètres cubes au moins par vingt-quatre heures. La ville de Stuttgard est également pourvue d'eau par les puits artésiens; il paraît même que ces puits sont aussi fort anciens; car le fameux historien Niebuhr dit qu'il en est question dans de vieux ouvrages.

Nous pouvons citer en Suisse un sondage exécuté, il y a quelques années, près de Bienne, à 4 lieues de Soleure, pour la recherche du sel, et qui fit jaillir de la molasse une eau abondante, qu'on éleva à 15 pieds au-dessus du sol. Mais quelqu'encourageant que soit cet exemple, quelque favorable que soit la position de la Suisse, espèce de bassin ou de cuvette alongée, dont la grande formation de nagelflue occupe le fond, et dont les bords, relevés avec les chaînes secondaires et primitives du Jura et des Alpes, sont couverts de réservoirs immenses, il est probable que la multiplicité elle-même des cours d'eaux extérieurs empêchera l'usage des puits artésiens de se répandre dans cette contrée.

Peut-être est-ce aussi de la grande formation de nagelflue qui occupe une partie de l'Allemagne que jaillissent les puits artésiens de la basse Autriche, au pied des montagnes de la Styrie.

Tentatives diverses. — Plusieurs tentatives ont été faites dans le bassin tertiaire de la *Toscane* : une d'elles, entreprise à Grosseto, chef-lieu de la province inférieure et méridionale de la Toscane, a fait jaillir d'une profondeur de 96 mètres à quelques pieds au-dessus du sol des eaux abondantes et limpides, d'autant plus précieuses pour cette ville, qu'elle ne possédait que des eaux saumâtres et malsaines.

Des sondages s'exécutent en ce moment à Odessa à travers les terrains tertiaires de la Russie méridionale, dont le résultat importe d'autant plus à cette contrée que l'établissement des puits artésiens au milieu des steppes environnantes ferait surgir la végétation de ces sables arides, et rendrait ainsi à l'agriculture et à la civilisation un pays immense, voué jusqu'ici à la solitude et à l'improduction. L'un d'eux, arrivé à la profondeur de 600 pieds sur un diamètre de 9 pouces, à travers des alternances d'argiles ligniteuses et de sables verdâtres, superposés à des marnes calcaires d'une grande dureté, a fait reconnaître trois nappes ascendantes, dont les eaux se sont relevées à 11 et 15 pieds au-dessus du niveau de la mer; tout porte à croire que la persévérance amènera un beau succès.

Puits des États-Unis. — La plupart des puits artésiens des États-Unis sont établis sur une bande plus ou moins étroite de terrains tertiaires, comprise entre les montagnes bleues et l'océan, et qu'on retrouve presque partout le long du rivage de cette vaste contrée. Les fontaines nombreuses, forées à New-Brunswick, jaillissent d'un sable agglutiné en grès schisteux par l'oxide rouge de fer, que M. Brongniart rapporte à l'argile plastique de Paris. Celles d'Albani surgissent d'une argile schisteuse colorée en noir par le lignite. Les puits de New-York paraissent provenir d'un terrain d'alluvion. Il se peut cependant que plusieurs fontaines des États-Unis, établis sur la bande littorale, aient été forées jusque dans les parties supérieures de la formation crayeuse, représentée en quelques endroits par des sables et des grès : nous manquons

Puits des
États-Unis.

de renseignements assez précis pour trancher la question.

Puits artésiens en Afrique.

Puits artésiens en Afrique. — Enfin c'est aussi des terrains tertiaires que jaillissent les puits artésiens établis dans les déserts de l'Afrique. La vaste nappe souterraine qui les alimente, appelée par les Arabes la mer sous la terre, est recouverte par une argile noire schisteuse de formation moderne. Voici un passage d'Olympiodore, cité par Niebuhr, qui démontre la haute antiquité de ces puits. « On creuse dans les oasis, dit cet historien, des puits de 200, 300 et même jusqu'à 500 aunes (à un demi-pied l'aune), dont l'eau jaillit et déborde. » La côte du nord de l'Afrique, ajoute Niebuhr, est destinée par la nature à faire partie des contrées de l'Europe qui entourent la Méditerranée. L'envie et la jalousie des puissances européennes empêcheront peut-être encore pendant long-temps la civilisation d'y pénétrer ; mais elle y viendra tôt ou tard. C'est alors que ces eaux souterraines offriront un avantage inestimable. Nul doute qu'on n'y trouve un moyen d'établir des stations à travers le Sahara pour arriver dans l'intérieur de l'Afrique, où l'on rencontrera non-seulement de l'eau, mais des plantations de palmiers, des habitations, des jardins, et peut-être des cités populeuses.

Puits artésiens dans les terrains secondaires.

Les formations secondaires, quoique moins Disposition de ces terrains. bien constituées que les formations tertiaires pour l'établissement des fontaines jaillissantes, présentent cependant encore des circonstances géognostiques favorables. Malheureusement les tentatives y sont rares et souvent infructueuses. C'est qu'en effet le phénomène se passe ici sur une plus grande échelle; les couches ont, en général, une plus grande épaisseur; les alternances sont moins fréquentes; les points de départ des eaux sont plus éloignés : il faut donc presque toujours, dans ces terrains, descendre les sondages à de plus grandes profondeurs pour obtenir des résultats satisfaisants.

Aussi les sources sont-elles plus rares, mais infiniment plus abondantes, dans les terrains secondaires que dans les terrains tertiaires. C'est en effet des terrains secondaires que sourdent ces énormes épanchements d'eau qui forment dès leur sortie des rivières considérables, les sources de Vaucluse, de Nîmes, de la Laisse, de Sassenage; celle de Touvres qui, à 2400 mètres de sa source, fait tourner les douze ou quinze roues hydrauliques de la belle fonderie de canons de Ruelles près Angoulême.

Les terrains secondaires, comme les terrains tertiaires, présentent dans certains termes de leur série des couches perméables. On voit se répéter en effet dans les divers étages de ces terrains les trois termes sable, calcaire et argile : les couches sableuses font donc supposer l'existence de nappes souterraines.

Ces terrains se sont également déposés en bassins, mais en bassins beaucoup plus considérables, et dont les soulèvements postérieurs ont souvent bouleversé la disposition.

Grand bassin secondaire de la France et de l'Angleterre. — Parmi ces bassins il en est un que nous citerons, parce qu'il a été mieux étudié que tous les autres : nous voulons parler du grand bassin qui comprend Londres et Paris, et dont M. Élie de Beaumont a démontré récemment l'isochronisme et l'uniformité presque complète des formations. Ainsi, après avoir traversé la craie qui forme l'intérieur de la ceinture jurassique, on voit reparaître en Angleterre, en Normandie et dans le Calvados, les mêmes formations que dans la Bourgogne et dans les provinces voisines. Nul doute, d'après cette disposition générale des terrains, que des sondages établis sur des points convenables ne fassent rencontrer des eaux jaillissantes dans les grandes couches perméables des divers étages secondaires de ce bassin. Nous en rappellerons plus bas quelques exemples.

Nous parlerons d'abord des puits établis dans la masse crayeuse qui occupe la partie supérieure du grand bassin secondaire que nous venons de décrire.

La plupart des puits à eaux jaillissantes de l'Artois sont établis dans ce qu'on appelle le bas pays, plaine d'un niveau peu élevé et entièrement composée de terrains modernes.

On conçoit facilement que les eaux, se répandant, à partir du haut pays, dans le département du Pas-de-Calais, s'infiltrent à l'aide de fissures sans nombre dans les parties supérieures des couches de craie, où elles sont maintenues par les couches tertiaires imperméables qui les surmontent. On peut voir sur le bord de la mer, entre les caps Blanc-Nez et Gris-Nez, des nappes d'eau abondantes sortir des fissures de la roche crayeuse.

M. Garnier a publié un traité sur les puits artésiens qu'on peut consulter avec fruit à ce sujet. Malheureusement il s'est étendu plus spécialement sur l'outillage des ouvriers de l'Artois, outillage très-défectueux, et il passe assez légèrement sur la partie géologique. M. Garnier a d'ailleurs commis dans son ouvrage une grande erreur, qu'il importe d'autant plus de relever qu'il ne l'a pas corrigée dans la seconde édition de son ouvrage, et qu'il la répète plusieurs fois. Il avance que les terrains les plus avantageux à la recherche des eaux souterraines sont les terrains calcaires

en général et les calcaires crayeux en particulier. Cette supposition est on ne peut plus
évidemment en contradiction avec les faits
que nous avons cités, et avec tous ceux que
nous citons plus bas. C'est seulement en Artois
et dans les provinces limitrophes que les fontaines jaillissantes sont alimentées par des fissures. Tous les autres puits artésiens établis,
soit dans les terrains tertiaires, soit dans les
terrains secondaires, tirent leurs eaux des
couches de sables perméables situées entre
des couches imperméables, qu'elles soient de
grès, d'argile ou de calcaire, ce qui importe
peu. Les eaux même des puits de Sherness,
qu'il cite à l'appui de son opinion, proviennent, ainsi que nous le verrons, des couches
de sables qui sillonnent l'argile plastique du
bassin de Londres. Il en est de même des eaux
du puits de la barrière Blanche à Paris, qu'il
cite également, et qui proviennent de la
grande couche de sables verts, séparée en cet
endroit de la formation crayeuse par un banc
d'argile plastique de 80 ou 100 pieds d'épaisseur.

On remarque parmi les fontaines jaillissantes de l'Artois celles de Lille, dont une fut,
dit-on, établie dans l'année 1126; une autre,
située entre Béthune et Aire, la plus profonde
du Pas-de-Calais, dont les eaux jaillissent de
450 pieds de profondeur; les quatre fontaines
de Gonnchenm près Béthune, qui font tourner

crayeuse les mêmes sables chlorités, les mêmes une roue de moulin, celles d'Ardres, de Choques, d'Annezin, d'Aire, de Merville, de Blingelle, de Béthune, de Marchiennes, de Sommaing, de Saint-Amand, etc.

C'est également de fissures crayeuses recouvertes par des terrains tertiaires imperméables que jaillissent les fontaines forées d'Abbeville, de Courtalin (Seine-et-Oise), de Saint Quentin, de la vallée de l'Authie et de Noyelles-sur-Mer. Ces fontaines, quoique percées la plupart dans des vallées basses et dominées par des plaines élevées et étendues, sont peu abondantes, et ne s'élèvent qu'à une faible hauteur.

Les fontaines d'Abbeville et de Noyelles-sur-Mer sont soumises à l'influence des marées, et ont un flux et reflux aux époques où la mer monte et baisse. Celle de Noyelles se tient ordinairement à marée basse à deux mètres au-dessous de la surface du sol, et monte presque au niveau du terrain pendant la marée haute. Un clapet, convenablement placé sur l'orifice des bases, empêche l'eau de rentrer dans le trou de sonde, et la conserve dans le bassin quand la mer vient à baisser dans la baie de la Somme.

Il y a long-temps qu'on a remarqué les rapports frappants qui existent entre les dernières couches du terrain tertiaire et les couches inférieures à la craie. On retrouve en effet au-dessus et au-dessous de la formation

Puits artésiens sous la craie.

argiles, et des calcaires presque semblables.

C'est la réunion de ces terrains, presque toujours perméables, renfermant les sables et grès verts, les sables et grès ferrugineux, l'argile weldienne (green sand, iron sand, weald clay), que M. d'Omalius d'Halloy a joint au terrain crétacé, et que M. Brongniart a décrit sous le nom de terrain arénacé.

Les nappes souterraines doivent être nombreuses dans ces couches perméables. C'est en effet de la superposition du terrain crétacé au terrain jurassique, du milieu de cette bande étroite de pays coupé, qui représente à l'ouest de la France l'époque secondaire depuis Caen jusqu'à La Flèche, que jaillissent les sources qui alimentent les rivières de la Toucques, de l'Eure, de l'Ourque, de l'Ilon, du Rille, de l'Orne, de la Mayenne, de la Sarthe, de l'Huisme et du Loir.

Divers puits artésiens jaillissent de ces couches arénacées; celui de Tours, par exemple. Après avoir traversé la terre végétale, les alluvions et les sables de la surface, la sonde est entrée dans la craie à $8^m,37$ de profondeur, l'a traversée entièrement à $71^m,17$, et a pénétré dans des grès calcaires coquilliers, alternant avec des marnes et des sables verts argileux. On a reconnu une première nappe ascendante à 98 mètres; une seconde à 112 mètres, et enfin une troisième à 122 mètres de profondeur, laquelle a jailli avec impétuosité, entraînant avec elle une grande quantité de sables verts, comme cela se passe également dans les puits de la plaine Saint-Denis. On a élevé ces eaux jusqu'à plus de 7 mètres de hauteur au-dessus du pavé de la place Saint-Gratien, et à plus de 15 mètres au-dessus de l'étiage de la Loire.

On voit aussi à Rouen deux puits artésiens dont les eaux ont été rencontrées dans les terrains sablonneux qui forment la partie inférieure des terrains arénacés et la partie supérieure des calcaires oolitiques. Ces puits ont traversé les alluvions de la Seine, des argiles à lignites, des glauconies, des grès et des sables ferrugineux. Ils ont 69 mètres de profondeur. Le dernier, établi par MM. Flachat, déverse une grande quantité d'eau au-dessus du sol. On avait rencontré pendant ce travail cinq niveaux d'eaux ascendantes avant d'atteindre le dernier, qui a donné lieu à une fontaine artésienne.

Il est probable que, sur la plupart des points peu élevés du bassin crayeux où les sondages seront poussés jusque dans les sables inférieurs, on trouvera des nappes souterraines abondantes, comme à Tours et à Rouen. Le seul obstacle qu'on ait à vaincre, c'est l'épaisseur de la craie. A Paris, où les travaux tertiaires supérieurs ne permettent pas d'espérer des fontaines jaillissantes, il faudrait, pour réussir, traverser toute la masse de craie, c'est-à-dire faire un sondage de 700 pieds au moins. Une recherche dans ce but a été poussée à Surène jusqu'à 600 pieds : on était encore à cette profondeur dans la craie ; mais il est probable que l'on n'était pas loin des argiles et des sables inférieurs. (1)

Il est difficile, dans une formation aussi étendue que celle de la craie, dans cet immense bassin, dont les deux grands diamètres s'étendent de Châtellerault jusqu'en deçà de Lille, et de Troyes jusqu'au Hâvre, de déterminer la position des réservoirs extérieurs qui alimentent ces vastes mers souterraines. Nous croyons cependant que les points d'infiltrations doivent être placés dans la partie de la ligne terminale du bassin qui occupe la situation la plus élevée sur le continent. Ainsi ce serait sur la ligne de superposition du terrain crayeux au terrain arénacé qui longe toute la formation jurassique de l'est de la France que se feraient les immenses infiltrations qui vont ensuite reparaître au jour avec la formation arénacée dans la zone secondaire des départements de l'Orne, de la Sarthe et de la Mayenne, où elles forment, comme nous l'avons vu, des sources abondantes.

Nous pouvons citer à l'appui de notre opinion le jaillissement des sources de l'Andelle,

---

(1) Le conseil municipal de la ville de Paris a décidé l'allocation d'une certaine somme pour traverser la craie par un sondage.

de l'Epte, de l'Arques, etc., rassemblées en groupes dans la partie du bassin crayeux voisine de Forges (pays de Bray), où les terrains inférieurs se relèvent et forment une espèce d'île au milieu du terrain crétacé.

On peut objecter à cette hypothèse l'éloignement des points de départ de ces eaux d'infiltration, et l'invraisemblance d'une marche souterraine aussi longue. Cette objection cependant ne nous paraît pas très-grave. Il y a des fontaines naturelles qui ne peuvent forcément provenir que d'endroits bien plus éloignés. Telles sont les sources d'eau fraîche qu'on rencontre fréquemment au milieu de la mer. On en cite une dans le Journal philosophique d'Édimbourg que Buchanan a rencontrée dans la mer des Indes à une distance de plus de 100 milles anglais de la terre ferme.

Les circonstances géognostiques deviennent moins favorables à l'établissement des fontaines jaillissantes à mesure qu'on descend l'échelle des terrains secondaires. Aussi nous connaissons peu de puits artésiens dans les formations oolitiques. Il est probable cependant qu'en traversant toutes les couches argileuses, qui en constituent la partie supérieure, on rencontrerait des nappes souterraines. C'est en effet réellement de l'oolite supérieure que jaillissent les eaux du puits artésien de Rouen. Nous avons aussi entendu citer un puits nouvellement établi à Glos près Lisieux, dans des sables et des grès parallèles à la marne argileuse de Honfleur et superposés au calcaire de Blangy. Il est à regretter qu'un sondage exécuté au Hâvre, et poussé jusqu'à la profondeur de 630 pieds, ait été suspendu. Ce sondage avait fait reconnaître successivement tous les terrains qu'on trouve de l'autre côté de la mer, dans le Calvados et dans la Grande-Bretagne, l'argile de Toncques correspondante à celle de Kimmeridge, le calcaire de Blangy correspondant au coralrag des Anglais, et l'argile de Dives correspondante à celle d'Oxford; nous avons montré à M. Élie de Beaumont des petites ammonites pyritifiées qui caractérisent cette dernière couche argileuse. C'est dans cette couche que le sondage a été arrêté; il est probable qu'il était sur le point d'atteindre la couche calcaire de Caen, et peut-être aurait-on trouvé des eaux jaillissantes dans le lit de superposition de ces deux terrains.

Nous connaissons un puits artésien dans le lias. Ce puits, provenant d'un sondage pratiqué à Prix, près de Mézières, pour la recherche de la houille, a 143 mètres de profondeur, et fournit une eau salée contenant 2 et ¼ de sel pour 100. Le forage a traversé d'abord des calcaires argileux et des marnes mêlées de sables, puis les calcaires à gryphées, qui occupent la partie moyenne du terrain lia-

sique. La salure des eaux nous ferait croire
que ces eaux proviennent du terrain keuprique qui se trouve au-dessous du terrain de
lias.

Ce terrain keuprique renferme plusieurs
associations de roches qu'on a désignés par
différents noms, le keuper, les marnes irisées,
le redmarl, le muschelkalk. Principalement
composé de marnes de diverses couleurs et
de couches de sables qui alternent indéfiniment, il paraît très-favorable à la recherche
des eaux jaillissantes. C'est de ce terrain que
sortent la plupart des sources salées réunies
par groupes ou par bandes sinueuses, et diversement alignées, qui indiqueraient, suivant
la remarque de M. de Humboldt, l'existence
et la direction des fleuves souterrains.

Il existe à Jarville, dans un des faubourgs
de Nancy, un puits artésien pratiqué à travers les marnes irisées et qui fait jaillir l'eau
de 182 pieds de profondeur à 14 pieds au-
dessus du sol. Le sondage a traversé successivement des argiles blanches, noirâtres, vio-
lettes, rouges et grises. La nappe aquifère a
été rencontrée sous un petit banc de grès de
4 pieds d'épaisseur.

On compte en Angleterre plusieurs puits
artésiens établis sur le redmarl. Les principaux ont été forés dans le Derbyshire. Le
redmarl présente en effet dans ce comté et
dans les comtés voisins toutes les circonstances

favorables au jaillissement des eaux souterraines. D'une part, ces couches de marnes rouges offrent des alternances nombreuses de couches de sables perméables; et d'autre part, ce terrain argileux forme une espèce de bassin, échancré, il est vrai, dans beaucoup d'endroits, mais encerclé en partie du côté du Derbyshire, par des montagnes de grès houiller et de calcaire métallifère. Les puits artésiens de la ville de Derby n'ont pas plus de 60 à 80 pieds de profondeur. Mais cette profondeur varie dans les environs, suivant les localités. On en cite où l'on a été chercher à 250 pieds la nappe aquifère. Lorsqu'on ne trouve pas d'eau sous le premier banc de marne rouge, on en perce un second, un troisième, etc.; l'eau s'élève d'autant plus haut et est d'autant plus abondante qu'on descend le sondage à une plus grande profondeur, son point de départ étant alors plus élevé.

A Inslid, près de Preston, dans le Lanscalshire, on est également certain, en sondant le redmarl à une profondeur déterminée, d'obtenir des eaux remontant au-dessus de la superficie.

Le seul puits artésien qui ait été établi à notre connaissance dans les terrains plus anciens est celui de Creutwald, dans le département de la Moselle. Ce sondage, entrepris pour reconnaître le prolongement du terrain houiller de la Sarre, a traversé 93 mètres d'un grès rougeâtre ébouleux, qui se rapporte à la grande formation du grès des Vosges, et a donné naissance à une fontaine très-abondante.

Nous ne connaissons de fontaine forée ni dans le terrain houiller ni dans le terrain de transition. Nous lisons cependant, dans des observations publiées par M. de Buch, sur la température des sources, qu'on a fait des sondages dans la grauwacke, à Nauheim, dans la Wettéravie, pour la recherche du sel, et qu'on a vu sortir d'un trou de sonde en vingt-quatre heures 36,000 pieds cubes d'eau écumant à force de contenir de l'acide carbonique.

Pour ce qui est des terrains primitifs, on conçoit, d'après tout ce que nous avons dit, qu'ils sont tout-à-fait impropres à l'établissement des puits artésiens. Il y aurait de la folie à s'engager dans des sondages difficiles et dispendieux, pour se mettre à la recherche des fissures aquifères qui se trouvent si rarement dans ces terrains. Un sondage a cependant été entrepris pour la recherche des eaux souterraines dans la ville de Lyon lorsqu'on voyait surgir de tous côtés le terrain primitif, lorsque le creusement des puits ordinaires et les fouilles faites pour les fondements des maisons le faisaient continuellement reconnaître à quelques pieds sous les terrains de rapport, lorsqu'il était même apparent dans le lit de la Saône.

Des tentatives ont été également entreprises dans les terrains primordiaux de Madrid. Que de dépenses on eût évitées avec l'étude la plus sommaire de la manière d'être des eaux souterraines!

Nous aurions peut-être pu nous étendre davantage sur les faits nombreux que nous avons rassemblés dans ce mémoire; mais nous avons craint de dépasser le but que nous nous étions proposé, celui d'esquisser à grands traits les principaux exemples de géologie appliquée à la recherche des eaux souterraines. D'ici à quelques années, quand les tentatives se seront multipliées, quand la masse des documents sera plus considérable, on pourra essayer de tracer avec plus ou moins d'exactitude la source extérieure, le cours souterrain, et la réapparition au jour des eaux qui alimentent les puits artésiens des diverses contrées. La tâche sera vaste, et exigera bien des recherches. Nous nous sommes contenté, quant à nous, de préparer autant que possible la voie à celui qui doit l'entreprendre un jour, en dressant pour ainsi dire l'inventaire abrégé de la science en ce moment.

TABLE

DES MATIÈRES CONTENUES DANS CE VOLUME.

SÉRIE DES TERRAINS IGNÉS.

TERRAIN VOLCANIQUE.

TERRAIN GRANITIQUE.

ÉTUDES SUR LES DÉPOTS MÉTALLIFÈRES.

CHAPITRE PREMIER.

SECTION PREMIÈRE.

SECTION II.

SECTION Ire

SECTION II.

SECTION III.

PLANCHES.

Planche IX.

Carte des éruptions de l'Etna, d'après Gemellaro.

Planche X.

1.° Le mont Vésuve; 2.° Stromboli; 3.° le pic de Ténériffe; 4.° Cratère de soulèvement et volcans de l'île de Barren; 5.° le Puy-de-Dôme.

Planche XI.

Volcan de Jorullo.

Planche XII.

Vue des monts Dômes.

Planche XIII.

1.° Profil du Feigenstein en Tyrol; 2.° profil des montagnes de la vallée de Fassa jusqu'à l'Eysac; 3.° gypse et ophite des Pyrénées; 4.° montagne dolomitique de Langkofel, dans la vallée de Gröden en Tyrol.

Planche XIV.

1.° Basalte de la Beaume en Vivarais; 2.° Rochette Saint-Germain; 3.° lac volcanique de Daun; 4.° contact de basalte et de la craie sur les côtes de Keybang dans le comté d'Antrim en Irlande; 5.° contact du trapp et du calcaire près du château de Stirling en Écosse; 6.° contact du granite et des couches jurassiques en face du Villard-d'Areine; 7.° vue d'une portion du flanc droit du vallon de Beauvoisin.

Planche XV.

Gisements métallifères.

FIN.

Mont Vésuve.

Le Pic de Teyde dans l'Ile de Ténériffe, pr.
avec son cratère de soulèvem.